QUELLEN UND FORSCHUNGEN

ZUR

SPRACH- UND CULTURGESCHICHTE

DER

GERMANISCHEN VÖLKER.

HERAUSGEGEBEN

VON

BERNHARD TEN BRINK, ERNST MARTIN,
WILHELM SCHERER.

XXIX.
DIE QUELLEN VON NOTKERS PSALMEN.

STRASSBURG.
KARL J. TRÜBNER.

LONDON.
TRÜBNER & COMP.
1878

DIE QUELLEN

VON

NOTKERS PSALMEN.

ZUSAMMENGESTELLT

VON

ERNST HENRICI.

MIT UNTERSTÜTZUNG DES KÖNIGLICH PREUSSISCHEN MINISTERIUMS DER GEISTLICHEN, UNTERRICHTS- UND MEDICINAL-ANGELEGENHEITEN.

STRASSBURG.
KARL J. TRÜBNER.

LONDON.
TRÜBNER & COMP.
1878.

Buchdruckerei von G. Otto in Darmstadt.

HERRN GEHEIMEN REGIERUNGSRATH

PROFESSOR

KARL MÜLLENHOFF

MEINEM VEREHRTEN LEHRER

DANKBAR GEWIDMET.

INHALT.

EINLEITUNG.

Notkers des Deutschen Uebersetzung und Erklärung der Psalmen zeichnet sich vor seinen übrigen Werken dadurch aus, dass sie nicht nur als Denkmal der Sprache und Litteratur das Interesse der Philologen, sondern als das erste gelehrt-theologische Werk, welches in hochdeutscher Sprache geschrieben ist, auch das Interesse der Theologen in hohem Maasse in Anspruch nimmt. Notker selbst nannte das Abweichen von der herkömmlichen Weise, alle wissenschaftlichen Werke in lateinischer Sprache zu schreiben, eine 'rem paene inusitatam'. (Hattemer III S. 4.)

Auf englischem Boden blühte bereits seit König Alfred, also seit mehr denn hundert Jahren, die kirchliche Prosa, als ihr in Deutschland durch Notker eine schnelle und erfolgreiche Ausbildung zu Theil wurde; merkwürdig bleibt es dabei, dass die so überaus reich commentierten Psalmen in England erst drei Jahrhunderte nach Notker durch Richard den Einsidler von Hampole († 1349) in der Volkssprache erklärt wurden, nachdem Beda Venerabilis schon ein halbes Jahrtausend vor demselben seinen Commentar in lateinischer Sprache verfasst hatte.

Die folgende Arbeit, Vorstudien zu einer neuen Ausgabe Notkers, beabsichtigt zugleich die Grundlage zu einer litterarischen Würdigung von Notkers Psalmencommentar zu werden. In der Einleitung sollen zwei Fragen beantwortet werden: welche Quellen benutzte Notker, und zu welchem Zweck hat er seinen Commentar verfasst.

Im ersten Abschnitte werde ich nachweisen, dass Notker ausser der bisher bekannten Quelle Augustin noch andere Commentare fleissig benutzte; gleichzeitig wird sich an der Hand der Quellen herausstellen, dass die drei längeren Abschnitte der Wiener Handschrift (W), welche Heinzel in seiner Ausgabe (Vorr. S. xxxv) als völlig verschieden von der S. Galler Hs. (SG) angibt, Interpolationen sind, welche zum grössten Theil aus Notkers Quellen geschöpft sind.

Im zweiten Abschnitte der Einleitung hoffe ich nachzuweisen, dass Notkers Werk nicht homiletischen Zwecken gedient hat, wie, hauptsächlich gestützt auf Wackernagel, die bisher herrschende Ansicht war, sondern dass der Verfasser vielmehr ein rein wissenschaftliches Ziel im Auge gehabt.

Es ist zu bedauern, dass Notkers Werk uns in einer jungen und keineswegs guten Handschrift überliefert ist; an manchen Stellen jedoch wird es möglich sein, die verdorbenen und unverständlichen Stellen nach der lateinischen Quelle zu berichtigen und zu erklären. Diesem Zwecke wird sich der aus den Quellen zusammengestellte 'lateinische Notker' besonders dienlich erweisen: er wird dem Benutzer der Psalmen die Mühe sparen, bei schwierigen Stellen auf gut Glück zwanzig und mehr Commentare nachzuschlagen, um das richtige zu finden. Die sich ergebenden Besserungen des deutschen Textes werden in einer Ausgabe Notkers, welche ich vorbereite, Platz finden.

Die Wichtigkeit der lateinischen Quellen auch für die Erklärung gut überlieferter Stellen wird sogleich deutlich werden, wenn man Ps. 71, 21 [1] vergleicht. Ohne Zuziehung der Quelle ist daselbst die Beziehung auf die Weisen aus dem Morgenlande schwer oder gar nicht zu erkennen.

Ich zweifle auch nicht, dass die ahd. Lexicographie ihren Vortheil aus den Quellen ziehen wird, welche gewissermaassen als Glossen fungieren. So wird z. B. Ps. 21, 29 *doneta* = extentus eram sichergestellt, während Graff V, 146 diese Bedeutung zweifelhaft lässt.

[1] Ich citiere die Nummer des Psalmes und zähle innerhalb jedes Psalms die Absätze, welche Hattemer im Anschluss an die Handschrift gemacht hat.

Der 'lateinische Notker' wird endlich zeigen, dass der deutsche Ausleger von der in der Kirche üblichen Weise der Psalmerklärung in keiner Beziehung abwich, dass die Erklärungen fast ohne Ausnahme lateinischen Quellen und zwar den anerkannten Autoritäten der Kirche entnommen, nur wenige aber mit Bestimmtheit als Notkers Eigenthum zu bezeichnen sind.

I.
DIE QUELLEN VON NOTKERS PSALMEN.

Der Untersuchung über die Quellen schicke ich als Basis in chronologischer Folge ein Verzeichnis sämmtlicher mir bis zum 13. Jh. bekannter und einiger späteren lateinischen Psalmencommentare voraus. Ich setze auch die in den beiden Jahrhunderten nach Notker verfassten hinzu, weil sie bei der Frage nach seinen Quellen in Betracht gezogen werden müssen.

1. Hilarius Pictavensis († 368), tractatus super psalmos, ed. Bened. Parisiis 1693, Migne Patrologiae ser. lat. IX. Erhalten sind Ps. 1, 2, 13, 14, 51—69, 91, 118—150, verdächtig Ps. 15, 31, 41.

2. S. Ambrosii Mediolanensis episcopi († 397) enarrationes in psalmos, ed. Bened. e congreg. S. Mauri Parisiis 1636. Enthält Ps. 1, 35—40, 43, 45, 47, 48, 61; desselben in psalmum David CXVIII expositio, ebenda.

3. Rufini Aquileiensis presbyteri († 410) enarrationes in psalmos, ed. Vallarsius Veronae 1745 und Migne XXI. enthält Ps. 1—75.

4. Hieronymus († 420) in einigen Briefen, ed. Vallarsius, Veronae 1734; ed. congreg. S. Mauri, Parisiis 1706, Bd. 5.

5. Pseudo-Hieronymus, Breviarium in psalmos, ed. Vallarsius Veronae 1734.

6. S. Augustini Hipponensis († 430) enarrationes in psalmos, ed. Bened. e congreg. S. Mauri, Parisiis 1631, Venetiis 1730, Bd. 5; ed. Caillau, Parisiis 1842.

7. Prosper Aquitanus (jüngerer Zeitgenosse Au-

gustins) expositiones in ps., Parisiis 1711 und Migne LI, enthält Ps. 100—150, aus Augustin geschöpft.

8. Arnobius Junior (ca. 460) commentarius in psalmos, ed. Erasmus Basileae 1522 und Migne LIII.

9. Cassiodori Senatoris († 563) expositio in psalmos, ed. Garetius Rothomagi 1679 und Migne LXX.

10. S. Gregorii Magni Papae primi († 604) in septem psalmos poenitentiales expositio. Parisiis 1640 und Migne LXXI. Ps. 6, 31, 37, 50, 101, 129, 142.

11. Ein Auszug aus Gregor ist S. Paterii liber I, super psalmos, in der Ausgabe des Gregor, Parisiis 1640 Bd. 6.

12. S. Isidori Hispalensis episcopi († 636) prooemia, de psalmis, ed. Arevalo, Romae 1802 und Migne LXXXIII.

13. Bedae Venerabilis († 735) expositio in psalmos, ed. Coloniae 1688, enthält 1—93, 94—100 nur argumenta, 101—121, letzterer nicht mehr vollständig, 122—150 argumenta.

14. Alcuini († 804) enchiridion seu expositio pia et brevis in psalmos poenitentiales, in ps. CXVIII et graduales. Migne C.

15. Walafrid Strabo († 849) glossa ordinaria, liber psalmorum, Migne CXIII.

16. Haymonis Halberstatensis († 853) explanatio in psalmos, ed. Erasmus Antwerp. 1530 und Freiburg 1533; Migne CXVI.

17. S. Prudentius Trecens. († 861) psalterii breviarium, Migne CXV, ist eine Blumenlese von Psalmversen.

18. Paschasius Radbertus († 865) commentarii in psalmum XLIV, Migne CXX.

19. Remigii episcopi Autissiodorensis († 899) in psalmos enarrationes, ed. Coloniae 1536.

20. S. Romualdus († 1027) expositio in psalmum LXVIII, Migne CXL.

21. Bruno Herbipolensis († 1045) commentarii in totum psalterium, ed. bibl. patr. Lugdun. XLIII und Migne CXLII.

22. S. Petrus Damiani († 1072) collect. in libr. psalm. Migne CXLV.

23. Bruno Carthusianus († 1101) expositio in psalmos, ed. Petreius Coloniae 1611 und Migne CLII.

24. Bruno Astensis, abbas montis Cassini episcopus Signiensis († 1125) expositio in psalmos, Romae 1789 und Migne CLXIV.

25. Oddo Astensis, monachi Benedictini (Zeitgenosse des vorigen) expositio in psalmos, Migne CLXV, enthält Ps. 1—44, 86—110.

26. Honorius Augustodunensis (ca. 1125) expositio in psalmos, Migne CLXXII, erhalten sind Ps. 1, 50, 51, 100, 101, 150.

27. Petri Lombardi († 1164) commentarium in psalmos, Migne CXCI.

28. Ernaldus Abbas (ca. 1150) commentarii in psalmum CXXXII, Migne CLXXXIX, in fünf Homilien zerlegt.

29. Ven. Gerhohus († 1169) commentarii in psalmos, Migne CXCIII, enthält Ps. 1—78, 118—150.

30. Anonymus des 13. Jh. comment. in psalmos poenitentiales, Migne CCXVII.

31. Richardi Pampolitani eremitae (Richard Rolle von Hampole, † 1349) psalterium, ed. Coloniae 1536.

In der lateinischen Psalmauslegung des Mittelalters hatte sich ein fester Kanon ausgebildet: nach dem Vorbilde der ältesten Ausleger, besonders Augustins, wurden die Psalmen, wol mit Hinblick auf Lukas 24, 44, auf Christus und zugleich auf die Kirche gedeutet, welche man als das corpus Christi ihm selbst, dem caput, gegenüber betrachtete.

So war schon in gewisser Beziehung die Freiheit der Ausleger beschränkt; noch mehr beschränkten diese sich selbst, indem sie alle mehr oder weniger eng sich an Augustin anschlossen. Im Laufe der Zeit wurde das Ausschreiben des Augustin immer mehr zur Regel, so dass es endlich gar verpönt war und für Hochmuth gehalten wurde, wenn ein Ausleger nicht den grossen Kirchenlehrer compilierte. Gerhoh von Reichersberg hatte die bittersten Vorwürfe deshalb auszuhalten; man beschuldigte ihn, dass er sich vermesse, es besser wissen zu wollen als die heiligen Väter, und gegen diesen Vorwurf musste er sich in geharnischter Rede vertheidigen:

Sed aemuli mei nolentes, immo et dedignantes credere, quod istius modi ardeam igne, moventur contra me addentes igni fervoris ignem doloris: unde non solum caluit, sed igne gemino concalescit cor meum intra me, dum peccat aliquis, ac pene scandalizatur in me, quod scribo, quod in psalmorum tractatu ex dictis patrum quaedam colligens aliquid supererogo, praesumtioni deputans et vanae gloriae. verum tamen quomodocunque volunt, praesentes de nobis iudicent, futuri clementius iudicabunt. (Gerhoh, comment. in ps. 38, 4.)

Ein solcher Feuerkopf war Notker nun nicht, und deshalb geht er den gleichen Weg, wie die übrigen Commentatoren.

Je mehr man sich aber im Mittelalter auf das Formelle legte, desto mehr trat auch das Bedürfniss hervor, die Erklärung der Psalmen mit Schulweisheit zu durchflechten. Und da gab es eine zweite überreiche Quelle, aus welcher man bei dem Mangel eigener Productivität schöpfen konnte: Cassiodor. Zwar hatte dieser selbst seinen Commentar zum Theil auf Augustin gestützt, aber er fügte eine wahrhaft erdrückende Masse gelehrter, meist rhetorischer Bemerkungen hinzu. Augustin und Cassiodor, das sind die beiden Autoritäten, welche fast alle späteren Erklärer zu Grunde legten; selbst Beda, welcher vielfach später als Quelle benutzt wurde, stimmt oft wörtlich mit Augustin überein.

Nicht immer gieng man bis auf diese Quellen zurück, sondern man begnügte sich oft mit compilatorischen Werken, z. B. dem Breviarium pseudohieronymianum. Um so mehr Beachtung verdient es, dass Notker nicht nur zu den beiden Hauptquellen Augustin und Cassiodor griff, sondern auch noch den Commentar des Hieronymus heranzog, den die Ungunst der Zeit inzwischen vernichtet hat.

Seine Quellen gibt Notker selbst an. In dem Briefe an den Bischof von Sitten (Hattemer III S. 4) schreibt er: hinc reversus ad divina totum psalterium et interpretando et secundum Augustinum exponendo consummavi. Diese Stelle beweist schon im voraus, dass Augustin als die Hauptquelle zu betrachten ist. Derselbe wird zum öfteren auch in den Psalmen selbst citiert: Ps. 73, 29: *Also Augustinus chît.* — 93, 28: *Sih dir selbo lector (lêso) uuieo Augustinus chéde.* — 118, Einleitung: *Verba Sancti Augustini.* — 118, a, 6: *Vaz sint siê chit sanctus Augustinus âne facta iustitiæ.* — 118, c, 4: *Vuunder ist chit augustinus.* — 138, titel: *Secundum Augustinum.* — 115, 9: *An dien exemplaribus augustini et cassiodori uuirt échert eînest fúnden.*

Die zweite Quelle, Cassiodor, nennt der Verfasser ausser an der letzten schon angeführten Stelle noch Ps. 102, 23: *so cassiodorus ságet.*

Aus dieser Stelle wol hat Delitzsch seine Vermuthung geschöpft, dass auch Cassiodor von unserem Autor verarbeitet sei; vielleicht auch haben ihn die rhetorischen Stellen an Cassiodor erinnert. Delitzsch nämlich sagt in seinem biblischen Commentar über die Psalmen, Leipzig 1873, Vorr. S. 41: 'Aus Augustin, vielleicht mit Zuziehung Cassiodors, hat Notker (gest. 1022), der Mönch des Klosters St. Gallen, die seine deutsche Psalmübersetzung Vers für Vers begleitende kurze Erklärung entnommen.'

Hieronymus' Name wird genannt Ps. 67, 67: *Secundum ieronimum chît iz sô.* — 105, 34: *Jeronimus chît iz chéde in confractione iræ eius.*

An zahlreichen Stellen spricht Notker endlich auch im Allgemeinen ohne Nennung des Namens von seiner Quelle, so Ps. 77, 67; 103, 36; 105, 51; 108, 22; 108, 23; 117, 13; 118, i, 2; 118, r, 9; 118, t, 3 u. ö.

Die angeführten Belege für Cassiodor und Hieronymus allein beweisen freilich nur, dass Notker an jenen einzelnen Stellen die genannten Schriftsteller eingesehen hat; ja es bliebe selbst die Möglichkeit, dass er neben Augustin eine secundäre Quelle benutzte, welche an den betreffenden Stellen Cassiodor, beziehungsweise Hieronymus citiert, und dies ist Ps. 67, 67 thatsächlich der Fall, wie unten gezeigt werden wird.

Eine eingehende Untersuchung ist daher nöthig, und es wird meine Aufgabe sein festzustellen, in welchem Maasse

Notker einmal Augustin, dann ob und in welchem Umfange er Cassiodor und Hieronymus herangezogen hat.

AUGUSTINS COMMENTAR.

Seine enarrationes in psalmos umfassen alle Psalmen; nur sehr wenige derselben hat er so kurz behandelt, dass sie als Predigten nicht zu verwerthen waren, die weitaus grösste Zahl dagegen ist studiose nimis latiusque erklärt (Cassiod. de instit. divin. lit. c. IV) und zu Predigtzwecken bestimmt. Ja über einen und denselben Psalm hat Augustin oft mehre, bis zu vier Predigten gehalten, ganz abgesehen von dem langen 118ten, welcher ein kleines Werk für sich bildet.

Augustins Commentar ist der umfangreichste von allen: kaum den zwanzigsten Theil davon macht Notkers Werk aus, und selbst Gerhoh von Reichersberg, wenngleich sehr ausführlich, bleibt hinter ihm zurück. Aus dieser gewaltigen Masse von Stoff hat Notker das, was seinem Zweck am meisten zu dienen schien, entnommen, und zwar hält er sich keineswegs an die Reihenfolge, welche er in seiner Quelle vorfand, sondern innerhalb eines Psalmes, selten darüber hinaus, bringt er bald späteres früher, bald früheres später, ein Beweis, dass jedesmal der Interpretation ein genaues Studium der Quelle vorangegangen sein muss.

Augustin suchte mit peinlicher Gewissenhaftigkeit aus jedem Psalmwort eine Beziehung auf das neue Testament herauszuinterpretieren. Soweit aber folgte ihm Notker nicht; wo die Beziehung auf historische Verhältnisse zu klar war, da verliess er seine Hauptquelle. Dadurch, dass er so im Vergleich zu Augustin einen durchgängig realeren Standpunct einnimmt, zeigt Notker sich als praktischer Gelehrter: ihm lag der Zweck, welchen Augustin verfolgte, nämlich durch sein gewaltiges Wort die noch vom Heidenthum und Sectierern umgebene Gemeinde von der Realität ab in eine ganz und gar ideale Sphäre zu lenken, sehr fern: bei ihm, dem Kenner der aristotelischen Logik, wird man sich auch vergeblich nach einem fälschen Schluss umsehen, wie ihn Augustin zu Stande bringt: beati qui lugent — ergo miseri qui rident. Doch ist Notker, wo er Augustin folgt, so abhängig von demselben, dass er ihn, natürlich mit starken Auslassungen, fast nur übersetzt, oft sogar unübersetzt niederschreibt. Ist daher Augustin kurz, so ist es unser Autor meistens auch, wie dies die Psalmen 11 — 14 u. a. beweisen. Recht deutlich zeigt sich, wie genau Notker seiner Quelle folgte, an der Einleitung zu Ps. 118; bezeichnende Stellen sind auch Ps. 64, 26; 66, 6; 68, 14; 80, 28; 82, 11 und zahlreiche andere, wo er das Original einfach lateinisch dem Leser darbietet. Und doch ist Notker kein mechanischer Uebersetzer, sondern legt auch beachtenswerthe Sorgfalt an den Tag: man vergleiche nur Ps. 9, 67:

Pupillo tu eris adiutor: id est, ei, cui moritur pater hic mundus.

Pupillo tu eris adiutor. Démo uuêisen hílfest dû. Démo muôter disiû uuerlt tôd ist.

Interessant ist auch ein Vergleich von Ps. 45, 18 mit der Quelle.

Was den Inhalt des deutschen Commentars betrifft, so ist derselbe im grossen und ganzen augustinisch: denn aus Augustin ist die wirklich theologische Erklärung zum grössten Theil geschöpft, wie auch die zahlreichen meist paulinischen Sprüche gewöhnlich dieser Quelle entstammen. Auch gibt es keinen einzigen Psalm, für welchen Augustins Erklärung nicht benutzt wäre. Unverkennbar ist es dabei, dass der Verfasser im Verlaufe seiner Arbeit sich mehr und mehr an seine Vorlage anschloss; während im ersten Drittel des Werkes wörtliche und unübersetzte Entlehnungen sich kaum finden, sind solche in der Folge in grosser Zahl anzutreffen, nehmen aber gegen Ende des Werkes wieder ab.

Welche Grundsätze Notker bei der Auswahl seiner Erklärungen geleitet haben, ist nicht schwer zu erkennen. Augustins Homilien sind voll von weitschweifigen Ermahnungen und, was den grössten Theil seiner, wie aller Predigten, ausmacht, von Beispielen aus dem täglichen Leben. Da erzählt er z. B., wie der Christ sich verhalten müsse, wenn Jemand ihn auf der Strasse auffordert, mit ihm in das Theater zu gehen. Dann soll der Christ nicht etwa das Anerbieten nur ablehnen, sondern anstatt mit dem Verführer in das Theater zu gehen, diesen vielmehr selbst mit sich in die Kirche nehmen.

Das Beispiel aus dem täglichen Leben fehlt bei Notker ganz, und somit ist die grösste Masse des augustinischen Commentars unverwerthet geblieben.

Ferner gefällt sich Augustin darin, alle Möglichkeiten der Erklärung, welche seine unläugbar poetische Begabung ihm eingibt, auch der Gemeinde vorzutragen. Wenn daher Ps. 85 von dem inferno inferiori die Rede ist, so schliesst Augustin zunächst daraus, dass es noch eine zweite obere Hölle geben muss. Wozu aber, fährt er fort, dienten die beiden Höllen? Die erste Möglichkeit ist, dass die beiden Höllen graduell verschieden sind, und dass die ärgsten Sünder in die unterste, die minder schlimmen in die obere kommen. Die zweite Möglichkeit ist, dass ein genereller Unterschied besteht, dass die untere Hölle die Stätte der Verdammnis ist, die obere dagegen ein indifferenter Ort, an welchem die Seelen der guten bis zum Gericht verbleiben. Von alledem steht bei Notker nur die einfache Angabe, dass die obere Hölle der Aufenthaltsort der sancti, die untere der der verdammten ist.

Und so ergibt sich der zweite Hauptunterschied: Notker begnügt sich da, wo Augustin alle Möglichkeiten der Erklärung in Betracht zieht, meist mit der einfachen Angabe einer einzelnen oder dem Resultat von Augustins Untersuchung.

Selbstverständlich fehlen bei Notker auch alle die Partien, welche Augustin mit Bezug auf die Zeitverhältnisse verfasst hatte. So ist bei Notker vom Bekehren der Heiden wenig mehr die Rede, während Augustin fortwährend davon spricht. Ebenso enthält sich Notker, mit Ausnahme weniger Stellen, z. B. Ps. 71, 13, der Ausfälle gegen die Donatisten (vgl. z. B. die lat. Quelle zu 33, 6) und andere Häretiker, deren Bekämpfung einen grossen Theil von Augustins Leben ausfüllte, und welche fast in allen Predigten desselben angegriffen werden; diese Angriffe waren im zehnten Jahrhundert überflüssig, nachdem es längst keine Donatisten als Partei mehr gab, wenn auch ihre Häresie, wie viele andere, als theologischer Streit immer wieder auftauchte.

Dagegen ist es von culturhistorischem Interesse, dass Notker es fortwährend mit den Juden zu schaffen hat. Zwar fand er viele Angriffe gegen dieselben schon bei Cassiodor, manche auch bei Augustin, doch kam es ihm vielleicht vom Herzen, wenn er sich diese Angriffe nicht entgehen liess, sondern gerade in bemerkenswerther Weise sie hervorkehrte. Seltsam genug klingt es freilich, wenn er mit einer gewissen Naivetät erklärt, die Juden seien gemeint, wo der alte jüdische Psalmsänger die *Gojîm* schmäht.

CASSIODORS COMMENTAR.

Der einzige und beste Beweis für die Benutzung desselben wird durch den Augenschein geliefert. Denn wenn man den deutschen Commentar auch nur für wenige Psalmen vergleicht — abgesehen von den ersten, für welche Notker alle seine Quellen freier behandelt hat, als in der Folge — so wird die directe Benutzung schon keinem Zweifel unterliegen, dehnt man aber die Untersuchung auf den ganzen Commentar aus, so finden sich nur wenige Psalmen, in welchen Cassiodor nicht in ausgiebiger Weise benutzt ist. Ich verweise in dieser Beziehung auf die Quellensammlung und mache als besonders bezeichnende Stellen auf Ps. 11, 19; 26, 29; 32, 22; 34, 11; 43, 42; 44, 21; 76, 28 aufmerksam.

Die Annahme, dass der Verfasser aus einer secundären Quelle geschöpft habe, ist deshalb ausgeschlossen, weil kein einziger der späteren, welche Cassiodor benutzten, für Notker auch nur im entferntesten ausreicht; sie haben zum grossen Theil gerade andere Abschnitte Cassiodors herausgehoben und stimmen demnach nur selten zu Notker.

Cassiodor hat gleichfalls alle Psalmen commentiert, und zwar in folgender Weise: zuerst ein Kapitel de titulo psalmi, dann ein zweites divisio psalmi, hierauf die expositio und endlich eine conclusio, enthaltend eine Zusammenfassung des Ganzen, Ermahnungen u. dgl. Den so gebotenen Stoff hat Notker über sein ganzes Werk hin benutzt; übergangen sind nur die Psalmen 42, 69, 74, 114, 115, 116, 121, 122, 123, 125, 126, 128, 130, 131, 132, 134.

Fast könnte man auf den Gedanken kommen, dass Notker zugleich mit dem engeren Anschluss an Augustin im Verlauf der Arbeit Cassiodor seltener eingesehen hat: Ps. 1—50 ist Cassiodor nur für einen, Ps. 50—100 für zwei, Ps. 100—150 für dreizehn Psalmen nicht benutzt. Sollte Notker wirklich seine Arbeitslust gegen Ende des Werkes verlassen haben?

Aus Cassiodor sind nahezu alle grammatischen, rhetorischen und naturwissenschaftlichen Erläuterungen, auch manche theologisch-exegetische, sowie eine Anzahl citierter Sprüche entnommen. Ferner beruht auf ihm auch meistens die Eintheilung der Psalmen, d. h. die Angabe, aus wessen Sinne, des Propheten, Christi, der Kirche etc. die einzelnen Abschnitte gesprochen sind; doch ist diese Eintheilung nicht in einem eigenen Kapitel, wie bei Cassiodor, sondern an entsprechender Stelle im Commentar selbst angemerkt.

Durch die Verarbeitung Cassiodors hat unser Commentar seinen wissenschaftlichen Charakter erhalten.

Es ist schon gesagt worden, dass Cassiodor seinerseits auch aus Augustin geschöpft hat: daher fällt es an einigen Stellen schwer zu entscheiden, wer als Quelle zu betrachten ist. Nur ein Beispiel sei mir gestattet.

In Ps. 21 lesen wir bei Notker: *Sicut aqua effusus sum. et dispersa sunt omnia ossa mea. Ih pin uz kegozzen also uuazzer.unde zeuuorfen sint alliu miniu bêin. Ih habo uz kefrumet mine apostolos (poten). die mine starchen sint. mit diên uuásco ih diea uuerlt íro únsúberi.* Augustin erklärt die Stelle folgendermassen: Ossa sua firmos suos dicit. ossa enim firma sunt in corpore. quando dispersit ossa sua? quando dixit illis: ecce ego mitto vos velut agnos in medio luporum. firmos suos dispersit et sicut aqua effusus est. aqua enim, quando effunditur, aut abluit aut irrigat. effusus est Christus sicut aqua, abluti sunt sordentes, rigatae sunt mentes. Endlich Cassiodor: Dispersa sunt omnia ossa eius, id est, firmi ac fideles apostoli, quando dixit eis: ecce ego mitto vos velut agnos in medio luporum: tunc illi sicut aqua effusi sunt. aqua enim quando funditur et rigat et abluit: sic illi orbem terrarum divino imbre satiantes peccatorum sordibus abluerunt.

Augustin und Cassiodor stimmen hier fast wörtlich zu einander, und doch werden wir den letzteren als Quelle anzusehen haben, da die Worte: *mine apostolos, die mine starchen sint,* offenbar aus Cassiodors firmi ac fideles apostoli geschöpft sind; bei Augustin finden sich diese Worte gar nicht. Ebenso stimmen die Worte: *diea uuerlt* zu orbem terrarum bei Cassiodor.

Hier ist also eine sichere Entscheidung möglich; wo eine solche nicht zu treffen war, habe ich in der Quellensammlung der Hauptquelle Augustin den Vorzug gegeben.

Aber noch eins muss in Betracht gezogen werden. Cassiodor hat nicht nur aus Augustin geschöpft, sondern auch aus Hieronymus, wie die häufige Citierung desselben beweist. Hat nun Notker alles, was zu Cassiodor stimmt, aus diesem geschöpft, oder würde nicht vielleicht Hieronymus an vielen Stellen sich als eine nähere Quelle herausstellen? Entscheiden lässt sich diese Frage nicht, da Hieronymus' Commentar verloren gegangen ist. Aber wie vieles, was sicher aus Augustin geschöpft ist, sich auch zur Noth aus Cassiodor erklären liesse, so mag auch ein Theil dessen, was zu Cassiodor stimmt, nicht diesem, sondern der gemeinsamen Quelle Hieronymus entnommen sein.

Bei alledem ward vorausgesetzt, dass Notker wirklich den Hieronymus benutzt hat. Ich will die Gründe anführen, welche dies wahrscheinlich machen.

DER VERLORENE COMMENTAR DES HIERONYMUS.

Von einem Psalmencommentar des Hieronymus ist uns unmittelbar nichts erhalten. Was er von den Psalmen in seinen Briefen erklärt, ist nur gering. Es finden sich Erklärungen in der epistola ad Principiam virginem (Ps. 44), ep. dilectissimis fratribus Sunniae et Fretelae (textkritische Bem. zu allen Ps.), ep. ad Marcellam de aliquot locis ps. 126, ep. ad Cyprianum (Ps. 89). Wenn in der letzteren gesagt wird, die Nacht zerfalle in vier Vigilien, jede zu drei Stunden, und wenn bei Notker sich die gleiche Angabe findet, so ist dies eine so naheliegende Erklärung zu vigiliae, dass man daraus keinen Schluss auf Benutzung ziehen darf. Das sogenannte Breviarium ist längst als unächt, und zwar meist als Compilation aus Origenes, Hilarius, Eusebius, Eucherius erkannt, ebenso sind die Commentare zu Ps. 41 und 117 (Hieron. opp. ed. congr. S. Mauri tom. V) spuria.

Zweierlei ist also festzustellen: erstens, ob es überhaupt einen Psalmencommentar des Hieronymus gegeben und welche Beschaffenheit derselbe gehabt hat; und zweitens, ob Notker denselben benutzt hat.

Ich lasse zunächst die Zeugnisse für die ehemalige Existenz des Commentars folgen. Einige derselben sind schon in der praefatio generalis zu Hieronymus' Werken (ed. Bened., Vallarsius etc.) verwerthet.

A. Selbstzeugnisse des Hieronymus.

Im catalogus seiner Schriften gibt er selbst an, dass er tractatus über die Psalmen 10—16 verfasst habe. In der Schrift contra Rufinum I, 19 sagt er: illud carpere dicitur, quod secundum psalmum interpretans pro eo, quod legimus in latino: apprehendite disciplinam, et in hebraico volumine scriptum est Nescu bar, dixerim in commentariolis meis, adorate filium .... quid igitur peccavi, si verbum ambiguum diversa interpretatione converti? et qui in commentariolis, ubi libertas est disserendi, dixeram: adorate filium.

B. Das Zeugnis Augustins.

In dem commonitorium in Fortunatianum 14 führt Augustin die Auslegung einer Stelle aus Ps. 93 an mit der Angabe, dass dieselbe von Hieronymus herrühre. Die Stelle findet sich fast wörtlich im Breviarium wieder; ich füge die Varianten des letzteren in Klammern bei:

Cum ille vir (i. e. Hieronymus) in scripturis doctissimus psalmum exponeret, ubi dictum est: intellegite ergo, qui insipientes estis in populo, et stulti aliquando sapite, qui plantavit aurem, non audiet, aut qui finxit oculum, non considerat, inter caetera, iste locus, inquit, adversus eos maxime facit, qui anthropomorphitae sunt, qui dicunt deum habere (membra Br.), quae etiam nos habemus: verbi causa dicitur (dicatur Br.) deus habere oculos, quia (quia fehlt Br.) oculi domini respiciunt omnia. et audivit, inquit, Adam sonum pedum domini deambulantis in paradiso. haec simpliciter audiunt, et humanas imbecillitates ad dei magnificentiam referunt. ego autem dico, quod deus totus oculus est, totus manus est, totus pes est. totus oculus est, quia omnia videt. totus manus est, quia omnia operatur, totus pes est, quia ubique est. ergo videte, quid dicat: qui plantavit aurem, non audiet, aut qui finxit oculos, non considerat? et (aut qui — et fehlt Br.) non dixit: qui plantavit aurem, ergo ipse aurem non habet; non dixit, ergo ipse oculos non habet: sed quid dixit? qui plantavit aurem, non audiet, qui (et qui Br.) finxit oculos, non considerat? membra tulit, efficientias dedit.

C. Zeugnisse Cassiodors.

Er citiert häufig die Auslegung des Hieronymus, so Ps. 50, 13: nam et beatus Hieronymus adversus haereticos in hoc psalmo luculenter et breviter de trinitate disseruit. Ps. 104: scire autem debemus, alleluia neutri generis esse definitum, quod et sanctus Hieronymus in expositione eiusdem psalmi evidenter designat.

Das wichtigste, meines Wissens noch nirgend benutzte Zeugnis ist Cassiod. de institutione divinarum litterarum cap. IV: sequitur psalterii codex quartus, qui nobis primus est in commentariorum labore, sed bis binum locum tenet in ordine. hunc in quibusdam psalmis beatus Hilarius, beatus Ambrosius et beatus Hieronymus, in omnibus tamen beatus Augustinus studiose nimis latiusque tractavit.

Aus diesen Zeugnissen geht mit völliger Sicherheit hervor: dass Hieronymus Tractate über die Psalmen verfasst hat, und dass dieselben auch in späterer Zeit benutzt wurden.

Eine vetus et rancida controversia (præf. gener. in Hieron. opp.), an welcher sich schon Erasmus und Tillemont versucht haben, ist es aber, ob Hieronymus für sämmtliche Psalmen oder nur für einen Theil derselben Erklärungen geschrieben hat. Diese Streitfrage findet ihre endgültige Erledigung durch das alte und gewiss zuverlässige Zeugnis bei Cassiodor de instit. divin. litt. cap. IV. Aus diesem geht unmittelbar hervor, dass Hieronymus nur einen Theil der Psalmen commentiert hat.

Freilich darf man in quibusdam psalmis nicht so verstehen, als habe H. nur einige Psalmen erklärt; denn die quidam psalmi des Hilarius, welche in gleicher Reihe mit Hieronymus genannt werden, füllen einen stattlichen Band.

Das später unter Hieronymus Namen verbreitete Breviarium kann Cassiodor noch nicht für den ächten Hieronymus gehalten haben; denn erstens umfasst dieses sämmtliche Psalmen, und zweitens ist im Ps. 50 desselben keine Vertheidigung der Trinität gegen Häretiker enthalten, wie dies Cassiodor in der oben genannten Stelle zu Ps. 50 für den ächten Hieronymus bezeugt.

Allein es bleiben noch schwierige Fragen zu erledigen. Wie kommt es, dass Hieronymus im catalogus seiner Schriften nur von tractatus über die Psalmen 10—16 spricht, während er selbst c. Ruf. I, 19 von seinem commentariolus zu Ps. 2 spricht und die Existenz weiterer commentarioli angibt; während von seinem Zeitgenossen Augustin noch eine Auslegung zu Ps. 93, von Cassiodor noch zu mehren anderen bezeugt wird? Sind ferner die commentarioli für etwas anderes zu halten, als die ausführlichen tractatus?

Da die Schrift contra Rufinum vor dem catalogus verfasst ist, so müssen auch die in derselben erwähnten commentarioli vor dem catalogus geschrieben sein. Die Herausgeber meinen nun, dieselben seien deshalb nicht in den catalogus aufgenommen, weil sie vielleicht nicht ein vollständiges Werk waren; aber warum erwähnt denn Hieronymus die Tractate über Ps. 10—16, welche doch auch kein vollständiges Werk sind? Denn diese bilden nicht etwa eine besondere Gruppe, wie z. B. die psalmi graduum oder die poenitentiales. Mir scheint es vielmehr, als habe er dieselben übergangen, weil sie eine etwas leichte Behandlung des Stoffes enthielten (ubi libertas est disserendi, vgl. S. 14), und ihm daher zu unwichtig schienen.

Daraus, dass Hieronymus Tractate über Ps. 10—16 im catalogus erwähnt, die vor demselben verfassten commentarioli aber übergeht folgt: dass die commentarioli des Hieronymus verschieden waren von den ausführlichen tractatus desselben.

Die bei Augustin und Cassiodor bezeugten Auslegungen zu Ps. 93, 50 und 104 sind gleichfalls nicht im catalogus genannt. Entweder also sind die Citate aus den commentariolis geschöpft, oder es liegen Tractate zu Grunde, welche Hieronymus nach dem catalogus verfasst hat. Cassiodors Citate mögen sich vielleicht auf die commentarioli beziehen; aber die lange Stelle bei Augustin common. in Fortun. weist auf einen ausführlichen tractatus. Dieser muss also nach dem catalogus verfasst sein, wenn nicht etwa die ganze Stelle aus einem verlorenen Briefe des Hieronymus stammt — eine Vermuthung, welche in der praefatio generalis ausgesprochen wird. Wir hatten bereits gesehen, dass Hieronymus einige Psalmen in Briefen erklärt hat. Nun ist die Stelle bei Augustin gegen die Anthropomorphiten gerichtet, und bei Sokrates lib. VI. hist. eccl. wird bemerkt, dass Hieronymus gegen ägyptische Mönche einen Brief geschrieben hat, in welchem er die Häresie der Anthropomorphiten bekämpft. Die Möglichkeit liegt also vor, dass Augustin aus diesem uns verlorenen Briefe die Stelle geschöpft hat. Wie dieselbe in das Breviarium gekommen ist, davon wird unten noch zu reden sein.

Bis an das Ende seines Lebens hat sich Hieronymus mit der Psalmauslegung beschäftigt. Neun Jahre vor seinem Tode, nämlich in dem ca. 410 verfassten Commentar zu Jesaias c. 63 verspricht er tractatus zu Ps. 8 und 83, und in dem nicht lange vor seinem Tode verfassten Commentar zu Jeremias einen Tractat zu Ps. 23. Ob er noch dazu gekommen ist, sein Versprechen zu erfüllen, darüber fehlt es an Berichten.

Auch auf den Charakter der verlorenen Tractate und commentarioli können wir aus einigen Stellen bei Hieronymus schliessen. In einer epistola ad Paulinam sagt er: David, Simonides noster, Pindarus et Alcaeus, Flaccus quoque, Catullus atque Serenus, Christum lyra personat. — Comment. in Esaiae proph. cap. 23: legimus in quadragesimo quarto psalmo, qui specialiter ad coniunctionem sponsi et sponsae, id est, ad deum salvatorem et ecclesiae pertinet sacramenta etc. Aus diesen Belegen, sowie aus den in Briefen erhaltenen Tractaten zu Psalmen zeigt sich, dass Hieronymus gleichwie die übrigen Commentatoren die Psalmen mystisch, d. h. auf Christus und die Kirche gedeutet hat.

Fassen wir das Ergebnis zusammen, so zeigt sich: Hieronymus hat zu einer Anzahl Psalmen ausführliche tractatus, zu andern minder ausführliche commentarioli, auf keinen Fall aber einen vollständigen Commentar über alle Psalmen verfasst. Seine Auslegung war, wie allgemein üblich, die mystische.

Die zweite Frage, welche zu beantworten ist, war dahin gerichtet, ob Notker die Auslegungen des Hieronymus benutzt hat.

Hieronymus' Name wird an zwei Stellen bei Notker genannt, Ps. 67, 67 und 105, 34. An der erstgenannten Stelle ist das Citat aus Cassiodor geschöpft und bezieht sich auch nicht auf die Erklärung — denn diese stimmt fast wörtlich zu Cassiodor —, sondern auf den Psalmtext. Cassiodor nämlich schreibt an der entsprechenden Stelle: Offerunt velociter ex Aegypto; Aethiopia festinet manus dare deo. non gravat et hunc versum secundum translationem patris Hieronymi recipere, qui et propter hebraicam veritatem sequendus est, et nexum nobis ambiguitatis absolvit. Hebraica veritas nannte man allgemein die dritte Uebersetzung des Hieronymus im Gegensatze zu seinen beiden älteren, dem psalterium gallicanum und romanum (vgl. den unten S. 27 f. folgenden Abriss der Geschichte des Psalmtextes). Cassiodor, welcher wie Notker meist dem gallicanum folgt, hat an unserer Stelle absichtlich die Lesart des Textes iuxta hebraeos vorgezogen, und Notker gibt, seiner Quelle folgend, nichts als eine Notiz zum Texte.

Ps. 105, 34 jedoch ist das Citat nicht aus Cassiodor oder

Augustin geschöpft und auch nicht auf den Text zu beziehen. Denn dieser ist im gallicanum und romanum völlig übereinstimmend mit Notker, während die versio iuxta hebraeos lautet: nisi Moyses electus eius stetisset medius contra faciem illius, ut converteret indignationem eius. Von 'in confractione irae eius' lesen wir in den Texten des Hieronymus nichts, ebenso auch nicht in Text und Erklärungen bei Augustin und Cassiodor.

Ps. 105, 34 muss also Notker eine Quelle eingesehen haben, welche er entweder für Hieronymus hielt, oder welche die vorliegende Erklärung als hieronymisch bezeichnete.

Nun hat das Breviarium pseudohieronymianum aber eine ganz ähnliche Erklärung: dixit, ut disperderet eos, si non Moyses electus eius stetisset in confractione in conspectu eius . . . . perierat enim populus, nisi Moyses confregisset iram omnipotentis dei, et tu cum videris populum dei delinquentem, cane tuba. annuntia eis delicta eorum, et sta in confractione ad deum, ut avertatur furor eius ab eis. Kein anderer der erhaltenen Commentare gibt eine ähnliche Auslegung dieser Stelle. Da nun das Breviarium auch sonst bisweilen zu Notker stimmt, so wird sich nach dem vorliegenden Material die Frage so gestalten:

1. Hat Notker im allgemeinen seinem Commentar noch eine dritte Quelle zu Grunde gelegt?

2. Wenn dies der Fall, ist das Breviarium oder ein anderer verlorener Commentar, welcher Ps. 105, 34 ebenso erklärt, diese Quelle?

1. Ausser Augustin und Cassiodor hat Notker bestimmt noch weiteres Quellenmaterial benutzt. Denn dass das, was nicht aus Augustin und Cassiodor geschöpft ist, nicht des Verfassers eigene Erfindung ist, geht daraus hervor, dass für diesen nicht sehr beträchtlichen Rest sich in zahlreichen alten Commentaren Parallelstellen finden, und zwar handelt es sich nicht nur um Anklänge an den deutschen Commentar, sondern um geradezu wörtliche Uebereinstimmung bei Stellen, die keineswegs loci communes sind (vgl. die Quellen zu 16, 31;

50, 3; 103, 37; 106, 1; 142, 12 u. a.). Das Vorhandensein einer dritten Quelle steht also fest.

2. Es fragt sich, ob das Breviarium diese Quelle ist. Hier und da finden sich Stellen, welche wörtlich zu Notker stimmen, so besonders Ps. 103, 37. Aber diese Stellen sind so vereinzelt im Verhältnis zum ganzen Commentar, dass eine Benutzung des Breviarium unwahrscheinlich wird. Ueberdies reicht das Breviarium nicht im entferntesten aus, die Lücken zu decken, während andererseits eine Anzahl anderer Commentare, besonders Beda und Remigius weiteres Material zum ausfüllen der Lücken bieten.

Die Thatsache ist also: Kein einziger der erhaltenen Commentare reicht allein als dritte Quelle für Notker aus, eine unmittelbare Benutzung vieler anderer neben zwei Hauptquellen ist aber nicht wahrscheinlich, besonders da auch mit Hinzunahme aller übrigen noch ein Rest bei Notker übrig bleibt, für welchen die Quelle fehlt. Auch dieser Rest hat aber ganz wie das übrige Werk den Charakter einer Uebersetzung aus dem lateinischen.

Nun ist es aber kaum zu bezweifeln, dass das Breviarium den ächten Hieronymus in sich verarbeitet hat. Denn Ps. 93 enthält, wie schon oben (S. 14) gezeigt war, eine lange Stelle, welche nach Augustins ausdrücklichem Zeugnis aus Hieronymus' Feder stammt — und es wäre doch wunderbar, wenn der Compilator des Breviarium diese einzelne Stelle aus einer im übrigen von ganz andern Dingen handelnden Schrift Augustins entnommen hätte. Das Breviarium geht ferner häufig auf den hebräischen Grundtext zurück — und dies ist wieder Hieronymus' Art, welcher allein eine eingehende Kenntnis des hebräischen besass. Beda, welcher etwa die gleiche Anzahl Parallelstellen zu Notker liefert, wie das Breviarium, muss ebenfalls Hieronymus benutzt haben, da dessen Name mehrfach genannt wird. Das Breviarium und Beda enthalten also Elemente des ächten Hieronymus.

Wenden wir uns nun zu Notker zurück, so stehen wir

vor folgenden Möglichkeiten: Wenn Notker Ps. 105,34 seine Erklärung als aus Hieronymus entnommen bezeichnet, so hat er:

1. entweder das Breviarium, welches zu dieser Stelle dem Sinne nach stimmt, für ein Werk des Hieronymus gehalten und aus diesem geschöpft. In diesem Falle müssen wir noch eine oder mehre verlorene Quellen annehmen. Oder

2. es liegt Notkers Werk eine dritte uns verlorene Quelle zu Grunde, welche er entweder für Hieronymus gehalten hat, oder welche an der entsprechenden Stelle Hieronymus citiert. Oder

3. Notker hat aus dem ächten Hieronymus geschöpft, und die Uebereinstimmung einzelner Stellen mit dem Breviarium, Beda u. a. erklärt sich daraus, dass sie auf die gemeinschaftliche Quelle Hieronymus zurückgehen.

Da wir doch einmal unter allen Umständen eine verlorene Quelle für Notker voraussetzen müssen, so bleibt das einfachste die Annahme, *dass Notker als dritte Quelle Hieronymus benutzt hat. Diese Quelle hat er, da sie sich nicht über alle Psalmen erstreckte, auch nicht für alle benutzen können.* In der That reichen auch für zahlreiche Psalmen Augustin und Cassiodor als Quelle aus, wie ein Blick in die Quellen lehrt. Ob Notker die ausführlichen tractatus oder die commentarioli des Hieronymus zur Verfügung standen, dafür fehlt es in dem vorhandenen Material an jedem Anhalt.

Einen erwünschten Beleg für die Benutzung des Hieronymus gibt uns Notkers Ps. 44. Nach Abzug des aus Aug. und Cass. geschöpften bleiben übrig: die zweite Hälfte von 2, die beiden Sprüche in 7, der Spruch in 32 und die ganze Erklärung zu 37. Die Sprüche in 7 beziehen sich auf die Sacramente, der Spruch in 32 auf die Kirche. Dies stimmt überraschend zu dem, was Hieronymus comment. in Esaiae proph. c. 23 sagt: legimus in quadragesimo quarto psalmo, qui specialiter ad coniunctionem sponsi et sponsae, id est, ad deum salvatorem et ecclesiae pertinet sacramenta. Aehnlich so comment. in Ezechiel prophetae cap. 48. Die in der ep. ad Principiam enthaltene Auslegung desselben Psalms bezieht diesen nicht auf die Sacramente.

Ist Hieronymus Notkers dritte Quelle, so erklärt sich auch manches, was sonst räthselhaft bliebe. Sehen wir uns einmal Ps. 103, 37 an. *Herodius ist maior omnium uolatilium. der úberuuíndet den áren. unde ízet ín. unde bezêichenet potentes fortissimos. die ouh uuîlon duônt renuntiationem sæculi. unde hûsont in himele. Daz pilde lucchet ouh dara ándere die uuêicheren sint. uuanda in íro zímberon lîchet.* Bis zu den Worten *Daz pilde* ist das ganze offenbar aus einem Guss geschrieben. Aus Augustin oder Cassiodor ist diese Erklärung nicht geschöpft, aber wir lesen im Breviarium: Erodius maior est omnibus volatilibus, qui aquilam vincit et comedit. Damit hört die Uebereinstimmung mit Notker auf, und doch geht bei letzterem die Erklärung uno tenore weiter. Alles ist in bester Ordnung, wenn Hieronymus die gemeinsame Quelle beider ist: dann hat Notker die vollständige Erklärung entlehnt, das Breviarium aber nur einen Theil derselben. Hierdurch wird zugleich ein Anhaltspunkt dafür gewonnen, welchen Text Hieronymus dem Tractate über diesen Psalm zu Grunde gelegt hatte: herodii ist eine Lesart des gallicanum, während im romanum noch das der Itala eigene fulicae steht; die versio iuxta hebraeos übersetzt ganz anders.

Noch eine Frage will ich hier erledigen, welche, an sich etwas ferner liegend, doch auf Notkers Quellen Licht zu werfen vermag.

In Gregors — wahrscheinlich Gregors VII., nicht des Grossen (vgl. praef. in Breviarium) — Commentar zu den psalmi poenitentiales findet sich eine Erklärung mit dem Zusatz, dass dieselbe von Hieronymus stamme. Man nahm bisher an, dass schon der Verfasser dieses Commentars das Breviarium für ein Werk des Hieronymus gehalten und aus diesem geschöpft habe. Ich stelle die beiden Fassungen gegenüber:

Ps. 50, 18.

Breviarium.	Gregor.
Merito inter reliquas beatitudines beatitudo haec continet principatum. beati, in-	Sunt enim plerique, qui etsi peccata sua fletibus puniunt, pauperes tamen op-

quit, pauperes spiritu, quoniam ipsorum est regnum caelorum. qui non in vanitatibus saeculi inflantur, sed a deo accipiunt spiraculum vitae: atque contritionem anxii cordis in eum refundunt, qui pro nobis humilis factus est.	primere potestatis suae dominatione non cessant . . . .
vel multi habent cor contritum, sed non habent humiliatum, quia plangunt, quod fecerunt, et postea ad ipsum reverti desiderant, quod antea fecerunt, et de praeterito nolunt poenitere.	vel sicut beatus Hieronymus hunc locum exponit, illi cor conterunt, sed non humiliant, qui peccata quidem, quae commiserunt, deflent, sed tamen eadem committere etiam post fletum non timent.

Möglich wäre es schon, dass Gregor aus dem Breviarium geschöpft hat, wenn nicht eins zu Bedenken Anlass gäbe. Trotz der geringen Anzahl psalmi poenitentiales — es sind ihrer sieben — stimmt Gregor mehrfach zu Notker, wo dieser weder aus Aug. noch aus Cass. geschöpft hat. Dies ist der Fall Ps. 50, 10, wo auch Beda die gleiche Erklärung gibt; Ps. 101, 16, wo zwar Aug. dem Sinne nach ähnlich erklärt, aber Gregor und Notker fast wörtlich stimmen (communicando, vgl. d. Quellen); Ps. 142, 12, wo Remigius ebenso erklärt. Das heisst also: Gregor und Notker haben dieselbe verlorene Quelle benutzt, und diese Quelle ist auch von Beda und Remigius compiliert worden. Wir sind daher zu dem Schluss genöthigt, dass Gregor aus dem ächten Hieronymus geschöpft hat, und dass die Uebereinstimmungen zwischen ersterem und dem Breviarium aus der gemeinsamen Quelle Hieronymus herrühren.

Es verdient endlich noch hervorgehoben zu werden, dass sich in den übrigen Commentaren des 11. und 12. Jh., abgesehen von Stellen, welche aus Aug. oder Cass. entnommen sind, sonst selten und soviel ich sehe nur da Uebereinstimmung mit Notker zeigt, wo dieselben aus dem Breviarium oder Beda geschöpft haben.

Zur Feststellung dieser Resultate habe ich die mir zugänglichen und oben aufgeführten Commentare sämmtlich verglichen, und ist mir nicht überhaupt ein älterer Commentar unbekannt geblieben, so hoffe ich, das aus dem überlieferten für Notker zu gewinnende ans Licht gefördert zu haben. Die sich ergebenden Parallelstellen zu dem deutschen Commentar sind in die Quellensammlung aufgenommen, nicht als ob sie selbst als Quellen zu betrachten wären, sondern weil sie das Zugrundeliegen einer dritten Quelle und deren Beschaffenheit zeigen.

Zweierlei geht aus der vorstehenden Untersuchung mit einiger Sicherheit hervor: erstens, dass Notker als dritte Quelle Hieronymus benutzt hat, und zweitens, dass des letzteren Commentar wahrscheinlich noch Gregor dem VII., schwerlich aber anderen Zeitgenossen desselben und späteren zugänglich war.

Ausser den angeführten Quellen wird kaum eine weitere von Notker benutzt sein. Von dem Einfluss einer griechischen Vorlage zeigt sich nirgends eine Spur; da es aber doch möglich wäre, dass Notker solche in einer lateinischen Uebersetzung benutzt hätte — es gibt deren alte, z. B. zum Origenes —, so habe ich die hauptsächlichsten griechischen Commentare, und zwar die des Origenes, Eusebius, Chrysostomos, Athanasius, auch des letzteren περι ἐπιγράφης ψαλμῶν, den Commentar des Basilius, sowie die namenlosen bei Migne, ser. graec. LV, verglichen. Das Ergebnis war ein negatives.

Mit Berücksichtigung dessen, was über das Verhältnis von Augustin, Hieronymus und Cassiodor zu einander gesagt ist, stellt sich demnach die Genesis des Notkerschen Commentars folgendermaassen dar:

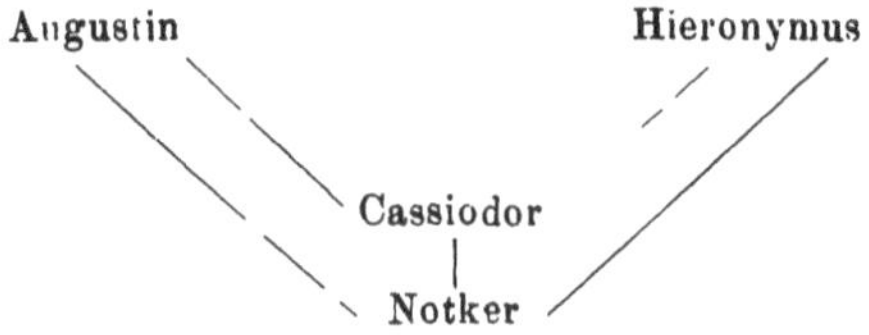

Es handelt sich nun noch darum, ob unser Autor überhaupt etwas aus eigener Erfindung seinem Commentar einverleibt hat.

Da ist zunächst zu bedenken, dass schon nicht vie' für ihn übrig bleibt, wenn man die erhaltenen Quellen vergleicht, und dann, dass dieser Rest noch mehr zusammenschrumpfen würde, wenn Hieronymus zur Vergleichung vorläge.

Doch geben sich Ps. 28, 24; 80, 5; 89, 7; 103, 39 leicht als Gedanken eines sangallischen Autors zu erkennen; auch 76, 14 scheint sich auf den Klosterbrauch zu S. Gallen zu beziehen.

Der Vers aus Vergil (Aeneis I, 174), welcher sich am Schluss des 28. Psalms findet, könnte vielleicht bei Hieronymus vorg.legen haben, wenigstens liebt dieser es, seine Commentare mit würdigen Sentenzen aus den classischen Dichtern auszustatten.

Zwei Stellen, für welche ich keine Quelle anzugeben vermag, verdienen noch eine besondere Beachtung: die Einleitung zu den psalmis graduum und die leoninischen Hexameter im Anfange des 9. Psalms.

Die Einleitung zu den Stufenpsalmen beginnt mit den Worten: *Eînen Judeum in sîna uuîs uuîzzigen frâgeta man, uuannan cantica graduum so genâmot uuârin.* Heinzel, Wiener Notker s. XLVI, meint, dass diese Stelle mit dem Juden, welcher zu Notkers Zeit sich in S. Gallen aufhielt (vgl. Dümmler in Hpts. Zs. XIV, S. 20), wol einen Zusammenhang haben könnte. Möglich ist es, aber man muss bedenken, dass das ganze doch zu sehr das Gepräge einer Uebersetzung aus dem lateinischen trägt, und dass der letzte Abschnitt auch nicht ein deutsches Wort enthält.

Es liegt wol näher, hier an Hieronymus als Autor zu denken, welcher im Jahre 374 sich nach Chalcis zurückgezogen hatte und dort, sowie auf einer zweiten Reise in den Orient zu Bethlehem theils von jüdischen Convertiten theils von Rabbinen in hebräischer Sprache und jüdischer Sitte sich unterweisen liess. Es ist also gar wol möglich, dass, wie die Einleitung zu Ps. 118 wörtlich aus Augustin, so die zu Ps. 119 ff. aus Hieronymus übersetzt ist.

Eine Stütze findet diese Annahme in dem, was Hieronymus comment. in ep. ad Galatas cap. II. kurz über die Stufenpsalmen bemerkt: siquidem quindecim sunt carmina in psalterio, et quindecim gradus, per quos ad canendum adscendunt deo, et in atriis eius consistendum iustus adscendit. Dies steht inhaltlich in völligem Gleichklang zu Notkers Einleitung.

Die leoninischen Hexameter Ps. 9 lassen wegen ihrer kurzen epigrammatischen Form vermuthen, dass man in ihnen vielleicht ein dictamen diei debitum oder dictamen magistro (vgl. Dümmler, Hpts. Zs. XIV, S. 3) zu sehen hat, welches als wolgelungen von dem Meister in seine Arbeit aufgenommen wurde. Metrische Uebungen waren damals in der S. Galler Schule allgemein beliebt, wie Eckehart, M.G. SS. II, 118, 125 berichtet. Wenn man nicht Notker selbst für den Verfasser der fraglichen Verse halten will, so liegt es nahe an Eckehart IV zu denken, welcher sich viel mit Versemachen befasste und sich gewöhnlich der leoninischen Hexameter mit klingendem Reim bediente. (Dümmler a. a. O. S. 8 u. 11).

DIE QUELLEN DER WIENER HANDSCHRIFT.

An drei Stellen, welche Heinzel, Vorr. S. XXXV, angibt, weicht die Hs. W gänzlich von SG ab. Heinzel hat gewiss Recht, wenn er Lücken in der Vorlage und selbständige Ergänzung des fehlenden durch einen Bearbeiter für diese Stellen annimmt (Vorrede S. XXXVII). Er hat ferner sehr scharfsinnig bemerkt, dass die Quellen lateinische und zum Theil dieselben gewesen sind, welche auch SG benutzte. In der That ist der ganze Abschnitt Ps. 107, 14 bis 108, 24 eine wörtliche Uebersetzung aus Cassiodor, viel mechanischer angefertigt, als es Notkers Art ist. Nur für Ps. 108, 6 und 16 scheint auch Augustin eingesehen zu sein.

Anders jedoch ist es mit den beiden andern Ergänzungen Ps. 10, 9—13, 3 und Ps. 17, 3—26. Hier bieten Augustin und Cassiodor nur zum Theil die Quelle; für den Rest hat entweder des Verfassers eigene Erfindung gesorgt, oder es liegt noch eine dritte Quelle zu Grunde. Eine solche zu ermitteln ist mir bisher nicht gelungen.

Das gesammte Quellenmaterial für den Wiener Notker ist am Schluss der entsprechenden Abschnitte in der Quellensammlung abgedruckt.

DER PSALMTEXT NOTKERS UND DER WIENER HS

Es bleibt noch festzustellen, welchen Psalmtext Notker seinem Werke zu Grunde gelegt hat. Die S. Galler Hs. wird uns wol denselben ziemlich rein erhalten haben, wenigstens lassen sich Widersprüche zwischen Text und Commentar schwerlich nachweisen.

Es fragt sich zuerst: ist Notker einem bestimmten Text gefolgt, oder hat er sich selbständig einen Text hergestellt? Sicher ist, dass sein Text zu keinem der überlieferten stimmt.

Aber wie Notker sich in den Erklärungen an die Kirchenväter anschloss, so kann man auch a priori sicher sein, dass er seinen Text auf anerkannte Autoritäten der katholischen Kirche stützte; und für den Text gab es nur eine Autorität, Hieronymus.

Dieser hatte, um kurz die Geschichte des Psalmtextes zu skizzieren, auf Verlangen des Papstes Damasus die älteren lateinischen Versionen, welche man unter dem Namen der Itala zusammenfasst. einer Revision unterworfen, welche gerade für die Psalmen etwas eilig und flüchtig ausfiel (Hieron. praef. in libr. psalm.). Das Ergebnis war das sogenannte psalterium romanum, welches noch heute in der Peterskirche zu Rom gebräuchlich ist (vgl. Kaulen, Geschichte der Vulgata S. 160). Hieronymus fühlte selbst das Bedürfnis nach einer sorgfältigeren Uebersetzung, und diese fertigte er zu Bethlehem, indem er sein Psalterium nach der Hexapla des Origenes corrigierte. Auf diese Weise entstand das psalterium gallicanum, so genannt, weil es zuerst in Gallien Eingang fand (Kaulen a. a. O. S. 163). Dieser Text ist in die Vulgata aufgenommen, während den übrigen ursprünglich hebräisch verfassten Büchern des alten Testaments nach Beschluss des Tridentiner Concils die dritte Uebersetzung des Hieronymus zu Grunde gelegt wurde, welche unmittelbar aus dem hebräischen übertragen ist und gewöhnlich iuxta hebraeos genannt wird.

Dass das gallicanum in die Vulgata aufgenommen wurde, mag darin seinen Grund haben, dass die Psalmen bei der endgültigen Feststellung des Textes bereits in einer bestimmten Form in aller Munde waren, während die Uebersetzung iuxta hebraeos einen ganz anderen Charakter trägt als die älteren Versionen (Hieron. praef. in libr. psalm. ed. Vallarsius Bd. IX, S. 1155), und sonach nicht zu den hergebrachten Melodien passte.

Notkers Text nun ist nicht der Italatext des Augustin oder der dem gallicanum nahestehende Text des Cassiodor; der versio iuxta hebraeos steht Notkers Text sehr fern. Es kommen daher nur die beiden anderen Texte des Hieronymus, das gallicanum und romanum, in Betracht. Im allgemeinen stimmt Notkers Text zum gallicanum, die davon abweichenden Stellen aber sind aus Augustin und Cassiodor entlehnt. Gibt Notker die varia lectio an, so beruht dies regelmässig auf Angaben seiner Quelle.

Wenn wir das gallicanum mit G, das romanum mit R, Augustin mit A und Cassiodor mit C bezeichnen, so ist deren Verhältnis gewöhnlich

G, SG (und W), meist auch C.
A, häufig C, R.

Ist dies nicht der Fall, so tritt fast ohne Ausnahme das Verhältnis

G W
A C R SG

und diesem ähnliche ein. Das heisst mit Worten: *Notker weicht oft zu Gunsten Augustins und Cassiodors vom gallicanum ab, und stimmt demnach häufig zum romanum, welches der Itala näher steht als das gallicanum; in diesem Falle setzt W die Lesart des gallicanum gewöhnlich wieder ein; da dies jedoch nicht immer durchgeführt ist, so ist klar, dass W noch unter dem Einflusse des Textes von SG steht.* Ps. 17, 69 die Lesart in proelio findet sich beispielsweise nur in einigen Augustin-Hss., in SG und W, während G und R ad proelium lesen.

Den gesammten kritischen Apparat für den Text hier zu geben, verbietet mir der zugemessene Raum; ich gedenke denselben gelegentlich in der Zs. f. d. A. zu veröffentlichen.

Unter diesen Umständen kann man wol Heinzels Ansicht nicht aufrecht halten, nach welcher Notkers Werk einmal seinen lateinischen Psalmtext verloren hat, welcher dann in W durch den vulgaten Text ersetzt wurde. Mit dieser Annahme bliebe das Vorhandensein der Itala-Elemente ganz unerklärt. Denn man kann doch unmöglich glauben, dass bei der hypothetischen Hinzusetzung des lat. Textes der Redactor von W aus dem deutschen Text sich an vielen Stellen die Itala-Lesart reconstruiert hat, er würde gewiss nicht immer das rechte Wort, sondern ein synonymum gesetzt haben (vgl. Braunes Rec. des Wiener Notker im lit. Centralbl. 1876 S. 1305 und meine Bemerkungen zum W. N. in der Zs. f. d. A. Bd. XXII).

Bisweilen scheint auch das romanum unmittelbar auf SG eingewirkt zu haben. Allerdings können diese Abweichungen vom gallicanum auf Rechnung der Hss. gesetzt werden, welche vielfachen Schwankungen unterliegen, besonders durch die von Kaulen a. a. O. hervorgehobene fromme Uebung des 'emendierens'. Aber es ist auch möglich, dass Notker einen zweispaltigen Text, das romanum und gallicanum enthaltend, zur Hand gehabt hat Ein solcher befand sich in S. Gallen, wie Delitzsch in seinem Commentar S. 29 Anm. erwähnt. Es ist dies der cod. 230 der öffentlichen Bibliothek zu Bamberg, ein psalterium gallico-romano-hebraico-graecum, im Jahre 909 von Salomon, Abt von S. Gallen und Bischof von Constanz, geschrieben. Kaiser Heinrich II. erhielt den Codex in S. Gallen zum Geschenk und nahm ihn mit sich nach Bamberg.

Der Grund, weshalb Notker vom gallicanum abwich, ist ganz klar: da die Erklärungen in seinen Quellen oft genug auf Wortklauberei beruhen, so hätte sich der Autor manche an sich gute Bemerkung müssen entgehen lassen, wenn er dem gallicanum gefolgt wäre. —

II.

DER ZWECK VON NOTKERS WERK.

Die Psalmencommentare, welche aus dem Mittelalter auf unsere Zeit gekommen sind, sondern sich deutlich in zwei Gruppen: solche welche homiletischen Zwecken dienten, und solche welche für die Lectüre bestimmt waren, sei es als Erbauungsbücher, sei es zur Förderung der theologischen Wissenschaft.

Wie man sich der Psalmen in der Kirche bediente, darüber haben wir bestimmte Nachrichten: sie wurden beim Gottesdienst gesungen, bis später die Hymnen zum Theil an ihre Stelle traten (Isidorus Hisp. de ecclesiasticis officiis cap. V. und VI); andererseits aber hielt man Predigten über sie, so besonders Augustin, dessen Homilien über die Psalmen, wenn auch nicht alle in Wirklichkeit vorgetragen (vgl. seine Einleitung zu Ps. 118), doch in homiletischer Form abgefasst sind.

Da Notker sich hauptsächlich auf Augustin stützte, so ist es wichtig zu erfahren, was für Andeutungen der letztere über den Gebrauch der Psalmen gibt. Vorausschicken will ich einen Bericht des Hieronymus, welcher in einem Briefe an Paulus und Eustochius schreibt: Omnes tamen psalmi quotidie in toto anno per ordinem psalli possunt secundum consuetudinem ecclesiarum et monasteriorum. Denselben Gebrauch machte auch Augustin von den Psalmen, wie aus zahlreichen Stellen seines Commentars hervorgeht; nur einige mögen hier folgen. Im Anfang des Ps. 86 sagt er: Psalmus, qui modo cantatus est, brevis est numero verborum, magnus pondere sententiarum. — Ps. 37, 1: opportune ad id, quod cantavimus . . . — Ps. 38, I, 1: psalmi huius, quem modo cantavimus, et tractandum suscepimus, titulus est . . .

Jedoch scheint es, als habe Augustin oft den Psalm, welchen er sich zur Erklärung ausgewählt hatte, von einem l e c t o r lesen oder singen lassen, wie die folgenden Stellen zeigen: Ps. 138, 1: Psalmum nobis brevem paraveramus, quem mandaveramus cantari a lectore; sed ad horam, quantum videtur, perturbatus, alterum pro altero legit. — Ps. 46, 1:

In hoc psalmo, quem cantatum audivimus. Der Vortrag des Bibeltextes durch lectores oder psalmistae war in der Kirche sehr beliebt (Isid. Hisp. de origine ministrorum cap. XI und XII).

Man pflegte also die Psalmen in der Kirche zu singen und darüber Predigten zu halten; und das letztere that nicht nur Notkers Quellenschriftsteller Augustin, sondern von den Griechen z. B. Basilius und Chrysostomos (für den letzteren bestreitet es Tillemont), und von den Lateinern schon vor Augustin dessen Lehrer Ambrosius.

Aber bei weitem die grössere Anzahl der griechischen und lateinischen Commentare war für das Lesen bestimmt, so besonders der des Cassiodor, Hilarius Pictavensis, Beda, von griechischen der des Origenes, Eusebius u. a. Gerade die Psalmen waren im Mittelalter eine sehr beliebte Lectüre, nicht nur der Gelehrten, sondern auch der Laien. Liess doch die Kaiserin Gisela sich Notkers Psalmen für ihren Gebrauch in S. Gallen abschreiben, und Otfrid I, 5, 10 gibt der Jungfrau Maria den Psalter in die Hand, welchen sie *unz in enti* singt.

In Bezug auf Notkers Commentar handelt es sich also darum: haben wir in ihm eine Reihe von Homilien zu sehen, wie der Autor solche in seiner Hauptquelle Augustin fand, oder liegt uns ein Werk vor, welches für die Lectüre und besonders für die Klosterschule bestimmt war, an deren Spitze Notker viele Jahre gestanden hat. Für die erste Ansicht hat sich Wackernagel mit grosser Bestimmtheit und scheinbar nicht anfechtbaren Gründen ausgesprochen, und ihm ist Heinzel im Wiener Notker gefolgt. Auch Scherer, Sitzungsbericht der phil.-hist. Classe der Wiener Akademie LIII. S. 293 hat die Verwendung zu Predigten vorausgesetzt.

Ich werde auf doppelte Art nachzuweisen suchen, dass Wackernagel geirrt hat: einmal negativ, indem ich die Gründe Wackernagels widerlege, und positiv, indem ich andere schwerwiegende Gründe für eine andere Ansicht beibringe.

Wackernagel argumentiert in den altd. Pred. u. Geb., Basel 1876, S. 323 folgendermassen: 'Aber gleich daneben stellt sich zu einer fast noch mehr als billigen Vergütung das Hauptwerk Notkers, die Uebersetzung und Erklärung der Psalmen. Denn diese war nicht gleich anderen Büchern für das stille Lesen bestimmt, sondern wie S. Augustinus über die Psalmen gepredigt hat (vgl. noch bei Notker den Eingang des 118ten), so hat auch Notker seine Verdeutschungen theils vielleicht als Tischreden, theils und gewiss beim Gottesdienst in der Klosterkirche vorgetragen. Nach Beendigung des 88. Psalms heisst es: Explicit sermo secundus habitus per vigilias Sancti Cypriani. *Hier ist ende dises psalmi, der ze zeuuein mattinon Sancti Cypriani gebredigot uuard,* und der 38ste schliesst mit einem Zuruf an gegenwärtige Hörer: Hic laudate dominum, quoniam bonus psalmus.'

Dieselbe Ansicht spricht Wackernagel auch in der Litteraturgeschichte (2. Aufl. S. 106) aus, obwol er richtig dazu bemerkt, die Auslegung der Psalmen unterscheide sich in nichts von den erklärenden Schriften Notkers. Heinzel S. xx stimmt Wackernagel völlig zu, und legt sogar der Einleitung zu Ps. 118 grösseres Gewicht bei, als dies selbst Wackernagel thut, welcher sich vorsichtig darüber ausdrückt. Wir wollen jene Stellen der Reihe nach betrachten.

Zunächst Ps. 38: Hic laudate dominum, quoniam bonus psalmus. Dies soll ein Zuruf an gegenwärtige Hörer sein. Allein mit solchen Argumenten würde auch bewiesen, dass das Breviarium an gegenwärtige Hörer gerichtet sei; denn wir lesen Ps. 107 in demselben: Rogo vos, diligenter animadvertite; und doch ist das Breviarium nichts als ein gedrängter und zum grossen Theil textkritischer Commentar. Das einfache Vorkommen einer Ermahnung beweist noch nicht, dass dieselbe an gegenwärtige Hörer gerichtet ist, und vollends in unserem Falle ist eine solche Auffassung wegen des hic sehr bedenklich. Denn eine Predigt mag wol mit nunc laudate dominum schliessen; hic kann aber nur bedeuten: an dieser Stelle, nachdem ihr den Psalm gelesen habt. Ueberdies würde Notker wol eine Ermahnung in deutscher Sprache an die Gemeinde gerichtet haben, wenn er nicht tauben Ohren predigen wollte. Denn auf eine gelehrte Versammlung könnten doch wol die von Wackernagel vorausgesetzten Predigten nicht berechnet gewesen sein, da Notker dann mit weniger Mühe hätte lateinisch predigen können.

Der ganze Zuruf an gegenwärtige Hörer stellt sich also heraus als ein Psalmvers (146, 1), welcher mit dem Zusatz hic an diese Stelle gesetzt ist. Der Vers steht übrigens in der Hs. W nicht, so dass es auch möglich ist, dass der Schreiber von SG ihn aus eigenem Antriebe an unserer Stelle eingeschaltet hat.

Die zweite von Wackernagel angezogene Stelle ist der Schluss von Ps. 88: Explicit sermo secundus etc. Wenn dies Notkers Worte wären, und wenn sie sich auf seinen Commentar bezögen, so wäre unzweifelhaft Wackernagels Ansicht richtig. Ich will zu erweisen suchen, dass die angeführten Worte eine andere Beziehung haben, und bin deshalb genöthigt etwas weit auszuholen.

Augustin hat seine Predigten über die Psalmen nicht nur in seiner Diöcese Hippo Regius gehalten, sondern viele auch gelegentlich in Utica, und besonders in Carthago (vgl. die Mauriner-Ausg. von 1730 Vorr. S. IV). In Carthago hatte im Jahre 258 der Bischof Cyprian, welcher trotz des Edictes Valerians seine Gemeinde lange Zeit mit Umsicht geschützt hatte, infolge eines erneuten Edictes das Martyrium erlitten, und so war es ganz natürlich, dass er zu Carthago in Augustins Zeit einer besonderen Verehrung genoss: es war ihm eine Basilika geweiht, und auch die Stelle, wo er den Tod erlitten hatte, die mensa Cypriani, war ein vielbesuchter und verehrter Ort (die Belege unten S. 34).

Augustin nun hat über eine grosse Anzahl von Psalmen zu Carthago gepredigt, sicher ist dies für Ps. 32, 36, 38, 50, 55, 72, 80, 85, 86, 103. 146. Auch wo diese Predigten zu Carthago gehalten wurden, darüber bekommen wir Nachrichten theils in den Predigten selbst, theils durch alte Notizen zu denselben. Augustin scheint seine Gemeinde besonders gern an der schon genannten mensa Cypriani um sich versammelt zu haben; ich schliesse dies aus seinem Nachwort zu Ps. 80: Cras illi habent, ut audivimus, mare in theatro, nos habeamus portum in Christo. sed quoniam perendino die, id est, quarta sabbati, non possumus ad mensam Cypriani convenire, quia festivitas est sanctorum martyrum, crastino ad ipsam mensam conveniamus. — 38, 1: Habitus Carthagine ad mensam Cypriani, eine handschriftliche Notiz. Was es mit dieser mensa Cypriani für eine Bewantnis hatte, darüber gibt uns Augustin selbst Auskunft. Ps. 80, 4 heisst es: Hoc est, quod vos et ad illam mensam beati martyris exhortati sumus. Zu beati martyris nun lautet die Anmerkung der Mauriner: Scilicet ad mensam Cypriani martyris, nominatim designati postea n. 23. nempe apud Carthaginem, quo loco martyrium consummavit Cyprianus, 'in eodem loco', inquit Aug. serm. 113 de diversis c. 2, 'mensa deo constructa est, quae mensa dicitur Cypriani, non quia ibi est unquam Cyprianus epulatus, sed quia ibi est immolatus.' Aber auch in der Basilika des Cyprian, in welcher der Heilige bestattet war, hat Augustin gepredigt, wofür folgendes als Beleg diene. Ps. 32, I, 5: Nonne id egit institutio in nomine Christi vigiliarum istarum, ut ex isto loco citharae pellerentur. Zu vigiliarum istarum die Anmerkung der Mauriner: Consule sermonem 311, cap. 5, ubi haec ipsa res luculentius refertur; eoque ex loco, uti et ex proxime subsequenti enarratione n. 9 intelleges, hos de XXXII psalmo tractatus habitos fuisse in ecclesia, ubi Cypriani martyris corpus iacebat. — Ps. 36: Recenti sermone commendavimus caritati vestrae, et deum esse possessionem nostram et nos esse possessionem dei. Dazu die Anmerkung: Id sane commendavit supra pag. 203 et 204 in 2 super 32. psalmum sermone habito apud Carthaginem in basilica S. Cypriani: qua in civitate hos quoque super 36. psalmum sermones pronuntiatos fuisse intelleges variis ex locis.

Für zwei Predigten Augustins können wir mit ziemlicher Sicherheit annehmen, dass sie am Cypriantage gehalten sind: die über Ps. 72 und 85. Zu der ersteren machen die Mauriner die Anmerkung: Sermo ad plebem habitus forte an. 411 in pervigilio S. Cypriani. Dies wird geschlossen aus der ep. 140 ad Honoratum c. 5. n. 13. Es muss ausdrücklich dabei betont werden, dass in der ganzen Predigt der Name Cyprians nicht genannt wird Für Ps. 85 gibt Augustin selbst Andeutungen. Er sagt daselbst: Contristatus est beatus Cyprianus in passione, modo consolatus est in corona . . . . si modo pugnamus contra nos, quamvis geramus domum somni carnem istam, et vigilamus in his luminaribus, et solemnitas ista dat nobis animum vigilandi. Daraus ziehen die Herausgeber mit Recht den Schluss: Sermo ad plebem in pervigilio solemnitatis forte S. Cypriani et apud Carthaginem habitus.

Auch sonst erwähnt Augustin den heiligen Cyprian in den Psalmen, z. B. 36, III, 13: Etsi dicit sententiam proconsul in Cyprianum: alia est sella terrena, aliud tribunal caelorum.

Aber für seine Zuhörer bedurfte es gar nicht der ausdrücklichen Nennung des Namens; es genügte den martyr zu nennen, um verstanden zu werden, da für die Carthager damals Cyprian der Märtyrer κατ' ἐξοχήν war. So ist, wie wir oben sahen, Ps. 32 in der Basilika des Cyprian vorgetragen worden; wenn nun Augustin in seiner Erklärung dieses Psalmes sagt 'ex illis ovibis missis in medium luporum et memorias martyrum celebramus; locus iste, quando martyris beati corpus percussum est, lupis plenus erat': so konnte bei 'martyris beati' kein Zuhörer an einen anderen denken, als an Cyprian, und die Mauriner haben mit gutem Grunde als Anmerkung dazu gesetzt: Cypriani.

Wir sehen also den Namen Cyprians in Augustins Psalmen immer wiederkehren und mit der carthagischen Gemeinde in engster Verbindung. Und nun steht bei Notker am Ende des Ps. 88: explicit sermo secundus habitus per vigilias S. Cypriani. Unwillkürlich drängen sich gleich eine Menge Fragen auf: wo ist die erste Predigt, welche am Cyprianstage gehalten wurde? Denn bei Notker findet sich keine Andeutung, dass vielleicht der ganze Psalm in zwei Predigten zerlegt war. Was in aller Welt hat das Kloster S. Gallen und Notker mit Cyprian zu schaffen, und vor allem, wie käme Cyprian dort gerade zu einer so besonderen Verehrung, dass an seinem Tage gleich zwei Predigten gehalten worden wären?

Alle diese Fragen finden eine genügende Beantwortung aus Augustin. Dieser nämlich hat über den fraglichen Psalm zwei Predigten gehalten, überdies an einem Märtyrertage, und wenigstens die erste früh am Morgen. Die zum Titel gesetzte Notiz lautet bei Augustin: Habitus matutinis horis in martyrum quorundam celebritate; und zur zweiten Predigt: habitus eodem die cum superiori sermone. Die Andeutungen hierfür liegen im Text der augustinischen Auslegung selbst; denn n. 10. heisst es: tu dominaris potestati maris. nam quid fecit mare saeviendo, nisi diem, quem hodie celebramus? martyres occidit, semina sanguis sparsit, seges ecclesiae pullulavit .... (n. 27:) martyres nostri, quorum natalitia celebramus, sanguinem suum propter haec credita et nondum visa fuderunt.

Am Ende der beiden augustinischen Predigten wäre also ein 'explicit sermo secundus' ganz am Platze; denn dass Cyprian von Augustin nicht namentlich aufgeführt wird, könnte nicht auffallen, da auch Ps. 72, wie oben hervorgehoben wurde, ganz dieselbe Erscheinung bietet. Wenn wir matutinis horis so verstehen wollen, dass die Predigt als eine sogenannte matutina gehalten wurde, so differiert diese Angabe nicht sehr von habitus per vigilias: der Unterschied zwischen matutina und vigiliae liegt darin, dass letztere die ganze Nacht hindurch dauerten, erstere vor Sonnenaufgang in diluculo stattfanden (Isid. de origine officiorum cap. XXII u. XXIII), und so konnte bei Notker sogar per vigilias durch *ze zuuein mattinon* erklärt werden.

Erinnern wir uns nochmals, dass Augustin über Ps. 88 zwei Predigten am Märtyrertage, die erste sicher, die zweite vielleicht in der Morgenfrühe gehalten hat, und dass Cyprian für die carthagische Gemeinde der Märtyrer κατ' ἐξοχήν war, so kann es kaum einem Zweifel unterliegen, dass Notker jene für seinen Commentar höchst seltsame Bemerkung in seinem Exemplar des Augustin vorfand. Solche historische Notizen haben die alten Augustin-Hss. thatsächlich gehabt, z. B. der cod. Corbeiensis zu Ps. 44: 'III nonas Septembris quarta feria sermo habitus in basilica Restituta de Psalmo XLIV,' wo die anderen Hss. gar keine Bemerkung enthalten. Aus dem geringen Interesse, welches sie im Vergleich zu dem Autor selbst boten, ist es erklärlich, dass diese Bemerkungen zum Theil verloren gegangen sind. Ich denke man kann getrost künftig zu Augustins 88. Psalm hinzusetzen: habitus per vigilias S. Cypriani.

Wenn es nun ziemlich sicher ist, dass Notker die fragliche Notiz aus Augustin herübergenommen hat, so entsteht die weitere Frage: wie kam er dazu? Notkers Klostergenossen und Schüler haben sicher gewusst, dass sie im wesentlichen ein Excerpt und eine Verdeutschung Augustins vor sich hatten, denn dieser wird hinreichend oft citiert; dem Leser wäre jene Bemerkung also sehr wol verständlich gewesen; aber wahrscheinlich hat der Verfasser doch auch sein Werk in der Schule erklärt, und dann ist es wol eine Notiz für den Lehrer, dazu bestimmt, den Zuhörern Aufschluss über das historische des Quellencommentars zu geben. Und doch könnte eine solche Beziehung auf die lateinische Quelle, wie man sie im vorliegenden Falle annehmen müsste, noch angezweifelt werden, wenn man nicht einen positiven Beweis dafür beibringen kann, dass in der That in Notkers Commentar Dinge stehen, welche sich nicht auf diesen selbst, sondern nur auf die lateinische Quelle beziehen können; diesen Beweis liefert uns aber die Einleitung zu Ps. 118, welche trotz der darüber stehenden Worte 'verba Sancti Augustini' von Heinzel wenigstens als Beleg für den homiletischen Charakter des Werkes beigebracht wird. Ich stelle die deutsche und lateinische Fassung einander gegenüber.

Augustin	Notker
Psalmos omnes ceteros, quos codicem psalmorum novimus continere, quod ecclesiae consuetudine psalterium nuncupatur,	*Alle diê ánderen salmen. die an demo sáltere stânt*
partim sermocinando in populis, partim dictando exposui, donante domino, sicut potui:	*irráhtu ih êinuuéder. dictando. alde fore diên liûten sermocinando.*
psalmum vero centesimum octavum decimum, non tam propter eius notissimam longitudinem, quam propter eius profunditatem paucis cognos-	*Dísen salmen centesimum octavum decimum frista ih niê so férro umbe sîna léngi diê mánnolih uueiz. so umbe sina tiêfi. diê unmanige uuizzen.*

cibilem differebam. et cum molestissime ferrent fratres mei eius solius expositionem, quantum ad eiusdem corporis psalmos pertinet, deesse opusculis nostris, meque ad hoc solvendum debitum vehementer urgerent, diu petentibus iubentibusque non cessi: quia quotienscunque inde cogitare tentavi, semper vires nostrae intentionis excessit.

So dô mîne brûodera

mih pâten unde mir gebúten daz ih min uuerch fólletâte. unde ih in fólleréhtoti an disemo salmen. dô tuálta ih tar lángo ána. uuanda so ofte ih dâr ana stuônt ténchen. so úber uuag er mînen sín. Ih ne mag sâr geságen sina tiêfi. uuanda er sô filo unsemftero ist. so filo er sémftero mánne dúnchet.

quanto enim videtur apertior, tanto mihi profundior videri solet; ita ut etiam quam sit profundus, demonstrare non possem. aliorum quippe, qui difficile intelleguntur, etiamsi in obscuritate sensus latet, ipsa tamen apparet obscuritas: huius autem nec ipsa; quoniam talem praebet superficiem, ut lectorem atque auditorem non expositiorem necessarium habere credatur. et nunc quod tandem ad pertractionem eius accedo, quid in eo possim, prorsus ignoro: spero tamen, ut aliquid possim, adfuturum atque adiuturum deum. sic enim fecit in omnibus, quaecunque sufficienter, cum prius mihi ad intelligendum vel explicandum difficilia ac pene impossibilia viderentur, exposui.

An diên ánderen die unsemfte sint. skînet toh daz.

aber díser bírget iz. sô ferro.

daz sin lector unde sîn aûditor. ne uuânet an ímo durft sin expositionis.

Vnde nu ne mag ih uuízzen zuo gândo. unde sin begínnendo. uuaz ih dar ána getuôe. Ih trûen aber Gótes helfo hiêr also ándersuuâr.

dâr mih ouh éteuuaz tuôhta impossibile ze gerecchene. unde ih iz doh keráhta.

statui autem per sermones id agere, qui proferantur in populis, quas Graeci ὁμιλίας vocant. hoc enim iustius esse arbitror, ut conventus ecclesiastici non fraudentur etiam psalmi huius intelligentia, cuius ut aliorum delectari assolent cantilena. sed sit hucusque prooemium: iam de ipso est loquendum, de quo istuc visum est praeloquendum.

Ih habo áber uuíllen sermones fore liûten dâr uz ze máchonne. diê greci homilias hêizent. Dâr sie sich kesáminont dâr dunchet mir reht.

sîna intellegentiam ze óffenónne.

Dara zuô faho ih nû.

Das ist nichts als eine Uebersetzung, welche abgesehen von wenigen Auslassungen das Original nicht nur, mit König Alfred zu reden, *andgit of andgiete,* sondern *word be worde* widergibt. Wie man daraus beweisen will, dass Notkers Psalmen Homilien sind, ist nicht einzusehen; Notker müsste in geradezu lächerlicher Weise alles dem Augustin nachgemacht haben: er müsste den 118. Psalm zuletzt von allen erklärt haben — man begreift nicht recht warum; er müsste seine Klosterbrüder ersucht haben, ihn zur Erklärung dieses Psalmes anzutreiben; er müsste vorgeben, dass die Erklärung ihm Schwierigkeiten gemacht habe, während doch gerade in diesem Psalm in höherem Maasse als in den meisten übrigen fast kein Wort steht, welches nicht aus Augustin geschöpft wäre. Aber Notker hat selbst dafür gesorgt, dass man ihm später nicht absurdes zutraue, durch den Zusatz: verba Sancti Augustini, und das allein dürfte wol eine Berufung auf die nachfolgenden Worte unmöglich machen. Gerade diese Einleitung und die Bemerkung am Schlusse des 88. Psalms beweisen durch ihre Beziehung auf andere Schriften recht deutlich, was Notker mit seinem Commentar im Sinne gehabt hat.

Doch ich werde positive Beweise dafür beibringen, dass Notkers Zweck ein gelehrter war, wie auch R. v. Raumer, über d. Einfl. d. Christenthums auf d. ahd. Sprache S. 243, annehmen möchte. Ausdrückliche Selbstzeugnisse Notkers sowie zahlreiche innere Gründe lassen keinen Zweifel daran aufkommen.

Sehen wir uns einmal den Brief an, welchen Notker an den Bischof von Sitten schrieb (Hattemer III, S. 3). Der Bischof hatte Notker aufgefordert, irgend eine Arbeit, wie es scheint über Musik oder Metrik (artibus illis renuntiavi), zu unternehmen, und letzterer entschuldigt sich nun in seinem Antwortschreiben, dass er durch die Sorge für seine Klosterschule allzu beschäftigt sei, um der Aufforderung seines Freundes nachkommen zu können. Er zählt die wissenschaftlichen Arbeiten auf, welche er unternommen habe, damit er den Schülern ein besseres Verständnis derjenigen Werke eröffnete, welche sie in der Schule zu lesen hätten. Und diese ecclesiastici libri et praecipue quidem in scholis legendi nennt er: zuerst bearbeitet er eine Anzahl profaner Werke, nach diesen wendet er sich zu theologischen, vollendet den Psalmencommentar und beginnt den Job, dessen Bearbeitung von neuem durch weltliche Schriften unterbrochen wird. Immer spricht der Verfasser von seinen wissenschaftlichen Arbeiten, nicht ein Wort von Predigten. Nach dem Briefe zu urtheilen wird er auch schwerlich viel Zeit zum predigen gehabt haben. Ein zweites Zeugnis findet sich bei Notker Ps. 93, 28: *Sih dir selbo lector (lêso) uuieo Augustinus chêde.* An einen lector als Gehülfe beim Gottesdienst (siehe oben S. 31) ist natürlich hier nicht zu denken, da dieser nur das Amt hatte, den Bibeltext der Gemeinde mit Ausdruck vorzutragen, mit der Auslegung aber gar nichts zu thun hatte (vgl. Isidor a. a. O.); lector bedeutet hier schlichtweg Leser des Commentars. Das sind zwei Selbstzeugnisse, denen gegenüber Wackernagels Gründe hinfällig würden, selbst wenn die von ihm angezogenen Stellen nicht eine andere Erklärung schon gefunden hätten. In dem Briefe an den Bischof von Sitten spricht Notker aus, dass er die Psalmen für die Klosterschule erklärt habe, am angeführten Orte in den Psalmen wendet er sich ausdrücklich an den Leser und verweist ihn auf Augustin.

Endlich will ich noch auf die inneren Gründe aufmerksam machen, welche den gelehrten Zweck der Psalmen erkennen lassen.

Die Einleitung zu den psalmi graduum ist eine Abhandlung, deren letzter Abschnitt in lateinischer Sprache geschrieben und demnach für den kirchlichen Vortrag ganz ungeeignet ist. Nachdem nun die fünfzehn Stufenpsalmen erklärt sind, steht am Ende derselben (Ps. 133): explicit de XV. Psalmis Graduum. So schliesst man keine Predigt oder Tischrede, sondern ein Buch oder einen Abschnitt desselben. Es zeigt sich hier ganz deutlich, dass der Verfasser eine fortlaufende Lectüre seines Werkes im Auge gehabt hat; denn der Einwand, dass vielleicht über diesen Abschnitt nicht gepredigt ist, wol aber über andere, kann sich nach dem, was aus der Vergleichung der Einleitung des Ps. 118 mit Augustin hervorgeht, auf gar nichts stützen.

Sehr häufig ferner verweist Notker auf Erklärungen, welche er früher in anderen Psalmen oder auch in demselben gegeben hat. So heisst es Ps. 107, 25: *Vnde er bringet ze niêhte únsere fienda. Quinquagesimus nonus psalmus (deus repulisti) ságet iz folleghlíchór.* Und der Verfasser fügt nicht hinzu, wie in diesem Psalm die Sache auseinandergesetzt ist, sondern überlässt es dem Leser, die bezeichnete Stelle nachzuschlagen. Ps. 105, 1 lesen wir: *Alleluia ist ôuh hiêr. uuanda also Gótes kenâda skêin in electis suis (an sînen iruuélitin). fóne dîen der êrero psalmus ságeta. so ne gebrást iro oûh in amaricantibus (an dien êiuer tuônten) fone diên nu gesungen sol uuerden.* Durch das *ôuh* gleich im Anfange bezieht sich der Verfasser auf den vorausgegangenen Psalm 104, wo er über Alleluia gehandelt hatte mit den Worten: *Alleluia ist hebreum. latine chit iz. Laudate dominum (lobont got).* Wieder wird der Leser also zum Nachschlagen veranlasst. Ps. 107, 3: *Stant ûf psalterium unde cythara. daz sint miracula (uuúnder) unde passiones (uûizze). also dâr fóre stut in quinquagesimo VI psalmo.* Dort hat Notker die Sache eingehender behandelt. Ps. 58, 1: *Dísen salmen sang Dauid. do saul santa. unde sîn hus pesazta. daz er ín dâr irsluôge. Der ánder têil dísses tituli (fórezeîchenis) ist fore geságet.* Ueber diesen anderen Theil des Titels handelt Notker zwei Psalmen vorher, nämlich am Anfang von Ps. 56. Ps. 40, 1: *Er chad fóne imo selbemo án demo forderen sal-*

men. Augustin sagt an der entsprechenden Stelle 'dicentem in alio psalmo'; und so musste er in einer Predigt sagen, welcher nicht der Ps. 39 unmittelbar vorangegangen war. Notker jedoch konnte, in der Voraussetzung, dass sein Buch einer fortlaufenden Lectüre diente, auf den vorhergehenden Psalm verweisen, wo sich die Stelle findet (39, 38). Aehnliche Verweisungen finden sich noch Ps. 13, 9; 21, 36; 45, 1; 56, 25; 57, 1; 78, 1; 79, 12.

Alle die angeführten Stellen beweisen, dass Notkers Werk für die Lectüre bestimmt war. Dazu kommt noch, dass der ganze Commentar von grammatischen, rhetorischen, geographischen und naturwissenschaftlichen, selbst sprachvergleichenden Bemerkungen voll ist, Bemerkungen, welche in einer Predigt oder geistlichen Tischrede der damaligen Zeit nun und nimmer Platz finden durften. Zwar sind zu allen Zeiten vereinzelte antiquarische Bemerkungen in Predigten aufgenommen, so auch bei Augustin; aber es wurden doch stets daran geistliche Betrachtungen geknüpft (vgl. d. Quelle zu 102, 8). Die antiquarischen Notizen bei Notker sind jedoch selten von mystischer Auslegung begleitet und dabei so zahlreich, dass sie gerade das ganze Werk zu einem wissenschaftlichen machen.

Gelehrte Bemerkungen finden sich besonders an folgenden Stellen; grammatisch-rhetorische: Ps. 28 am Schluss; 31, 17; 34, 29; 43, 42; 77, 24; 77, 67; 80, 5; 138, 36; sprachvergleichende: 89, 7 und 103, 39[1]; naturwissenschaftliche; über

[1] Wir können Notker billigerweise den ersten deutschen Sprachvergleicher nennen, und er hat sich als verständiger Beobachter gezeigt. Wenn noch heute selbst nördlich der Curia Raetorum 'rumonsch' gesprochen wird, so ist anzunehmen, dass zu Notkers Zeit das romanische bis in die Nähe von S. Gallen geherscht hat. Es wäre wunderbar, wenn die Geistlichen der damaligen Zeit nicht romanisch verstanden hätten, wie dies das Interesse des Klosters erforderte, welches aus der Umgegend seine Kräfte heranziehen musste — sind doch noch heute, wo das deutsche fast allgemein dort verstanden wird, die Geistlichen des ladinischen kundig. Dazu beweist Ps. 89,7 ziemlich sicher, dass Notker Kenntnis des vulgär-romanischen besass. In Bezug auf roman. *descent* = 1000, welches er als üblich angiebt, ist zu bemerken, dass das heutige räto-rom. nicht mehr eine Form * *deschts·hient* aufzuweisen

Steine: 118, q, 12; 147, 11; über Thiere: 31, 16, 17; 44, 21; 101, 12, 13, 14; 103, 37, 39; 146, 14; über Heilkunde: 50, 15.

Alle diese wissenschaftlichen Bemerkungen deuten auf einen gelehrten Zweck hin, ebenso wie die zahlreichen Interlinearglossen, welche, rühren sie auch nicht alle von Notker her (vgl. meinen Aufsatz zum Wiener N. in der Zs. f. d. Alt. Bd. XXII), doch beweisen, dass Notkers Werk auch später wissenschaftlichen Zwecken diente.

Endlich war bei Besprechung des augustinischen Commentars darauf hingewiesen, dass Notker gerade diejenigen Partien seiner Vorlage übergeht, welche specifisch Predigtzwecken dienten.

Ich fasse das Ergebnis folgendermaassen zusammen: Es giebt keinen Grund, welcher beweist, dass Notkers Psalmenerklärung eine Reihe von Homilien ist. Zwei gewichtige Selbstzeugnisse des Verfassers dagegen bekunden, dass er einen wissenschaftlichen Zweck verfolgte, und zwar, dass er seinen Commentar für die Lectüre bestimmt hat. Diese Bestimmung geht auf das deutlichste hervor aus den zahlreichen Verweisungen innerhalb des Werkes.

Notkers Psalmen sind die wissenschaftliche, für Schulzwecke bestimmte Arbeit eines Gelehrten, und deshalb mit des Verfassers übrigen erklärenden Schriften in eine Reihe zu stellen.

Noch ein paar Worte zur litterarischen Würdigung des Werkes seien mir gestattet.

hat, wie sie nach Notkers Angabe wol lauten müsste — man sagt *milli*. Aber Notkers ausdrückliches Zeugnis können wir nicht anzweifeln, und *descent* (wol decem centum, nicht decies centum) ist auch durchaus nicht auffälliger, als das schriftfrz. quatre-vingt und soixante-dix. Für die Möglichkeit eines alten *descent* spricht auch der Umstand, dass die hunderter im dortigen roman. zum Theil durch wirkliche Composition gebildet werden: *tschient* = 100, *duos* = 2, *trais* = 3, aber *duatschient* = 200, *trajatschient* = 300, in der Engadiner Mundart. Jedenfalls muss man Notkers Scharfsinn anerkennen, welcher ihn bei der Gegenüberstellung von rom. *uncent, ducent, tercent* (Ps 89, 7) mit deutschem *einhunt, zweihunt, triuhunt* auf das richtige und nahe an das Gesetz der Lautverschiebung brachte, welches ja auch Fr. Junius zuerst für die Gutturalreihe erkannte.

Ein eigenthümliches Denkmal des deutschen Geistes kann man in Notkers Psalmen nicht sehen, nachdem einmal festgestellt ist, dass es so gut wie ganz aus lateinischen Quellen geschöpft ist. Aber Notker durfte nicht anders verfahren; denn er lag nicht im Kampf und Widerspruch mit der Kirche und ihren Lehren, wie dies bei Gerhoh von Reichersberg der Fall war (vgl. S. 5); er war vielmehr selbst Lehrer eines strengkatholischen Klosters, dazu angestellt, rechtgläubige und gehorsame Priester heranzubilden, und musste daher in althergebrachter Weise auch sein Werk auf die Tradition der grossen Kirchenlehrer stützen. Dies brachte der Organismus der Hierarchie mit sich: er, der gelehrte Aristoteliker hätte es sich andernfalls schon müssen gefallen lassen, wenn ihn sein vielleicht minder gelehrter Abt zurechtgewiesen hätte. So stellt sich Notker uns als ein fleissiger, nicht über den Geist seiner Zeit hinaus wirkender Gelehrter dar. Was aber seine Psalmen für uns weit über ähnliche compilatorische Werke des Mittelalters erhebt, das ist das Gewand, in welchem der alte Gelehrte sie uns hinterlassen hat: sie sind das erste gelehrt-theologische Werk in hochdeutscher Sprache. Und damit mag es entschuldigt werden, wenn ich dem Werk eine so umfangreiche Arbeit gewidmet habe. Wenn man mit den Quellen in der Hand Notker auf dem mühevollen Wege begleitet, den er durchmessen hat, um aus einer fast unerschöpflichen Masse von Stoff, welcher ihm in drei grossen Quellen vorlag, das für seinen Zweck brauchbare herauszuschälen, dann wird man Achtung bekommen vor dem Fleisse eines Mannes, der mit der Mühe der Auslegung diejenige des Uebersetzens in eine für wissenschaftliche Zwecke noch nie vorher gebrauchte Sprache verband. Notkers Psalmen werden uns allezeit ein ehrwürdiges Denkmal deutsches Fleisses bleiben.

DIE QUELLEN.

Bei der Zusammenstellung der Quellen habe ich nach Möglichkeit nur diejenigen Worte herausgenommen, welche für Notker unbedingt als Quelle dienten. Unvermeidlich jedoch war es, ein grösseres Stück abzudrucken, an solchen Stellen, wo Notker den Gedanken des Originals mit wenigen Worten widergibt. Hinter jedem Abschnitt habe ich die Quelle angegeben und dabei folgende Abkürzungen angewendet:

A = Augustin,
C = Cassiodor,
Br = Breviarium,
B = Beda,
R = Remigius,
H = Haymo Halberstatensis,
Rf = Rufinus Aquileiensis,
G = Gregorius (VII?),
Al = Alcuin.

Den Text Augustins gebe ich nach der Bened.-Ausg. von 1730, Cassiodor nach Garetius, das Breviarium nach Vallarsius, Beda nach der Ausgabe Coloniae 1688, Gregor nach der Ausg. Paris. 1640, Remigius nach der Ausgabe Coloniae 1536, Rufinus nach Vallarsius 1745, Haymo und Alcuin nach Migne.

PSALM I.

1. Sicut homo terrenus, qui uxori consensit deceptae a serpente, ut dei praecepta praeteriret. A.

3. non fere quisquam est, qui careat amore dominandi et humanam non appetat gloriam. pestilentia est enim morbus late pervagatus et omnes aut pene omnes involvens. A.

6. in tempore suo, id est, postquam clarificatus est resurrectione et adscensione in caelum. tunc enim spiritu sancto misso apostolis et eis in fiducia sui confirmatis et directis in populos fructificavit ecclesias. A.

7. et folium eius non decidet, id est, verbum eius non erit irritum. A.

8. quae omnia videlicet accipienda sunt fructus et folia, id est, facta et dicta. A.

10. et quia homo terrenus, quando inflatur seductorio vento superbiae, de soliditate terrae viventium quasi pulvis abiicitur, quia sua levitate ad firmamentum mandatorum se tenere non potuit, merito pulvis dicitur, qui tamquam substantia tenuis vitiorum flatibus ventilatur. C.

11. impii non resurgent in iudicio, id est, resurgent quidem, sed non ut iudicentur, quia iam poenis certissimis destinati sunt. A. — de his enim dictum est: impius iam iudicatus est. B.

12. peccatores autem non resurgunt in consilio iustorum, id est, ut iudicent, sed forte ut iudicentur. A.

13. novit viam iustorum, id est, approbat opera eorum. B.

PSALM II.

1. Quattuor membris psalmi huius species decora formata est. in primo loquitur propheta de Judaeis propter passionem Christi. C.

2. pro eo dictum est, utquid, ac si diceretur, frustra. non enim impleverunt, quod voluerunt, ut Christus extingueretur. A.

3. adstiterunt, non praesentiam significat, sed voluntatem. nam passionem domini constat coram regibus omnimodo non fuisse. reges autem terrae Herodem vult intellegi, qui persequendo dominum necavit infantes. alterum vero Herodem nepotem eius, qui Pontio Pilato in salvatoris nece consensit. merito ergo adstitisse dicti sunt, qui sacrilegis mentibus consentientes in uno scelere convenerunt. principes autem de pharisaeis dicit. . . . convenerunt in unum, in unam voluntatem, non in unum conventum. C.

4. eorum namque ad Christum pertinet et ad apostolos eius. C. — demus operam, ut non nos alliget, neque imponatur nobis christiana religio. A.

5. nihil horum tamen sapere oportet carnaliter, quasi aut buccis deus irrideat, aut naso subsannet. A.

6. ira ergo dei vocatur retributio peccatorum . . . . tunc loquetur, illud tempus significat, cum iudicare venerit mundum. C.

7. dicta sunt domini salvatoris. C. — Sion autem, si speculationem. ut quidam interpretantur, significat, nihil magis quam ecclesiam debemus accipere . . . . ergo iste sensus est, ego autem constitutus sum rex ab eo super ecclesiam sanctam eius; quam montem appellat propter eminentiam et firmitatem. A. — praedicans praeceptum domini: quod fecit evangelium docens. C.

8. hodie, quia praesentiam significat, atque in aeternitate nec praeteritum quidquam est, quasi esse desierit, nec futurum, quasi nondum sit; sed praesens tantum, quia quidquid aeternum est, semper est. A.

9. hoc per habitum dicitur formamque servilem, ex eo quod filius est virginis. quidquid enim in tempore accepit Christus, secundum hominem ea, quae non habebat, acquiret. hic enim iubetur, ut petat secundum naturam inferiorem et accepta possideat. C.

11. reges eos in virga ferrea: in inflexibili iustitia. A.

12. id est, conteres in eis terrenas cupiditates. A.

13. propheta loquitur. C. — nunc intellegite iam reges, id est, iam valentes regere, quidquid in vobis servile atque bestiale est; et iam valentes pugnare, non quasi aerem caedentes, sed castigantes vestra corpora et servituti snbiicientes. A.

15. servite domino in timore: ne in superbiam vertat, quod dictum est, reges, qui iudicatis terram. A.

17. et pereatis de via iusta, id est, a coelesti rege Christo. C.

18. cum exarserit in brevi ira eius, beati omnes, qui confidunt in eo, id est, cum vindicta venerit. A.

PSALM III.

1. Tam scilicet multiplicati sunt, ut etiam de numero discipulorum non defuerit, qui numero accesserit persequentium. A.

3. manifestum est, quod nisi desperarent resurrecturum, non utique occiderent. A.

4. secundum hominem dicitur deo. A.

6. id est, non corporis voce, quae cum strepitu verberati aeris promitur, sed voce cordis, quae hominibus silet, deo autem sicut clamor sonat. A. — de monte, id est, de divinitatis excellentissima summitate. C.

7. non inconvenienter animadverti potest, quod positum est, ego, ad significandum, quod sua voluntate mortem sustinuit .... somnum autem pro morte positum innumerabiliter scripturae continent. A. — soporatus sum, securam significat pausationem; non sicut impii, qui in morte quatiuntur, quos inquietat iugiter conscientia peccatorum: sed soporatio ista fuit sacri corporis beata dormitio. C.

8. natura enim humanitatis per se non potuisset propria virtute resurgere, nisi eam divina omnipotentia suscepisset. C.

9. nam quod dicit: non timebo, non significat, se non esse moriturum, sed mortem formidare non poterat, quam triduanam et mundo profuturam esse praesciebat. C.

13. accipiamus dentes, verba maledica. A.

14. nemo de se praesumat, quoniam domini est, salvos facere de morte peccati. A.

PSALM IV.

1. Per totum psalmum verba sunt sanctae matris ecclesiae. C.

2. tribulatio est enim, quae dilatat semper ecclesiam, quando eodem tempore confessores fiunt, martyres coronantur totaque turba iustorum contritionibus semper augetur. C.

4. saltem usque in adventum, inquit, filii dei vester error duraverit: quid ergo ultra graves corde estis? A.

5. Arguuntur itaque illi, qui idolorum turpissimo amore flagrabant .... istud autem mendacium idola significat, quae tale nomen merito susceperunt, quia contra dignitatem veritatis erecta sunt. C.

6. sed interpositum diapsalma vetat istam cum superiore coniungi. sive enim hebraeum verbum sit, sicut quidam volunt, quo significatur, fiat, sive graecum, quo significatur intervallum psallendi; ut psalma sit, quod psallitur, diapsalma vero interpositum in psallendo silentium: ut quemadmodum sympsalma dicitur vocum copulatio in cantando, ita diapsalma disiunctio

earum, ubi quaedam requies disiunctae continuationis ostenditur: sive ergo illud, sive hoc, sive aliud aliquid sit, certe illud probabile est, non recte continuari et coniungi sensum, ubi diapsalma interponitur. A.

7. quem, nisi eum, quem suscitavit ab inferis, et in caelo ad dexteram collocavit? increpatur ergo genus humanum, ut ad eum se tandem ab huius mundi amore convertat. A.

8. cum clamavero, dicit, id est, cum bonis operibus divinitati supplicavero. C.

9. quod duobus modis intellegi potest: aut etiamsi irascimini, nolite peccare, id est, etiamsi surgit motus animi, qui iam propter poenam peccati non est in potestate, saltem ei non consentiat ratio et mens, quae intus regenerata est secundum deum, ut mente serviamus legi dei, si adhuc carne servimus legi peccati: aut, agite poenitentiam, id est, irascimini vobis ipsis de praeteritis peccatis, et ulterius peccare desinite. A.

10. quae dicitis in cordibus vestris, subauditur, dicite: ut sit plena sententia, quae dicitis in cordibus vestris, dicite: id est, nolite esse populus, de quo dictum est, labiis me honorant, cor autem eorum longe est a me. A.

11. nam compunctione quadam animarum fit optata conversio: ac si diceret, deserite pravas cogitationes vestras, antequam scelera perpetretis. C.

12. sacrificate sacrificium iustitiae et sperate in domino, id est, recte vivite, et sperate donum spiritus sancti, ut vos veritas, cui credidistis, illustret. A. — et sperate in domino, ut vitam bonam spes felicior subsequatur. non enim hic plene recipere possumus ... sed sperare docemur in domino, ut in futuro promissa salutaria consequamur. C.

13. de ipsa futura vita, quae nobis promittitur. A.

14. hoc lumen est totum hominis et verum bonum, quod non oculis sed mente conspicitur .... homo enim factus est ad imaginem et similitudinem dei. A.

15. dedisti laetitiam in cor meum. non ergo foris quaerenda est laetitia. A.

16. sed homines temporalia sectantes. qui certe multi sunt, nihil aliud noverunt dicere, nisi, quis ostendit nobis bona? cum vera et certa bona intra semetipsos videre non possint. itaque consequenter de his rectissime dicitur, quod adiungit: a tempore frumenti, vini et olei sui multiplicati sunt. A.

16. ergo ista dei non habent peccatores: sed sua, id est, terrena, unde corpus vivat, non anima perfruatur. C.

17. in id ipsum quippe dicitur, quod nulla rerum vi-

cissitudine commutatur: sed ipsum in se permanens incommutabili perennitate consistit C.

18. singularis itaque spes est ecclesiae in membris suis, quia sola recipiat regnum dei, quod Babyloniae populus non potest adipisci. C.

PSALM V.

1. Intellegitur ergo ecclesia, quae accipit hereditatem vitam aeternam. A.

2. bene ostendit, quis iste sit clamor, quam interior de cordis cubili sine strepitu corporis perveniat ad deum: quandoquidem vox corporalis auditur, spiritalis autem intellegitur. A.

5. peracta ergo erroris mei nocte, et discedentibus tenebris, quas mihi peccatis meis feci, exaudies vocem meam. A.

6. ecclesia enim, quae se cognoscit habuisse tenebras peccatorum, et de nocte mundi istius congregatam, tunc se exaudiri merito credit, cum in lucem coelestis conversationis eruperit. C.

7. si enim deus esset, qui vellet iniquitatem, posset etiam ab iniquis videri. A.

8. ostendit eos in iudicio domini generaliter esse venturos. C.

9. nam licet eum carnaliter tantum videant, quos reatus involvit, sicut scriptum est: videbunt in quem compunxerunt, iuxta ipsum tamen habitare nequeunt, qui gehennae cruciatione damnandi sunt. C. — tamen non permanebunt aliqui ex ipsis ante oculos tuos, id est, in gloria. unde dictum est: tollatur impius, ne videat gloriam dei. B.

10. illi tantum in iudicio damnabuntur, qui usque ad finem vitae suae crimine se nefando commaculant. C.

11. sed hic significat haereticos, qui loquentes mendacium sequacium animas perdiderunt. C.

12. abominabitur, significat omnes, quos superius dixit a regno domini reddendos extraneos. C.

13. in multitudine miserationis, fortasse in multitudine hominum perfectorum et beatorum dicit. A. — nam cum ipsa ecclesia hic domus sit domini, tamen potest per unumquemque beatum dicere, qui eius membra sunt, Jerusalem futuram se nihilominus intraturam. C.

14. et fortasse ob hoc addidit, in timore tuo, quod magnum est praesidium procedentibus ad salutem. cum autem quisque pervenerit, fiet in eo quod dictum est, consummata dilectio foras mittit timorem. A.

15. in tua iustitia autem, non in ea, quae videtur hominibus. nam et malum pro malo reddere, iustitia videtur. A.

18. quomodo ergo potest esse in ore eorum veritas, quorum cor fallitur de peccato et poena peccati? A.

19. bene autem addidit, patens: quod si clausum esset, minus foeteret. C.

20. aliud in corde tenebant, aliud in sermone pollicebantur. Br.

21. prophetia est, non maledictio. A.

22. decidere enim proprie dicitur, qui spei suae amissione fraudatur. C.

23. expelluntur ergo impii ab illa hereditate, quae intellegendo et videndo deum possidetur. A.

26. ipsa ergo erit aeterna exsultatio, cum templum dei fiunt iusti: et erit gaudium ipsorum, ipse incola eorum. A.

27. et bene in te, tamquam possidentes hereditatem, de qua titulus psalmi est. A.

28. ne quis adscribat meritis suis, quod tributum benedictione constat auctoris. C.

29. bona siquidem voluntas creatoris, quae nos ineffabilibus muneribus replet, dicta est scutum, quod revera nos protegit et praemia decora concedit. C.

PSALM VI.

1. Visum est autem nonnullis diem iudicii significare, id est tempus adventus domini nostri, quo venturus est, iudicare vivos et mortuos. qui adventus, computatis annis ab Adam, post septem annorum millia futurus creditur: ut septem annorum millia tamquam septem dies transeant, deinde illud tempus tamquam dies octavus adveniat. A.

3. nam qui arguitur, id est, accusatur, metuendum est, ne in finem habeat damnationem. A.

7. quousque, subaudiendum, differs. C.

8. eripe animam meam, ab imminenti scilicet supplicio. C.

10. hoc est esse immemorem dei, legem eius et praecepta contemnere: ut infernum dixerit caecitatem animi, quae peccantem, id est, morientem excipit et involvit. A.

13. lectus est hoc loco appellatus, ubi requiescit animus aeger et infirmus, id est in voluptate corporis et in omni delectatione saeculari. A.

21. ut, sicut ille suscepit veniam, ita et inimicos eius carnales ad domini gratiam redire contingat. C.

22. erubescant et conturbentur omnes inimici mei: ut de peccatis suis agant poenitentiam. A.

PSALM VII.

1. Cum David a filio suo Abessalom crudeli bello premeretur, amicum suum Chusi fecit pro dignoscendo consilio

ad eius castra migrare: ut quidquid adversus eum ageretur, sibimet secretius indicaret. nam et ipsum nomen praedictam indicat causam. Chusi enim, patre Augustino docente, interpretatur silentium . . . . sic dominus noster in medio Judaeorum silentium misit, cum mysteria sanctae incarnationis assumpsit . . . . hunc ergo psalmum ad similitudinem Chusi de futuro mysterio domini propheta cantavit, quia sicut David filii sui Abessalom a se geniti et educati iniustam persecutionem pertulit, ita dominus liberati a se populi atque nutriti furorem detestabilis praesumptionis sustinuit. C.

2. causam suam propheta trahens in futurum mysterium domini salvatoris, cui etiam nomen ipsum David mysticis interpretationibus congruenter adscribitur: in prima divisione ex sua persona dominum deprecatur . . . . quamvis propheta, Abessalom filii sui causa videatur e se proposita, de universis tamen inimicis se supplicat debere liberari, ab spiritualibus maxime nequitiis, quas convenit studiosissime praecaveri: quia carnales hostes corpus impetunt, spirituales vero animas necare contendunt. libera a peccato, eripe a diabolo. C.

3. dum non est, qui redimat, neque qui salvum faciat: id est, ne ille rapiat, dum tu non redimis, neque salvum facis. si enim deus non redimat neque salvum faciat, ille rapit. A.

4. retribuebant enim Saul atque Abessalom malum, qui ab ipso prius acceperant pietatis officium. C.

5. diabolus autem, quas animas persecutus comprehenderit, possidebit. A.

6. sic enim de animabus efficit, ut actus earum terrena faciat contagione maculari. C.

7 vult enim eam solidam habere in conscientia coram deo, ubi nulla iactantia est . . . . ista soliditas in pulverem deducitur, si per superbiam quisque contemnens secreta conscientiae, ubi solus deus hominem probat, velit apud homines gloriari. A.

8. non adversus homines haec precatur, sed adversus diabolum et angelos eius. A.

9. fines dixit ipsam possessionem, ubi vult deum exaltari potius. id est, honorari et glorificari quam diabolum. A. — verum haec vindicta, quae dicitur ira, in diabolum potius debet adverti, qui toties punitur, quoties ab eo peccator subiugatus eripitur. C.

10. id est, quia humilitatem praecepisti, humilis appare; et tu prior imple, quod praecepisti. A.

11. congregatio enim populorum, sive credentium sive persequentium potest accipi. A.

12. regressus ergo in altum propter congregationem po-

pulorum misit spiritum sanctum: quo impleti praedicatores evangelii orbem terrarum ecclesiis impleverunt. A.

13. sive enim in altum regressus est, cum post resurrectionem adscendit in coelum, bene sequitur, dominus iudicat populos: quia inde venturus est iudicare vivos et mortuos. A.

15. consummetur, inquit, perficiatur, secundum illud, quod est in apocalypsi, iustus iustior fiat, et sordidus sordescat adhuc .... dirigit iustum in ipsa conscientia coram se, ubi nullus hominum videt, sed solus ille, qui perspicit quid quisque cogitet et quid quemque delectet .... videt igitur curas nostras, qui scrutatur cor; videt autem fines curarum, id est, delectationes, qui perscrutatur renes: ut cum invenerit, non ad concupiscentiam carnis, neque ad concupiscentiam oculorum, neque ad ambitionem saeculi, quae omnia transeunt tamquam umbra, inclinari curas nostras, sed ad gaudia rerum aeternarum sustolli, quae nulla commutatione violantur, dirigat iustum scrutans corda et renes deus. A.

16. hic autem iustum auxilium est, quia iam iusto tribuitur. A.

17. ipse iustus, qui reddet unicuique iuxta opera sua. ipse fortis, qui etiam persecutores impios, cum sit potentissimus, pro nostra salute toleravit. ipse longanimis, qui etiam ipsos, qui persecuti sunt, non statim post resurrectionem ad supplicium rapuit, sed sustinuit, ut se aliquando ad salutem ab illa impietate converterent: et adhuc sustinet, servans ultimo iudicio ultimam poenam. A.

19. arcum ergo istum, scripturas sanctas libenter acceperim, ubi fortitudine novi testamenti, quasi nervo quodam, duritia veteris flexa et edomita est. A.

20. sed quia non sagittas tantum, sed etiam vasa mortis dixit in arcu dominum parasse, quaeri potest, quae sint vasa mortis. an forte haeretici? ... malo enim voto per peccatum legentes, male coguntur intellegere, ut ipsa sit poena peccati. A.

21. sagittae, id est, apostoli, qui ardentibus, hoc est desiderantibus, animis in modum sagittarum praecepta salutaria transmiserunt. C.

22. parturivit iniustitiam plebs Judaica, cum videret dominum pro salute humana miracula facientem, et de eius potius exitio cogitavit .... peperit iniquitatem, quando dixit: crucifige crucifige. C.

24. hic caput nostram animam debemus accipere .... vertex quoque dictus est, quod dextra laevaque vertat capillos, qui significat capitis summitatem. quam rationem esse non immerito dixerimus. C. — ubicunque enim libido dominatur, ratio premitur et subiugatur. B.

PSALM VIII.

1. In finem significare dominum salvatorem, quarti tituli expositione iam notum est. C. — torcularia ergo possumus accipere ecclesias, eadem ratione qua et aream intellegimus ecclesiam. quia sive in area sive in torculari nihil aliud agitur, nisi ut fructus ab integumentis purgentur . . . . agitur enim nunc, ut non loco, sed affectu interim separentur boni a malis, quamvis simul in ecclesiis, quantum attinet ad corporalem praesentiam, conversentur. aliud autem erit tempus, quo vel frumenta in horrea vel vina in cellas segregentur. A.

2. ecclesia vetus . . . . primo ingressu laudes Christi domini laeta decantat. C. — ut iste sit sensus, domine, qui es dominus noster, quam te admirantur omnes qui incolunt terram. A.

3. quando dominus Christus resurgens a mortuis sedet ad dexteram patris. C.

4. unde infantes et lactentes illi intellegendi sunt, qui propter rudimenta et infantiam fidei escam non capiunt fortiorem: sed doctrina teneriori nutriuntur. ut iste sit sensus: non solum a perfectis, qui te omnino intellegunt, es laudabilis, sed etiam ab incipientium et parvulorum ore praedicaris. C.

5. sicut faciunt haeretici universi. A. — cum a Judaeis prohiberentur infantes, ne laudes domino personarent, putantibus aliquid pueriliter fieri, quod a tali aetate videbatur assumi, tunc ille respondit: num legistis, ex ore infantium et lactentium perfecisti laudem? C.

6. ut destruas inimicum et defensorem. quem nisi haereticum? nam et ipse est inimicus et defensor, qui fidem christianam cum oppugnet, videtur defendere. A. — inimicum vero et defensorem Judaeum perfidum specialiter dicit, qui dum deum patrem se putat defendere, filio existit inimicus. C.

7. quoniam videbo, inquit, caelos opera digitorum tuorum: id est, cernam et intellegam scripturas, quas operante spiritu sancto per ministros tuos conscripsisti. A.

9. cum despectu pronunciandum est, id est, fragilis et caducus, Adae sequax, qui in veteri peccato permixtus, socia pravitate conclusus est. C.

10. filius igitur hominis primo visitatus est in ipso homine dominico, nato ex Maria virgine. A.

11. hinc iam domini salvatoris humilitas narratur et gloria. minoratus est enim non necessitate ministratoria, sed pietatis suae spontanea voluntate, sicut apostolus ait: semetipsum exinanivit formam servi accipiens. sequitur: paulominus ab angelis: quia crucem pro omnium salute suscepit. ex ea siquidem parte creator angelorum minor factus est

angelis. bene autem dixit: paulominus, quia etsi mortale corpus assumpsit, tamen peccata non habuit. C.

12. nec terrena videtur excepisse, nec supera. C.

13. nam et alio loco dicit: adorate eum omnes angeli eius. C.

14. boves autem praedicatores designant. C. — .nisi oves et boves intellegamus animas sanctas, vel innocentiae fructum dantes. A.

15. pecora enim campi congruentissime accipiuntur homines in carnis voluptate gaudentes; ubi nihil arduum, nihil laboriosum, adscendunt. Campus est enim etiam lata via, quae ducit ad interitum. A.

16. vide nunc etiam volucres caeli, superbos, de quibus dicitur: posuerunt in caelum os suum . . . . intuere etiam pisces maris, hoc est curiosos . . . . propter torculariorum itaque significationem, subiecta sunt pedibus eius non solum vina, sed etiam vinacia: non solum scilicet oves et boves, id est, sanctae animae fidelium, vel in plebe, vel in ministris; sed insuper et pecora voluptatis, et volucres superbiae, et pisces curiositatis. A.

PSALM IX.

1. Canitur itaque iste psalmus pro occultis unigeniti filii dei. quamobrem, quoniam duos adventus domini credimus, unum praeteritum, quem Judaei non intellexerunt, alterum futurum, quem utrique speramus, et quoniam iste, quem Judaei non intellexerunt, gentibus profuit: non inconvenienter accipitur de hoc adventu dici, pro occultis filii, ubi caecitas ex parte Israel facta est, ut plenitudo gentium intraret. duo etiam iudicia insinuantur per scripturas, si quis advertat, unum occultum, alterum manifestum. occultum nunc agitur . . . . occultum itaque iudicium est poena, qua nunc unusquisque hominum aut exercetur ad purgationem, aut admonetur ad conversionem, aut si contempserit vocationem et disciplinam dei, excaecatur ad damnationem. iudicium autem manifestum est, quo venturus dominus iudicabit vivos et mortuos . . . . quocirca in hoc psalmo observanda sunt occulta filii, id est et humilis eius adventus, quo profuit gentibus, cum caecitate Judaeorum; et poena, quae nunc occulte agitur, nondum damnatione peccantium, sed aut exercitatione conversorum aut admonitione, ut convertantur, aut caecitate ut damnationi praeparentur, qui converti noluerint. A.

2. totus hic psalmus a persona prophetae depromitur. C. — non in toto corde confitetur deo, qui de providentia eius in aliquo dubitat; . . . et sic omnia ad divinae provi-

dentiae regimen referantur, quae stulti quasi casu et temere et nulla divina administratione fieri putant. A.

3. narrat omnia mirabilia dei, qui ea non solum in corporibus palam, sed in animis invisibiliter quidem, sed longe sublimius et excellentius fieri videt. nam terreni homines et oculis dediti magis mirantur resurrexisse in corpore mortuum Lazarum, quam resurrexisse in anima persecutorem Paulum. A.

4. non iam in hoc saeculo, non in voluptate contrectationis corporum, nec in palati et linguae saporibus nec in suavitate odorum. A.

6. quamvis multos inimicos habuerit, tamen hic modo Saulem convenienter advertimus. C.

9. sedisti super thronum, qui iudicas aequitatem, quia resurrexisti a mortuis, et adscendisti in caelum, et sedes ad dexteram patris. A.

10. increpasti gentes et periit impius. convenientius hoc domino Jesu Christo dici, quam ipsum dicere accipimus. quis enim alius increpavit gentes, et periit impius, nisi qui posteaquam adscendit in caelum, misit spiritum sanctum, quo completi apostoli, cum fiducia praedicarent verbum dei et peccata hominum libere arguerent? qua increpatione periit impius, quia iustificatus est impius et factus est pius. A.

12. cuius autem inimici, nisi diaboli frameae defecerunt? A. — civitates autem dicit destructas, populos infideles ultima domini Christi manifestatione convictos, quorum pectora diabolus in hoc saeculo tamquam suae civitatis moenia possidebat. C.

14. utquid ergo fremuerunt gentes, et populi meditati sunt inania adversus dominum et adversus Christum eius? nam dominus in aeternum permanet. A.

15. paravit, cum iudicatus est, sedem suam. per illam enim patientiam homo caelum adquisivit, et deus in homine credentibus profuit. et hoc est occultum filii iudicium. A.

16. et ipse item palam iudicabit orbem terrarum in aequitate, id est, meritis digna distribuet. A.

17. non quemadmodum iudicant homines, qui corda non vident, a quibus plerumque deteriores absolvuntur, quam condemnantur: sed in aequitate et cum iustitia dominus iudicabit, testimonium perhibente conscientia, et cogitationibus accusantibus seu defendentibus. A.

18. pauper ille dei est, qui terrena cupiditate vacuatus, coelesti desiderat largitate ditescere. C.

20. et sperent in te omnes, qui noverunt nomen tuum. item dominus dicit ad Moysen, ego sum qui sum: et dices filiis Israel, misit me qui est. sperent ergo in te, qui cog-

noscunt nomen tuum: ne sperent in his rebus, quae temporis volubilitate praeterfluunt, nihil habentes, nisi erit et fuit. A.

22. ipse habitat in Sion, quod interpretatur speculatio .... agimus autem speculationem, ut perveniamus ad visionem. A.

23. psallite, quia hoc est revera illi psallere, universis gentibus eius mirabilia nuntiare. C.

24. sequitur, sanguinem martyrum ab impiis persecutoribus esse requirendum. C.

25. non est oblitus clamorem pauperum: id est, non ut putatis, oblitus est. A.

26. humilitatem igitur suam de inimicorum superbia supplicat aestimari. C.

27. liberatus ergo ex illis portis mortalibus, in istis portis ecclesiae, quae beatitudinem tribuunt sempiternam, pronuntiaturum se laudes domini pollicetur. C.

28. huc usque est clamor pauperum, quem non oblitus est dominus .... a salutari tuo, quod est dominus noster Jesus Christus. A.

29. animadverte, quemadmodum servetur poena peccatori de operibus suis, et quemadmodum qui voluerunt persequi ecclesiam, in ea corruptione sint fixi, quam se inferre arbitrabantur. nam interficere corpora cupiebant, cum ipsi in anima morerentur A.

32. convertantur peccatores in infernum, id est, dentur in manus suas, cum eis parcitur, et illaqueentur delectatione mortifera. A.

33. quia cum non probaverunt deum habere in notitia, dedit illos deus in reprobum sensum. A.

34. qui videtur nunc in oblivione esse, cum peccatores felicitate huius saeculi florere existimantur, et iusti laborare. A.

36. cum de fine saeculi propheta tractaret, adventum antichristi cordis illuminatione prospexit, et periculi magnitudine perterritus, magna voce proclamavit: exurge domine, non praevaleat homo. ipse est enim homo pessimus, quem humana non potest sustinere conditio: in quo tanta erit versutia vel potestas, ut sola domini virtus eius possit superare nequitiam. C.

37. gentes etiam petit celerrimo adventu iudicari, quae cum ipso saevissimo scelera magna facturae sunt. C.

38. constitue, domine, legislatorem super eos. videtur mihi antichristum significare. A.

39. sciant gentes, quoniam homines sunt: ut qui nolunt liberari a filio dei et pertinere ad filium hominis, et esse

filii hominum, id est novi homines, serviant homini, id est veteri homini peccatori. A.

40. ille ad tantum culmen inanis gloriae venturus creditur, tanta ei licebit facere, et in omnes homines et in sanctos dei, ut tunc vere nonnulli infirmi arbitrentur deum res humanas neglegere. A.

42. tunc magis pauper ad studium virtutis accenditur, quia dum viderit peccatorem nimis exaltatum, facile novit esse casurum; et avidius ad humilia tendit, unde se exaltandum potius esse confidit. C.

43. comprehenduntur in consiliis quibus cogitant, id est, vincula illis fiunt prava consilia sua, quae eos trahunt in interitum. R.

44, 45. verum iste, qui adulantium falsitate deceptus, in magnam se superbiam dominationis evexerit, quod proprie de antichristo datur intellegi, qui fallentium catervis eo usque perducitur, ut se non solum regem terrenum, sed etiam rerum omnium praedicet deum. C.

50. et omnium inimicorum suorum dominabitur. ita enim traditur, quod reges omnes superaturus sit, et solus regnum obtenturus. A.

51. est et alius intellectus; si de generatione mortali ad aeternitatis generationem se venire non posse vanus et erroris plenus animus arbitratur, nisi artibus malis: quod quidem etiam de Simone diffamatum est, cum sceleratis artibus caelum se putasset adepturum, et de humana generatione in divinam generationem rebus magicis transiturum. A.

52, 53. in ore quippe habebit blasphemam maledictionem, cum se dei filium mentietur; amaritudinem, quando resultatoribus suis poenam mortis indicet, et ad supplicia iubebit pervenire, qui eum tamquam numen contempserint adorare. C.

54. quibus divitibus nisi eis, quos huius saeculi muneribus cumulabit. A.

55. innocentem autem interficere, est ex innocente facere nocentem. A.

56. iustos enim maxime persecuturus est, de quibus dictum est, beati pauperes spiritu. A

57. leonem in cubili dicit eum, in quo et vis et dolus operabitur. A.

58. attrahit eum, id est, dum illum a veritate culturae ad nominis sui venerationem molitur adducere. C.

59. et bene ait, humiliabit eum in muscipula sua. cum enim signa illa facere coeperit, quanto mirabiliora videbuntur hominibus, tanto illi sancti, qui tunc erunt, contemnentur et quasi pro nihilo habebuntur. A.

64. vides, quoniam nullus tibi illudet. superius enim dixerat: sub lingua eius labor et dolor. C.

65. consideras profecto, quando in tuis manibus, id est iudicio traditus non evadit; sed digna factis recipit, qui vacandum ab sceleribus non putavit.

66. ideo enim pauper est, id est, omnia huius mundi temporalia bona contempsit, ut tu sis tantum spes eius. A.

67. pupillo tu eris adiutor: id est, ei cui moritur pater hic mundus. A.

68. contere brachium peccatoris et maligni: illius scilicet, de quo supra dicebatur, omnium inimicorum suorum dominabitur. A.

69. requiretur delictum eius, nec invenietur. propter illud, id est, iudicabitur de peccato suo, et ipse periet propter peccatum suum. A.

72. desiderium illud, quo aestuabant, cum in angustiis et tribulationibus huius saeculi domini diem concupiscerent. A. — quoniam interfecto antichristo domini regnum aeternum, pium magnificumque venturum est. C.

74. commonemur, non solum quemlibet pupillum, sed pupillum et humilem deo esse gratissimum. C.

75. sequitur quoque definitiva promissio, ideo illa, quae dicta sunt fieri, ut ulterius a nullo hominum permittatur excedi. tunc siquidem omnia mala finienda sunt, quando auctor omnium peccatorum cum sua plebe damnabitur. C.

PSALM X.

1. Cum frequenter in titulis positum videatur, in finem, et intentionem mentis nostrae ducat semper ad dominum Christum, tamen propter diversa miracula positum esse non dubium est . . . . sciendum tamen hunc psalmum prolatum esse ad haereticos destruendos . . . . his ergo vir fidelis dicit. C.

2. unum montem teneo, in quo confido, quomodo dicitis, ut ad vos transeam, tamquam multi sint Christi? A. — passerum quoque plura sunt genera: alii gaudent ad foramina parietum: alii valles roscidas requirunt: nonnulli montes appetunt squalentes. sed nunc de illis dicit, qui ad altissima loca terrarum levissima voluntate rapiuntur. primo capite de insidiatoribus dicit haereticis, qui nituntur catholicos in suam convertere pravitatem. C.

4. sermonem ab ipsis convertat ad dominum et dicat, quoniam quae perfecisti destruxerunt. A. — idem de ipsis haereticis dicit, destruxisse illos legem domini, cum interpretationibus falsis scripturas sanctas lacerare moliuntur . . . .

permanet in comparatione sagittarii; nam sicut iste habet sagittas in pharetra, ita ille gestat in corde verba venenosa. C.

5. Christus quid fecit vobis, qui dixit, pacem meam do vobis, pacem meam relinquo vobis, quam vos nefanda dissensione violastis? A.

9. id est, non ei qui credit deo, et spem suam non ponit in homine, sed tantum animae suae nocet dilector iniquitatis. A.

10. quibusdam, inquit apostolus, sumus odor vitae in vitam, quibusdam odor mortis in mortem . . . . et hic igitur eadem scripturarum nube pro suo cuiusque merito. et peccatori pluvia laqueorum, et iusto pluvia ubertatis infusa est. A.

11. haec poena eorum est atque exitus, per quos blasphematur nomen dei, ut primo cupiditatum suarum igne vastentur, deinde malorum operum putore a coetu beatorum abiiciantur, postremo abrepti atque submersi ineffabiles poenas luant. A. — calix enim mensura est, qua potantur animae. calix autem dictus eo quod assidue calidam soleat suscipere potionem. C.

PSALM XI.

1. Petit itaque propheta iniquitatem mundi istius destrui; ut ad illam veritatem futurae promissionis debeat perveniri . . . . merito ergo huic psalmo octavus dies aptatus est, ubi saeculi istius consuetudo vitiosa deseritur et illius venire innocentia postulatur. C.

5. quando contra dominum Christum testimonia quaerebant . . . . necesse enim, ut mala loquerentur, qui duplicia corda gestabant. C.

11. hoc autem ex persona dei patris accipiendum est, qui propter inopes et pauperes, id est, inopia et paupertate bonorum spiritalium egentes, filium suum dignatus est mittere. A.

13 fiducialiter agam in eo: secundum illud in evangelio: erat enim docens eos tamquam potestatem habens, non tamquam scribae eorum. A.

16. qui numerus ad septiformem spiritum videtur posse respicere. C.

17. hic tamquam inopes et pauperes, ibi tamquam opulentos et divites. A.

18. in circuitu impii ambulant: id est, in temporalium rerum cupiditate, quae septem dierum repetito circuitu tamquam rota volvitur: et ideo non perveniunt in octavum, id est, in aeternum, pro quo iste psalmus titulatus est. A.

19. multiplicantur autem iusti secundum altitudinem dei, quando ibunt de virtute in virtutem. A. — multiplicasti autem filios hominum: ad illam promissionem respicit Abrahae, in qua dicit: multiplicans multiplicabo semen tuum, sicut stellas caeli. C.

PSALM XII.

1. Finis enim legis Christus. A. — plenus propheta, ut dictum est, domini caritate copiosa, qua eius humanationem avide sustinebat, confidenter eructans dicit, differri se diutius ab expectatione sua. C.

3. dolorem ponit in corde, deprecans ad aeterna conscendere, et humanam diem non pati. A.

4. usque quo exaltabitur inimicus meus super me? vel diabolus vel consuetudo carnalis. A.

5. respice et exaudi me domine deus meus: respice refertur ad id quod dictum est, usque quo avertis faciem tuam a me; exaudi refertur ad id quod dictum est, usque quo oblivisceris me in finem. A.

6. oculos autem cordis hic debemus advertere, qui in mortem obdormiunt, quando fidei lumine sepulto, carnali delectatione clauduntur. ipse est enim somnus, de quo laetatur inimicus. C.

8. ne quando dicat inimicus meus, praevalui adversus eum. diaboli insultatio metuenda est. A. — hoc de diabolo et angelis eius dicit, quibus talis consuetudo est, insultare dum capiunt, victorias suas putantes sequacium ruinas. C.

10. exultabit cor meum in salutari tuo: in Christo, in sapientia dei. A.

11, 12. cantabo domino, qui bona tribuit mihi: bona spiritalia, non ad humanam diem pertinentia. et psallam nomini domini altissimi: id est, cum gaudio gratias ago, et ordinatissime utor corpore, qui est cantus animae spiritalis. A.

[Zur Wiener Hs.:

12, 5. quia non est notus, id est, de stabilitate fidei non recessit. A.

6. facies illa domini, quae in duodecimo psalmo desiderabili supplicatione petebatur, hic iam introducitur. C. zu Ps. 13.]

PSALM XIII.

1. Modo tamen Psalmus hic Judaeorum vesaniam vehementi increpatione castigat. C.

2. videns populus Judaeorum, Christum humiliter in assumpta carne venisse, insipienter dixit: non est deus. C.

3. id est, dum amant hoc saeculum et non amant deum: ipsae sunt affectiones quae corrumpunt animam, et sic excaecant, ut possit etiam dicere imprudens in corde suo: non est deus. A.

4. usque ad unum: vel cum ipso uno potest intellegi, ut nullus hominum intellegatur, vel praeter unum, ut acci-

piatur dominus Christus . . . . et iste est melior intellectus, ut nemo intellegatur fecisse bonitatem usque ad Christum: quia non potest quisquam hominum facere bonitatem, nisi ipse monstraverit. A.

5. super Judaeos potest intellegi, ut honoratius eos appellaverit filios hominum propter unius dei cultum. A.

10. in allegoria, qui occidunt et quasi devorant interfectos eos, quibus suorum morum perversitatem persuadent. A.

12. venenum dolum dicit: aspidum autem, quia nolunt audire verba incantantis, quod in alio psalmo evidentius dicitur. (nämlich ps. 57:) ita ergo et hic data est quaedam similitudo de Marso, qui incantat, ut educat aspidem de tenebrosa caverna: utique in lucem vult educere; illa autem amando tenebras suas, quibus se involutans occultat, dicitur quod cum exire noluerit, recusans tamen audire illas voces, quibus se cogi sentit, allidit unam aurem terrae, et de cauda obturat alteram, atque ita voces illas quantum potest, evitans, non exit ad incantantem. A.

13. quorum os maledictione et amaritudine plenum est: hoc est, venenum aspidum. A.

14. ad effundendum sanguinem, subaudiendum, domini salvatoris. C.

15. omnes enim malorum hominum viae plenae sunt laboribus et miseria. A.

16. ideo dominus clamat, venite ad me omnes, qui laboratis et onerati estis, et ego reficiam vos. A.

17. isti non dicunt, non est deus, sed tamen non timent deum. A.

18. nonne cognoscent omnes qui operantur iniquitatem? iudicium minatur. A.

20. non enim vere hunc invocat, qui ea desiderat, quae illi displicent. A.

21. illic trepidaverunt timore, ubi non erat timor: id est in damno rerum temporalium. dixerunt enim, si relinquamus eum sic, credent in eum omnes, et venient Romani, et tollent nobis et locum et gentem. timuerunt regnum terrenum amittere, ubi non erat timor: et amiserunt regnum caelorum, quod timere debuerant. et hoc de omnibus temporalibus commodis intellegendum est, quorum amissionem cum timent homines, ad aeterna non veniunt. A.

22. id est, non est in eis, qui diligunt saeculum. A.

23. consilium inopis confudistis, quoniam dominus spes eius est: id est, contempsistis humilem adventum filii dei, quia in eo non vidistis pompam saeculi. A.

24. ut hi quos vocabat in deo solo spem ponerent, non in rebus transeuntibus. A.

25. quis dabit ex Sion salutare Israel? subauditur, nisi ipse, cuius humilitatem contempsistis? . . . pro Judaeis enim apostolus etiam illud Isaiae testimonium accipit, quod dictum est, veniet ex Sion, qui avertat impietatem ab Jacob. A.

PSALM XIV.

1. Propheticae interrogationi respondet dominus. C.

2. unde factum est, ut fides catholica, quae per ecclesias toto orbe diffusa est, dei tabernaculum nuncupetur. C.

4. interrogatio constat uno versiculo, responsio vero sex versibus continetur . . . . et ex persona domini Christi dicitur. C.

8. id est, non libenter aut temere credidit criminatori. A.

9. diabolum malignum in conspectu suo deduxit ad nihilum, quando ei dixit: redi retro, satanas, non tentabis dominum deum tuum. C.

14. quoniam qui facit haec, ipse habitat in tabernaculo domini, et in sancto monte eius requiescit. C.

PSALM XV.

1. Retinemus enim, quando est dominus passus, hunc titulum supra caput eius fuisse conscriptum: Jesus Nazarenus Rex Judaeorum . . . . et quia rex noster salvator de sua passione et resurrectione locuturus est, merito huius inscriptionis commemoratio facta est . . . . verba facit ad patrem, conservari se petens. C.

3. quoniam bonis meis non expectas tu fieri beatus. A.

4 inter illos, hoc est, sanctos, qui sunt in terra viventium. . . . significans innocentes et iustos, inter quos mirae factae sunt voluntates domini salvatoris, quando illis obedientibus et iussa ipsius facientibus, de mortalibus aeternos reddidit, et de terrenis coelestes beneficio suae pietatis effecit. C.

6. itaque post multiplicatas infirmitates acceleraverunt, ut sanarentur. A.

7. ut ad novi testamenti liberatricem gratiam desiderabilius pervenirent; quos dicit non sanguine pecudum, aut victimarum consuetudine congregandos, sed immolatione scilicet corporis et sanguinis sui, quae humanum genus toto orbe celebrata salvavit. C.

8. spirituali mutatione obliviscentur quid fuerint: nec a me iam vel peccatores, vel inimici, vel homines, sed iusti et fratres mei et filii dei vocabuntur per pacem meam. A. — prius enim dicti sunt filii irae, filii diaboli, filii carnis: post adventum vero domini, sacris fontibus renati, appellati sunt Christiani, filii dei, amici sponsi. C.

9. hereditas pertinet ad gentium fidem, calix ad venerabilem passionem, qui sobrie potatus confert gloriosissimam resurrectionem. C.

10. non enim restitues mihi, quod non amisi, sed restitues his, qui amiserunt eius claritatis notitiam: in quibus quia ego sum, mihi restitues. A.

13. intellectum, quo ista hereditas videri et possideri potest. A.

14. super intellectum autem usque ad mortem me erudivit inferior pars mea, carnis assumptio: ut experirer tenebras mortalitatis, quas ille intellectus non habet. A.

15. sed veniens in ea quae transeunt, non abstuli oculum ab eo qui semper manet, hoc providens, ut in eum post temporalia peracta recurrerem. A.

16. quoniam favet mihi, ut stabiliter in eo permaneam. A.

17. propter hoc et in cogitationibus meis iocunditas, et in verbis exultatio. A.

18. quod caro illa passibilis, quam pro nostra omnium salute suscepit, veritatem gloriosae resurrectionis incorrupta promeruit. C. — insuper et caro mea non deficiet in interitum, sed in spe resurrectionis obdormiet. A.

20. hic enim corruptionem, id est putrefactionem iuste negat fieri, quae generaliter carnem vastat humanam. C.

21. notas fecisti per me humilitatis vias, ut ad vitam redirent homines, unde per superbiam ceciderant. A.

22. adimplebis eos laetitia, ut non ultra quaerant aliquid, cum facie ad faciem te viderint. A.

PSALM XVI.

1. Haec est personae domini tribuenda, adiuncta ecclesia, quae corpus eius est. A.

8. ibi enim probatus est, ubi inter multas Iudaeorum iniquitates et pericula mortis mirandae patientiae documenta monstravit. C.

9. Prius se dicit probatum, deinde fuisse visitatum, sed probatio significat passionem, visitatio resurrectionem. C.

12. propter verba labiorum tuorum, propter verba pacis tuae vel prophetarum tuorum. ego custodivi vias duras. ego custodivi vias laboriosas mortalitatis humanae atque passionis. A.

13. petit ergo dominus Christus et gressus suos, id est actus humanos, et sua vestigia custodiri, quae fideles apostolos congruenter accipimus, in quibus post adscensionem gloriosam religionis catholicae signa dereliquit. talis ergo sensus est: custodi me in mandatis tuis, ut imitantes me minime moveantur abs te. C.

15. quoniam ad eum per se non valet humana infirmitas pervenire. C.

16. significat enim mirabilia, quae in carne facturus erat, quae Judaeus populus, etsi universus non credidit, tamen sub admiratione conspexit. C.

17. salvos facis sperantes in te, id est in aeterna vita constitues. . . . dextera enim patris est filius. C.

18. per eam tamen dirigitur acies luminis, quo lux et tenebrae diiudicantur, sicut per Christi humanitatem divinitas iudicii, discernens inter iustos et peccatores. A.

19. misericordia quippe et caritas quasi alae sunt patris, quibus se protegi congruenter expostulat; haec autem comparatio venit ab avibus, quae caros filios alaram suarum extensione custodiunt. C.

20. inimici eius Judaei. C.

22. et propterea os eorum locutum est superbiam, dicendo, ave rex Judaeorum et cetera talia. A.

23. proiicientes me extra civitatem nunc circumdederunt me in cruce. A.

24. dicit consuetudinem perditorum, qui terram respiciunt, quando in mala cogitatione volvuntur. C.

25. hoc est, Judaei a Pilato, quando eis dixit: tollite eum, et secundum legem vestram crucifigite eum. C.

27. ante excaecentur malitia sua, ut factum eorum vindicta praeveniat, et ita subverte eos. A.

28. erue animam meam resuscitando me a morte. A.

29. framea est enim patris, quando per ipsam diabolum vicit. C.

30, 31. et ut ille nequam populus supplantetur, o domine, divisos eos iam a paucis, id est a bonis: qui cum sint plures in virtute, quantum ad numerum, tamen sunt in paucitate: eos, inquam, divisos a paucis, moraliter divide, id est, exclude de terra sua localiter: et hoc in vita eorum, id est, ipsis persecutoribus meis viventibus, amittant locum et gentem. multi enim ex eis adhuc vivebant, cum a Tito et Vespasiano destructi sunt. B. — a paucis, id est, ab electis de terra viventium . . . . aliter secundum historiam: in vita eorum, scilicet ista, quam solam amant, divide eos de terra sua. quod factum est tempore Titi et Vespasiani, quando capti sunt et venumdati. R. — haec divisio facta est in destructione Hierusalem per Titum et Vespasianum. H.

32. saturati sunt immunditia, conculcantes margaritas sermonum dei. A.

33. transmiserunt autem reliquias peccatorum filiis suis, quando clamabant: sanguis huius super nos et super filios nostros. C.

34. ego autem, qui non apparui eis, qui corde sordido et tenebroso lucem sapientiae videre non possunt, in tua iustitia apparebo in conspectu tuo. A.

35. et cum illi saturati sunt immunditia sua, ut me intellegere non possint, ego satiabor, dum manifestabitur gloria tua in his, qui me intellegunt. A.

PSALM XVII.

1. Nam primo ordine propheta loquitur gratias agens, quod eum de gravibus periculis divina pietas liberare dignata est. secundo ecclesia loquitur, quae ante adventum domini innumeras pertulit calamitates, posteaque misertus ei medicinam sanctae incarnationis indulsit. C.

5. cornua enim sunt arma belluarum, quibus salutem suam solerti concertatione defendunt. C.

7. circumdederunt me dolores mortis: id est, carnis. A. — nam merito iustus iste circumdatum se gemitibus asserebat, quia dum esset superstitionum innumera multitudo, fidelium erat rara devotio. C.

9. de paganis dicit, qui erunt dolores inferni, id est, qui in inferno debito dolore torquendi sunt. C.

10. praeveniri vero dicimus, quando aliquid nos anticipare dignoscitur; ut est ille reatus originalis peccati, qui nos antequam nascamur ab ipso conceptu reddit obnoxios. C.

12. exaudivit de corde meo, in quo habitat, vocem meam. A.

13. et clamor meus, quem non in auribus hominum, sed coram ipso intus habeo, introibit in aures eius. A. — exauditam ergo dicit vocem suam, quam de adventu domini iugiter offerebat. C.

14. ita clarificato filio hominis commoti sunt et contremuerunt peccatores. A.

15. et fundamenta montium conturbata sunt. et spes superborum, quae in hoc saeculo fuerunt, conturbatae sunt. A.

16. fumus hic in bono positus est: quia sicut iste terrenus inutiles lacrymas movet, ita et ille poenitentiae calore succensus fructuosa profundit fluenta lacrymarum. C.

17. et ignis a facie eius exardescit et flagrantia caritatis post poenitentiam de notitia eius inardescit. A.

18. qui iam mortui erant deserti ab igne boni desiderii ac luce iustitiae, et frigidi tenebrosique remanserant, rursus accensi et illuminati revixerunt. A.

20. caligo vero hic diabolus est . . . . sub pedibus eius, quia sine dubio maiestate domini salvatoris conculcatur daemonum execranda nequitia, sicut et in nonagesimo psalmo

dicturus est: super aspidem et basiliscum ambulabis et conculcabis leonem et draconem. C.

21. et exaltatus est super plenitudinem scientiae, ut nemo ad eum perveniret nisi per caritatem. plenitudo enim legis caritas. et cito se incomprehensibilem esse demonstravit dilectoribus suis. A.

22. quando videntibus apostolis ad coelorum regna conscendit. C.

23. illa autem celeritas, qua se incomprehensibilem esse monstravit, super virtutes animarum est, quibus se velut pennis a terrenis timoribus in auras libertatis adtollunt. A.

24. et posuit obscuritatem sacramentorum et occultam spem in corde credentium, ubi lateret ipse, non eos deserens. A. — tenebras, incarnationis eius mysterium dicit, ut qui in natura deitatis suae videri non poterat, incarnationis velamine humanis conspectibus redemptor piissimus appareret. C.

25. conversi tamen ad id ipsum ambiunt, qui credunt ei; quia in medio eorum est, cum omnibus aequaliter favet, in quibus tamquam in tabernaculo habitat hoc tempore. A.

26. tenebrosa aqua in nubibus aeris. nec propterea quisquam in illa luce, quae futura est, cum ex fide ad speciem venerimus, iam se esse arbitretur, si scripturas recte intellegit. in prophetis enim atque in omnibus divini verbi praedicatoribus obscura doctrina est. A.

27. praedicatores verbi eius non iam in Judaeae finibus continentur, sed transierunt ad gentes. A.

28. grando et carbones ignis. obiurgationes figuratae, quibus velut grandine corda dura tunduntur .... igne autem caritatis accensa corda reviviscunt. haec omnia in nubibus ipsius ad gentes transierunt. A.

31. et emisit evangelistas pennis virtutum recta itinera transvolantes, non suis, sed eius, a quo missi sunt, viribus. et dispersit eos, ad quos missi sunt, ut aliis eorum essent odor vitae in vitam, aliis odor mortis in mortem. A.

32. et miracula multiplicavit et conturbavit eos. A.

33. id est, veritas praedicantium, qui fontes aeternae vitae sanctitatis suae ore fundebant. C.

34. et revelati sunt prophetae, qui non intellegebantur, super quos aedificaretur orbis terrarum credens domino. A.

35. ab increpatione tua, domine, clamantis: appropinquavit super vos regnum dei. A.

36. ab inspiratione spiritus irae tuae: dicentis, nisi poenitentiam egeritis, omnes similiter moriemini. A.

37. per has igitur parabolas sublucentes propositionesque verborum hucusque prophetiae spiritu, fidelium populis, qui est sancta ecclesia, adventum domini nuntiavit .... hinc

iam mater ecclesia loquitur de temporibus christianis .... apte vero dixit ecclesia, accepit me, quae sponso Christo iuncta laetatur. C.

38. hoc dicit de fontibus sacris, quando ecclesia catholica multitudinem filiorum baptismatis regeneratione conquirit. C.

39. fortissimos inimicos, persecutores truculentos enuntiat, qui christianum populum tormentis et caedibus affligebant .... tunc enim ecclesia crescere meruit, quando eam data desuper potestate inimicus afflixit. C.

41. in die afflictionis, quando christianorum martyria celebrabantur. C.

42. ideo deus protector, quia homo exstitit impugnator. C.

43. et quia carnales patiebar angustias, eduxit me in spiritualem latitudinem fidei. A.

44. quod autem dixit, salvum me fecit, non moveat, quia ad masculinum genus deducta est: quoniam non videtur absurdum, hoc ei nomen aptari, quae constat ex populo. C.

45. antequam illum ego vellem, eruit me ab inimicis meis potentissimis. A.

46. et retribuet mihi dominus secundum iustitiam bonae voluntatis, qui prior praebuit misericordiam, antequam haberem bonam voluntatem. A.

48. id est, et praemia iustorum, et poenas impiorum et flagella corrigendorum, et tentationes probandorum perseveranti contemplatione considero. A.

50. itaque non solum propter latitudinem fidei, quae per dilectionem operatur, sed etiam propter longitudinem perseverantiae, retribuet mihi dominus secundum iustitiam meam. A.

51. cum sancto sanctus, quia tu sanctificas. A.

52. quia tu nulli noces, sed criniculis peccatorum suorum unusquisque constringitur. A.

53. et cum electo electus eris. et ab eo, quem eligis, eligeris. A.

54. et cum perverso videris perversus: quoniam dicunt, non est recta via domini: et ipsorum via non est recta. A.

55. hoc autem perversum videtur perversis, quod confitentes peccata sua salvos facies. A.

56. ignorantes autem dei iustitiam et suam volentes constituere, humiliabis. A.

57. quoniam non est lumen nostrum ex nobis. A.

58. nos enim peccatis nostris tenebrae sumus: sed deus meus illuminabis tenebras meas. A.

59. tentatio vero diabolum significat. C.

60. transgrediar murum, quem inter homines et coelestem Jerusalem peccata erexerunt. A.

63. omnes, qui non in seipsis, sed in illo sperant, eadem tribulatione non consumuntur. A.

64. hoc contra paganorum dementiam dicitur, qui deos sibi multifaria vanitate finxerunt. C.

65. deus qui me praecinxit, ut fortis sim, ne diffluentes sinus cupiditatis impediant opera et gressus meos. A.

68. et super caelestem habitationem figet intentionem meam. A.

69. qui docet me operari ad superandos inimicos, qui nobis intercludere caelestia regna conantur. A.

70. et posuisti infatigabilem intentionem bonorum operum meorum. A.

75. nec impedient carnales angustiae; quoniam laetam fecisti caritatem meam operantem hilariter, etiam de ipsis, quae subter me sunt mortalibus rebus et membris. A.

77. persequar affectus carnales meos, nec ab eis comprehendar; sed comprehendam illos, ut absumantur. A.

78. praecinctus est enim virtute, quando patientiae fortitudine iniquorum adversa superavit. C.

80. et inimicos meos dedisti mihi dorsum. et inimicos meos convertisti, et dorsum mihi eos esse fecisti, id est, ut sequerentur me. A. — dorsum conversionem eorum significat, qui ex resistentibus eius nomini, in salutiferam victoriam fugati emerserunt subito christiani, ut Paulus apostolus de persecutore saevissimo post domini increpationem apparuit repente discipulus. C.

81. alios autem eorum, qui in odio perduraverunt, disperdidisti. A.

82. quis enim salvos faceret, quos tu non faceres? A.

85. per latas, quas multi ambulant, perditionis vias luxuriantes et lubricos delebo eos. A.

86. erues me de contradictionibus eorum, qui dixerunt, si dimiserimus eum vivum, omne saeculum post illum ibit. A.

88. populus gentium, quem corporali praesentia non visitavi, servivit mihi. A.

89. neque oculis me vidit: sed recipiens praedicatores meos in obauditu auris obedivit mihi. A.

91. quod Judaeis accidisse manifestum est, qui vetus testamentum carnaliter tenentes, novi gratiam respuerunt. C. — filii alieni, quibus, ut renovarentur, novum testamentum attuli, in vetere homine remanserunt. A.

92. et tamquam uno pede debiles, quia vetus tenentes, novum testamentum respuerunt, claudi effecti sunt. A.

93. deserentes intellectum legis, suis superstitionibus agebantur; ut non recipientes promissum dominum salvatorem, de lavandis manibus et calicibus insanas calumnias commoverent. C.

96. liberator meus de inimicis meis iracundis, clamantibus, crucifige, crucifige, Judaeis. A

97. a Judaeis insurgentibus in me patientem, exaltabis me resurgentem. A.

99. confitebor tibi, id est, laudem te per populos christianos. C. — propterea tibi per me confidebuntur gentes. A.

100. deus qui magnificat, ut admirabiles faciat salutes, quas eius filius dat credentibus. A.

102. et semini eius, dominum significat salvatorem. C. — [Zur Wiener Hs.:

17, 17. hinc iam mater ecclesia loquitur de temporibus christianis . . . . sive hoc dicit de fontibus sacris, quando ecclesia catholica multitudinem filiorum baptismatis regeneratione conquirit. C.

19. et quia carnales patiebar angustias, eduxit me in spiritalem latitudinem fidei. A.

26. conversatio enim nostra ex prioribus, aut ducibus suis maxime similitudinem trahit; dum unusquisque tali ingenio gaudet, quali fuerit praeditus ille quem sequitur. C.]

PSALM XVIII.

1. Inscriptio ista frequenter exposita est, psalmi dicta referens ad dominum Christum: de cuius primo adventu propheta dicturus est. C.

2. tamen hoc melius ad apostolos convertimus et prophetas, qui de adventu ipsius disserendo orbem terrarum sanctis admonitionibus impleverunt. C.

4. dies diei eructabat verbum, quando dominus loquebatur apostolis. C.

5. quando Judas dominum Christum prodidit Judaeis, nox nocti annuntiabat scientiam. A.

6 non sunt loquelae neque sermones, quorum non audiantur voces eorum: per quos non audita sint voces evangelistarum, cum omnibus linguis evangelium praedicaretur. A.

8. in manifestatione ecclesiam suam, non in occulto, non quae lateat. A.

9. et ipse Christum dominum dicit, qui tamquam sponsus ecclesiae suae processit de thalamo suo, id est, de utero virginali. C.

12. sicut ignis venit spiritus sanctus. A.

13. lex enim illa, quam per Moysen dedit, irreprehensibilis est, quia perfecta veritate consistit, quae per dominum salvatorem non reprehensa, sed potius probatur impleta; ait enim in evangelio: non veni legem solvere, sed implere. C.

15. quia nemo novit patrem, nisi filius, et cui voluerit

filius revelare. quae abscondita sunt a sapientibus et revelata parvulis. A.

16, 17. omnes iustitiae domini in illo rectae, qui non docuit, quod ipse non fecit; ut qui imitarentur, corde gauderent, in eis, quae libere cum caritate facerent, non serviliter cum timore. A.

18. re vera lucidum, quia sincere purum et immaculatum, quale a patre luminum prodire docet. C.

19. praeceptum domini lucidum, illuminans oculos: non hebetans, non carnis oculos, sed cordis. A.

20. timor domini non servilis, sed castus; gratis amans, non puniri timens ab eo, quem tremuit, sed separari ab eo quem diligit. iste est timor castus, non quem consummata caritas foras mittit, sed permanens in saeculum saeculi. A. — timor cum caritate: unde dixit: perfecta caritas foras mittit timorem. timeat non timore gehennae aut timore poenae, sed timore sancto: sic timeat, ut quem amat, non perdat per negligentiam. Br.

21. iudicia eius, qui non iudicat quemquam, sed omne iudicium dedit filio, vere iustificata incommutabiliter. A.

23. plus quam seipsum desiderat iudicia dei, cuius voluntatem praeponit suae. A.

24. nam non custodienti amara dies domini. A.

26, 27. quoniam delicta quis intellegit, quae ipsum oculum claudunt, cui suavis est veritas, cui desiderabilia et dulcia sunt iudicia dei; et sicut tenebrae oculos, ita delicta mentem claudunt, nec lucem sinunt videre, nec se. A.

28. delicta inquit mea inquinant me, delicta aliena affligunt me: ab his munda me, ab illis parce. tolle mihi ex corde malam cogitationem, repelle a me malum suasorem. A.

29. si mei non fuerint dominata occulta mea, et aliena peccata, tunc immaculatus ero. A.

30. maximum vero delictum est superbia, qua et diabolus cecidit, et hominem traxit. quantum enim in malo magna sit hinc datur intellegi, quae ex angelo diabolum fecit, quae homini mortem intulit. C.

31. superba anima in conspectu hominum vult placere: humilis anima in occulto, ubi deus videt, vult placere. A.

32. adiutor in bonis, redemtor a malis. A.

PSALM XIX.

1. Notus est iste titulus, nec Christus dicit, sed Christo dicit propheta, figura optandi, quae ventura sunt, canens. A. — futurorum igitur illuminatione propheta completus per optativum modum evenire prospera sanctae deprecatur eccle-

siae, quae illi per adventum domini certissime noverat ventura. C.

2. exaudiat te dominus in die qua dixisti, pater clarifica filium tuum. A.

6. memores nos faciat omnium iniuriarum tuarum et contumeliarum, quas pro nobis pertulisti. A.

7. et holocaustum tuum pingue fiat et crucem, qua totus oblatus es deo, in laetitiam resurrectionis convertat. A.

8. tribuat tibi dominus, non secundum cor eorum, qui putaverunt persequendo delere te posse. A.

9. et compleat omne consilium tuum, non solum quo animam tuam posuisti pro amicis tuis, ut mortificatum granum copiosius resurgeret, sed etiam quo caecitas ex parte Israel facta est, ut plenitudo gentium intraret et sic omnis Israel salvus fieret. A.

10. exultabimus, quod tibi mors nihil nocebit: ita enim nec nobis eam nocere posse monstrabis. A.

12. et alibi: pater sancte, serva eos in nomine tuo, quos dedisti mihi. Br.

13. nunc mihi per prophetiam demonstratum est, quoniam resuscitabit dominus Christum suum. A.

14. exaudiet illum non de terra tantum, ubi se petiit clarificari, verum etiam de caelo, ubi iam ad dexteram patris interpellans pro nobis, diffudit inde spiritum super credentes in se. A.

15. potentatus nostri sunt salus favoris eius, cum etiam de tribulatione dat auxilium, ut quando infirmamur, tunc potentes simus. nam vana salus hominum, quae non dexterae, sed sinistrae eius est. hac enim extolluntur in magnam superbiam, quicunque peccantes temporaliter salvi facti sunt. A.

16. duo enim apud antiquos erant genera triumphorum: unum maius in curribus, quod laureatum dicebatur; aliud minus in equis quod ovatio nuncupabatur. sed ista saecularibus relinquens, in nomine domini se magnificatum esse confirmat. C. — nos autem spem figentes in aeternis, neque gloriam nostram quaerentes, in nomine domini nostri exultabimus. A.

17. et ideo ipsi temporalium rerum cupiditate obligati sunt, timentes parcere domino, ne a Romanis perderent locum: et irruentes in lapidem offensionis et petram scandali, de spe caelesti ceciderunt. A. — resurgere enim duobus modis dicitur Christianus: quando a vitiorum morte in hoc mundo per gratiam liberatus, in divinis iustificationibus perseverat. C.

18. salvum fac regem, id est, Christus dominus resurgat a mortuis. C.

PSALM XX.

1. Titulus notus est, de Christo canitur. A.

2. sicut ipse dicit: omnia patris mea sunt, et omnia mea patris sunt. C.

3. exultabit vehementer: id est in eo, quod per eum salvasti homines. C.

4. desiderium eius animae fuit, sicut in evangelio dicit: desiderio desideravi manducare vobiscum hoc pascha. C.

5. pacem meam, inquit, relinquo vobis: et factum est. A.

6. quoniam prius hauserat benedictionem dulcedinis tuae, fel peccatorum nostrorum non nocuit ei. A. — quia non erit praeventus fellis amaritudine, qua omnes in Adam praeventi sumus, id est, peccato originali, sed tu in ipso conceptu praevenies, id est, praemunies eum, ut in eum peccatum illud non praeveniat. B.

7. in principio sermonis eius accedentes ambierunt eum lapides pretiosi, discipuli sui, a quibus exordium annuntiationis eius fieret. A.

8. resurrectionem petiit, dicens: pater clarifica filium tuum: et dedisti ei. A.

9. longa tempora saeculi huius, quae haberet ecclesia, et deinceps aeternitatem in saeculum saeculi. A.

11. sed adhuc gloriam et magnum decorem addes ei, cum in caelo collocabis ad dexteram tuam. A.

12. multis locis iam diximus, suscipiendum esse pro parte membrorum, quod ipsi domino salvatori non potest convenire . . . . quapropter laetificabis eum in gaudio cum vultu tuo, suscipiendum est de unoquoque fidelium. C.

13. quia rex iste, qui in passione sua tribus linguis legebatur adscriptus, secundum hominem speravit in domino. C.

15. inveniatur, o rex, potestas tua. cum ad iudicandum veneris, omnibus inimicis tuis, qui eam in humilitate tua non intellexerunt. A.

17. clibanus est coquendis panibus aenei vasculi deducta rotunditas, quae sub urentibus flammis ardet intrinsecus. C. — in tempore vultus tui: in tempore manifestationis tuae. A.

19. fructus eorum fuerat in terra viventium, si filio dei credidissent; sed quia mandatis eius contumaci spiritu restiterunt, merito fructum illum beatitudinis perdiderunt. C.

20. et opera illorum vel quoscunque seduxerunt, non deputabis inter filios hominum, quos in hereditatem sempiternam vocasti. A.

21. haec autem poena retribuetur eis, quoniam mala quae sibi imminere te regnante arbitrabantur, in te occidendum detorserunt. A. — nam cum putarent Judaei imperium Romanorum sibi fore perniciosum, si regem salvatorem domi-

num suscepissent, in ipsum visi sunt mala declinare, quae sibi credebant Romanis ulciscentibus evenire. C.

22. cogitaverunt consilium, dicentes, expedit unum pro omnibus mori: quod non potuerunt stabilire, nescientes quid dixerint. A.

23. quoniam ordinabis eos in his, a quibus postpositis et contemptis averteris. A.

24. et in his, quae relinquis, id est, in cupiditatibus regni terreni, praeparabis tibi ad passionem impudentiam eorum. A.

25. quem humilem non cognoverunt, exaltare domine in virtute tua, quam infirmitatem putaverunt. A.

26. corde et opere celebrabimus et nota faciemus mirabilia tua. A.

PSALM XXI.

1. In finem pro resurrectione sua ipse dominus Jesus Christus loquitur. matutina enim fuit prima sabbati resurrectio eius, qua susceptus est in aeternam vitam, cui mors ultra non dominabitur. dicuntur autem ista ex persona crucifixi. nam de capite psalmi huius sunt verba, quae ipse clamavit, cum in cruce penderet, personam etiam servans veteris hominis, cuius mortalitatem portavit. A. — iste psalmus attribuitur David, non historiali, sed David in finem, id est, Christo, in quem velut in finem, id est perfectionem omnia tendunt. psalmus dico dictus vel cantatus ab ipso pro susceptione matutina, quod ad idem redit. susceptio autem vel assumptio matutina dicitur, resurrectio ipsa; quando enim dominus assumptus est in aeternam vitam, suscipiens carnem, quam deposuerat mortalem passibilem et corruptibilem, factam immortalem impassibilem et incorruptibilem. B.

2. istum versum primum in cruce audivimus, ubi dominus dixit: Eli, Eli, quod est, deus meus, deus meus: lama sabachthani? quod est, quare me dereliquisti? A. — haec tamen verba accipienda sunt ab humanitatis ipsius natura. C.

3. ille ergo, qui peccatum non habuit, nostra delicta sua dicit esse peccata . . . . unde apostolus dicit: eum, qui non noverat peccatum, pro nobis peccatum fecit. C.

4. dixit utique de me, de te, de illo. corpus enim suum gerebat, id est ecclesiam. nisi forte putatis, fratres, quia quando dixit dominus, pater si fieri potest, transeat a me calix iste, mori timebat. A.

5. multi enim clamant in tribulatione et non exaudiuntur: sed ad salutem, non ad insipientiam. clamavit Paulus, ut auferretur ab eo stimulus carnis; et non est exauditus, ut auferretur. A.

6. postquam se dixerat auditum non fuisse, ne quis putaret deum patrem proprium filium non amare, quia eum dissimulavit audire. C.

7. eruit ipsum populum Israel de terra Aegypti; eruit tres pueros de camino ignis; eruit Danielem de lacu leonum. A.

9. vermis et non homo. unde non homo? quia deus. quare ergo sic se abiecit, ut diceret vermis? an quia vermis de carne sine concubitu nascitur, sicut Christus de Maria virgine? et vermis et tamen non homo. quare vermis? quia mortalis, quia de carne natus, quia sine concubitu natus. quare non homo? quia in principio erat verbum, et verbum erat apud deum, et deus erat verbum. A.

11. aspernabantur ergo Judaei dominum salvatorem, quando dicebant: alios salvos fecit, seipsum non potest salvum facere .... quid tamen isti labiis loquebantur? si filius dei est, descendat de cruce. C.

13. verba siquidem ista specialiter evangelii sunt; dicebant enim Judaei, quando pendebat in cruce: speravit in domino, liberet nunc, si vult, eum. C.

15. nam ante saecula pater meus, ab uberibus matris meae deus meus. A.

16. in te iactatus sum ex utero: id est, ut mihi tu solus esses spes. A.

17. non de te deus meus; nam de te pater meus: sed de ventre matris meae, deus meus. A.

19. circumdedit me multitudo luxuriantis plebis .... populus et principes: populus, vituli multi; principes, tauri pingues. A.

20. audiamus rugitum ipsorum in evangelio, crucifige, crucifige. A.

21. dispersa sunt omnia ossa eius, id est, firmi ac fideles apostoli, quando dixit eis: ecce ego mitto vos velut agnos in medio luporum: tunc illi sicut aqua effusi sunt. aqua enim quando funditur et rigat et abluit: sic illi orbem terrarum divino imbre satiantes, peccatorum sordibus abluerunt. C.

22. ventrem suum dicit infirmos in ecclesia sua. quomodo cor ipsius factum est sicut cera? cor ipsius scriptura ipsius, id est, sapientia ipsius, quae erat in scripturis. clausa enim erat scriptura; nemo illam intellegebat: crucifixus est dominus et liquefacta est sicut cera, ut omnes infirmi intellegerent scripturam. A.

23. magnifice quod dixit, firmius factum est nomen meum de tribulatione. quomodo enim testa ante ignem mollis est, post ignem fortis, sic domini nomen ante passionem contemnebatur, post passionem honorificatur. A.

24. quomodo membrum illud in nobis non valet, nisi

ad loquendum, sic praedicatores suos, linguam suam, dixit adhaesisse faucibus suis, ut de interioribus eius caperent sapientiam. A.

25. sed hoc ad votum intellegendum est immanium Judaeorum, qui se putabant Christo mortem dedisse communem, in qua crederetur usque in pulverem fuisse perductum. C.

26. canum igitur natura talis est, ut ignotis hominibus nullatenus acquiescant, sed importunis atque assiduis latratibus arceant, quos notitia domesticae conversationis ignorat. his ergo Judaei iustissime comparantur, qui novam doctrinam domini minime recipientes, contra eum ferocissimis vocibus oblatrabant. C.

29. quando pendens extentus erat in ligno. non potuit melius describi extensio corporis in ligno, quam ut diceret, dinumeraverunt omnia ossa mea. A.

30. consideraverunt et non intellexerunt; conspexerunt et non viderunt. usque ad carnem oculos, non usque ad verbum cor habuerunt. A.

32. erat ibi tunica, dicit evangelista, desuper texta. ergo de caelo, ergo a patre, ergo a spiritu sancto. quae est ista tunica, nisi caritas quam nemo potest dividere? quae est ista tunica, nisi unitas? in ipsam sors mittitur, nemo illam dividit. sacramenta sibi haeretici dividere potuerunt, caritatem non diviserunt et quia dividere non potuerunt, recesserunt: illa autem manet integra. A.

33. factum est: post triduum resurrexit. A.

36. unicam dixit ecclesiam. de manu, id est, de potestate canis. qui sunt canes? qui canino more latrant, nec intellegunt contra quos. A.

37. de ore leonis, de potestate diaboli dicit. C.

38. et a sublimitatibus superborum se singulariter erigentium, consortesque non ferentium, salvam fac humilitatem meam. A.

39. fratres autem dicuntur, qui diligunt et diliguntur. C.

41. qui timetis dominum nolite quaerere laudem vestram, sed ipsum laudate. A.

43. timeant eum omnes ad novam vitam nati et ad visionem dei reparati. A.

44. quoniam non sprevit precem non illius, qui verbis delictorum clamans ad deum vitam vanam transire nolebat, sed precem pauperis non timentis in pompis transeuntibus . . . . quorum pauperum? non de se praesumentium. A.

46. quid autem clamavit, quid se dicit auditum? utique ut mors nostra eius exitio finiretur: ut peccatum veteris hominis redimeretur pretio sanctissimae passionis. C.

47. non enim laudem meam quaero, quia tu mihi es laus. A.

48. in ecclesia orbis terrarum confitebor tibi. vota mea reddam coram timentibus eum: sacramenta corporis et sanguinis mei reddam coram timentibus eum. A.

49. edent humiles et contemptores saeculi et imitabuntur. ita enim nec copiam huius saeculi concupiscent, nec timebunt inopiam. A.

50. et laudabunt dominum, qui requirunt eum. divites se laudant, pauperes dominum laudant. A.

51. vivent corda eorum in saeculum saeculi. nam cibus ille cordis est. A.

52. commemorabuntur; exciderat enim deus gentibus mortaliter natis et in exteriora tendentibus; et tunc convertentur ad dominum universi fines terrae. A.

53. et adorabunt in conscientiis suis universae patriae gentium. A.

55. manducaverunt corpus humilitates domini sui etiam divites terrae, nec sicut pauperes saturati sunt usque ad imitationem, sed tamen adoraverunt. A.

56. solus enim videt, quomodo procidant universi, qui caelestem conversationem deserentes, in terra eligunt beati apparere hominibus, non videntibus ruinam eorum. A.

59. annuntiabitur in honorem domini generatio novi testamenti. A. — annuntiabitur domino dicit, ab angelis, ut quidam volunt. C.

60. et annuntiabunt evangelistae iustitiam eius. A.

61. quapropter nimis apte dictum est, christianum populum dominum fecisse . . . . sed tunc eum a peccatis liberum fecit, quando christianum per aquam regenerationis instituit. C.

PSALM XXII.

1. Ecclesia loquitur Christo. A.

2. unde anima coelesti pabulo refecta, spiritualis laetitiae nitore pinguescat . . . . locus autem iste, qui dicitur pabulorum, divina lectio est. C.

3. aqua refectionis est baptismi lavacrum, quo anima sterilis ariditate peccati ad bonos fructus inferendos divinis muneribus irrigatur. C.

4. sed conversam dicit, quia post baptismum de peccatrice facta est iusta, de faeculenta mundissima. C.

5. non propter meritum meum, sed propter nomen suum. A.

6. dicit enim, etsi inter haereticos et schismaticos ambulem, qui recte umbrae mortis esse dicuntur, quoniam exitii figuram portant, cum ad inferna perducunt, non timebo. C.

7. non timebo mala, quoniam tu habitas in corde meo per fidem. A.

8. de virga quid dicemus, quae percutit, affligit et vitia nostra iudiciaria servitate castigat? consolatur plane et ipsa fideles, quando eos ad viam domini adhibita emendatione perducit. C.

9. post virgam autem, qua parvulus et animalis in grege pascuis erudiebar, post illam virgam cum esse coepi sub baculo, parasti in conspectu meo mensam, ut non iam lacte alar parvulus, sed maior cibum sumam, firmatus adversus eos, qui tribulant me. A.

10. laetificasti laetitia spiritali mentem meam. A.

11. et poculum tuum oblivionem praestans priorum vanarum delectationum quam praeclarum est. A.

12. et misericordia tua subsequetur me omnibus diebus vitae meae: id est, quamdiu vivo in hac mortali vita, non tua, sed mea. A.

PSALM XXIII.

1. Psalmus ipsi David de clarificatione et resurrectione domini, quae matutino primae sabbati facta est, qui iam dies dominicus dicitur. A.

3. cum clarificatus dominus annuntiatur in fidem omnium gentium, et universus orbis terrarum fit ecclesia eius. A.

4. ipse firmissime stabilivit eam super omnes fluctus saeculi huius, ut ab ea separarentur, nec nocerent ei. A.

5. flumina in mare fluunt et cupidi homines labuntur in saeculum: etiam istos superat ecclesia, quae devictis per dei gratiam cupiditatibus saecularibus ad recipiendam immortalitatem caritate parata est. A.

6. quis adscendit in altissimam iustitiam domini? A.

9. qui non in rebus non permanentibus deputavit animam suam, sed iam immortalem sentiens, aeternitatem stabilem atque incommutabilem desideravit. A.

12. quaerunt autem faciem dei, qui posterius nato primatum dedit. A.

13. auferre enim praecipit portas mortis. C. — attollite portas vestras, id est, auferte vitia vestra et suggestiones pravas. B.

14. elevatae enim sunt portae aeternales, id est, baptismatis gratia. C. — et elevamini aditus aeternae vitae, renuntiationis saeculo et conversionis ad deum. A.

16. interrogat propheta ad convincendam perfidiam Judaeorum . . . respondetur. C.

17. dominus fortis et potens, quem tu infirmum et oppressum putasti. A.

18. cum ad eum tenendum venissent, audierunt: ego sum; et omnes teste Joanne evangelista retrorsum protinus corruerunt. C. (vgl. Johannes XVIII, 6 und 7.)

20. et elevamini portae aeternae iustitiae, caritatis et castitatis, per quas anima diligit unum verum deum. A.

22. quid et tu princeps potestatis aeris huius miraris et quaeris, quis est iste rex gloriae? A.

PSALM XXIV.

1. Est enim vox cuiusque perfectae animae in hoc psalmo, quae hymnizat. B.

2. levavi animam meam desiderio spiritali, quae carnalibus desideriis conculcabatur in terra. A.

3. deus meus, ex eo, quod in me confidebam, perductus sum usque ad istam infirmitatem carnis; et qui deserto deo sicut deus esse volui, a minutissima bestiola mortem timens, de superbia mea irrisus erubui: iam ergo in te confido, non erubescam. A.

7. vias tuas domine notas fac mihi, et semitas tuas edoce me: quae non latae sunt, nec multitudinem a l interitum ducunt, sed angustas et paucis notas semitas tuas edoce me. A.

8. nam per meipsum non novi nisi mendacium. A.

9. neque enim dimissus a te de paradiso, et in longinquam regionem peregrinatus, per meipsum redire possum, nisi occurras erranti. A.

10. reminiscere operum misericordiae tuae, domine, quia tamquam oblitum te homines putant. A.

11. et hoc reminiscere, quia misericordiae tuae a saeculo sunt. nunquam enim sine illis fuisti. A.

13. memor esto quidem mei, non secundum iram, qua ego dignus sum, sed secundum misericordiam tuam, quae te digna est. A.

14. non propter meritum meum, sed propter bonitatem tuam, domine. A.

15. dulcis est dominus, quandoquidem et peccantes et impios ita miseratus est, ut omnia priora donarit: sed etiam rectus est dominus, qui post misericordiam vocationis et veniae, quae habet gratiam sine meritis, digna ultimo iudicio merita requiret. A.

16. quod autem legem statuit, utique dulcedinis et rectitudinis fuit. C.

17. diriget mites nec perturbabit in iudicio eos. A.

18. eos, qui non erigunt cervicem, neque recalcitrant, cum eis iugum lene imponitur et sarcina levis. A.

19. quas autem vias docebit eos, nisi misericordiam, qua

placabilis, et veritatem, qua incorruptus est? quorum unum praebuit donando peccata, alterum merita iudicando. et ideo universae viae domini, duo adventus filii dei, unus miserantis, alter iudicantis. A.

20. intellegunt enim dominum misericordem primo adventu, et secundo iudicem, qui mites et mansueti requirunt testamentum eius, cum sanguine suo nos in novam vitam redemit: et in prophetis atque evangelistis testimonia eius. A. — hic ergo testamentum debemus accipere novum. testimonia vero praecedentium dicta prophetarum. C.

21. propter nomen tuum, domine: quia Jesus dicendus erat, quod lingua nostra salvator interpretatur .... sed dum copiosum dicitur peccatum, abundantissimum esse monstratur: quoniam cursu temporis semper augetur. C.

23. in via, quam elegit, id est, in sanctitate propositi. C.

25. et opus eius hereditatem solidam instaurati corporis possidebit. A.

26. humanus timor diffidentiam tribuit: divinus autem spei firmamenta concedit. C.

28. nec timeam pericula terrena, dum terram non intueor: quoniam ille, quem intueor, evellet de laqueo pedes meos. A.

29. quod de persona christiani populi convenienter dicit ecclesia, qui unicus est ei. C. — quoniam unicus populus, unicae ecclesiae tuae servans humilitatem, quam nulla schismata vel haereses tenent. A. — pauper, quoniam a mundi illecebris segregatus nulla saeculi ambitione refertus est. C.

30. tribulationes cordis mei abundante iniquitate et refrigescente caritate multiplicatae sunt. A.

31. quoniam haec tolerare mihi necesse est, ut perseverans usque in finem salvus sim, de necessitatibus meis educ me. A.

32. vide humilitatem meam, qua nunquam me iactantia iustitiae ab unitate abrumpo; et laborem meum, quo indisciplinatos mihi commixtos suffero. A.

33. et his sacrificiis propitiatus, remitte peccata mea. A.

34. dicendo, respice inimicos meos, pro ipsis orat, ut redeant .... quoniam multiplicati sunt. pauci enim crederentur fortasse contemni, multorum vero perditio sine maximo dolore non poterat sustineri. C.

35. et oderunt me diligentem se. A.

36. custodi animam meam, ne decliner ad imitationem eorum, et erue me a perplexitate, qua mihi miscentur. A.

37. non confundar, si forte insurgunt adversum me: quoniam non in me, sed in te speravi. A.

38. innocentes et recti non praesentia corporali mis-

centur tantum, sicut mali, sed consensione cordis in ipsa innocentia et rectitudine adhaerent mihi. A.

39. quoniam non defecit, ut imitarer malos, sed sustinui te expectans ventilationem ultimae messis tuae. A.

40. redime, deus, populum tuum, quem praeparasti ad visionem tuam ex tribulationibus eius, non tantum quas foris, sed etiam quas intus tolerat. A.

PSALM XXV.

1. Ipsi David, non mediatori homini Christo Jesu, sed omni ecclesiae iam perfecte in Christo stabilitae attribui potest. A. — totus hic textus ad perfectum aptandum est christianum. C.

2. discerni se optat a malis. A.

3. ille enim titubat inter malos, qui non in domino sperat. hinc factum est, ut schismata fierent. trepidaverunt inter malos, cum ipsi peiores essent et quasi nollent esse boni inter malos. A.

4. proba et tenta, non praesumptive dicitur, sed hoc emendationis gratia fieri postulatur. nam quando ille perscrutatur et tentat, facit nos peccatum intellegere nostrum et ad fructum poenitentiae pervenire . . . . perscrutandum est autem, cur hic petat se debere tentari, cum in evangelica oratione sit positum: ne inducas nos in tentationem. duae sunt igitur tentationes: una domini, qua bonos tentat, ut eos competenter erudiat, sicut legitur in genesi: tentavit dominus Abraham. C.

5. ure delectationes meas, ure cogitationes meas (cor pro cogitationibus, renes pro delectationibus posuit) ne aliquid mali cogitem, ne aliquid mali me delectet. unde autem ures renes meos? igne verbi tui. unde ures cor meum? calore spiritus tui. A.

7. hoc est, non in homine complacui, sed intus complacui tibi, ubi tu vides. A.

8. aliquando non es in concilio, et ibi sedes. verbi gratia, in theatro non sedes, sed cogitas theatrica, contra quae dictum est, ure renes meos. A.

10. odium enim significat divisionem. C.

11. et cum superius se dixerit in vanitatis concilio non sedisse: modo se profitetur cum impiis non sedere. utrumque quidem erat omnino deserendum. sed alii sunt vani, alii impii. vani sunt, qui caducis inquisitionibus occupantur, et in superflua tempus narratione consumunt. impii autem haeretici. C.

12. munda faciam inter innocentes opera mea. A.

14. audire vòcem, laudis, est intellegere intus, quia quidquid in te mali est de peccatis, tuum est; quidquid boni in iustificationibus, dei est. A.

15. ex ipso bono meo non de me praesumam, sed de te qui dedisti, ne laudari velim de me in me, sed de te in te. A.

16. domus dei ecclesia est; adhuc habet malos, sed decor domus dei in bonis est, in sanctis est. A.

17. quae est gloria dei? de qua paulo ante dicebam, ut et, qui fit bonus, non in se sed in domino glorietur. A.

18. ergo quia dilexi decorem domus tuae, id est, omnes qui ibi sunt, et gloriam tuam quaerunt; sed et non praesumsi in homine, et non consensi impiis, et non introibo et non sedebo in congregatione eorum; quia ita fui in ecclesia dei, quid mihi retribues? sequitur quid respondeamus. ne comperdas etc. A.

20. sed quid est accipere munera! propter munera laudare hominem, adulari homini, palpare blandiendo, iudicare contra veritatem propter munera. propter quae munera? non solum propter aurum et argentum et huiusmodi aliquid, sed etiam propter laudem, qui iudicat male, munus accipit, et munus, quo nihil inanius. A.

22. id est, in ecclesiis non me benedicam, quasi certus de hominibus, sed te benedicam in operibus meis. hoc est enim benedicere deum in ecclesiis, fratres, sic vivere, ut per mores cuiusque benedicatur deus. nam qui benedicit dominum lingua, et factis maledicit non in ecclesiis benedicit dominum. A.

PSALM XXVI.

2. Dominus mihi et notitiam sui et salutem dabit, quis me auferret ei? A.

9. quin potius una dies sine nocte, quam multi dies dicendi essent. B.

10. habet ibi magnum spectaculum, delectationem ipsius domini contemplari. A.

11. ut templum suum me protegat, ero templum dei, et protegar ab eo. A.

12. quoniam abscondit me in dispensatione incarnati verbi sui in tempore tentationum, quibus mortalis vita mea subiacet. A.

13. tabernaculum eius alia membra ipsius credentes in eum sint, absconditum autem tabernaculi ipse sit. A. — propheta enim postulat protegi a corporis Christi templo. C.

14. petra nempe est Christus. A. — exaltavit iam me in petra exaltata, id est, in Christo, qui est petra, propter soliditatem ecclesiae, de qua dictum est: petra autem erat Christus. B. — unde apostolus: petra autem erat Christus; in illa petra exaltavit me per spem. R.

15. adhuc patior inimicos corporis Christi, adhuc non sum exaltatus super inimicos: sed caput meum exaltavit super inimicos meos. iam caput nostrum Christus in caelo est, adhuc inimici nostri possunt in nos saevire: nondum sumus exaltati super illos, sed caput nostrum iam ibi est. A.

16. immolamus hostiam iubilationis, immolamus hostiam laetitiae, hostiam gratulationis, hostiam gratiarum actionis, quae verbis explicari non potest. immolamus autem ubi? in ipso tabernaculo eius, in sancta ecclesia. quid ergo immolamus? abundantissimum et inenarrabile gaudium, nullis verbis, voce ineffabili. haec est hostia iubilationis .... consideravi fidem orbis terrarum, in qua exaltatum est caput meum, super eos, qui me persequebantur; et in ipso tabernaculo eius, id est, in ecclesia toto orbe diffusa, ineffabiliter laudavi dominum. A.

17. securi erimus, et securi cantabimus, et securi psallemus, cum contemplabimur delectationem domini, et protegemur templum eius, in illa incorruptione, quando absorbebitur mors in victoriam. A.

18. unam illam petit tam diu rogans, flens, gemens, non petit nisi unam. A.

21. ideo hanc putat iram domini, si avertat ab illo vultum suum .... avertat ergo faciem suam a peccatis tuis, sed non avertat faciem suam a te. A.

22. forte dices mihi: nitere, ambula, liberum arbitrium tibi dedi: voluntatis tuae es, prosequere viam' .... noli de te praesumere, si te dereliquerit, in ipsa via deficies, cadis, aberrabis, remanebis: dic ergo illi: voluntatem quidem liberam mihi dedisti, sed sine te nihil est mihi conatus meus. A.

24. patrem suum Adam primum hominem dicit, matrem uxorem eius Hevam, unde generatio humana descendit. C.

26. ergo legem mihi constitue, in Christo tuo: ipsa enim via locuta est nobis, et dixit, ego sum via, veritas et vita. A. — semitam vero iam diximus ad scripturarum intellegentiam pertinere. C.

27. secundum historiam potest intellegi de Saule, qui eum acerrimo odio persequebatur. — sed quoniam rex erat, nec poterat solus agere, quod iubebat, apte numerus pluralis hic positus est. C.

29. testes ergo iniqui fuerunt Doech Idumaeus, eiusque similes, qui eum prodiderunt Sauli, a propheta Achimelech fuisse susceptum, et gladium illi sumptusque datos; quod rex sacerdotis atque filiorum eius morte reseravit. C.

30. eruet me dominus a terra morientium, qui propter me dignatus est suscipere terram morientium, et mori inter manus morientium. A.

31. audiamus et vocem domini desuper exhortantis nos, consolantis nos. A.

PSALM XXVII.

1. Ipsius mediatoris vox est, manu fortis in conflictu passionis. A.

2, 3. ad te, domine, clamavi, deus meus, ne separes unitatem verbi tui ab eo, quod homo sum. A.

4. lacus enim quidam hoc saeculum est, qui quasi delectabilis ac tranquillus creditur. C.

5, 6. dum crucifigor ad eorum salutem, qui credentes fiunt templum sanctum tuum. A.

9. et quam iniquitatem, ostendit, scilicet qui loquuntur pacem hic exterius cum me proximo suo, et secundum carnem, et quantum ad misericordiam, quam eis exhibere volui, dicentes, magister scimus, quia verax es, et viam dei in veritate doces. B. — et quamvis pacifice loquerentur, cum dicerent: magister scimus, quia verax es, et similia, tamen mala erant in cordibus. H. — qui loquuntur pacem cum proximo suo me Christo, qui factus sum eorum proximus per carnis assumptionem, et misericordiam, dicentes: magister scimus, quia verax es. R.

10. secundum nequitiam studiorum ipsorum, id est, ambitum malum, ut innoxio nocerent, et qui ad eos salvandos venerat, morti tradere maluissent. C.

11. quia pro veritate, quam audiebant, voluerunt fallaciam retribuere. A.

12. fallacia ipsorum ipsos fallat. A.

13. haec ipsa nimirum iam retributio fuit, ut quem malevolo animo hominem tentaverunt, non cognoscerent deum quo consilio incarnatum pater misit. A.

14. nec moverentur ipsis visibilibus operibus, quae porrecta sunt usque ad oculos eorum. A.

17. dominus adiuvans tanta patientem, et immortalitate protegens resurgentem. A.

19. et refloruit caro mea, id est, et resurrexit caro mea. A.

20. unde iam consumto mortis metu, non timoris necessitate, sub lege, sed libera voluntate cum lege confitebuntur illi, qui credunt in me: in quibus quia ego sum, ego confitebor. A.

23. interpello igitur, postquam refloruit caro mea, quia dixisti: postula a me, et dabo tibi gentes hereditatem tuam. A.

24. et rege illos in hac temporali vita, et in aeternam hinc tolle illos. A.

PSALM XXVIII.

1. Psalmus ipsi mediatori manu forti perfectionis ecclesiae in hoc saeculo, ubi adversus diabolum temporaliter militatur. propheta loquitur. A.

2. afferte domino vosmetipsos, quos per evangelium duces gregum apostoli genuerunt. A. — arietes apostoli accipiendi sunt, qui tamquam duces gregum in caulas domini perduxerunt populum christianum. C.

4. afferte domino gloriam nomini eius. gloriose per orbem innotescat. A.

5. adorate dominum in dilatato et sanctificato corde vestro. vos enim estis regium sanctum habitaculum eius. A.

6. vox Christi super populos. A.

7. deus maiestatis de nube carnis terribiliter poenitentiam praedicavit. A.

8. ipse dominus Jesus postea quam vocem emisit super populos, et perterruit eos, convertit in se et habitavit in eis. A. — super aquas multas, id est, super populos gentium diversarum, quas prophetarum atque apostolorum praedicatione lucratus est. C.

9. vox domini iam in ipsis potentes faciens eos. A.

10. vox domini magna faciens in eis. A.

11. vox domini contritione cordis humilians superbos. A.

12. cedri enim, quae alibi nascuntur, non omnino procerae sunt: in Libano autem tales inveniuntur, ut omnes altitudines arborum superare videantur. C. — conteret per poenitentiam dominus elatos nitore terrenae nobilitatis, cum ad eos confundendos ignobilia huius mundi elegerit, in quibus ostendat divinitatem suam. A.

13. et amputata superbia celsitudine illorum, deponet eos ad imitationem humilitatis suae, qui tamquam vitulus per ipsam huius saeculi nobilitatem ad victimam ductus est. A.— vitulos autem Libani sacrificiis frequenter antiquitas offerebat, qui propter luxuriam dulcium herbarum pingues erant admodum et decori. C. — quia dominus verbum suum, sive dominus pater agens per verbum comminuet eas cedros vel eos homines significatos per cedros tamquam vitulus Libani est comminutus. vitulus enim in Libano natus et nutritus, Christus scilicet, de ipso Libano ad victimam ductus, usque ad mortem humiliatus est. B.

14. nam et ipse dilectus atque unicus patri exinanivit se nobilitate sua; et factus est homo; sicut filius Judaeorum ignorantium iustitiam dei et superbe iactantium tamquam singularem iustitiam suam. A. — sic ergo Christum dicit carne moriturum, sicut et filios Judaeorum. C.

15. vox domini per ardorem concitatissimum persequentium se sine ulla sua laesione transeuntis, vel dividentis furentem iracundiam persecutorum suorum, ut alii dicerent, numquid forte ipse est Christus; alii, non, sed seducit populum: atque ita praecidentis insanum tumultum eorum, ut alios in caritatem suam traiiceret, alios in malitia eorum relinqueret. A.

16. vox domini commoventis ad fidem gentes quondam sine spe et sine deo in hoc mundo. A.

17. et tunc celebrari faciet dominus sanctum verbum scripturarum suarum, quod a Judaeis non intellegentibus deserebatur. A. — sed hunc locum narratio libri numeri diligenter exponit, referens, cum Israeliticus populus in Cades venisset, nimiaque siti loci ariditate laboraret, Moysen iussu domini percussa petra subito illis aquarum copiam contulisse, miroque modo facta est terra irrigua, quae arida siccitate iacebat squalida. per hanc ergo similitudinem dicit peccatorum corda durissima in aquas sapientiae posse dissolvi . . . . saepe enim desertum ponitur, ubi et infideles populi convenire noscuntur. C.

19. et tunc eis revelabit opacitates divinorum librorum et umbracula mysteriorum, ubi cum libertate pascantur. A.

20. et in ecclesia eius omnis in spem aeternam regeneratus laudat deum pro suo quisque dono, quod a sancto spiritu accepit. A.

21. dominus ergo primum inhabitat diluvium huius saeculi in sanctis suis tamquam in arca, ita in ecclesia custoditis. A.

23. quia dominus virtutem populo suo contra huius mundi procellas et turbines dimicanti dabit, quia pacem illis in hoc mundo non promisit. A.

24. et idem dominus benedicet populum suum, in seipso illi pacem praestans: quoniam, inquit, pacem meam do vobis, pacem meam relinquo vobis. A. — est enim totus psalmus spiritus sancti laude plenissimus, et per varias allusiones praeconia eius maiestatis exoluens C.

PSALM XXIX.

1. Domus significat dominici corporis templum, dedicatio vero resurrectionem eiusdem domini nostri Jesu Christi . . . . dedicare quippe dicimus, cum novitas domus alicuius in usum celeberrimum deputatur. domus autem David propter semen eius est posita, unde salvator noster carnis traxit originem. ista domus est, quae nunc apertis foribus labiorum laeta decantat: exultabo te domine; quae fabricata est nascendo, sed in sancta resurrectione cognoscitur esse dedicata. C.

2. dominus Christus patri gratias agit. C. — vox Christi ad patrem, et vox ecclesiae ad Christum. exaltabo te, laudabo te. quoniam suscepisti me: id est, Christum ad dexteram patris. et Christus suscepit ecclesiam, quando humanitatem carnis assumsit. nec delectasti inimicos meos super me. ut meo iucundarentur interitu. quomodo dicit, nec delectasti inimicos, dum et Judaei Christum crucifixerunt, et conspuerunt et flagellaverunt, et persecutores delectantur super ecclesiam, quando persequuntur? sed nec Judaei delectati super Christum fuerunt: quia non potuerunt eum extinguere, sicut voluerunt. Br. — quos ergo inimicos? Judaeos an potius diabolum et angelos eius, qui confusi discesserunt, postquam dominus resurrexit? praepositus mortis doluit victam mortem. et non iocundasti inimicos meos super me: quia teneri apud inferos non potui. A.

3. oravit in monte dominus ante passionem, sanavit eum. quem sanavit, qui nunquam aegrotavit, verbum deum, verbum divinitatem? non sed mortem carnis portabat, vulnus tuum portabat, sanaturus te de vulnere tuo. sanata est autem caro. quando? cum resurrexit. A.

4. revocasti ab inferis animam meam. id est, animam Christi cum aliis animabus sanctorum deus de inferno revocavit. Br.

5. qui sunt, qui descendunt in lacum? omnes peccatores mergentes in profundum. lacus est enim profunditas saeculi. quae est ista profunditas saeculi? abundantia luxuriae et nequitiae. A.

6. quia resurrexit caput vestrum, hoc sperate membra cetera, quod videtis in capite .... proverbium est antiquum et verum: ubi caput, et cetera membra. Christus in caelum adscendit, quo nos secuturi sumus. A.

7. obliti enim eratis eum, sed ipse vos non est oblitus. A.

8. quoniam vindicavit in vos primum peccatum, quod morte solvistis. A.

9. et vitam aeternam ad quam redire nullis vestris viribus possetis, quia voluit dedit .... quid est, in voluntate eius? non in viribus nostris, non in meritis nostris, sed quia voluit salvos nos fecit, non quia digni eramus. A.

10. vespere coepit, ubi sapientiae lumen recessit a peccante homine. A.

11. usque in matutinum, quo exultatio resurrectionis futura est, quae in matutina domini resurrectione praefloruit. A.

12. abundantia erat, quando constitutus est homo in paradiso quando nihil deerat illi, quando deo fruebatur: sed

dixit, non movebor in aeternum. quomodo dixit, non movebor in aeternum? quando libenter audivit, gustate, et eritis tamquam dii: cum deus diceret, qua die ederitis morte moriemini; et diabolus, non morte moriemini. A.

13. quia non ex me bonus eram, et fortis, sed ex te eram et pulcher et fortis; decori meo virtutem praestiteras, ex voluntate tua, qua me feceras. et ut ostenderes mihi, quia ex voluntate tua hoc eram, avertisti faciem. A.

14. et factus sum conturbatus, i. mortalis. R.

15. deus enim superbis resistit, humilibus autem dat gratiam. A.

16. in corruptionem, id est, ad putrefactionem, cui lege generali cuncta caro subiecta est; qualis erit spes fidelium, qui me sub triduana celeritate resurgere crediderunt; petit ergo non, ut non moriatur, sed ne caro ipsius corruptione resoluta, nullum signum promissae maiestatis ostendat. C.

17. confessio vero hic laudem significat, quam utique offerre non possunt, qui in pulverem communi morte solvuntur. sequitur, aut annuntiabit veritatem tuam? illam videlicet, quam post resurrectionem discipulis dixit: ite praedicate hoc evangelium omni creaturae. C.

19. planctus ad mortem attinet, gaudium ad resurrectionem. C.

20. quis est saccus? mortalitas .... conscidisti velamentum peccatorum meorum, tristitiam mortalitatis meae; et cinxisti me stola prima, immortali laetitia. A.

21. ut iam non plangat, sed cantet tibi, non humilitas, sed gloria mea, quia iam ex humilitate exaltasti me. A.

22. compunctus est enim, cum in cruce penderet .... non compungar, iam non moriar. nos autem quid dicimus propter dedicationem domus? non nos compungat conscientia stimulis peccatorum. dimittentur enim omnia, et tunc liberi erimus. A.

23. confitebor autem hic accipiendum est a parte membrorum. C.

PSALM XXX.

1. In finem psalmus ipsi David, mediatori manu forti in persecutionibus. nam et extasis, quae addita est titulo, excessum mentis significat, quae fit vel pavore, vel aliqua revelatione. sed in hoc psalmo pavor maxime apparet perturbati populi dei persecutione omnium gentium et defectu per orbem fidei .... moriturus ergo ex eo, quod nostrum habebat, non in se, sed in nobis pavebat: quia et hoc dixit, tristem esse animam suam usque ad mortem et utique nos ipsi omnes cum illo. nam sine illo nos nihil: in illo autem

ipse Christus et nos. quare? quia totus Christus caput et corpus. caput ille salvator corporis, qui iam adscendit in coelum, corpus autem ecclesia, quae laborat in terra. A. — verba, quae titulus continet, ad dominum Christum frequenter diximus esse referenda, cui totus psalmus aptandus est. C.

2. et fiet traducentibus ex adverso iniquitatibus omnis grex malus ad sinistram, tamquam hoedis ab ovibus separatis, et audient, ite in ignem aeternum, qui paratus est diabolo et angelis eius. A.

3. et in tua iustitia erue me. nam si adtendas ad iustitiam meam, damnas me. A.

4. fecit hoc deus, quando ipsum Christum ad* nos misit. A.

5. ne differas in finem saeculi, sicut omnium credentium mihi, segregationem meam a peccatoribus. A. — id est, festina resurrectionem dare celerrimam. C.

7. quia fortitudo mea ad tolerandos persecutores meos, et refugium meum ad relinquendos tu mihi es. A.

8. et ut per me innotescas omnibus gentibus, per omnia sequar voluntatem tuam. A.

9. et paulatim mihi aggregatis sanctis adimplebis corpus meum et perfectam staturam meam. A.

11. potestati tuae commendo spiritum meum cito recepturus. A.

12. dicat et populus redemtus passione domini sui, et laetus clarificatione capitis sui . . . . faciens, quod promisisti, non fallens in pollicitatione tua, deus veritatis. A.

13. illa redduntur semper odiosa, quae probantur esse contraria. iuste ergo veritas oderat vanitatem, quia vanitas in falsitate versatur. C. — speras in pecunia, observas vanitatem; speras in honore et sublimitate aliqua potestatis humanae, observas vanitatem. A.

14. sed in domino speravi, qui non est vanitas. A.

15. nisi prius humiliareris, non te exaudiret, qui te a necessitatibus liberaret. humiliatus est, qui dixit: infelix ego homo, quis me liberabit de corpore mortis huius. A.

16. nec conclusisti me, ut non haberem aditum respirandi in libertatem, et darer in sempiternam potestatem diaboli, cupiditate huius vitae illaqueantis et morte terrentis. A.

17. plane fecisti mihi facilem iustitiam, quae mihi erat aliquando difficilis. A.

18. in tribulatione utique angustia est. quomodo ergo posuisti in spatioso pedes meos? si adhuc tribulatur, quomodo sunt in spatioso pedes? an forte una quidem vox est, quia unum quidem corpus; sed in aliquibus membris spatium sen-

titur, in aliquibus angustia, id est, alii sentiunt facilitatem iustitiae, alii laborant in tribulatione? nam si non alia membra illud alia illud paterentur, non diceret apostolus: si patitur unum membrum, compatiuntur omnia membra, et si glorificatur unum membrum, congaudent omnia membra. aliquae ecclesiae verbi gratia pacem habent, aliquae in tribulatione sunt; in istis, quae pacem habent, in spatioso sunt pedes; illae, quae in tribulatione sunt, angustias patiuntur: sed et istos contristat illorum tribulatio et illos pax istorum consolatur . . . . dicat ergo ex quibusdam membris: miserere mei domine, quoniam tribulor. A.

19. si tribularis quare irasceris? irascitur iste alienis peccatis. quis non irascatur, videns homines confitentes ore deum, negantes moribus? quis non irascatur, videns homines saeculo verbis et non factis renuntiantes? quis est, qui non irascatur, videns fratres insidiantes fratribus, fidem non servantes osculo, quod infigunt in sacramentis dei. A.

21. in his ergo non apparentibus et gementibus irascitur, qui dicit alio loco: zelus domus tuae comedit me. dicit et alibi quando quidem videt multos mala facientes: taedium detinuit me a peccatoribus relinquentibus legem tuam. dicit et alio loco: vidi insensatos et tabescebam. A.

22. quoniam omnibus bonis indiget humana fragilitas. C.

23. ossa vero fortes intelleguntur ecclesiae, qui etiam si non conturbantur persecutionibus alienorum, conturbantur tamen iniquitatibus fratrum. A.

24. qui sunt inimici ecclesiae? pagani, Judaei? omnibus peius vivunt mali christiani . . . . peius, inquit, vivunt mali in sacramentis meis, quam qui ad illa nunquam accesserunt. A.

25. vicinis meis nimium opprobrium factus sum, id est, qui mihi iam appropinquabant ut crederent: hoc est, vicini mei nimium deterriti sunt, mala vita malorum et falsorum christianorum. A.

26. quid tam timendum, quam cum videt homo multos male viventes, et de quibus bene sperabatur, in multis malefactis inventos? timet ne tales sint omnes, quos putabat bonos, et veniunt in suspicionem malam prope omnes boni. A.

27. illud est magis gemendum, illud omnino intolerabile, quia multi qui viderunt me, foras fugerunt a me, id est, qui cognoverunt, quid esset ecclesia, exierunt foras et haereses et schismata contra ecclesiam fecerunt . . . . qui videbant me, id est, qui noverant, quid sit ecclesia, qui eam in scripturis intuebantur. A.

29. vas perditum est, quod fractum et ad nullos usus

necessarium semper abiicitur: ita et Jesus mortuus, quasi fractum vas abiiciendus putabatur a perfidis. C.

30. multi accolunt in circuitu meo, et reprehendunt me quotidie. quanta mala dicunt in malos christianos, quae maledicta perveniunt ad omnes christianos . . . . illi tamen ista dicunt, qui accolunt in circuitu, id est, circumeunt et non intrant. quare circumeunt et non intrant? quia rotam temporis amant. non intrant ad veritatem, quia non amant aeternitatem. A.

31. ut consentirem pravitatibus eorum. illis enim qui maledicunt et non intrant, parum est, quia non intrant; et eiicere hinc volunt vituperando. si eiecerunt te de ecclesia, acceperunt animam tuam, id est, tenuerunt consensionem tuam; et eris in circuitu, non in mansione. A.

33. quae sunt enim sortes? hereditas ecclesiae. A.

35. illumina faciem tuam super servum tuum, id est, fac videre, quia super me dignaris intendere. C. — illi maxime persequuntur ecclesiam, qui christiani nolunt bene vivere. A.

36. dicendo, in tua misericordia salvum me fac, negat meritum suum. C.

37. invocas deum, quando in te vocas deum. hoc est enim illum invocare, illum in te vocare, quodam modo eum in domum cordis tui invitare . . . . dico ergo breviter homini avaro: invocas deum? quare invocas deum? ut det mihi lucrum. lucrum ergo invocas, non deum. A.

39. loquitur enim falsitas contra veritatem, quando Judaei Messiam proclamant adhuc esse venturum. C. — quae loquuntur adversus Christum iniquitatem, superbientes et contemnentes tamquam hominem crucifixum . . . . quando efficientur muta labia ista? in hoc saeculo? nunquam . . . . augent linguis suis poenas, quibus apud inferos sitiant, et aquae stillam sine causa desiderent. non ergo nunc muta efficiuntur labia istorum. A.

40. sed ut commendaret ipsa bona futuri saeculi hominibus, quos iubet tolerare, non amare praesentia, exclamavit et addidit: quam multa multitudo dulcedinis tuae, domine. A.

42. ergo si speras in domino, coram hominibus spera: ne forte abscondas ipsam spem tuam in corde tuo, et timeas confiteri, cum tibi pro crimine obiiciatur, quia christianus es . . . . hoc ergo in conspectu hominum si feceris, si inde coram hominibus non erubueris, si in conspectu filiorum hominum nec ore nec factis Christum negaveris, spera, tibi perfici dulcedinem dei. A.

43. et quam pulchre regalem conspectum esse dicit in

abdito, re vera, quia contemplationem eius qua iusti perfruentur, impii non videbunt. C.

44. a conturbatione hominum: ibi enim non conturbantur, cum absconduntur .... aliquando abscondes eos in abscondito vultus tui a conturbatione hominum, ut prorsus in eis conturbatio humana deinceps esse non possit. A.

45. quod est tabernaculum? ecclesia huius temporis tabernaculum ideo dicitur, quia adhuc in hac terra peregrinatur. tabernaculum enim habitaculum est militum in expeditione positorum. ipsa dicuntur tabernacula. domus non est tabernaculum. pugna in expeditione peregrinus, ut salvus factus in tabernaculo gloriosus recipiaris in domum. A.

46. quae est civitas circumstantiae? in una Judaea populus dei erat positus, quasi in medio mundo, ubi dicebantur laudes deo .... adtendit propheta iste, et vidit futuram ecclesiam dei in omnibus gentibus: et quia omnes gentes circum undique erant, quae in medio ponebant unam gentem Judaeorum, has undique circumstantes gentes appellavit civitatem circumstantiae. mirificasti quidem domine misericordiam tuam in civitate Jerusalem .... sed maior laus tua est, quia mirificasti misericordiam tuam in civitate circumstantiae, id est, in omnibus gentibus diffudisti misericordiam tuam. A.

47. si in facie tua essem, non sic timerem; si me adtenderes, non sic trepidarem .... non enim, si me respiceres, pati me ista sineres. A. — patri dicit filius a forma servi, speravi: quia me gratia tua desereret, cum passionis tristitia praevaleret, in pavore utique mortis. C.

48. a domino ideo se dicit exauditum, quia humiliter, non desperanter more humanitatis dicebat esse contemptum. C.

49. diligite dominum omnes sancti eius: id est, vos diligite dominum, qui non diligitis mundum. A.

51. sed hic superbiam non unum vitium debemus accipere: quoniam ex superbia nascitur quicquid morum pravitate peccatur: scriptum est enim: initium omnis peccati superbia. C.

52. sed quando retribuet: o si modo tribueret, modo eos volebam videre humiliatos atque prostratos. audite quid sequitur: viriliter agite. nolite lassas manus in tribulationibus dimittere non nutent genua vestra .... ad perpetienda et toleranda omnia mala huius saeculi confortetur cor vestrum. A.

PSALM XXXI.

1. Intellectus ideo sequitur, quia nisi misericordia domini suffragante peccata nostra intellexerimus, ad poenitentiae studium venire non possumus. in alio quippe psalmo dictum

est: delicta quis intellegit? hoc est enim, quod dicit intellectus; ut cum nos intellegere divinitas praestiterit peccata nostra, pro eis diluendis studiosissime supplicemus. C.

4. at vero qui nolunt confiteri peccata, laborant sine causa in defensione peccatorum suorum. et quanto laborant in defensione peccatorum suorum iactantes merita sua, non videntes iniquitates suas, tanto plus robur eorum et fortitudo deficit. ille enim fortis est, qui non in se, sed in deo fortis est. A. — in cuius ore dolus non est; id est, qui nulla sibi remissione placuerit; et cum sit peccator, ipse se praedicet esse sanctissimum .... sed sua potius delicta congnoscens in humilitate satisfactionis iugiter perseverat. C.

5. tacui enim dixit, non sum confessus. ibi oportebat, ut loqueretur, taceret merita sua, clamaret peccata sua: nunc autem perverse tacuit peccata sua, clamavit merita sua. et quid illi contigit? inveteraverunt ossa eius. intendite, quia si clamaret peccata sua et taceret merita sua, innovarentur ossa eius, id est, virtutes eius. A.

7. conversus sum in aerumna mea, dum configeretur spina. miser factus sum cognoscendo miseriam meam, compunctus mala conscientia .... ex ipsa aggravatione manus tuae, ex ipsa humiliatione conversus sum in aerumna mea, factus sum miser, confixa est mihi spina, compuncta est conscientia mea. A.

9. confessio ergo mea ad os nondum venerat; dixeram enim, pronuntiabo adversum me: verumtamen deus audivit vocem cordis mei: vox mea in ore nondum erat, sed auris dei iam in corde erat. A.

10. pro hac. pro qua hac? pro impietate .... in tempore opportuno: quando manifestabitur novum testamentum: quando manifestabitur gratia Christi, quod est tempus opportunum. cum autem venit plenitudo temporis, misit deus filium suum, factum ex muliere (id est, ex femina, indiscrete enim vocabant hoc antiqui), factum sub lege. A.

11. multae aquae sunt variae doctrinae. doctrina dei una est, non sunt multae aquae, sed una aqua, sive sacramenti baptismi, sive doctrinae salutaris. de ipsa doctrina, qua irrigamur per spiritum sanctum, dicitur: bibe aquam de tuis vasis et de puteorum tuorum fontibus .... aliae aquae multae, multae doctrinae inquinant animas hominum, quod paulo ante dicebam .... in hoc diluvio aquarum multarum ad deum non appropinquabunt .... haec aqua in nullis alienigenarum libris est, non in epicureis, non in stoicis, non in manichaeis, non in platonicis. A. — quae sententia maxime haereticos arguit. C.

12. ita inquit et gaudeo et gemo: gaudeo in spe, gemo

adhuc in re. exsultatio mea redime me. spe gaudentes, ait apostolus. ergo recte, exultatio mea, redime me. unde redime me? sequitur, in tribulatione patientes. exsultatio mea redime me. iam iustificatus erat et apostolus: et quid ait? non solum, inquit, sed etiam nos ipsi primitias habentes spiritus, et ipsi in nobismetipsis ingemiscimus. unde redime me? quia ipsi in nobismetipsis ingemiscimus, adoptionem expectantes, redemptionem corporis nostri. A.

13. unde ergo exsultatio mea? ibi sequitur idem apostolus, et dicit: spe enim salvi facti sumus . . . . ubi premeris, ibi angustia est. ergo si per patientiam expectamus, adhuc dicimus: redime a pressura, quae circumdedit me . . . . respondetur: intellectum dabo tibi. A. — nunc videamus in parte finitima, quid ei dominus ipse respondeat. C.

14. ipse enim intellectus est, quem tituli veritas indicavit, quem poenitentibus potestas domini clementer infundit. C.

15. firmabo super te oculos meos, id est, dirigam in te lumen intellegentiae meae. C.

16. equus sine discretione sessoris servit arbitrio, et a quocunque fuerit ascensus, excurrit. mulus autem patienter accipit sarcinas, quibus fuerit oneratus; et pro hoc utrique intellectum non habent: quia nec ille elegit, cui obediat, nec iste, quibus oneribus ingravetur, intellegit. prohibet ergo huiuscemodi homines diabolicis fraudibus insideri, et vitiorum oneribus praegravari. C.

20. laetentur in domino: nam qui in se gaudet, fallaci, sicut saepe dictum est, praesumptione décipitur. C.

21. sed vide rectum cor: verum non quod ego volo, sed quod tu vis, pater. A.

PSALM XXXII.

1. Rectos commonet christianos, ut non in terrenis delectationibus, sed gaudeant semper in domino. C.

2. ipsi laudant dominum, qui se subdunt domino: aliter enim distorti et pravi sunt . . . . si autem curvus fueris, laudas deum, quando tibi bene est, blasphemas, quando tibi male est. A.

3. cithara lignum illud concavum tamquam tympanum pendente testudine, cui ligno cordae innituntur, ut tactae resonent . . . . hoc ergo lignum cithara in inferiore parte habet, psalterium in superiore . . . . mementote citharam ex inferiore parte habere, quo sonat, psalterium ex superiore. ex inferiore vita, id est, terrena, habemus prosperitatem et adversitatem. A.

4. psalle domino in psalterio decem cordarum. praecepta enim legis decem sunt: in decem praeceptis legis habes

psalterium. perfecta res est. habes ibi dilectionem dei in tribus, et dilectionem proximi in septem. A.

5. novum canticum dicit incarnationem domini, qua mundus salutari exsultatione completus est, qua angeli canoris vocibus personarunt laudantes et dicentes: gloria in altissimis deo. C.

6. noli quaerere verba, quasi explicare possis, unde deus delectatur . . . . quid est in iubilatione canere? intellegere, verbis explicare non posse, quod canitur corde. etenim illi, qui cantant sive in messe sive in vinea sive in aliquo opere ferventi, cum coeperint in verbis canticorum exsultare laetitia, veluti impleti tanta laetitia, ut eam verbis explicare non possint, avertunt se a syllabis verborum, et eunt in sonum iubilationis. A.

7. rectus est itaque sermo domini ad dirigendos scilicet homines. veraciter enim rectus dicitur, qui rectos facit. C.

8. invenimus et deum fidelem, et hoc non verbis nostris dicitur, apostolum audi: fidelis, inquit deus, qui vos non permittat tentari supra quam potestis ferre, sed faciat cum tentatione etiam exitum, ut possitis sustinere. A.

9. misericordiae tempus modo est, iudicii tempus post erit. A.

11. verbo domini, hoc est, a filio dei caeli firmati sunt, id est apostoli, sive sancti stabiliti sunt, qui orbem terrarum salutari praedicatione complerent. C.

13. sed iam cessaverunt reges mali, facti sunt boni: crediderunt et ipsi, signum crucis Christi in fronte iam portant . . . . illi, qui saevierunt, destructi sunt. A.

14. uter ecclesiae comparatur: quia sicut iste susceptas aquas, sive aliquid tale complectitur: ita et illa adunationem populi credentis includit. aquae vero maris populum significant christianum. C. — thesaurus, id est largitas: hoc est profundum scripturarum. Br.

15. timeat omnis peccator, ut peccare desinat. A.

16. cum iubet, moventur, cum iubet quiescunt. et malitia hominum cupiditatem nocendi potest habere propriam: potestatem autem si ille non dat, non habet. A.

18. quando dixerunt: tollamus eos de terra, non erit nomen christianum, si hoc fecerimus. A.

20. consilium vero domini, quo beatum non facit nisi subditum sibi, manet in aeternum. A.

21. et ecce nescio quis ut male faciat beatus vult esse. unde? ex pecunia, ex argento et auro, ex praediis, fundis, domibus, mancipiis, pompa saeculi, honore volatico et perituro. A.

22. prospicere est siquidem porro positum conspicere . . . .

de caelo enim prospexit dominus, quando proprii filii donavit adventum. C.

23. unde igitur consilium domini manet in aeternum, nisi de nobis, quos ante praescivit et praedestinavit. A. — quod ait, vidit, gratiam agit miserentis. C.

24. vidit nos de apostolis, vidit nos de praedicatoribus veritatis, vidit nos de angelis, quos ad nos misit. haec omnia domus eius, haec omnia habitaculum eius: quia haec omnia caeli, qui enarrant gloriam dei. A.

25. quomodo singillatim membra formata sunt omnia, singillatim habent opera sua, et tamen in unitate corporis vivunt . . . . sic et in Christi corpore singuli homines tamquam membra singula donis suis gaudent . . . . quomodo autem in membris nostris diversa sunt opera, sed sanitas una, sic in omnibus membris nostris diversa munera, sed caritas una. A.

26. homo factum hominis moto eius corpore videt, deus autem in corde videt . . . . dant duo pauperibus, unus sibi mercedem quaerit caelestem, alius humanam laudem: tu in duobus unam rem vides, deus duas intellegit. A.

27. regem dicit hominem continentem, qui quamvis regat corpus suum miseratione divina, a vitiis tamen carnalibus salvus fieri non potest, dum de sua virtute praesumpserit . . . . idem gigantem vult intellegi, qui virtutum magnitudine roboratur, qui contra immanitatem diaboli assidua dimicatione confligit. C.

29, 30. ecce oculi domini super timentes eum, sperantes super misericordiam eius: non de meritis suis, non de virtute, non de fortitudine, non de equo, sed de misericordia eius. A.

31. ut eruat a morte animas eorum. vitam aeternam promittit. A.

32. et alat eos in fame. tempus famis est modo, tempus saturitatis post erit. A. — duo ista sunt vota fidelissimi christiani: ut in futuro iudicio eripiatur a morte perpetua, et hic spiritualibus alimoniis transigatur . . . . esuriunt enim beati . . . . sicut evangelista dicit: beati, qui esuriunt et sitiunt iustitiam, quoniam ipsi saturabuntur. C.

33. secura expectabit misericorditer promittentem, misericorditer et veraciter exhibentem. A.

PSALM XXXIII.

1. Scriptum est, quia cum fugeret David persecutorem Saul, contulit se ad Achis regem Geth . . . . sed ille Achis erat, non Abimelech . . . . ideo magis movere nos debet ad quaerendum sacramentum, quia nomen mutatum est . . . . non defuerunt docti viri, qui nobis nomina ex hebraeo in

graecam linguam et inde in latinam transferrent. consulentes ergo nomina ista, invenimus interpretari Abimelech, patris mei regnum: interpretari Achis, quomodo est . . . . erat autem, ut nostis sacrificium Judaeorum antea secundum ordinem Aaron in victimis pecorum, et hoc in mysterio: nondum erat sacrificium corporis et sanguinis domini. proponite ergo vobis ante oculos duo sacrificia, et illud secundum ordinem Aaron, et hoc secundum ordinem Melchisedec . . . . et tantus erat Melchisedec, a quo benediceretur Abraham, protulit panem et vinum et benedixit Abraham . . . . humiliavit se factus obediens usque ad mortem, mortem autem crucis: ut iam de cruce commendaretur nobis caro et sanguis domini novum sacrificium. quia mutavit vultum suum coram Abimelech, id est, coram regno patris. regnum enim patris, regnum erat Judaeorum. quomodo regnum patris? regnum David, regnum Abrahae . . . . et dimisit eum et abiit. quem dimisit? ipsum populum Judaeorum dimisit et abiit. quaeris modo Christum apud Judaeos et non invenis. unde dimisit et abiit? quia mutavit vultum suum. haerentes enim illi sacrificio secundum ordinem Aaron, non tenuerunt sacrificium secundum ordinem Melchisedec, et amiserunt Christum, et coeperunt eum habere gentes, quo non miserat ante praecones . . . . recordamini evangelium: quando loquebatur dominus noster Jesus Christus de corpore suo, ait: nisi quis manducaverit carnem meam, et biberit sanguinem meum, non habebit in se vitam . . . . et discipuli eius, qui eum sequebantur, expaverunt et exhorruerunt sermonem, et non intellegentes putaverunt nescio quid durum dicere dominum nostrum Jesum Christum, quod carnem eius, quam videbant, manducaturi erant et sanguinem bibituri: et non potuerunt tolerare, quasi dicentes: quomodo est? error enim et ignorantia et stultitia in persona regis Achis . . . . quia mutaverat vultum suum, quasi furor iste et insania videbatur, dare carnem suam manducandum hominibus et bibendum sanguinem . . . . sed regi Achis insanire videtur, id est, stultis et ignorantibus. ideo dimisit eos et abiit . . . ad quos abiit? ad gentes. A.

2. quando benedicam dominum? quando tibi benefacit? . . . in omni tempore. ergo et tunc, et quando ista secundum tempus et secundum flagella domini dei nostri turbantur. A.

3. quare autem benedicit dominum homo in omni tempore? quia humilis est. quid est, esse humilem? nolle in se laudari . . . . ut possis esse humilis, dic quod dictum est: in domino laudabitur anima mea. A.

4. nam quando audiunt non mansueti, non laetantur, sed irascuntur. A.

5. nolo solus magnificare dominum, nolo solus amare, nolo solus amplecti. A.

6. et exaltemus nomen eius in invicem. C. — quid est, exaltemus nomen eius in idipsum? hoc est, in unum . . . . et pars Donati videtur sibi magnificare dominum . . . . quare in praecisione vultis magnificare dominum. ille unus est, quare duos populos vultis facere deo? A.

7. qui ergo non exaudiuntur, non dominum quaerunt. intendat sanctitas vestra: non dixit, inquisivi aurum a domino et exaudivit me . . . . inquisivi a domino hoc aut illud, et exaudivit me. aliud est aliquid inquirere a domino, aliud ipsum dominum inquirere. A.

9. sed dicit aliquis, quomodo ad eum accedo? . . . . si humiliaveris te per poenitentiam . . . . non vides, quia poenam gestas in vultu, quia ideo erubuit vultus tuus, quoniam non accessit ad deum; ideo non accessit, quia non vult agere poenitentiam? A.

10. sed noli timere, accede ad eum, et non erubesces. A.

11. intellegas, te tamdiu esse pauperem, quamdiu non habes illum, qui facit te divitem. A. — et tunc provenit, ut liberetur non ab una tribulatione, sed ex omnibus mundanis angustiis. quod accidere solet iustis, quando in sancta conversatione animas reddunt, et de saeculi istius clade ad securitatem perpetuam transferuntur. C.

12. ipse dominus noster Jesus Christus in prophetia dictus est magni consilii angelus, magni consilii nuntius . . . . noli ergo timere, ne lateas: ubicunque dominum timueris, novit te ille angelus, qui immittet in circuitu et eruet te. A.

13. gustate non pertinet ad palatum, sed animae suavissimum sensum, qui divina contemplatione saginatur. C. — quando dicebat dominus: nisi quis manducaverit carnem meam et biberit sanguinem meum, non habebit in se vitam. et illi, in quibus regnabat Achis, id est error, et ignorantia, quid dixerunt? quomodo iste poterit nobis dare carnem suam manducare? si ignoras, gusta et vide, quoniam suavis est dominus: si autem non intellegis, rex es Achis. immutabit faciem suam David et recedet a te, et dimittet te, et abibit. A.

14. quisquis non sperat in domino miser est. A.

16. ne forte putetis, quia auro egent et argento, quamquam et hoc egeant. quantum habuit quidam, et quid eum satiavit? sic mortuus est egens, quia plura volebat adquirere, quam tenebat. A.

17. nam cum diligimus dominum, in ipso omnia reperimus. C. — nullo bono minuentur, quia habebunt illum, in quo est omne bonum. R.

18. non est enim timor iste, qui formidetur, sed qui

diligatur. timor humanus amaritudinem habet, iste dulcedinem: ille ad servitium cogit, iste ad libertatem trahit. C.

21. non tibi dixit, habebis hic pacem: quaere illam et sequere eam. quo illam sequor? quo praecessit. dominus enim est pax nostra, resurrexit et adscendit in caelum. A.

24. ut disperdat de terra memoriam eorum: hoc est, de terra viventium. Br. — scilicet ut memoriam eorum, quam sibi paraverunt in terris morientium, perdat de terra viventium. B.

25. liberati sunt plane, quando ad caelorum regna perducti, omnibus tribulationibus probantur exuti. C.

26. altus est deus, humilis sit christianus. si vult ut altus deus vicinetur illi, ille humilis sit. A.

27. iustus vero et propriis passionibus affligitur, et aliis caritate compatitur. C.

28. ossa dixit fidelium firmitatem, id est, patientiam, mansuetudinem et ceteras virtutes, quae perire in sanctis nequeunt, quia domino custode servantur. C. — impletum est in domino: quia cum penderet in cruce, exspiravit antequam venirent illi ad crucem, et invenerunt iam corpus exanime et noluerunt crura eius frangere, ut impleretur, quod scriptum est . . . . dominus erat in medio crucifixus, iuxta illum duo latrones erant: unus insultavit, alter credidit; unus damnatus est, alter iustificatus est . . . . et tamen illi, qui venerant, domini ossa non fregerunt, latronum autem fregerunt. A.

29. vides foris iacentem in lecto, numquid vides intus raptum ad gehennam. A. — revera pessima, quoniam eam aeterna poena comitatur. C.

30. quem iustum, nisi dominum Jesum Christum? . . . qui ergo hunc oderunt, mortem pessimam habent. A.

32. iste est modus humanae iustitiae, ut vita mortalis quantumlibet proficiens, quia sine delicto esse non potest, in hoc non delinquat, dum sperat in eum, in quo est remissio delictorum. A.

PSALM XXXIV.

1. Est enim psalmus iste invocans deum contra inimicos in tribulationibus huius saeculi: et utique ipse est Christus, tribulato tunc capite, tribulato nunc corpore. A.

2. nocentes, id est, diabolus cum ministris. C.

3. apprehendis enim animam meam, et debellas inimicos meos . . . . quid est ipsa anima nostra, aut quid potest, nisi deus illam teneat et pugnet de illa? . . . cum in manu eius est, utatur ea, quemadmodum vult. A.

4. effunde ergo frameam, id est, animam meam dilata.

C. — abundent iusti et effunditur framea, et concluditur adversus inimicos. A.

6. confundi est facta sua erubescere et in meliorem sententiam commutare .... revereantur, id est, emendati colant, quem persequendum esse putaverant.... qui cogitant mihi mala, sive de Judaeis sive de haereticis sive potest accipi de paganis. C.

7. non praecedant, sed sequantur .... nam Petrus praecedere voluit dominum .... et ille quid? redi retro, satana. praecedendo satanas es, sequendo discipulus eris. A.

8. non sic impii, non sic, sed tamquam pulvis, quem proiicit ventus a facie terrae. ventus tentatio est, pulvis iniquus. quando venerit tentatio, tollitur pulvis, nec stat, nec resistit. A. — pulvis terrena quidem, sed nimis arida tenuisque substantia est, quae vento flante in sua sede manere non sinitur. ita voluntates peccatorum .... a terrenis vitiis sublevantur et ad virtutes aethereas praestante domino perducuntur. C.

10. in ipso capite nostro, attendite, hoc fecerunt Judaei .... quid est gratis? quibus nihil mali feci, quibus nihil nocui. A.

11. clamabant enim vesani mendaciter: hic est, qui dicebat: destruam templum hoc, cum ille dixerit: destruite templum hoc, et in triduum aedificabo illud. C.

13. in mortem utique repentinam, quam occulte ipsi domino nostro moliebantur. Br.

14. tamquam non quaerens alias extrinsecus divitias.... quid enim melius deo dabitur mihi? . . . ipsum pete, qui fecit, et in illo et ab illo habebis omnia, quae fecit. A.

15. et hinc forte advertunt ad superiorem creaturam et dicunt mihi: cole lunam, cole istum solem, qui luce sua tamquam magna lucerna de caelo efficit diem. et hic plane dico: domine quis similis tibi? lunam et stellas tu fecisti, solem diei tu accendisti .... sed forte et hic dicitur mihi: angelos cole, angelos adora. et hic dicam: domine, quis similis tibi? A. — multum quippe est creatura a creatore dissimilis. C. — omnia ossa mea, id est, omnes robustiores inter meos, et si caro non dicat, quia spiritus quidem promptus est, caro autem infirma; ossa, inquam, propter gaudium de spe resurrectionis sibi in me data dicent: domine, quis in angelis aut in archangelis, aut in patriarchis vel prophetis, sive in gentium diis est similis tui? B.

17. in isto versu exposuit, quod superius dixit: quis similis tibi? nam cum diabolus manu sua teneret pene totum genus humanum, de illa potestate, qua tenebatur obnoxium, constat incarnatione verbi fuisse liberatum. C.

18. nunc propriam commemorat passionem. C. — quid

ergo ignorabas? ignorabat peccatum: et hoc peccatum ignorabat non quasi non iudicando, sed non committendo . . . . quid sic ignorabat Christus, quam blasphemare? hinc interrogabatur a persecutoribus. A.

19. ego attuli fecunditatem, ipsi retribuebant sterilitatem; ego vitam, ipsi mortem; ego honorem, ipsi contumelias; ego medicinam, ipsi vulnera; et in his omnibus, quae retribuebant, utique sterilitas erat. hanc sterilitatem in arbore maledixit, ubi fructum cum quaereret, non invenit. A.

20. cilicium fortasse appellat carnis suae mortalitem . . . . hoc cilicio se induit dominus: et ideo non est agnitus, quia sub cilicio latitabat. A.

21. quid esurivit, quid sitivit Christus, nisi bona opera nostra? A. — sterilitas quoque animae fuit, quando magister bonus in ipsis fructum fidei reperire non potuit. C.

22. hoc intellego dictum, quia in sinu suo habebat patrem . . . . in se habebat, quem deprecaretur: non erat ab illo longe, quia ipse dixerat: ego in patre et pater in me est. A.

23. quae figura dicitur antiptosis, quando casus pro casu ponitur. dicit enim sicut de proximo, sicut de fratre nostro, ita mihi complacebam, id est, de eorum affinitate gaudebam, qui me hostiliter insequebantur. C.

24. contristatum se tamen iuste commemorat, quia in cunctis fidem invenire non potuit, quam magnopere quaerebat. C.

25. illi laeti, ego tristis. sed modo audivimus in evangelio: beati qui lugent. si beati qui lugent, miseri qui rident. A.

26. quoniam quae ignorabam interrogabant me, et ipsi ignoraverunt, quem interrogarent. A. — quia in dominum suum tormenta praeparabant, quae in ipsos erant iustitiae compensatione reditura. hoc est enim quod dicit: et ignoraverunt. C.

27. dissoluti sunt utique, cum passione domini sol tenebras accepit, terra contremuit, velum templi scissum est; et cum haec tanta fuerint ostensa miracula, non sunt tamen conversi, faciente duritia. C.

28. tentaverunt me. dixerunt enim: si filius dei est, descendat nunc de cruce et credimus ei. Rf. — sed potius tentaverunt me, adducentes ante me mulierem adulteram, dicendo etiam: si filius dei es, descende de cruce. H. — tentaverunt me potius: si filius dei est, descendat nunc de cruce. R.

30. ne membra sibi existiment onerosum pati, quod caput suum sustinuisse cognoscunt. C.

31. pro consuetudine infirmitatis humanae dicitur, cui

morosum videtur, quodcumque futurum est, quae mox, ut cupit, aliquid festinat implere. C.

32. restitue vero dixit, quasi ereptam redde; hoc est, praesta resurgere a malefactis, quia iniuste probatur occisus. C.

33. unicam meam, id est, ecclesiam meam. A. — unicam meam, id est, ecclesiam meam unice dilectam. vel animam meam, quia unica vel sola a peccato immunis. R.

34. fit enim confessio in omni multitudine, sed non in omnibus deus laudatur . . . . in ista enim omni multitudine, id est, in ecclesia, quae toto orbe terrarum diffusa est, palea est et frumentum: palea volat, frumentum manet; ideo in populo gravi laudabo te. in gravi populo, quem ventus tentationis non aufert, in his deus laudatur. nam in palea blasphematur semper. quando palea nostra attenditur, quid dicitur? ecce quomodo vivunt christiani, ecce quid faciunt christiani. A.

35. insultant haeretici, quando aliquos de numero fidelium sancta perdit ecclesia. C.

36. et annuentes oculis, hoc est, hypocritae simulati. A. — annuentes autem oculis dixit, quod solet fieri, quando voluntatem nostram tacita et dolosa significatione declaramus. C.

37. quae pacifica loquebantur? magister, scimus, quia nullius personam accipis, et in veritate viam dei doces: licet dare tributum Caesari, an non licet? A.

38. postea dilataverunt in me os suum clamantes: crucifige, crucifige. A.

40. quid est, ne sileas? iudica . . . . quid ergo? silet a iudicio, non a praecepto, non a doctrina. A.

41. ne discedas a me, a parte accipiendum est humanitatis. C.

42. nam poena similis est bonis et malis. itaque martyres non facit poena, sed causa. A. — intende iudicium meum, quia par est poena, et dispar est culpa; id est, quando cum illis latronibus pendebat, quia ipse innocens pendebat. Br.

43. nemo dicat: quia patior, iustus sum. quia ipse, qui primo passus est, pro iustitia passus est: ideo magnam exceptionem addidit: beati qui persecutionem patiuntur propter iustitiam. A. — sed quae est ista causa, quae a deo petebatur intendi? scilicet, ut qui dare venerat salutem humano generi, ab insanis et perfidis probaretur occidi. C.

46. euge, euge animae nostrae, id est, fecimus, quod potuimus, occidimus, abstulimus. A.

47. hoc enim absorbes, quod in corpus tuum traiicis . . . . tu absorbe corpus paganorum. quare corpus paganorum? vult te absorbere, fac illi, quod vult tibi facere. A. — nec etiam dicant, devoravimus eum, putantes prius penitus nomen meum delevisse de terra: sed potius ego devorem eos, et

mei etiam devorent persecutores suos tam gentiles quam Judaeos. B.

49. pudorem contra audaciam ponit, quam habuerunt furentes. reverentiam contra impudentiam falsitatis, ut duabus virtutibus curent, quod duobus commisere criminibus. Ç.

50. qui volunt iustitiam meam: qui haeserint corpori meo. A.

51. persecutores enim solent dicere: euge euge animae nostrae .... servi eius, ad humilitatis respicit formam: quia in assumpta carne humilitas est, in maiestate vero potentia. sic utrumque perfectum atque verissimum, unus est dominus Christus. C.

52. lingua ipsius meditata est iustitiam, quando novum testamentum populis praedicavit. C.

PSALM XXXV.

1. Haec omnia nomina bene intelleguntur de domino salvatore. nam et in finem ipsum significat. et servo domini, de ipso dicitur, qui formam servi accipiens factus est obediens usque ad mortem; sicut Isaias propheta de ipso dicit: ecce servus meus, suscipiam eum. C.

2. totus psalmus a persona prophetae dicitur. C. — sed numquid qui proponit delinquere publice hoc dicit, et non in semetipso? quare in semetipso? quia homo illum non videt. A.

4. sunt enim homines, qui quasi conantur quaerere iniquitatem suam et timent illam invenire .... sed quia in ipsa inquisitione dolus est, in inventione defensio iniquitatis erit. cum enim invenerit iniquitatem, ecce iam manifestum est illi, quia iniquitas est. noli illam facere, inquis. et ille, qui dolose agebat, ut inveniret, iam invenit et non odit: quid enim dicit? quam multi faciunt, et quis hoc non facit? A.

5. videtis, quia voluntati illud tribuit: quia sunt homines, qui volunt intellegere et non possunt; sunt autem homines, qui nolunt intellegere, ideo non intellegunt. A.

6. quid dixit in cubili suo? quod dixit superius, in semetipso, hoc hic dixit, in cubili suo. cubile nostrum est cor nostrum. A.

9. munera dei partim temporalia sunt atque terrena, partim aeterna et coelestia: qui propter hoc colit deum, ut terrena ista atque temporalia accipiat, quae omnibus praesto sunt, quasi adhuc ut pecus est; utitur quidem misericordia dei, sed non illa, quae excepta est, quae non dabitur nisi solis iustis, sanctis, bonis. quae sunt munera, quae omnibus abundant? ... frui ista luce, isto aere, pluvia, fructibus, di-

versitate temporum, solatiis terrenis, salute corporis, affectu amicorum, salute domus suae? A. — in coelo dicit, id est, in coelestibus creaturis et sanctis hominibus, ubi copiosius dona manaverunt. C.

10. quae sunt nubes? praedicatores verbi dei . . . . iratus deus hoc dixit: mandabo nubibus meis, ne pluant super eam, et vere factum est. missi sunt enim praedicatores apostoli. A.

11. qui sunt montes dei? qui dicti sunt nubes, ipsi sunt et montes dei: magni praedicatores, montes dei. et quomodo, quando oritur sol, prius luce montes vestit, et inde lux ad humillima terrarum descendit: sic quando venit dominus noster Jesus Christus, prius radiavit in altitudinem apostolorum, prius illustravit montes, et sic descendit lux eius ad convallem terrarum. A.

12. abyssus, id est, profunditas, quae non valet apprehendi. C. — iudicia dei occulta: quia unum reprobat, et alium assumit. Br.

13. multiplicata est misericordia tua, deus, ut non solum hominibus, sed et iumentis detur, quae datur hominibus, ista carnalis et temporalis salus . . . . etenim Adam homo erat, sed filius hominis non erat: ideo illi pertinent ad Adam, qui desiderant carnalia bona et salutem istam temporalem. A.

14. quando portamus imaginem terreni hominis, homines sumus: quando portamus imaginem coelestis hominis, filii hominum sumus, quia Christus filius hominis dictus est . . . . hortamur illos, ut filii sint hominum, qui sub tegmine alarum eius sperent, et misericordiam illam desiderent, quae in caelo est . . . . erant ibi, qui nonnisi carnalia desiderarent et terrenam ac temporalem felicitatem. A.

15. quia cum accepta fuerit illa ineffabilis laetitia, perit quodam modo humana mens, et fit divina, et inebriatur ab ubertate domus dei. A. — bene inebriabuntur, quia, sicut vinum immodice sumptum mentem aufert, ita et magnitudo spiritalis laetitiae mentem fidelibus aufert humanam, et transfert in divinam. R. — ab ubertate domus tuae, id est, ab enthecis spiritualibus sanctae matris ecclesiae. C.

16. torrens dicitur aqua veniens cum impetu. A. — torrentem vero diximus esse fluvium velocem, qui pluviarum subita inundatione descendit. cui bene comparatur sapientia Christi, quia subita est, et ita rapida, ut ad finem, quem vult, sine aliqua tarditate perveniat. C.

17. quis est fons vitae, nisi Christus? . . . satiabit sperantem, qui irroravit sitientem. A.

19. si quando sanus es, dulcis est voluntas dei, et quando aegrotas, amara est voluntas dei, non recto corde es. quare?

quia non vis voluntatem tuam dirigere ad voluntatem dei, sed dei vis curvare ad tuam. illa recta est, sed tu curvus. A.

20. certum est enim, in uno nos pede continue stare non posse: qui convenienter superbiae datus est, quoniam elatum hominem diutus non praevalet continere. C.

21. id est, opera peccatoris, non me dimoveant at te, ut imitari illa velim. A.

22, 23. hoc enim maximum esse constat peccatum, unde angelus cecidit, per quod Adam a paradiso probatur exclusus. C.

PSALM XXXVI.

3. Et fac bonitatem: quia sicut legitur, fides sine operibus mortua est. C.

4. inhabita terram, hoc est, in sanctae ecclesiae visceribus persevera . . . . in divitiis eius, id est in Christi domini contemplatione. C.

6. revelavit enim Paulus apostolus viam suam, quando dixit: caro concupiscit adversus spiritum, et spiritus adversus carnem. C.

9. iudicas tamen tu magis sequi Christum promittentem, quod non vides, quam impium reprehendentem credidisse te quod nondum vides. et hoc est iudicium tuum: et quale sit iudicium tuum, adhuc non apparet: in isto saeculo quasi nox est. quando ergo educet iudicium tuum velut meridiem? cum Christus apparuerit vita nostra, tunc et vos cum ipso apparebitis in gloria. A.

11. via vero impiorum felicitas transitoria: finita via, peracta est felicitas. quare? quia via illa lata est, finis eius in profundum inferni perducit. via vero tua angusta est, et pauci ingrediuntur per eam: sed ad quam latitudinem perveniant, debes cogitare. A.

12. desine, illi dicit . . . . qui inflammatus ira et indignatione blasphema verba profundit, ut sibi felicitatem negatam saeculi conqueratur, quam habere pessimos contuetur. C.

14. nequitiam veteres definierunt voluntariam esse malitiam . . . . exterminari, est foras terminos proiici, id est, ab illa dei civitate fraudari. C.

17. terra est illa, de qua saepe locuti sumus, Jerusalem sancta. A.

18. ut semper suaviter sentiatur omne quod est, nec aliquando possit desinere, quod delectat. C.

19. diversa quippe voluntas iusto odium parat. nam quando illum videt sceleratus bonis moribus operam dare, ille se credit specialiter accusari: stridet dentibus, fremit

animo, et cuius non potest mores subvertere, vitam ipsam protinus conatur auferre. C.

20. dominus autem videt et prospicit diem eius. quem diem? quo reddet unicuique secundum opera sua. A.

22. arcum diximus occultam designare malitiam, quae contra innocentissimos parabatur. C.

24. quia iam dixerat eis, quos parturierat in evangelio: et ipse impendar pro animabus vestris. ego enim, inquit, non solum alligari, sed etiam mori paratus sum pro nomine domini Jesu Christi. A.

25. quando patiuntur mala, vias malas ambulare creduntur ab ignorantibus, ab his, qui non noverunt videre vias immaculatorum. A.

26. hereditas eorum est coelestis Jerusalem. C.

27. malum tempus significat diem iudicii. C.

28. quid autem facit malus homo, cum coeperit tribulari? foris nihil habet, ablata sunt omnia, in conscientia nullum solatium est . . . . et universi, qui deum non habent, pecuniae, amicitiae, gloriae, facultatibus mundi serviunt, et quaecumque bona sunt corporalia, non possunt consolari intrinsecus, quomodo consolabatur ille plenus sagina interiore. A.

29. in illo siquidem iudicio peribunt peccatores. C.

30. fumus a loco ignis erumpens in altum extollitur, et ipsa elatione in globum magnum intumescit . . . . quanto enim plus erectus est, quanto extentus, quanto diffusus undique in maiorem ambitum, tanto fit exilior et deficiens et non apparens . . . . deficientes sicut fumus deficient. de talibus dictum est: sicut Jannes et Mambres restiterunt Moysi, sic et isti resistunt veritati . . . . unde autem resistunt veritati, nisi inflatione tumoris sui, euntes in ventos, extollentes se quasi iustos et magnos? A.

31. mutuatur etiam, quando dei beneficia diversa suscipit, et nullam gratiarum restituit actionem. C.

32. erunt eius cohaeredes in terra illa viventium. A.

33, 34. nam ventum est ad maledicentes, et facti sunt benedicentes: et iam sic disperierunt maledicentes eum, cum eius munere facti sunt benedicentes, quem malo suo maledicebant, bono autem ipsius benedicunt. A.

35. cum ceciderit, non in peccatum intellegas, quia iustum dixit, sed in manibus peccatorum, in casu aspero, qui frequenter sanctis, diabolo insidiante contingit . . . . manum quippe huius, id est consilium operationemque confirmat. C.

36. sed magis introductae vox credatur ecclesiae . . . . sed ut omnem nodum contrarietatis evadamus, iustus dere-

lictus non est, sed spiritualibus bonis, non temporalibus, ut putatur, auxiliis. C.

37. semen unius cuiusque hominis operam esse diximus, quam seminat et metit, sive bonam sive malam. ergo opera iusti pane non indiget, hoc est, verbo dei, quo satiatur, quo reficitur, quo intus revera vivit et pascitur. C.

38. attende quid facit fenerator: minus vult dare certe et plus accipere: hoc fac et tu, da modica, accipe magna .... da temporalia, accipe aeterna. A.

39. haec recipitur in benedictione, quia seminata est in bona voluntate. nam semen opera nostra esse intellexit apostolus, cum dicit: qui seminat in carne, de carne metet corruptionem: et qui seminat in spiritu, de spiritu metet vitam aeternam. C.

40. noli tibi putare sufficere, si non exspolias vestitum. non exspoliando enim vestitum declinasti a malo: sed noli arescere et sterilis esse. sic noli exspoliare vestitum, ut vestias nudum: hoc est enim declinare a malo et facere bonum. A.

43. revera non dereliquit tres pueros in camino laudantes, non eos tetigit ignis: numquid sancti eius Machabaei non erant, qui in ignibus defecerunt carne, non fide? . . . visibiliter non dereliquit tres pueros, occulte non dereliquit Machabaeos. A.

46. sed semen impiorum, omnia opera impiorum peribunt. A.

47. illa est terra viventium: haec est autem terra morientium. A.

48. os hic cogitationem debemus accipere. C.

49. ne forte putares, eum in ore habere, quod in corde non habet. A.

51. tecum est, cuius verbum a te non recedit. A.

52. dicit enim, quod in libro sapientiae dicere praedictum est: gravis est nobis etiam ad videndum, quoniam dissimilis est aliis vita ipsius. A.

53. caro tradita est in manus persequentium. non ibi autem dimisit iustum suum deus: de carne capta educit animam invictam .... etsi tradatur terra in manus impii, capta terra spiritus evadit; spiritu evadente et terra resurget. A.

54. quando ergo ventum fuerit ad illud iudicium, non eum damnabit, etsi ad tempus videatur damnari ab homine. A.

55. sed quando erit? noli modo putare: tempus laboris est, tempus seminis est, tempus frigoris est. etsi inter ventos, etsi inter pluvias, semina; noli esse piger: aestas veniet, quae te laetificet, in qua te gaudeas seminasse. A.

56. exaltabit te non aliqua temporali dignitate, sed ita, ut tu capias terram viventium hereditati. B.

57. cum pereunt peccatores, videbis. · et quam de proximo videbis: tu eris ad dexteram, illi ad sinistram. A.

59. si autem adhuc carnaliter cogitas, et ista terrena felicitas vera felicitas tibi videtur, nondum transisti. A.

61. habeto oculos directos, ut videas directionem: non pravos, quibus malos vides, et distortos, ut distortus tibi et pravus videatur deus, quia favet impiis, et persequitur fideles. non vides, quam distortum videas? corrige oculos tuos, et vide directionem. quam directionem? noli ad praesentia adtendere. A.

62. reliquum est enim, ut post hanc vitam aeternae beatitudinis praemia consequatur. C.

64. nam sicut iusti post hanc vitam spe maxima gratulantur, ita iniusti finita luce dispereunt. C.

PSALM XXXVII.

3. Quoniam iam ista, quae patior, multa sunt, magna sunt, quaeso ut sufficiant. A.

4. quod congruenter a potestate iudicis dicitur, ut salutaris benevolentia comparetur. C.

6. iam haec dicebat, quae hic patiebatur: et tamen hoc iam de ira domini, quia et de vindicta domini. de qua vindicta? quam excepit de Adam .... primo homini, quod erat poena, natura nobis est. A.

9. caput enim nostrum ratio est. C.

11. cicatrices meae, id est, peccata in baptismo dimissa et hoc modo sanata, rursum in consuetudinem duxi. quod dum fit, necesse est, mortuum iam foetere, quemadmodum vulnus intactum corrumpitur et putet. R (und ähnlich der Anonym. des 13. Jh).

12. in his gemat, ut illud accipiat, recordetur sabbatum, ut ad sabbatum pervenire mereatur. A.

14. ut modo in oratione prostrati superfluas res videamus appetere: modo psalmodiam dicentes terrena cogitemus. C.

15. tristitia nobis sit, donec et anima nostra exuatur illusionibus, et corpus nostrum induatur sanitate. A.

16. qui recordatur altitudinem sabbati, ipse videt, quantum sit humiliatus. A.

17. quia homines, si quando audiunt gemitum hominis, plerumque gemitum carnis audiunt, gementem a gemitu cordis non audiunt .... at vero servus dei, quia ex recordatione sabbati rugit, ubi est regnum dei, quod caro et sanguis non possidebunt: rugiebam, inquit, a gemitu cordis mei. A.

18. non enim ante homines, qui cor videre non possunt .... quidquid aliud agas, si desideras illud sabbatum, non intermittis orare. A.

19. videtur aliquando et ridere servus dei: numquid desiderium illud mortuum est in corde? si autem inest desiderium, inest et gemitus: non semper pervenit ad aures hominum, sed nunquam recedit ab auribus dei. A.

20. unde conturbatum est? A.

22. patitur enim ex se intrinsecus, forinsecus autem ex eis, inter quos vivit: patitur mala sua: cogitur pati et aliena .... iam de occultis suis confessus est, a quibus se cupit mundari: dicat et de alienis, a quibus sibi vult parci. A.

23. proximi erant Judaei, quia cognati erant: appropinquaverunt, et quando crucifixerunt. A. — hic enim psalmus, ut quidam voluerunt, totus ad beati Job vivacissimam pertinet passionem. C.

25 appropinquaverunt enim corpore, sed longe steterunt corde. qui tam propinqui corpore, quam qui in crucem levaverunt? qui tam longe corde, quam qui blasphemaverunt? audite istam longinquitatem ab Isaia propheta, videte istam propinquitatem et longinquitatem: populus hic labiis me honorat; ecce propinquat corpore: cor autem eorum longe est a me. A.

26. iam manifestum est, qui quaerebant animam ipsius: qui non habebant animam eius, quia non erant in corpore eius. qui quaerebant animam eius, longe erant ab anima eius: sed quaerebant, ut occiderent eam. A.

28. nostis quanta falsa testimonia dicta sunt in dominum. A.

29. qui ad ea, quae audiebat, non respondebat, tamquam non audiebat. A.

32. nonne iam antea multa increpaverat, multa dixerat? ... tamen, quando passus est, nihil horum dixit: non quia non habebat, quod diceret, sed expectabat, ut complerent illi omnia et implerentur omnes prophetiae de illo, de quo dictum erat: et sicut ovis coram tondente se sine voce, non aperuit os suum. oportebat ergo ut taceret in passione, non taciturus in iudicio. iudicandus enim venerat, qui postea iudicaturus veniret: et ideo cum magna potestate iudicaturus, quia cum magna humilitate iudicatus. A.

33. sed semper speravit in domino, qui potest tristitiam in gaudium commutare. C.

34. quaeris enim te defendere, et forte nemo accipit defensionem tuam. A.

36. iterum redit ad infirmitatem corporis sui, et rursus caput illud attendit pedes suos: non sic est in caelo, ut de-

serat, quod habet in terra, attendit plane et videt nos. aliquando enim, ut est ista vita, commoventur pedes nostri et labuntur in aliquo peccato: ibi exsurgunt linguae nequissimae inimicorum. hinc ergo intellegimus, etiam cum tacebant, quid quaerebant. loquuntur tunc aspere immites, gaudentes se invenisse, quod dolere debuerunt. A.

39. unde ergo iste dolebat? de flagello, quo flagellabatur? absit.... sed pronuntia iniquitatem tuam, ut curam geras pro peccato tuo. A.

41. bona sibi volentem oderunt .... reddunt autem mala pro bonis, qui oderunt inique. A.

43. dicamus in illo, dicamus per illum. A.

PSALM XXXVIII.

1. Idithun interpretatur transiliens eos .... transiliat ergo iste omnia, quibus teneri posset in terra. A.

3, 4. contra haec remedium melius est silentium. stat enim peccator, propria quadam nota peccator, superbus quisquam et invidus; audit loquentem transilientem, captat verba, proponit laqueos; difficile est, ut non inveniat aliquid non ita dictum, ut dici debuisset: nec audiendo ignoscit, sed calumniatur invidendo. contra hos iste Idithun transiliens eos silere delegerat. A.

5. dum nimis timeo, ne loquar aliqua mala, tacui omnia bona. A.

6. a dolōre quippe quodam, quem mihi inflixerant calumniatores et reprehensores, tamquam requieveram in silentio, et cessaverat dolor ille, qui factus erat a calumniantibus: sed ubi silui a bonis, renovatus est dolor meus. coepi plus dolere tacuisse me, quae dicere deberem, quam dolueram dixisse, quae dicere non deberem. A.

7. in hoc aestu quaesivit alium meliorem locum ab hac dispensatione in qua sic laborat homo et periclitatur. A.

9. isti ergo dies non sunt: ante abeunt pene, quam veniant; et cum venerint, stare non possunt: iungunt se, sequuntur se, et non se tenent. nihil de praeterito revocatur: quod futurum est, transiturum expectatur; nondum habetur, dum non venit, non tenetur dum venerit. numerum ergo dierum meorum, qui est: non istum, qui non est, et quod me difficilius et periculosius perturbat, et est et non est; nec esse possumus dicere, quod non stat, nec non esse, quod venit et transit. A.

10. in comparatione enim illius quod est, attendens ista, quae non ita sunt, et plus mihi videns deesse quam adesse, ero humilior ex eo quod deest, quam elatior ex eo quod adest. A.

11. veterascunt enim hi, ego novos volo, novos nunquam veterascentes. A.

13. vanitas etenim, sicut saepe diximus, mutabilitatem significat. C.

14. sed licet imago ista magna sit, et tanti auctoris aliqua similitudine glorietur, quod vivit, quod rationalis, quod immortalis est: homo tamen, quia iam factus est peccatis obnoxius, et primi patris ante transgressionem puritati dissimilis, tamen caducis desideriis turbatur atque confunditur: modo victum cogitans, modo vestem corporis necessitate perquirens, vel alia nimis innumera, quibus in hoc mundo subdita tenetur humanitas. C.

15. hinc probatur stulta vanitas, quoniam cupit peritura servare et transitoria custodire, maxime cum possessio eorum probetur incerta. C.

17. ipse mihi dabit et se, qui est super omnia. A.

18. substantia autem ista et ante homines est. aurum habes, argentum habes, mancipia, praedia, arbores, pecora, servos. haec videri et ab hominibus possunt: est quaedam substantia ante te semper. A.

19. quamvis iste sanctus probabili se devotione tractaret, tamen rogat, ut ab omnibus iniquitatibus suis domini miseratione liberetur; ut agnoscamus, neminem hic esse securum, quamvis beneficia divina perceperit. C.

20. inter eos me vivere voluisti, inter eos praedicare veritatem, qui amant vanitatem, et non possum nisi irrideri ab iis. A.

21. ipse utique fecit, qui patientiae dona concessit. nam hoc tam salubre silentium non habuisset, nisi coelestis largitas dedisset. C.

27. ne sileas, dixit, id est, audiam te dicentem quod evangelium testatur: remissa sunt tibi peccata, sive illud, quod alio loco psalmus dicit: dic animae meae, salus tua ego sum .... quoniam illuc advenimus, id est, de Babylonia ad Jerusalem ipso attrahente transponimur. C. — quamdiu enim sumus in corpore, peregrinamur a domino (II. Cor. 6, 9; die Angabe, dass der Spruch ein paulinischer ist, fehlt bei A). A.

28. remitte mihi, ut requiescam in conscientia mea, ut exonerata sit aestu sollicitudinis: qua sollicitudine curam gero pro peccato meo. A.

29. sive dicit: amplius non ero, si desinas subvenire: quia non est esse, in aeternis afflictionibus permanere. esse enim proprie beati est. merito ergo non se dicebat esse, si se habere cum electis non intellegeret portionem. C.

PSALM XXXIX.

1. Sed in primordiis eius ecclesia loquitur . . . . sed considerandus est hic sermo geminatus: quia superflua non est tam decora repetitio. expectare siquidem possumus et ingrati. expectantes autem expectamus, quando mites aliquid cum magno desiderio sustinemus. C.

2. quid ergo cum male faceres, cum eum blasphemares, non videbat? non audiebat? et ubi est, quod in ipso psalmo dictum est: vultus autem domini super facientes mala? sed utquid? ut perdat de terra memoriam eorum. ergo et cum malus esses, attendebat te, sed non attendebat tibi. A.

4. quis est lacus miseriae? profunditas iniquitatis, ex carnalibus concupiscentiis. A.

5. petra autem Christus. A. — cum in Christi domini iussionibus ambulamus. ipse est enim nobis spiritualis petra, quae in se fixa non sinit demergi vestigia. C.

6. hymnus est enim canticum laudis. A. — et quoniam hymni erant, quos idolis suis etiam gentilitas personabat, addidit, deo nostro. C.

7. etenim in ecclesia iste ordo est: alii praecedunt, alii sequuntur: et qui praecedunt, exemplo se praebent sequentibus, et qui sequuntur imitantur praecedentes. A.

9. non aliud aliquid a domino deo tuo speres, sed ipse dominus tuus sit spes tua. A.

10, 11. laudas aurigam, clamas aurigae, insanis in aurigam. vanitas est, insania mendax est . . . . aurigam laudat regentem quatuor equos, et sine labe atque offensione currentes . . . . nunc specta histrionem. didicit enim homo magno studio in fune ambulare . . . . didicit iste in fune ambulare, numquid fecit in mari ambulare? obliviscere theatrum tuum, attende Petrum nostrum, non funambulum, sed ut ita dicam mariambulum. A.

13. Christus dicit: annuntiavit ipse ex capite nostro, ipse annuntiavit ex membris suis, ipse misit annuntiatores, ipse misit apostolos. A. — multiplicati sunt super numerum, scilicet quia super calculum beatorum multiplicata est turba peccantium. C. — multi enim audita praedicatione venerunt ad societatem credentium, qui non sunt in numero electorum, teste veritate, quae ait: multi vocati, pauci vero electi. Rf. — hi quidem ad sacramenta ecclesiae pertinent tantum per vocationem, sed non sunt de numero illo, de quibus dictum est: multi sunt vocati etc. B. — multiplicati sunt super numerum venientes ad fidem. creverunt super numerum electorum, quia multi vocati, pauci vero electi. R.

14. tempus est, ut veniant, quae promittebantur, quia

auferuntur ea, quae promittebantur .... pascha nostrum immolatus est Christus. ecce agnosco agnum occisum, quia immolatus est Christus. A.

15. haec dicit iam dominum non petiisse; merito, quoniam illud a nobis expetit, quod in quinquagesimo legitur psalmo: cor contritum et humiliatum deus non spernit. C.

17. sed in quo capite libri scriptum est de illo? fortasse in capite libri huius psalmorum. quid enim longe petamus, aut alios libros inquiramus? ecce in capite libri huius psalmorum scriptum est: beatus vir, qui non abiit in consilio impiorum, et in via peccatorum non stetit, et in cathedra pestilentiarum non sedit, sed in lege domini voluntas eius fuit. A.

19. deus meus, volui, et legem tuam in medio cordis mei: hoc est, et in lege eius meditabitur die ac nocte. A.

20. in ecclesia magna, sicut saepe diximus, catholicam dicit. C.

21. sonant quidem labia mea ad aures hominum, sed tu cognovisti cor meum .... aliud audit homo, aliud agnoscit deus. ne in labiis solis esset annuntiatio, et diceretur de nobis: quae dicunt vobis facite, quae autem faciunt, facere nolite: aut ipsi populo laudanti deum ore, non corde diceretur: populus hic labiis me honorat, cor autem eorum longe est a me: sona labiis, propinqua corde. A.

22. quod dominum salvatorem fecisse non dubium est, quando turbas arguebat, increpabat incredulos, et multa huiuscemodi praedicabat, quae evangelii textus eloquitur. fuit tamen tempus, cum in passione tacuit. C.

23. unde veritas Christus? ego sum veritas. unde salutare ipsius Christus? Simeon agnovit infantem in manibus matris in templo .... hoc salutare dei bonum est, ut ostendatur hominibus. A.

24. vis audire misericordiam domini? recede a peccatis, donabit peccata. vis audire veritatem domini? tene iustitiam, coronabitur iustitia. A.

25. attende membra saucia, attende delictores et peccatores, et noli removere misericordias tuas .... attendo, quia bonus es, attendo, quia iustus es: amo bonum, timeo iustum: amor et timor perducunt me: quia misericordia et veritas tua semper susceperunt me. A.

29. capillos capitis ad numeri multitudinem revocat. quis numerat capillos capitis sui? multo minus peccata, quae excedunt numerum capillorum. minuta videntur, sed multa sunt. praecavisti magna; iam non facis adulterium, iam non facis homicidium, non rapis res alienas, non blasphemas, non dicis falsum testimonium: moles istae sunt peccatorum. magna

praecavisti, de minutis quid agis? an non times minuta? proiecisti molem, vide ne arena obruaris. A.

30. quid mirum est, si cor tuum desertum est a deo tuo, quando seipsum deseruit. quid est, cor meum dereliquit me? non est idoneum cor meum ad cognoscendum se.... numquid comprehendit corde suo cor suum Petrus, qui dixit: tecum usque ad mortem ero? in corde erat praesumptio falsa, in corde latebat timor verus. A.

33. confundantur, dixit, mirabilium operatione turbentur. revereantur autem, resurrectionis gloria corrigantur, ut illum confiteantur deum, quem dudum putaverant esse trucidandum. C.

34. quando enim ante sunt, praecedere volunt dominum, meliores volunt esse quam dominus: si autem retro sunt, ipsum agnoscunt meliorem, ipsum priorem, se posteriores, ut ille praecedat, illi sequantur. A.

35. respexit ad aliud genus dolose malevolum et falso benedicum: ferant confestim confusionem suam, qui dicunt mihi: euge, euge. laudant falso: magnus vir, bonus vir, literatus, doctus, sed quare christianus? et tua laudant, quae nolles laudari: illud reprehendunt, unde gaudes. sed si forte dicis: quid in me laudas, o homo, quia vir bonus, quia vir iustus sum? si hoc putas, Christus in me hoc fecit, ipsum lauda; at ille: absit, noli tibi iniuriam facere, tu te ipse talem fecisti. A.

36, 37. non mihi, euge euge, dicunt, sed in te me gloriari vident, si quid habeo gloriae. qui enim gloriatur, in domino glorietur. A.

38. ego autem, cui dicebant, euge euge, egenus et pauper sum .... ille dixit: coelum et terram ego impleo; nusquam tibi deest: tu illi noli deesse, tu tibi noli deesse. A.

PSALM XL.

1. Intellege super egenum et pauperem, ut illius paupertate dives efficiaris. quid est: intellege super egenum et pauperem? ut ipsum Christum egenum et pauperem accipias, dicentem in alio psalmo: ego autem egenus et pauper sum, dominus curam habet mei. A.

2. ubi tibi exposita est infirmitas. ibi latet divinitas.... dies iudicii aderit, mala dies, si non intellexeris super egenum et pauperem. A.

3. vivunt omnes fideles in nomine Christi, sive coniuges, sive caelibes et virgines, vivunt quantum donat dominus eis vivere. A.

4. beatum faciet eum, utique ut in resurrectione ad

dexteram collocetur et in patriam illam beatorum magni iudicis pronuntiatione mittatur. C.

6. lectus doloris infirmitas est carnis. ne dicas, non possum tenere et portare et frenare carnem meam: adiuvaris, ut possis. dominus opem ferat tibi super lectum doloris tui. A.

7. acquiescit in domo sua, in familia sua, in coniuge, in filiis, in paupertate, in praediolo suo, in novella manibus suis consita, in aedificio aliquo suo studio fabricato: acquiescunt innocentes in his. sed tamen deus volens nos amorem non habere nisi vitae aeternae, et istis velut innocentibus delectationibus miscet amaritudines. A.

9. o domine, in tribulationibus me exerce: flagellandum iudicas omnem filium, quem recepturus es, qui nec unico pepercisti. ille quidem sine peccato flagellatus est: ego autem dico, miserere mei, sana animam meam, quoniam peccavi tibi . . . . scit se sano homini praeceptum dedisse, ne languorem incurreret: dixisse in paradiso: hoc manduca, et hoc noli. non audivit sanus medici praeceptum, ut non caderet, audiat vel aegrotus, ut surgat. A.

10. hactenus propheta de beatorum afflictione locutus est, nunc secundo ingressu dominus salvator de sua passione dicturus est. C.

11. ipsum caput attende: occidamus eum, et nostra erit haereditas. A.

12. Judas ille ad caput nostrum erat, ad caput nostrum ingrediebatur, ut videret, id est, ut exploraret . . . . hoc exemplum in capite nostro propositum est. quid illa membra post assumptionem capitis nostri? nonne dicit apostolus Paulus: propter subintroductos falsos fratres, qui subintroierunt prosscultare libertatem nostram? ergo et isti ingrediebantur, ut viderent, sunt enim hypocritae, simulatores mali adiungentes se ficta caritate. captantes omnes motus, omnia verba sanctorum, in omnibus laqueos inquirentes. A

14. sibi, inquit, non mihi. A.

15. quid est, adversum me in id ipsum? uno consilio, una conspiratione. A. — conventus ipsorum congregatio utique fuit peccantium, quando in uno facinore omnia scelera perpetrata sunt, dum rerum dominum crucifigere decreverunt. C.

17. et quae mala Christo, quae mala martyribus? omnia in bonum vertit deus. A.

18. verbum etiam iniquum fuit, quando dixerunt: crucifigatur, et: reus est mortis. Rf. — verbum iniquum, id est, iniustam sententiam constituerunt adversum me: reus est mortis. R.

19. quando vos exsultastis occidisse eum, ille dormivit: dicit enim in alio psalmo: ego dormivi. illi saevierunt et

occidere voluerunt: ego dormivi. nam si noluissem, nec dormissem. ego dormivi: quia potestatem habeo ponendi animam meam, et potestatem habeo iterum sumendi eam. A.

20. quis est iste homo pacis ipsius? Judas .... quomodo ergo in illum speravit, nisi quia in membris suis ipse est, et quod multi fideles de Juda speraverunt, hoc in se transfiguravit dominus? quando enim videbant Judam multi, qui crediderant in Christum, ambulare inter duodecim discipulos, sperabant in illum aliqui, quia talis erat, quales et ceteri: Christus autem quia in membris suis erat hoc sperantibus, quomodo in illis est esurientibus et sitientibus; quomodo dixit, esurivi, sic dixit, speravi .... potest dicere: cum unus ex minimis meis speravit, ego speravi. in quem speravi? homo pacis meae, in quem speravi, qui edebat panes meos. quomodo ipsum ostendit in passione, de istis verbis prophetiae? per buccellam illum designavit, ut appareret de illo dictum: qui edebat panes meos. rursus quando venit, ut traderet eum, osculum illi dedit, ut appareret de illo dictum: homo pacis meae. A.

21. hoc ex forma servi, hoc ex forma inopis et pauperis. A.

23. occiderunt enim Christum Judaei, ne perderent locum. A. (vgl. Joh. XI, 48.)

24. gavisi sunt ergo tunc: resurrexit Christus, glorificatus est Christus. vident modo in nomine ipsius converti genus humanum. A. — ad hoc enim eum occidere voluerunt, sicut superius dictum est, ut nomen eius penitus de terra abrogarent. sed econtra vident ecclesiam Christi toto orbe diffusam, nomenque eius ubique celeberrimum esse cognoscunt, ut merito gaudere non possint, quibus tam contraria provenerunt C.

26. confirmasti me in aeternum, infirmasti ad tempus. A.

27. maior serviet minori, modo impletum est: modo, fratres, nobis serviunt Judaei, tamquam capsarii nostri sunt, studentibus nobis codices portant .... quando agimus cum paganis, et ostendimus hoc evenire modo in ecclesia Christi, quod ante praedictum est de nomine Christi, de capite et corpore Christi, ne putent nos finxisse illas praedictiones, et ex his rebus, quae acciderunt, quasi futurae essent, nos conscripsisse, proferimus codices Judaeorum. nempe Judaei inimici nostri sunt, de cartis inimici convincitur adversarius. A.

29. pulchre secuta est laudativa conclusio, quia omni tempore benedici debet. C.

PSALM XLI.

1. Magni enim sacramenti res est, ut christiani appellentur filii Core. unde filii Core? filii sponsi, filii Christi

. . . . quare ergo Core Christus? quia Core interpretatur calvaria . . . . nonne iam occurrit in loco calvariae crucifixus? occurrit omnino. ergo filii sponsi, filii passionis illius, filii redemti sanguine illius, filii crucis illius, portantes in fronte, quod inimici in calvariae loco fixerunt. A.

2. audi quid aliud est in cervo. serpentes necat, et post serpentium interemtionem maiori siti inardescit, peremtis serpentibus ad fontes acrius currit. serpentes vitia tua sunt: consume serpentes iniquitatis, tunc amplius desiderabis fontem veritatis. A. — fons autem aquarum Christus est dominus, unde omnia fluunt, quaecunque reficiunt. C.

4. suaves erant mihi ipsae lacrymae: sitiens illum fontem, quia bibere nondum poteram, avidius meas lacrymas manducabam. non enim dixit, factae sunt mihi lacrymae meae potus, ne ipsas desiderasse videretur sicut fontes aquarum. A.

5. quia paganus si hoc mihi dixerit, non illi et ego possum dicere, ubi est deus tuus? deum quippe suum digito ostendit. intendit enim digitum ad aliquem lapidem, et dicit: ecce est deus meus, ubi est deus tuus? cum lapidem irrisero, et erubuerit, qui demonstravit, tollit oculum a lapide, suspicit caelum et forte in solem digitum intendens iterum dicit: ecce deus meus, ubi est deus tuus? invenit ille quod ostenderet oculis carnis: ego autem non quasi non habeam, quem ostendam, sed non habet ille oculos, quibus ostendam. potuit enim ille oculis corporis mei ostendere deum suum solem, quibus ego oculis ostendam solis creatorem? . . . admiror splendorem solis exserendo diei sufficientem, lunam nocturnas tenebras consolantem. A.

6. quando anima mea contingeret, quod super animam meam quaeritur, nisi anima mea super seipsam effunderetur? si enim in seipsa remaneret, nihil aliud quam se videret: et cum se videret, non utique deum suum videret . . . . quaero ego deum meum in omni corpore sive terrestri sive caelesti, et non invenio: quaero substantiam eius in anima mea, et non invenio: meditatus sum tamen inquisitionem dei mei, et per ea, quae facta sunt, invisibilia dei mei cupiens intellecta conspicere, effudi super me animam meam . . . . aliquam quaerit incommutabilem veritatem, sine defectu substantiam. non est talis ipse animus, deficit, proficit, novit, ignorat, meminit, obliviscitur, modo illud vult, modo non vult. ista mutabilitas non cadit in deum. A.

7. tabernaculum eius in terra, ecclesia eius est adhuc peregrina . . . . quoniam ingrediar in locum tabernaculi; nam extra locum tabernaculi errabo quaerens deum meum. tabernaculum enim dei in terra homines sunt fideles . . . .

respicio et ipsam animam obedientem deo, distribuentem opera actus sui, frenantem cupiditates, pellentem ignorantiam, extendentem se ad omnia aspera et dura toleranda, iustitiam et caritatem impendentem ceteris. miror et istas virtutes in anima: sed adhuc in loco tabernaculi ambulo. transeo et haec: et quamvis admirabile sit tabernaculum, stupeo cum pervenio usque ad domum dei .... ibi est enim fons intellectus in sanctuario dei, in domo dei. ibi intellexit iste in novissima et solvit quaestionem de felicitate iniquorum et labore iustorum. A.

8. exsultatio ad psalmodiam respicit, confessio ad peccata deploranda: quae duo iuncta perfectum utique efficiunt christianum. C.

9. ambulans in locum tabernaculi, admirabilis usque ad domum dei, et ductus interioris et intelligibilis soni iocunditate, ut omnia exteriora contemneret, et in interiora raperetur: adhuc tamen homo est, adhuc gemit .... quare adhuc tristis es? non enim dubitas de deo tuo. non enim non est, quod tibi dicas contra illos, qui dicunt: ubi est deus tuus? A.

11. quoniam confitebor illi. quid ei confiteberis? A.

13. numquid ad deum turbatur? ad me turbata est. ad incommutabile reficiebatur, ad mutabile perturbabatur .... ergo quoniam ad me conturbata est anima mea, quid restat nisi humilitas, ut de seipsa anima non praesumat? quid restat, nisi ut omnino minimam se faciat, nisi ut se humiliet, ut exaltari mereatur? nihil sibi tribuat, ut ei ab illo, quod utile est, tribuatur. A.

14. unde memoratus sum tui? a monte parvo et de terra Jordanis. forte de baptismo, ubi est remissio peccatorum. etenim nemo currit ad remissionem peccatorum, nisi qui displicet sibi; nemo currit ad remissionem peccatorum, nisi qui se confitetur peccatorem; nemo se confitetur peccatorem, nisi humiliando seipsum deo. ergo de terra Jordanis memoratus sum tui, et de monte parvo: non de monte magno; ut de monte parvo tu facias magnum: quoniam qui se exaltat, humiliabitur, et qui se humiliat, exaltabitur. si autem et interpretationes nominum quaeras, Jordanis est descensio eorum. descende ergo, ut leveris, noli extolli, ne elidaris .... Hermonim anathematio interpretatur. anathema teipsum displicendo tibi: displicebis enim deo, si placueris tibi. A.

15, 16. duabus enim abyssis duo testamenta significat, id est, novum et vetus, quae se utraque mutua attestatione confirmant: quando vetus novum praedicit, novum autem commemorat testamenti veteris lectiones. C. — abyssus abyssum invocat, homo hominem. sic discitur sapientia, sic discitur fides, cum abyssus abyssum invocat. abyssum invocant sancti praedicatores verbi dei. A.

17. ego, qui contremisco, cum ad me perturbata est anima mea, a iudiciis tuis timui vehementer: iudicia enim tua abyssus multa, et abyssus abyssum invocat. nam sub hac carne mortali, laboriosa, peccatrice, molestiis et scandalis plena, concupiscentiis obnoxia, damnatio quaedam est de iudicio tuo .... parvane iudicia sunt tua ista? ... tu minaris, tu dicis et post illos labores restare alteram damnationem. A.

18. etenim in rebus prosperis mandat tibi deus misericordiam suam, si ei fideliter servieris, quia liberat te de tribulatione .... cum venerit ipsa tribulatio, tunc adiutorio te non deserit. A. — prius enim otioso tempore legis verba discuntur: sed eorum fructus in afflictione monstratur. C.

19. intus habeo victimam, quam immolem, intus habeo thus, quod imponam, intus habeo sacrificium, quo flectam deum meum. A.

20. sic enim hic laboro, quasi tu oblitus sis mei. A.

21, 22. dicit alio loco ista vox, ego dixi in ecstasi mea: ubi vidit, nescio quid magnum, excessu mentis: ego dixi in ecstasi mea, proiectus sum a facie oculorum tuorum. comparavit enim haec, in quibus esset, illis, in quae erectus erat, et vidit se longe proiectum a facie oculorum dei, sicut et hic: utquid me repulisti, et utquid contristatus incedo, dum affligit me inimicus, dum confringit ossa mea tentator ille diabolus, scandalis ubique crebrescentibus, quorum abundantia refrigescit caritas multorum? cum videamus fortes ecclesiae plerumque scandalis cedere, nonne dicit corpus Christi, confringit inimicus ossa mea? ossa enim fortes sunt et aliquando ipsi fortes tentationibus cedunt .... dum confringit ossa mea; non carnes meas tantum, sed etiam ossa mea; ut in quibus putabatur esse aliqua fortitudo, videas cedere in tentationibus, ut ceteri infirmi desperent, quando fortes vident succumbere. A.

23. quantum haec martyres audierunt, pro nomine Christi fortes et patientes, quantum illis dictum est, ubi est deus vester? ... et ego propter haec, quoniam ad me turbata est anima mea, quid ei aliud, quam illud dicam? A.

PSALM XLII.

1. Nostis autem omnes, qui proficiunt, et qui caelesti illi civitati ingemiscunt, qui peregrinationem suam norunt, qui viam tenent, qui in desiderio terrae illius stabilissimae spem tamquam ancoram praefixerunt, nostis ergo quia hoc genus hominum, hoc semen bonum, hoc frumentum Christi inter zizania

gemit; et donec veniat tempus messis, id est, usque in finem saeculi, sicut exponit quae non fallitur veritas. gemens ergo inter zizania, id est, inter malos homines, inter dolosos et seductores, aut ira turbulentos, aut insidiis venenatos, circumspiciens simul cum illis esse se tamquam in uno agro per totum mundum, unam pluviam excipere, pariter perflari, pariterque secum inter adversa nutriri, habere simul ista communia dona dei, malis bonisque concessa communiter ab illo, qui facit solem suum oriri super bonos et malos, et pluit super iustos et iniustos, . . . erumpit in hanc vocem: iudica me deus. A.

2. nunc interim in hac peregrinatione nondum discernis locum meum, quia simul cum zizaniis vivo usque ad tempus messis: nondum discernis pluviam meam, nondum discernis lucem meam: discerne causam meam. A.

4. tristis ambulo, inimicus affligit me quotidianis tentationibus, immittens vel quod male amemus, vel quod male timeamus, et contra utrumque pugnans anima etsi non capta, tamen periclitans, contrahitur tristitia, et dicit deo, utquid? quaerit enim in psalmo causam tristitiae suae, dicens, utquid me repulisti, et utquid tristis incedo? audiat ex Isaia, succurrat illi lectio, quae modo recitata est: spiritus, inquit, a me prodiet, et omnem flatum ego feci: propter peccatum modicum quid contristavi illum, et averti faciem meam ab illo; et contristatus est, et abiit tristis in viis suis. quid ergo quaerebas, utquid me repulisti, et utquid tristis incedo? audisti propter peccatum. causa tristitiae tuae peccatum est, causa laetitiae tuae iustitia sit. peccare volebas, et laborare nolebas; ut parum tibi esset, quod esses iniustus, nisi et eum iniustum voluisses, a quo in te vindicari noluisses. respice vocem meliorem in alio psalmo: bonum est mihi, quod humiliasti me, ut discam iustificationes tuas. A.

5. quid enim aliud lux dei, nisi veritas dei? aut quid veritas dei, nisi lux dei? et hoc utrumque unus Christus. A.

6. sanctus mons eius, sancta ecclesia eius. mons ille est, qui crevit ex minimo lapide secundum visionem Danielis, confringens regna terrarum, et in tantum excrescens, ut impleret universam faciem terrae . . . . modo in monte eius sumus, id est, in ecclesia eius, et in tabernaculo eius. tabernaculum peregrinantium est, domus cohabitantium: est et tabernaculum peregrinantium et militantium. cum audis tabernaculum, bellum intellege, hostem cave. domus autem quae erit? beati qui habitant in domo tua, in saecula saeculorum laudabunt te. A.

7. est enim quoddam sublime altare invisibile, quo non accedit iniustus. ad illud altare ille solus accedit, qui ad

istud securus accedit: illic inveniet vitam suam, qui in isto discernit causam suam. et introibo ad altare dei: de monte sancto eius, de sancta ecclesia eius, introibo ad altare dei sublime. quale ibi sacrificium est? ipse, qui intrat, assumitur holocaustum. A.

8. iuventus novitatem significat, tamquam diceret, ad deum, qui laetificat novitatem meam. laetificat novitatem meam, qui contristavit vestutatem meam. incedo enim modo tristis in vetustate, tunc autem stabo gaudens in novitate. A.

9. duo haec organa musicorum habent inter se distinctam discretamque rationem dignam consideratione et commendatione memoriae .... sed quia psalterium istud organum dicitur, quod de superiore parte habet testudinem, illud scilicet tympanum et concavum lignum, cui cordae innitentes resonant: cithara vero id ipsum lignum cavum et sonorum ex inferiore parte habet: discernenda sunt opera nostra, quando in psalterio sint, quando in cithara, utraque tamen placita deo et suavia eius auditui. quando ergo ex praeceptis dei aliquid agimus, iussis eius obtemperantes et obaudientes ad implenda praecepta eius, ubi facimus et non patimur, psalterium est. faciunt enim ita et angeli, non enim aliquid patiuntur. cum autem aliquid patimur tribulationum, tentationum, scandalorum in hac terra, quia non patimur nisi ex inferiore parte, id est, ex eo, quod mortales sumus, ex eo, quod primae nostrae causae quiddam tribulationum debemus, et quia patimur multa ab eis, qui non sunt de super, cithara est. venit enim sonus suavis ex inferiore parte .... omnis enim patientia dulcis est deo A.

10. ergo intellegimus, habere nos aliquid, ubi imago dei est, mentem scilicet atque rationem. ipsa mens invocabat lucem dei et veritatem dei. ipsa est, qua capimus iustum et iniustum, ipsa est, qua discernimus verum a falso: ipsa est, quae vocatur intellectus, quo intellectu carent bestiae. A.

PSALM XLIII.

1. Psalmus iste filiis Core dicitur, sicut eius titulus praefert. interpretatur autem Core calvitium vel calvaria, et invenimus in evangelio dominum Jesum Christum in loco calvariae crucifixum .... sed addidit, et non ad insipientiam mihi, id est, hoc ipsum quod non exaudies, non ad insipientiam mihi, sed ad intellectum. quid est. ad intellectum non exaudies? id est, me non exaudies ad temporalia, ut intellegam a te desideranda sempiterna. A.

2. illi speraverunt et liberasti eos: egone speravi, et dereliquisti me. A.

3. id est, populos expulisti de terra sua, ut istos, introduceres atque plantares, eorumque regna tua misericordia confirmares. haec audivimus a patribus nostris. A.

4. exeuntibus enim Amorrheis vel ceteris de propriis terris Hebraei in eorum sedibus leguntur esse plantati. C.

6. dextera tua, potentia tua: brachium tuum, ipse filius tuus. A.

7. numquid enim quando nobis deus aliquo miraculo adest, faciem ipsius oculis nostris videmus? sed effectu miraculi suam praesentiam insinuat hominibus. A.

10. etiamsi tu per tuam prorsus substantiam atque naturam, qua es, quidquid es, occultus es, nec per hoc, quod es, interfuisti patribus, ut facie ad faciem te viderent: tamen per quamlibet creaturam tu mandas salutem Jacob. etenim illa visio facie ad faciem liberatis in resurrectione servatur . . . . etsi ergo tunc patres nostri non te viderunt facie ad faciem, secundum quod tu es, etiamsi ista visio servatur in resurrectione, tamen et si angeli adfuerunt, tu mandas salutem Jacob. A.

13. non enim in arcu meo sperabo: quomodo nec patres in gladio suo. A.

15. et hoc figura praeteriti de futuro dicitur, quia tam certum est, quasi factum sit. A.

16. confunduntur etiam, qui beatos oderunt, quando illi aeterna ultione damnantur, iustos autem caelorum regna recipiunt. C.

17. tota die perpetuum tempus ostendit, quod non habet noctem. C. — quid laudabimur? quid confitebimur? quia ex omnibus affligentibus nos eruisti nos, quia regnum perpetuum dabis nobis. A.

18. quoniam ipsa est beatitudo iustorum, dominum laudare perpetue. C.

19. confudisti illam dicit gloriosam confusionem, quam martyres subeunt, cum iniuriis affliguntur. C. — confudisti, non in conscientia nostra, sed in facie hominum. erat enim tempus, quo affligerentur christiani, cum ubique fugerent, cum ubique diceretur: christianus es, tamquam ad insultationem et ad opprobrium pertineret. A.

20. procedimus ad inimicos nostros, et tu nobiscum non procedis: videmus eos, praevalent illi, et nos invalidi sumus. ubi est illa virtus tua? ubi est dextera et potentia tua? ubi mare siccatum? ubi Aegyptii persequentes fluctibus obruti? ubi Amalech resistens, in crucis signo superatus? A.

21. aversos se in hoc mundo ante inimicos suos esse testantur. C.

23. a nationibus manducati sumus. hi significantur, qui sic passi sunt, ut in corpus gentium verterentur. plangit enim eos ecclesia, tamquam membra sua devorata. A.

24. vidimus enim quos dedisti, non vidimus, quid accepisti. A.

25. hic autem deo nulla multitudo pretii in tantae rei compensatione provenit, quando christiani sunt traditi. C.

27. quid est, in similitudinem? quando maledicentes homines similitudinem dant de eo, quem detestantur, sic moriaris, sic puniaris. quanta tunc dicta sunt talia? sic crucifigaris. hodieque non desunt hostes Christi, illi ipsi Judaei, contra quos quando defendimus Christum, dicunt nobis: sic moriaris, sic puniaris. A.

31. et quis hic intellectus? quae praeterita dicta sunt, non in nobis fient, quae futura sperantur, non apparent praeterita: in magna gloria tua eductus est populus de Aegypto, liberatus a persequentibus, ductus per gentes, expulsis gentibus collocatus in regno. quae futura? educendus populus de ista Aegypto saeculi, duce Christo apparente in gloria sua. haec sunt futura, illa praeterita. in medio quid? tribulationes. quare? ut appareat animus colens deum, quantum colat deum; ut videatur. utrum gratis colat eum, a quo salutem gratis accepit. si enim tibi dicat deus: quid dedisti mihi, ut facerem te? . . . quid dicturi sumus ei, qui primo gratis nos fecit, quia bonus est, non quia aliquid meruimus? deinde de ipsa reparatione, de secunda nativitate quid dicturi sumus? . . . exigitur ergo a te, ut et tu gratis eum colas: non quia dat temporalia, sed quia praestat aeterna. A.

32. ergo ut haec fides nostra, qua purgamur, ad invisibilia praeparetur, hoc est, quod in intellectum filiis Core facta sunt ista ommia, ut detraherentur sanctis ea, quae habebant, detraheretur et ipsa vita temporalis . . . . ecce est intellectus, quia non recessit retro cor nostrum, quia obliti non sumus te. A.

34. retro redit cor eorum, qui de domini bonitate desperant. C.

35. tamquam diceret nobis: in tribulatione positi estis, multa patimini, multa, quae amabatis in hoc saeculo, amisistis: sed non vos dimisi in via, quam angustam vos doceo. latas semitas quaerebatis, quid vobis dico? hac itur ad vitam sempiternam: qua vultis ambulare, ad mortem pergitis. A.

36. in loco afflictionis, id est, in isto mundo humiliatos esse testantur, qui est fidelibus locus afflictionis. C.

37. haec enim mortalitas umbra mortis est. vera mors est damnatio cum diabolo. A.

38. novit et requiret: si novit occulta cordis, quid ibi

facit? nonne deus requiret ista? novit in se, requirit propter nos. etenim ideo requirit deus aliquando, et dicit sibi innotescere, quod facit tibi innotescere. A.

39. plerumque enim homo putat se posse, quod non potest, aut putat se non posse, quod potest: accedit ad illum interrogatio ex divina dispensatione, et per interrogationem notus fit sibi: et dicitur deus cognovisse, quod illum fecit nosse. numquid Petrus noverat se, quando dixit medico: tecum sum usque ad mortem .... venit accessio tentationis et probavit medicus sententiam suam, perdidit aeger praesumtionem suam. A.

40. potes enim videre, mortificari hominem; quare mortificetur, nescis: deus hoc novit, res in occulto est .... quare non et haeretici nomen Christi confitentur, et non tamen iam propter ipsum moriuntur? prorsus in ipsa ecclesia, dicam catholica, putatis defuisse aut deesse posse, qui causa humanae gloriae paterentur? si deessent huiusmodi homines, non diceret apostolus: si tradidero corpus meum ut ardeam, caritatem autem non habeam, nihil mihi prodest. sciebat ergo esse posse quosdam, qui hoc iactatione facerent, non dilectione. A.

41. ovis, quia non habet arma resultationis, raptoribus suis probatur esse temnibilis: non enim aut cornu valet, aut dente contendit aut fuga praesumit: sed manibus latronis patienter acquiescit, dum nulla se reluctatione defendit. sic famuli Christi velut oves aestimati sunt mori: quoniam sine contentione aliqua videbantur occidi. C.

42. quae figura catachresis est, quam recte dicimus abusionem, quae rebus nomen commodat alienum. C. — martyres clamant, exsurge, quare obdormis, domine? o domine Jesu, occisus es, dormisti in passione, iam nobis resurrexisti. novimus enim, quia nobis resurrexisti; quare resurrexisti? gentes, quae nos persequuntur, mortuum te putant, resurrexisse non credunt, exurge ergo et illis. quare dormis, non nobis, sed illis? si enim iam te illi crederent resurrexisse, numquid eos, qui in te crederent, persequi poterant. A.

43. ne repelle in finem, ubi consistit muneris tui universa perfectio, ubi sunt praemia beatorum, ubi martyribus coronae praeparantur. C.

44. quare faciem tuam avertis, quasi non adsis, quasi oblitus sis nostri. A.

45. oblivisceris inopiam nostram: hoc est, cui consueveras subvenire, quam sic in aliis amas, ut te inopem dicas. venisti enim ditissimus, ut nostrae indigentiae subvenires. C.

46. quod utique facere solent, qui longa oratione prostrati, tota corporis effusione tenduntur. C. – an forte, fratres, eos plangit ecclesia voce ista, quibus illi, qui peresquebantur, per-

suaserunt impietatem: ut illi, qui perdurarunt, hoc dicant, humiliata est in pulvere anima nostra? id est, inter manus pulveris huius, inter manus impiorum et persequentium .... sed quare dicti sunt venter, nisi quia carnales sunt: ut os ecclesiae in sanctis sit, in spiritalibus sit; venter ecclesiae in carnalibus sit? itaque os ecclesiae eminet, venter absconditus est, tamquam mollior et infirmior. hoc significat quodam loco scriptura, ubi quidam dicit, se accepisse librum; et liber ipse dulcis erat, inquit, in ore meo, et amarus in ventre meo. quid est hoc, nisi quia praecepta summa, quae capiunt spiritales, non capiunt carnales? et de quibus gaudent spiritales, contristantur carnales? A.

47. et vere, carissimi, exsurrexit et adiuvit. namque cum exsurgeret, id est, cum resurgeret, et gentibus innotesceret, cessantibus persecutionibus, etiam illi, qui haeserant in terra, eruti sunt de terra, et agentes poenitentiam redditi sunt corpori Christi, quamvis infirmi, quamvis imperfecti .... propter nomen tuum: hoc est gratis, propter nomen tuum, non propter meritum meum. A.

PSALM XLIV.

1. Sed et unusquisque nostrum, fratres, ex vetere homine in novum mutatur, ex infideli fidelis fit .... dilectus ille visus est a persecutoribus suis, sed non in intellectum. si enim cognovissent, nunquam dominum gloriae crucifixissent. ad hunc intellectum oculos alios quaerebat ipse, cum diceret, qui me videt, videt et patrem. A. — filiis Core, hoc declarat, quia filii crucis .... pro dilecto filio vult intellegi dominum Christum. C.

2. quis dicit, pater an propheta? intelexerunt enim quidam patris personam dicentis, eructavit cor meum verbum bonum, commendantis nobis nativitatem quandam ineffabilem. ne forte putares aliquid assumtum, unde filium generaret deus, quemadmodum homo sibi assumit aliquid, unde generet filios, coniugium scilicet, sine quo prolem procreare homo non potest, ne igitur putares aliquo coniugio indiguisse deum, unde filium generaret. A.

3. sicut autem, eructavit cor meum verbum bonum, intelleximus ibi generationem filii: veluti repetitio mihi videtur facta in consequenti sententia, ut illud, quod dictum erat, eructavit cor meum verbum bonum, repeteretur in eo quod ait, dico. quid est enim dico? verbum profero. et unde profert deus verbum, nisi ex corde suo, ex intimo suo? . . . quare ergo opera mea dico? quia in ipso verbo omnia opera dei. A.

4. quia quod lingua dicitur, sonat et transit, quod scri-

bitur, manet: cum ergo dicat deus verbum, et verbum quod dicitur non sonet et transeat. sed et dicatur et maneat, scriptis hoc maluit deus comparare quam sonis. A.

5. velociter dei tale est, ut velocius nihil sit. in scripturis enim scribitur litera post literam, syllaba post syllabam, verbum post verbum; nec ad secundum transitur, nisi primo praescripto: ibi autem nihil velocius, ubi non multa sunt verba, nec tamen aliquid praetermissum est, cum in uno sint omnia. A.

6. ecce iam verbum illud sic prolatum, aeternum ab aeterno coaeternum, veniet sponsus speciosus forma prae filiis hominum. A. — sed veraciter humano genere pulchrior fuit, quia peccata non habuit .... et quare speciosum dixerit, probat: quia loquente Christo per gratiam deo reconciliatus est mundus. quid ergo potuit in humano genere esse simile, quam ipsum incarnatum conspicere, per quem redemtionis donum totus orbis accepit? C

7. venit nobis cum verbo gratiae. A.

8. accommodatius videtur hoc accipi ex persona prophetae .... propterea, inquit, benedixit te deus in aeternum. quare? propter gratiam. illa enim gratia quo pertinet? ad regnum caelorum. primum enim testamentum terram promiserat: et aliud praemium fuit vel promissio sub lege positorum, aliud sub gratia: terra Chananaeorum Judaeis sub lege positis. regnum caelorum christianis sub gratia positis. itaque quod pertinebat ad eos, qui sub lege positi erant, regnum, terra illa transiit: regnum caelorum, quod pertinet sub gratia positis, non transit. A.

9. gladium tuum, quid nisi verbum tuum? illo gladio stravit inimicos, illo gladio divisit filium a patre, filiam a matre, nurum a socru .... quid est, circa femur? quid significat de femore? carnem. A.

10. specie tua et pulchritudine tua: hic utramque naturam positam evidenter agnoscimus: ut species pertineat ad humanitatem, pulchritudo ad deitatem. C.

11. praedicatum est evangelium, veritas est. quid mansuetudo? passi sunt martyres .... nec deficiebant, nec resistebant, dicentes omnia, nihil occultantes; parati ad omnia, nihil recusantes. magna mansuetudo. corpus Christi hoc fecit, in capite suo didicit .... quid propter iustitiam? veniet etiam, ut iudicet. A.

12. dextera sua deductus est, id est, potentia sua .... deducet eum mirabiliter dextera eius, faciens divina, patiens humana, malitias hominum sternens bonitate sua. A. — mirabiliter, quia contra mundi inopinabilem consuetudinem tertio die resurrecturus erat a mortuis. C.

13. verba cor transfigentia, amorem excitantia .... o

sagittam acutam potentissimam, qua accepta cecidit Saulus, ut esset Paulus. A.

14. populi sub te cadent, conversiones significat hominum: quando credentes in humilitatem feliciter cadunt, qui prius vitio praesumtionis erecti sunt. C.

15. erat autem sedes regni iudaici temporalis, pertinens ad eos, qui sub lege erant, non ad eos, qui sub gratia erant . . . . sedes eius in saecula saeculorum. quare? quia sedes illa prima regni temporalis fuit. unde nunc sedes in saecula saeculorum? quia dei. A.

16. curvi erant, distorti erant. sibi regnare cupiebant, se amabant, facta sua mala deligebant, non voluntatem suam deo subdebant, sed voluntatem dei ad suas concupiscentias flectere volebant. A.

17. regat de virga ista, ne frangat te. virga enim ferrea est illa, inflexibilis. et quid dictum est? reges eos in virga ferrea, et tamquam vas figuli conteres eos. alios regit, alios conterit: regit spiritales, conterit carnales. A.

18. propterea unxit te, ut diligeres iustitiam et odires iniquitatem . . . . deus unguitur a deo . . . . quo oleo, nisi spiritali? oleum enim visibile in signo est, oleum invisibile in saeramento est, oleum spiritale intus est. A.

19. oleum laetitiae est peccati maculum non habere . . . . prae consortibus tuis, quoniam hanc benedictionem supra omne humanum genus cognoscitur accepisse, ut unctus singulariter caeteros unguere debuisset. C.

20. gutta vero, quae dicitur ammoniaca, duritias curat ab aliqua necessitate contractas . . . . casia, quae a nostris fistula dicitur, redemtio generis humani per aquam baptismatis indicatur . . . . his rebus etiam odor inest suavis, ut merito sanctae incarnationi et virtus herbarum et odoris suavitas compararetur. C. — vestimenta eius sunt sancti eius, electi eius, tota ecclesia eius. A.

21. sed quoniam elephas, cuius haec ossa sunt, nimiae castitatis asseritur, qui inter quadrupedia et sensu plurimo valet et temperanter miscetur feminae suae, et coniuge secunda non utitur, hoc pudicis feminis decenter aptatum est. C.

22. etenim omnes animae, quae illis praedicantibus et evangelizantibus natae sunt, filiae regum sunt: et ecclesiae filiae apostolorum, filiae regum sunt . . . . mortuus est Christus, resurrexit, adscendit, absentavit se corpore: susceperunt fratres eius uxorem eius, praedicatione evangelii generaturi filios non per seipsos, sed per evangelium propter nomen fratris. in Christo enim Jesu, inquit, per evangelium ego vos genui. itaque suscitantes semen fratri suo, quotquot genuerunt, non Paulianos aut Petrianos, sed Christianos nominaverunt. A.

23. ecce Roma, ecce Carthago, ecce aliae et aliae civitates filiae regum sunt, et delectaverunt regem suum in honore ipsius; et ex omnibus fit una quaedam regina. quae a sinistris, non regina. stabit enim quaedam a sinistris, cui dicetur: vade in ignem aeternum. a dextris autem stabit, cui dicetur: venite benedicti patris mei, percipite regnum, quod vobis paratum est ab initio mundi. A.

24. ecce varietatem intelleximus de diversitate linguarum, et vestem intelleximus propter unitatem: in ipsa autem varietate aurum quod est? ipsa sapientia .... varietas in linguis, aurum in sententiis. A.

25. sed hic varietatem aut linguas multiplices significat, quia omnis gens secundum suam patriam in ecclesia psallit auctori, aut virtutum pulcherrimam diversitatem. C.

26. alloquitur propheta reginam istam .... nos enim alloquitur: audi filia et vide. alloquitur eam tamquam unus de patribus, quae filiae regum sunt; etsi alloquatur propheta, etsi alloquatur apostolus tamquam filium (sic enim dicimus, patres nostri prophetae, patres nostri apostoli: si nos illos ut patres, illi nos ut filios), et vox una paterna alloquitur unicam filiam. audi filia et vide. prius audi, postea vide. ventum est enim ad nos cum evangelio, et praedicatum est nobis, quod nondum videmus, et audiendo credidimus, credendo videbimus .... audi, ut mundes cor fide, sicut apostolus ait in actibus apostolorum, fide mundans corda eorum. ad hoc enim audimus, quod credamus, antequam videamus, ut credendo cor mundemus, unde videre possimus. audi ut credas, munda cor fide, et cum cor mundavero, quid videbo? beati mundi corde, quia ipsi deum videbunt. A.

27. parum est audi, humiliter audi. A.

28. erat populus quidam, et domus patris quaedam, in qua nata es, populus Babyloniae, habens regem diabolum. undecunque venerunt gentes, a patre diabolo venerunt: sed patri diabolo renuntiaverunt. obliviscere populum tuum et domum patris tui. foedam te ille genuit, cum peccatricem fecit, pulcram te iste regenerat, qui iustificat impiam. A.

29, 30. tota ecclesia eius, quam sibi sicut vestem exhibet, sine macula et ruga .... quam speciem, nisi quam ipse fecit? ... deus tuus est, rex tuus est. rex tuus et ipse est sponsus tuus. regi nubis deo, ab illo dotata, ab illo decorata, ab illo redemta, ab illo sanata. quidquid habes, unde illi placeas, ab illo habes. A.

31. filiae Tyri, filiae gentium .... venite cum muneribus: date eleemosynas. A.

32. ad ecclesiam enim concurrunt, et ibi eleemosynas faciunt. ne extra fiant, id est, ne extra positi fiant, in ecclesia

faciant. vultus enim sponsae huius et reginae proderit facientibus. A.

33. intus pulcram novit, qui speciem eius amavit. quae sunt interiora pulchritudinis? conscientiae. A.

34, 35. fimbriae sunt finitima vestium, quae in stamine colligatae tamquam capillorum segetes dependent. per quas hominum vita significatur extrema. haec non deaurata (ut supra), sed nunc illi esse aurea profitetur: quia in fine tota perfectio est, ubi caritas non tamquam deaurata conspicitur, sed iam plenissima tamquam aurea reperitur. circumamicta vero varietate dicit, propter varias virtutes fidelium, quas superius constat expositas. C.

36. adducentur regi virgines post eam, post ecclesiam utique: quia prius fuit, ut eius unitas diceretur, et post enumeratio partium distincta proveniret. C.

37. proximae, id est, consanguineae eius prioris, id est, quae sint imitatrices eius in fide. B. — proximae sint eius, id est, imitatrices fidei eius. R.

38. templum regis ipsa ecclesia. A.

39. genuerunt te apostoli: ipsi missi sunt, ipsi praedicaverunt, ipsi patres. sed numquid nobiscum corporaliter semper esse potuerunt? . . . ergo illorum abscessu deserta est ecclesia? absit . . . . hodie enim episcopi, qui sunt per totum mundum, unde nati sunt? ipsa ecclesia patres illos appellat, ipsa illos genuit, et ipsa illos constituit in sedibus patrum. non ergo te putes desertam, quia non vides Petrum, quia non vides Paulum, quia non vides illos, per quos nata es: de prole tua tibi crevit paternitas. A.

40. haec est catholica ecclesia: filii eius constituti sunt principes super omnem terram, filii eius constituti sunt pro patribus. A.

41. ecce epithalamium gloriosum psalmigraphi exsultatione completum est. ecce sponsi laus sponsaeque admirabili varietate celebrata est. C.

PSALM XLV.

1. Ipse, qui in calvariae loco crucifixus est, nostis, quia velum disscidit, ut templi secreta patescerent. proinde quia crux domini nostri clavis fuit, qua clausa aperirentur, credamus adfuturum eum nobis, ut ista occulta revelentur. A. — in finem, notum est, quemadmodum ad dominum Jesum Christum possit referri. filios autem Core significari dicimus christianos, ex quorum persona psalmus iste cantatur. pro arcanis vero adventum domini significat salvatoris, quem divinitatis suae mirabili secreto pro hominum salute disposuit. C.

2. sunt quaedam refugia, ubi non est virtus, quo quisque cum fugerit, magis infirmatur, quam confirmetur .... non est refugium nostrum tale, sed refugium nostrum virtus est. A.

3. verumtamen, carissimi, inter omnes tribulationes humanae animae nulla est maior tribulatio, quam conscientia delictorum. namque si ibi vulnus non sit, sanumque sit intus hominis, quod conscientia vocatur, ubicunque alibi passus fuerit tribulationes, illuc confugiet et ibi inveniet deum .... isti ergo filii Core fortasse intelleguntur esse illi, quibus locutus est Petrus in actibus apostolorum .... illi, quem ipsi crucifixerant manibus suis, cogitantes, quam contemtibilis esset, cum ab eis occideretur, quam altus et excelsus apud deum factus esset, qui a spiritu sancto idiotas impleret, et linguas infantium faceret disertas, compuncti corde dixerunt, quid faciemus? .... ab illo ergo, cui dictum est, refugium et virtus, acceperunt magnam securitatem. baptizetur unusquisque vestrum in nomine domini nostri Jesu Christi: in illius nomine, quem occidistis, baptizamini et dimittuntur vobis peccata vestra .... denique accepta tanta securitate quid dicunt? A.

4, 5. mare autem significat hoc saeculum, in cuius maris comparatione tamquam terra videbatur gens Judaeorum. non enim idololatriae amaritudine tegebatur, sed erat tamquam arida, amaritudine gentium tamquam mari circumdata. futurum erat, ut turbaretur terra, id est, illa ipsa gens Judaea; et transferrentur montes in cor maris, id est, primo ipse mons magnus paratus in cacumine montium. deseruit enim gentem Judaeam, et factus est in gentibus; translatus est de terra ad mare. transferentibus quibus? apostolis, quibus dixerat: si habueritis fidem in vobis tamquam granum sinapis, dicetis monti huic: tollere et mittere in mare, et fiet; id est, per fidelissimam vestram praedicationem fiet, ut mons iste, hoc est, ego ipse praedicer in gentibus, glorificer in gentibus .... dictus est enim mons: erit in novissimis temporibus manifestus mons domini. sed iste mons super alios montes collocatus est: quia et apostoli montes, portantes montem hunc .... transcendit ergo cacumina montium omnium, et in cacumine omnium montium collocatus est .... timeant ergo illi, quos deseruerunt montes, nos a montibus non recessimus. A.

6. quid ergo factum est, dum translati sunt montes in cor maris? sonuerunt et turbatae sunt aquae eius, quando praedicabatur evangelium. quid est hoc? .... hinc civitas dei laetificabatur, dum mare turbaretur sonitu aquarum suarum,

dum montes conturbarentur quaerentes, quid agerent, quomodo novam doctrinam pellerent. A.

7. in fortitudine eius. cuius? numquidnam maris, an potius dei, de quo dictum est, refugium et virtus, adiutor in tribulationibus, quae invenerunt nos nimis? turbati enim sunt montes, id est, potestates huius saeculi. alii sunt enim montes dei, alii sunt montes saeculi. A. — potestates enim mundanae turbatae sunt, quando contra religionem dei leges pagani principes sacrilegas inferebant. C.

8. qui sunt isti impetus fluminis? inundatio illa spiritus sancti, de qua dominus dicebat: si quis sitit, veniat et bibat: qui credit in me, flumina aquae vivae fluent de ventre eius. ergo haec flumina fluebant de ventre Pauli, Petri, Joannis, aliorum apostolorum, aliorum evangelistarum fidelium. haec flumina cum fluerent ab uno flumine, multi impetus fluminis laetificant civitatem dei. A.

10. saeviat mare, conturbentur montes: deus in medio eius, et non commovebitur .... quid ergo est deus in medio eius? hoc significat, quod aequus est omnibus deus, et personas non accipit. quomodo enim illud, quod in medio est, paria habet spatia ad omnes fines, ita deus medius esse dicitur, aequaliter omnibus consulens. A.

11. quid est vultu suo? demonstratione sua. quomodo se demonstrat deus, ut vultum eius videamus? iam commemoro, didicistis praesentem deum, didicimus per opera. A.

13. inclinata, inquit, sunt regna, iam non erecta ut saevirent, sed inclinata, ut adorarent. A.

14. vocem vero sanctam praedicationem dicit, quam et per se et per apostolos tonitruali virtute per universum mundum omnipotens doctor insonuit. ad quam necesse fuit tremefieri peccatores, qui terribilia iussa aeterni iudicis audiebant. C.

15. magna gratia. si deus pro nobis, quis contra nos? A.

16. putasne, sic te suscepit deus, quomodo infantem te suscepit mater tua? non sic, sed in aeternum. A.

17. iam de hac susceptione quid fecit dominus? A.

18. hoc historica potest veritate cognosci: quia nativitate domini regnante Augusto orbis legitur fuisse pacatus. C. — contra deum impietas dimicabat, et vasa fictilia conterebantur: praesumendo de se homines, de virtute sua multum praevalendo .... numquidnam isti tales erant, qui dicebant, deus noster refugium et virtus? A.

19. remaneas inermis, non habens ullum adiutorium tuum: et quanto magis infirmus es, nulla tua arma habens, tanto magis te suscipit, de quo dictum est, susceptor noster deus Jacob .... quando autem nos dominus suscipit, numquid inermes dimittit? armat nos, sed aliis armis evangelicis,

veritatis, continentiae, salutis, spei, fidei, caritatis. haec arma habebimus, sed non a nobis. arma autem, quae a nobis habuimus, arserunt: si tamen igne illo spiritus sancti accensi sumus, de quo dicitur: et scuta comburet igne. A.

20. vacate; ad quam rem? et videte, quoniam ego sum deus. hoc est, non vos, sed ego sum deus: ego creavi, ego recreo. A.

21. paulo ante dixeram, terrae nomine significari gentem Judaeorum, maris nomine ceteras gentes .... et post istam clarificationem numquid deserit et plebem Judaeorum, de qua dicit apostolus, dico enim vobis, ut non sitis vobis sapientes, quia caecitas ex parte Israel facta est, donec plenitudo gentium intraret? id est, donec montes hic transferrentur, nubes hic pluerent, hic dominus tonitruo suo regna inclinaret, donec plenitudo gentium intraret. et quid postea? et sic omnis Israel salvus fieret. A.

PSALM XLVI.

1. Multa nomina hebraea interpretata sunt nobis: et inspicimus et invenimus, Core interpretari calvum .... qui sunt isti filii calvi? an forte filii sponsi? quia sponsus in loco calvariae crucifixus est. recolite evangelium, ubi dominum crucifixerunt, et invenietis eum in loco calvariae crucifixum. proinde qui crucem eius irrident, a daemonibus tamquam a bestiis devorantur. nam significavit et hoc quaedam scriptura: cum adscenderet propheta dei Elisaeus, clamabant post eum pueri irridentes: adscende calve, adscende calve: ille autem non tam crudeliter, quam mystice, fecit illos pueros ab ursis exeuntibus devorari. A.

2. numquid populus Judaeorum omnes gentes erant? sed caecitas ex parte Israel facta est, ut pueri insensati clamarent: calve, calve; atque ita dominus crucifigeretur in calvariae loco, ut sanguine fuso gentes redimeret, et impleretur, quod ait apostolus, caecitas ex parte Israel facta est, ut plenitudo gentium intraret. insultent ergo vani et hebetes et insensati, et dicant: calve. calve: vos autem sanguine illius redemti, qui fusus est in calvariae loco, omnes gentes plaudite manibus, pervenisse ad vos gratiam dei. plaudite manibus. quid est plaudite? gaudete. sed quare manibus? quia bonis operibus. A.

3. in voce exsultationis. et voce et manibus. A.

4. excelsus ille, quasi irrisibilis descendendo, adscendendo in caelum factus est terribilis. A.

5. non tantum super Judaeos .... omnes gentes plaudite manibus, quoniam rex omnis terrae deus. A.

6. omnes pertinentes ad hereditatem Christi in omnibus gentibus sunt: et videtis sic exaltari in nomine Christi ecclesiam Christi, ut omnes nondum credentes in Christo sub pedibus iaceant christianorum. A. — significat eos, qui extra ecclesiam latitare noscuntur. omnibus enim iustis spiritualiter subiecti sunt, qui eorum merita aequiparare non possunt. C.

8. sed quia dictum est, maior serviet minori, manifestum est, quia piis subdentur impii, et humilibus subdentur superbi. prior natus est Esau et posterior natus est Jacob: sed qui posterius natus est, praelatus est primo nato, qui per gulam perdidit primogenita sua. sic habes scriptum, desideravit lenticulam, et ait illi frater eius, si vis ut dem tibi, da mihi primogenita tua. ille plus amavit, quod carnaliter concupierat, quam quod spiritaliter prius nascendo meruerat. A.

9. vocem quoque tubae verba significant angelorum, quae magno strepitu percussi aeris fragore tonuerunt. tunc enim de tali visione apostolis stupentibus dixerunt angeli: viri Galilaei, quid admiramini? hic Jesus qui assumtus est a vobis sic veniet, quemadmodum vidistis eum euntem in caelum. C.

10. ergo vos filii Core, iam si intellexistis vos, et inspicitis hic vos, et vos gaudetis, quia videtis hic vos . . . . non enim homo tantum, set et deus. A.

12. quid enim? et ante non omnis terrae deus? nonne et caeli et terrae deus, cum utique per illum facta sunt omnia? quis posset dicere, non esse deum suum? sed non omnes homines agnoverunt deum suum: et ubi agnoscebatur, quasi ibi tantum deus erat. notus in Judaea deus: nondum filiis Core dicebatur, omnes gentes plaudite manibus. ille enim deus notus in Judaea, rex omnis terrae deus est. iam ab omnibus agnoscitur. A.

13. gentes, unde vocati estis, ut christiani essetis, adorabant deos manu factos, et psallebant illis: sed non intellegenter. si intellegenter cantarent, lapides non adorarent. quando homo sensatus cantabat lapidi insensato, numquid intellegenter cantabat? modo autem, fratres, non videmus oculis, quem adoramus, et tamen correcti adoramus. multo magis nobis deus commendatur, quia eum oculis non videmus. si eum oculis videremus, forte contemneremus. nam et Christum Judaei visum contemserunt, non visum gentes adoraverunt. A.

14. qui regnabat super unam gentem, regnabit, inquit, super omnes gentes. quando dicebantur ista, super unam gentem regnabat deus: prophetia erat, nondum res demonstrabatur. deo gratias, iam videmus impleri, quod ante prophetabatur. A.

15. quae sedes eius sancta? forsitan caeli, et bene intellegitur. adscendit enim Christus, sicut novimus, cum corpore, in quo crucifixus est, et sedet ad dexteram patris: inde eum venturum expectamus ad iudicandos vivos et mortuos. sedet super sedem sanctam suam: caeli sunt sedes sancta eius. vis et tu esse sedes eius? noli putare te esse non posse: para illi locum in corde tuo: venit et libenter sedet . . . . anima iusti sedes sapientiae. si ergo anima iusti sedes est sapientiae, sit anima tua iusta, et eris regalis sella sapientiae. A.

16. gentium principes, non unius populi principes, sed principes populorum omnium convenerunt cum deo Abraham. ex ipsis principibus erat et iste centurio, de quo modo evangelium cum legeretur, audistis. erat enim centurio habens honorem et potestatem inter homines . . . . iam erat anima eius sedes illius, iam ibi sedebat ille, qui humiles requirebat. conversus denique Christus miratus est et ait sequentibus se: amen, dico vobis; non inveni tantam fidem in Israel. A.

17. omnis homo terra. homini enim dictum est, terra es et in terram ibis. A. — expulsis enim infidelibus Judaeis, qui carne tantum, non operibus erant filii Abrahae, plenitudinem gentium intromisit ad illam promissionis beatitudinem possidendam, quam promiserat Abrahae et semini eius. filii enim ipsius per sanctam fidem facti sunt, qui carnis semine non fuerunt . . . . quoniam dii fortes terrae nimium elevati sunt. sensus iste pendet de superiore versiculo. ideo enim principes populorum convenerunt cum deo Abraham: quia fortes terrae, qui erant populus dei, nimium elevati sunt: id est Judaei, quibus data fuerat virtus in gentibus, erecti contra deum scelerata mente tumuerunt; et facti sunt per superbiam extremi, qui per humilitatem potuerunt esse praecipui. C.

PSALM XLVII.

1. Titulus psalmi est, laus cantici filiis Core, secunda sabbati. de hoc quod dominus donare dignatur, excipite tamquam filii firmamenti. secunda enim sabbati, id est, post diem primum, quem dominicum dicimus, quae etiam secunda feria dicitur, factum est firmamentum caeli, immo firmamentum caeli, immo firmamentum caelum. caelum enim vocavit deus firmamentum. primo autem die lucem fecerat et a tenebris diviserat . . . . secundam ergo sabbati non debemus intellegere nisi ecclesiam Christi: sed ecclesiam Christi in sanctis, ecclesiam Christi in his, qui scripti sunt in caelo, ecclesiam Christi in his, qui mundi huius tentationibus non cedunt. ipsi enim digni sunt nomine firmamenti. ergo ecclesia Christi in his, qui firmi sunt. A.

3. in civitate dei nostri, id est, in ecclesia catholica. C.

4. iam ecce illa latera aquilonis videte, quomodo veniant, videte, quomodo dicant: venite, adscendamus in montem domini. A.

5. quid autem factum est? quid dicit prophetia Danielis? quid nisi quia crevit lapis iste, et factus est mons magnus? quam magnus? ita ut impleret universam faciem terrae. ergo crescendo mons iste et implendo universam faciem terrae venit ad nos. quid ergo montem quasi absentem quaerimus, et non in praesentem iam adscendimus, ut sit in nobis magnus dominus? A.

6. sed quia peccatores, qui a diabolo tenebantur obnoxii, deo miserante conversi sunt, modo mons Sion et latera aquilonis, id est, natio Judaeorum et populi gentium, facta est civitas regis magni, hoc est, ecclesia catholica, quam de universo mundo constat esse collectam. C.

8. haec sunt latera aquilonis, quae superius dixit. C.

9. convenerunt in unum: in quem unum, nisi in lapidem illum angularem? . . . et duo iam parietes . . . . civitatem regis magni fecerunt. A.

11. unde tremor apprehendit eos, nisi de conscientia delictorum? A.

12. quid sunt dolores ut parturientis, nisi dolores poenitentis? A.

13. Tharsis civitatem quaesierunt docti, hoc est, quaenam civitas hoc nomine significaretur: et aliquibus visum est, Ciliciam dictam esse Tharsis, ex eo quod metropolis eius Tharsus dicitur . . . . aliqui autem eam Carthaginem intellexerunt, fortassis aliquando ita nominatam, aut aliqua locutione ita significatam . . . . manifestum est autem, quod primordia regni Charthaginis navibus floruerunt, et ita floruerunt, ut inter ceteras gentes excellerent negotiationibus et navigationibus . . . . atque hinc nimium superba facta est civitas illa, ut digne per eius naves intellegatur superbia gentium, praesumens in incertis tamquam in flatibus ventorum . . . . quomodo in spiritu violento? morte fortissimo. A.

14. o beata ecclesia, quodam tempore audisti, quodam tempore vidisti. audivit in promissionibus, videt in exhibitionibus: audivit in prophetia, videt in evangelio. A.

15. sed forte ista civitas, quae mundum tenuit, aliquando evertetur. A.

16. nunc quippe populus dei censentur omnes, qui portant sacramenta eius, sed non omnes pertinent ad misericordiam eius. omnes quippe sacramentum baptismi Christi accipientes christiani vocantur, sed non omnes digne illo sacramento vivunt . . . . et quid illi obest, quia in medio populi

inobedientis est, donec area ista ventiletur, donec boni a malis separentur? quid ei obest in medio populi habitare? sit de illis, qui appellantur firmamentum, suscipiens misericordiam dei; sit lilium in medio spinarum. nam et ipsae spinae, quoniam ad populum dei pertinent, vis audire? ita posita est ipsa similitudo: sicut lilium, inquit, in medio spinarum, ita proxima mea in medio filiarum .... sunt ergo filiae malae, et inter illas est lilium in medio spinarum. A.

17. nec potest esse laus eius nisi in sanctis eius: nam qui male vivunt, non eum laudant. A.

18. id est, multi sunt et illi, qui stabunt ad dexteram. non solum illi multi erunt, qui stabunt ad sinistram, sed et ibi erit plenitudo massae ad dexteram constitutae. A.

19. per montem Sion ecclesia catholica significatur. filiae Judae omnes sanctas feminas declarat. C. — discretae vivite, etsi concretae natae estis, non frustra vox exiit de ore et de corde vestro, ne comperdas cum impiis animam meam. A.

20. dicatur eis, qui male vivunt, in quorum medio est populus ille, qui suscepit misericordiam dei: in medio vestrum est populus bene vivens, circumdate Sion. sed quomodo? complectimini eam. nolite scandalis circumdare, sed caritate circumdate, ut qui bene vivunt in medio vestrum, eos imitemini, et eorum imitatione Christo, cuius membra sunt, incorporemini. A.

21. et quoniam ecclesia civitas dei est, turres ibidem competenter aptatae sunt, id est, altitudines et munitiones contra hostes haereticos. C.

22. quae est virtus civitatis huius? qui vult intellegere virtutem huius civitatis, intellegat vim caritatis. A.

23. domos illas duas, unam ex circumcisione, alteram ex praeputio venientem, apostolis dictum est, ut distribuerent. cum enim vocatus esset Saulus et factus apostolus Paulus, conveniens in unitatem coapostolorum suorum, sic cum eis habuit placitum, ut illi irent in circumcisionem, iste in praeputium. A.

24. hic est deus, deus noster. Christum significat. C. — terra videbatur, terrae conditor non videbatur: caro tenebatur, sed deus in carne non agnoscebatur . . . hic est deus noster; et homo est, et quis est, qui cognoscet eum. A.

26. si deus noster est, et rex noster est. A.

PSALM XLVIII.

2. Clamavit enim per apostolos dominus noster Jesus Christus. A.

3. quid est, auribus percipite? quod dominus dicebat, qui habet aures audiendi, audiat, cum omnes, qui in conspectu eius erant, utique haberent aures, quas ille aures quaerebat, nisi cordis? A.

4. quod ait terrigenae, ad peccatores retulit, quod ait filii hominum, ad fideles et iustos .... aliquando iam ista distinximus sanctitati vestrae, et invenimus, quia Adam homo erat, filius hominis non erat. Christus autem filius hominis erat et deus erat. quicunque enim pertinent ad Adam, terrigenae, quicunque pertinent ad Christum, filii hominum. A.

5. divites intellego superbos, pauperes humiles. A.

6. quia Christus est sapientia patris. Br.

7. multi enim habent in labiis, et non habent in corde .... quid ergo ait ille, qui tibi loquitur? qui cum dixerit, os meum loquetur sapientiam, ut intellegas, quia illud, quod ex ore funditur, de vena cordis emanat, intulit, et meditatio cordis mei intellegentiam. A.

8. quis est iste, qui audit, et sic loquitur? multi enim loquuntur, quod non audiunt. qui sunt, qui loquuntur, quod non audiunt? qui non faciunt, quae dicunt: quales dicit dominus pharisaeos sedere cathedram Moysi. A.

9. aperiam in psalterio propositionem meam, id est, audiam, quid tibi dicam. A. — in psalterio, id est, in corpore per operationem. B.

10, 11. in die mala, in die scilicet passionis, quae mala Judaeis, bona fidelibus fuit. ille enim timere debet vitae finem, qui peccatorum recordatione mordetur. Christus autem mortem timere non poterat, qui peccata omnimodis non habebat. C.

13. expectas, ut homo te redimat ab ira ventura? si te frater non redimit, homo te redemturus est? qui post resurrectionem dixit: vade, dic fratribus meis. frater noster voluit esse: et cum deo dicimus, pater noster, hoc manifestatur in nobis. qui enim dicit deo, pater noster, Christo dicit, frater. ergo qui patrem deum et fratrem habet Christum, non timeat in die mala .... sunt qui praesumunt in amicis suis, alii praesumunt in virtute sua, alii in divitiis. A.

15. qui sunt autem, qui dant pretium redemtionis animae suae? quibus ait dominus, facite vobis amicos de mammona iniquitatis, ut et ipsi recipiant vos in tabernacula aeterna. illi dant pretium redemtionis animae suae, qui non cessant eleemosynas facere. A.

16. quomodo vivebat ille, qui induebatur purpura et bysso, et epulabatur quotidie splendide .... ille ab epulis splendidis missus est in ignem .... labor huius in aeternum. A.

17. quid est hoc? non intelleget, quid sit interitus, quando viderit sapientes morientes. dicit enim sibi: iste, quia sapiens erat, et cum sapientia inhabitabat, et cum pietate deum coluit, numquid non est mortuus? faciam mihi ergo bene, cum vivo: nam si aliquid possent, qui aliud sapiunt, non morerentur. videt illum mori, et non videt, quae sit mors. A.

18. quis est imprudens? qui non sibi prospicit in futurum. quis est insipiens? qui non intellegit, in quo malo sit. A.

19. video enim multos iniquos mori, quibus successores sunt filii; nec potuit sic loqui scriptura, ut separaret eos a miseria, quorum vitam improbat. et quid putatis intellego, fratres, nisi quia omnes tales alienis relinquunt divitias suas. quomodo alieni sunt filii? iniquorum filii alieni sunt; nam invenimus quendam extraneum propinquum factum, quia profuit. si quis tuorum tibi nihil prodest, alienus est. A.

20. 21. nam plerumque audis divitem dicentem: habeo marmoratam domum, quam relicturus sum, et non cogito mihi aeternam domum, ubi semper ero. quando cogitat sibi memoriam marmoratam aut exsculptam facere, quasi de domo aeterna cogitat: quasi sibi manebat ille dives, si ibi maneret, non arderet apud inferos. A.

22. quid est hoc? tollent panem et merum ad sepulcra, et invocabunt ibi nomina mortuorum. putas, quantum invocatum est nomen illius divitis postea, quando inebriabant se homines in memoria ipsius, nec descendebat una gutta super linguam ipsius ardentem. A.

23. quid est, in honore positus? factus ad imaginem et similitudinem dei, homo praelatus iumentis. A.

25. ipsis sit scandalum, non tibi. quando autem erit et tibi? si putes, quod beati sint tales. A.

26. cum facti fuerint tales, ut non quaerant, nisi bona temporalia, fiunt hypocritae; et quando benedicunt deum, labiis benedicunt, non corde A.

28. quomodo autem mors pastor est illis? si vita Christus est, mors diabolus . . . . si ergo in inferno sunt oves, quibus pastor mors est, in caelo sunt oves, quibus pastor vita est. A.

29. isti ergo, quibus mors pastor est, videntur florere ad tempus, et iusti laborare: sed quare? quia nox est adhuc. quid est, nox est? non apparent merita iustorum, et quasi nominatur felicitas impiorum . . . . apparebit labor noster mane, et erit fructus mane: ut illi, qui modo laborant, postea dominentur, et illi qui modo se iactant et superbiunt, postea subiiciantur. A.

30. modo habent gloriam, in inferno veterascent. quod est auxilium eorum? auxilium de pecunia, auxilium de amicis, auxilium de virtute sua. sed cum mortuus fuerit homo, in illa die perient omnes cogitationes eius. A.

31. hanc redemtionem dicit, quam Christus iam in se ostendit. descendit enim ad inferos, et adscendit in caelum. quod vidimus in capite, invenimus in corpore. A.

32. fratres, numquid sic legimus in evangelio, quia dives ille cum holosericis et byssinis tegumentis apparebat in igne? numquid qualis erat in epulis ad mensam, talis erat et apud inferos? cum sitiret et stillam desideraret, non ibi erant illa omnia. A.

33. etenim dives ille, quando quotidie epulabatur splendide, bene secum facere putabatur; cum autem coepit ardere apud inferos, tunc inventum est male, quod putabatur bene. A.

34. mali tunc deum benedicunt, quando temporalia bona percipiunt . . . . dicitur ergo patri, iste peccator confitebitur tibi: sed quando illi benefeceris, quid si aliquid contrarium patiatur, blasphemare non desinit. C.

35. id est, imitabitur patres suos . . . . qui modo sunt, patres sunt eorum, qui futuri erunt . . . . duos genuit Adam, et in uno iniquitas, in uno iustitia: iniquitas in Cain, iustitia in Abel. A.

36. sed quare hoc? A.

PSALM XLIX.

1. Asaph fuit filius Barachiel, qui in paralipomenon legitur electus inter quattuor cantorum magistros, ut instrumentis musicis psalmos domino personaret. hic pro sui nominis significatione in hoc titulo meruit adhiberi, non auctor psalmi, sicut et de aliis scriptum est: sed musicus egregius, qui nobis per vocabulum suum aliquid indicaret. huius enim nominis significatio, quae apud Hebraeos semper est plena mysteriis, indicat synagogam. quae in hoc psalmo loquitur. sed hic illa fidelis domini synagoga intellegenda est, quae et venturum Christum credidit et adventum eius gloriosa expectatione suscepit: in qua fueruunt patriarchae, prophetae, Nathanael, ipsi quoque apostoli, et reliqui sincera devotione credentes. C.

2 manifestum est ergo, quia homines dixit deos, ex gratia sua deificatos, non de substantia sua natos . . . . non quicunque homo aut quicunque angelus. sed deus deorum dominus locutus est . . . . loquendo autem quid egit? A.

4. per apostolos suos ipse locutus est . . . . ex Sion species decoris eius, quod inde coepit decus evangelii eius,

quod inde annuntiari coepit speciosus forma prae filiis hominum . . . . erat gloriae species in divinitate. A.

5. qui venit occultus, veniet manifestus. venit occultus iudicandus, veniet manifestus iudicaturus. A.

6. tunc autem non silebit, quando sceleratis dicturus est: ite in ignem aeternum. C.

7 ignis ante eum praeibit. timemus? mutemur et non timebimus. ignem palea timeat. A.

8. in illa vero separatione fit quaedam malorum et bonorum distinctio. A. — et in alio loco dicit: purgabit aream suam. et congregabit triticum in horreum, paleas autem comburet igni inextinguibili. Br.

10. discernere populum suum. a quibus, nisi a malis? A. — in fine autem mundi caelum advocat, ut iam iustos dicernat ab impiis, ne ulterius sicut hic confusis habitationibus misceantur. C.

11. nunc synagoga Christi verba facit ad angelos, qui ministerio suo in fine saeculi sanctos de universo mundo, sicut legitur, congregabunt. dicit enim ipse dominus in evangelio: mittet angelos suos et congregabunt ante eum omnes gentes. C.

12. ordinare dicimus testamentum eius, qui actibus bonis restituunt ea, quae in testamenti serie cognoverunt, ut hospitem suscipere eleemosynam dare, caritati studere. C.

13. deo dicente, misericordiam volo plus quam sacrificium. A.

14. superiora excolit, per caelos significans viros iustos . . . . addidit, quoniam deus iudex est, ac si diceret, qui nescit falli. C.

15. sequenti vero parte ipse rex loquitur Christus. C. — nam si non audis, non loquar tibi. audi et loquar tibi. nam si non audis, etsi loquar, non tibi. quando ergo tibi loquar? si audis. quando audis? si populus meus es. A.

17. sum deus, et tuus sum deus: et si tuus non sim deus, sum deus. bono meo sum deus, malo tuo non sum deus tuus . . . . deus tuus sum ego. quid vis amplius? praemium quaeris a deo, ut aliquid tibi det deus, ut quod tibi dederit, tuum sit. ecce ipse deus qui dabit, tuus est. quid eo ditius? dona quaerebas, ipsum donatorem habes. A.

18. non tibi dicam: quare non mihi pinguem taurum mactasti? quare non de grege tuo optimum hircum elegisti? A.

19. holocaustum autem est totum igne absumtum. est quidam ignis flagrantissimae caritatis: animus inflammetur caritate, arripiat eadem caritas membra in usum suum, non

ea permittat militare cupiditati, ut totus exardescat igne amoris divini, qui vult offerre deo holocaustum. A.

20. praenuntiat testamentum novum, ubi omnia illa sacrificia vetera cessaverunt. A.

22. alia est notitia dei, alia hominis . . . . unum tamen scio, quia et antequam essent omnia volatilia caeli, noverat deus, quod fuerat creaturus. A.

25. noli ergo laborare, quid mihi des, sine labore habeo, quod volo. A.

27. dicamus illi et nos: in me sunt, deus, vota tua, quae reddam laudis tibi. expaveram, ne aliquid indiceres, quod esset extra me, quod computabam in curte mea, et a fure iam forte ablatum erat. quid mihi indicis? immola deo sacrificium laudis . . . . et haec immolatio sacrificii laudis, gratias agere illi, a quo habes, quidquid boni habes, et cuius misericordia tibi dimittitur, quidquid tuum mali habes. A.

30. ventum est ad tertiam sectionem, ubi iterum Asaph, id est, devota synagoga reloquitur . . . . testamentum vero vetus et novum significat. C.

32. quia etsi non facis et laudas, quod fit, adstipulator es facti. laudas mala facientes. A.

33. os hic cogitationem cordis debemus advertere. C.

34. malevolentiam et dolositatem, fratres, quorundam hominum dicit, qui per adulationem, quamvis sciant mala esse, quae audiunt, ne offendant eos, a quibus audiunt, non solum non reprehendendo, sed tacendo consentiunt. A.

36. filium matris, sobolem dicit ecclesiae. C.

37. severitatem meam distuli. A.

39. quando deus manifestus veniet, deus noster, et non silebit, arguam te. A.

40. modo te non vides, facio ut videas te. quia si videres te, et displiceres tibi, placeres mihi: quia vero non te videns placuisti tibi, displicebis et mihi et tibi; mihi, cum iudicaberis; tibi, cum ardebis. A.

42. quando dominus ad vindictam trahit. C.

43. nemo mihi offert hoc sacrificium laudis, et malus est. non dico, non hoc mihi offerat malus, sed nemo mihi hoc offert malus. qui enim laudat, bonus est. A.

44. quod est salutare dei? Christus Jesus. A. — gloriosa semita, quae ducit ad caeli terraeque creatorem . . . . si puro corde gradiamur, nos ducit ad Christum. C.

PSALM L.

2. Subveni gravi vulneri secundum magnam medicinam tuam. A.

3. quasi dicat: iniquitas mea est, quia feci alii, quod mihi nollem fieri. B.

4. magis magisque lava peccata scientis, qui abluisti peccata ignorantis. A.

8. quia tu solus sine peccato: ille iustus punitor, qui non habet, quod in illo puniatur. A. — de populo si quis erraverit, et deo peccat et regi. nam quando rex delinquit, soli deo reus est: quia hominem non habet, qui eius facta diiudicet. merito ergo rex deo tantum se dicit peccasse: quia solus erat, qui eius potuisset admissa discutere. C.

9. malum se fecisse deplorabat: arguens dementiam suam, qui non expavit tanto iudice praesente peccare. C.

10. ut iustificeris, id est, iustus et verus appareas in sermonibus, id est, in promissionibus tuis. promisisti enim: de fructu ventris tui ponam super sedem tuam. B. — tu enim es qui dixisti: de fructu ventris tui ponam super sedem tuam. G.

11. patior inquit indignus pro dignis, ut eos dignos faciam vita mea, pro quibus indigne patior mortem illorum. A.

12. numquid David de adulterio natus erat, de Jesse viro iusto et coniuge ipsius? quid est, quod se dicit in iniquitate conceptum, nisi quia trahitur iniquitas ex Adam? . . novimus enim, et baptismo Christi solvi peccata, et baptismum Christi valere ad remissionem peccatorum . . . . praeter hoc vinculum concupiscentiae carnalis natus est Christus sine maculo, ex virgine concipiente de spiritu sancto. A.

15. et in libro levitico, immolato sanguine intincta supra leprosi corpus septies solebat aspergi: significans, pretioso sanguine domini salvatoris maculas peccatorum efficaciter esse diluendas. C.

16. super nivem puritatem animae relucentis ostendunt. super nivem autem album in corporibus nil potest inveniri: sed ideo super nivem dixit, quia spiritualis anima longe supra corpora mundata resplendet. C.

17. hoc est autem audire gaudium et laetitiam, quod promittitur absolutis: venite benedicti patris mei, percipite regnum. quod vobis paratum est ab initio mundi. C.

18. et vide humilitatem de auditu: ait, qui habet sponsam, sponsus est, amicus autem sponsi stat et audit eum . . . . et gaudio gaudet propter vocem sponsi. A.

21. per factum, inquit, meum inveterata erat atque curvata rectitudo spiritus mei. A. — addidit, in visceribus meis, unde noverat adulterii detestabile crimen exiisse. C.

23. solum spiritum prophetiae sibi non auferri petiit. C.

24. utique Christi tui. A. — redde, dixit, quia sibi nescio quid gratiae senserat imminutum . . . . gratiam se

spiritus sancti sine dubio amisisse cognoverat, quam fragilitas humana non potest habere, cum peccat. C.

25. quoniam scriptum est: deus spiritus est .... spiritum rectum innova in visceribus meis, quem curvavi et distorsi peccando, ut iam spiritus sanctus ipse sit spiritus principalis, quem et auferri a se noluit. A. — confirma me, dixit, ne iterum peccem. C.

26. doceam iniquos ex iniquo, id est, qui fuerim et ego iniquus, iam non iniquus .... si peccatum David impietati deputatur, non de se desperent impii, quia pepercit deus impio. A.

27. ita plenus es adipe misericordiae, ut ad te conversis, non solum quibuslibet peccatoribus, sed etiam impiis non sit desperandum. A.

28. quare ergo pluraliter dixit, de sanguinibus? in multis sanguinibus, tamquam in origine carnis peccati, multa peccata intellegi voluit .... libera me, inquit, de sanguinibus, hoc est, libera me ab iniquitatibus, munda me ab omni corruptione. incorruptionem enim desiderat, qui dicit, libera me de sanguinibus: quia caro et sanguis regnum dei non possidebunt, neque corruptio incorruptionem .... qui perseveraverit usque in finem, ipsa est illa patientia: hic salvus erit, ipsa est salus, quam nondum habemus, sed habituri sumus. nondum est res, sed certa spes. A.

29. sed si causam profunda ratione consideres, et iustitiae divinae fuit, ut audiret ad se clamantem, parceret supplicanti, et susciperet confitentem. C.

30. laudem tuam, quia creatus sum; laudem tuam, quia peccans non derelictus sum, laudem tuam, quia ut confiterer admonitus sum; laudem tuam, quia ut securus essem mundatus sum. A.

31. reum se culpa interveniente cognoscens humilis precator, insinuat potuisse quippe regem facile sacrificia pecudum offerre, quae adhuc illo tempore pro peccatorum expiationibus pendebantur, si holocausta dominus libenter assumeret. C.

32. significat ritus sacrorum per immolationes pecudum, qui erant adventu domini respuendi. C.

35. supplicat itaque, ut quoniam synagoga posita sub lege peccavit, per gratiam Christi succedens Sion, hoc est, catholica firmetur ecclesia. C.

36. munimenta construantur immortalitatis nostrae, in fide et spe et caritate. A.

37. sacrificium iustitiae, id est, filii tui gloriosissimam passionem. C.

38. istud iam ad fideles pertinet christianos, qui erant

post adventum domini credituri. C. — totos nos divinus ignis absumat, et fervor ille totos arripiat. A.

39. tunc imponent super altare tuum vitulos; sacerdotes scilicet, quando ecclesia catholica fuerit domini passione con-tructa . . . . vitulos quippe posuit aut pro innocentibus adultis, quorum aetas prima est . . . . sive de adolescentibus sive de praedicatoribus sive de martyribus sentiatur. C.

PSALM LI.

1. Quae significatio verborum antichristi actibus non immerito deputatur. Doech enim Idumaeus David adversarius fuit, sicut Christo antichristus erit. iste sacerdotes extinxit, ille facturus est martyres. C.

2. quid facturus es, o potens, quid facturus es, multum te iactans? occisurus es hominem: hoc et scorpius, hoc et una febris, hoc et fungus malus. A.

4. et quando non facis, cogitas; ut quando aliquid mali abest a manibus, a corde non absit: aut facis malum, aut dum non potes facere, dicis malum, hoc est, maledicis: aut quando nec hoc potes, vis et cogitas malum. A.

5. novaculum est in quadam subtilitate tensum latius ferrum, radendis pilis acutissimum praeparatum; quod licet barbae segetem metat impressum, corporis tamen substantiam relinquit illaesam. convenienter ergo saevisissimi hominis dolum acutae novaculae comparavit; quia sicut illa hominem non laedit, ita nec iste animam iusti sub quavis afflictione percellit. potest enim radere omnia, quae sunt forinsecus attributa, quasi pilos: sed animae interna tunc magis efficit pulchriora, quando ei nititur auferre mundana. C.

7. noluit, inquit, intellegere, ut bene ageret, clausit oculos a luce praesenti . . . . inique, inordinate, perverse vis levare aquam super oleum; demergetur aqua, oleum supereminebit; ponere vis sub tenebris lucem: fugabuntur teneb·ae, lux manebit. A.

10. et si non modo, certe in finem destruet, quando illud ventilabrum venerit, et acervus paleae a massa separatus fuerit. A.

12. quia cum sanctis domini nec diabolus, nec antichristus nec sequaces eorum habebunt aliquam portionem. C.

13. quamdiu enim sumus in hoc saeculo, nondum est ridendum, ne postea ploremus . . . . ergo iusti, qui sunt modo, qui vivunt ex fide, sic vident istum Doech, quid illi eventurum sit, ut tamen timeant et sibi: quid enim sunt hodie, sciunt, quid cras futuri sint, nesciunt. A.

14. sed quoniam in futuro iudicio poenitentiae non erit locus, merito supra eum iusti ridebunt. C.

19. nam et hinc errant homines aliquando. deum quidem colunt, et non sunt iam similes isti Doech: sed quamvis de deo praesumant, ad temporalia tamen, ut dicant sibi: colo deum meum, qui me facturus est divitem in terra .... sed non vult se propter talia diligi deus. A. — et merito se olivae comparat, quia de eius germine dominus Christus effloruit, qui spirituali oleo perunctus est prae consortibus suis. sed haec oliva beatissima talem fructum intulit, qui omne genus humanum peccatis aridum misericordiae suae faceret largitate pinguescere. C.

21. quid fecisti? Doech damnasti, David coronasti. A.

22. ante conspectum sanctorum tuorum, quando iam gaudium generale iustorum est, et concordi exsultatione laus domini sine fine cantabitur. C.

PSALM LII.

1. Pro Maeleth, sicut in Hebraeorum interpretationibus nominum invenimus, videtur dicere pro parturiente sive dolente .... Christus hic parturit, Christus hic dolet .... neque enim non parturiens et dolens diceret, Saule Saule, quid me persequeris? A. — quod nunc ad ecclesiam domini competenter aptamus, quae tamquam dolens ac parturiens populum commonet perfidorum, ut a suis iniquitatibus conquiescat, ne in divina disceptatione dispereat. C.

2. si advertas, si intellegas, si discutias, qui putat deo placere facta mala, non eum putat deum. si enim deus est, iustus est; si iustus est, displicet ei iniustitia, displicet iniquitas. tu autem, cum putas ei placere iniquitatem, negas deum. si enim deus est, cui displicet iniquitas, tibi autem non videtur deus, cui displicet iniquitas, non est autem deus. nisi cui displicet iniquitas, cum dicis in corde tuo: favet deus iniquitatibus meis, nihil aliud dicis quam, non est deus. referamus nos et ad illum intellectum, qui et de ipso Christo domino nostro, de ipso capite nostro occurit. ipse enim cum in forma servi appareret in terra, dixerunt, qui eum crucifixerunt: non est deus. quia filius dei erat, utique deus erat. sed illi, qui corrupti sunt et abominabiles facti sunt, quid dixerunt? non est deus, occidamus eum, non est deus. A.

6. si enim respicit de caelo deus, ut videat, si est intellegens aut requirens deum, subintrat cogitatio imprudenti, quia non omnia novit deus .... illa ergo sic solvitur quaestio. quia plerumque ita loquitur scriptura, ut quod dono dei creatura facit, deus facere dicatur .... deus facit, ut videamus. hinc enim dictum est et illud, spiritus enim omnia

scrutatur etiam altitudinem dei: non quia ille scrutatur, qui novit omnia, sed quia tibi donatus est spiritus, qui et te scrutari facit . . . . quare autem de caelo, si hoc homines faciunt? quia dicit apostolus: nostra autem conversatio in caelis est. A.

9. expecta, inquit dominus, noli cito ferre sententiam: donavi hominibus bene facere, sed ex me, inquit, non ex se. ex se enim mali sunt: filii hominum sunt, quando male faciunt, quando bene, filii mei . . . . ergo tolle, quod homines filii dei sunt, remanet, quod filii hominum sunt: non est, qui faciat bonum, non est usque ad unum. A.

10. non enim non demonstraturus est deus iniquis iniquitatem suam. si non est demonstraturus, qui erunt, qui dicturi sunt: quid nobis profuit superbia, et divitiarum iactantia, quid contulit nobis (vgl. Sap. 5,8). A.

11. cetera enim, quae manducamus, possumus modo illa modo illa; non semper hoc olus, non semper hanc carnem, non semper haec poma: semper autem panem. quid est ergo, devorant populum meum in cibo panis? sine intermissione, sine cessatione devorant. A.

12. deus gratis se vult coli, gratis se vult diligi, hoc est, caste amari; non propterea se amari, quia dat aliquid praeter se, sed quia dat se. qui ergo invocat deum, ut dives fiat, deum non invocat; hoc enim invocat, quod ad se vult venire. quid enim est invocare, nisi vocare in se? in se ergo vocare, hoc dicitur invocare. nam cum dicis, deus, da mihi divitias, non vis, ut ipse deus ad te veniat, sed vis, ut divitiae veniant ad te. A.

13. numquid enim timor est, si quis perdat divitias? non est ibi timor, et ibi timetur. si quis autem perdat sapientiam, vere timor est, et ibi non timetur. A.

14. illi vero, qui Christum dixerunt, non est deus, ibi timuerunt, ubi non erat timor. dixerunt enim, si dimiserimus eum, venient Romani et tollent nobis et locum et regnum . . . . maluistis enim Christum occidere, quam locum perdere, et perdidistis locum et gentem et Christum. timendo occiderunt Christum, sed quare hoc? quoniam deus dissipavit ossa hominibus placentium. volentes placere hominibus, timuerunt perdere locum. Christus autem ipse, de quo dixerunt, non est deus, maluit displicere hominibus talibus, quales illi erant; filiis hominum, non filiis dei maluit displicere. inde dissipata sunt ossa eorum, illius ossa nemo confregit. A.

15. deus ergo sprevit eos: et tamen spernendo admonuit illos, ut convertantur. modo cognoscant Christum, et dicant, deus est, quem dixerunt, non est deus. A.

16. quis dabit ex Sion salutare Israel? nonne ipse, quem dixistis, non est deus. A.

17. vere Jacob et vere Israel, minor ille, cui servivit maior, ipse exsultabit, quia ipse cognoscet. A. — Israel interpretari diximus vir videns deum. quod tunc ecclesiae sine dubitatione conceditur, quando, sicut illi promissum est, in aeterna patria feliciter collocabitur . . . . et respice, quod in resurrectione generali frequenter patriarcha Jacob nominatur. C.

PSALM LIII.

1. Quod Saul persecutor erat sancti viri David, optime novimus: quod figuram gerebat Saul temporalis regni, non ad vitam, sed ad mortem pertinentis, et hoc vestrae caritati nos commendasse meminimus. itemque, quod ipse David figuram gerebat Christi, vel corporis Christi. et nosse debetis et recolere, qui iam nostis. quid ergo Ziphaei? vicus quidam erat Ziph, cuius habitatores Ziphaei, in quorum regione se absconderat David, cum eum vellet Saul invenire et occidere . . . . si quaeramus ergo, quid interpretentur Ziphaei, invenimus florentes . . . . inveniamus hic primo David latentem, et inveniemus ei adversarios florentes. attende David latentem: mortui enim estis, dicit apostolus, membris Christi, et vita vestra abscondita est cum Christo in deo. isti ergo latentes quando erunt florentes? cum Christus, inquit, apparuerit vita vestra, tunc et vos cum illo apparebitis in gloria; quando erunt isti florentes, tunc erunt illi Ziphaei arescentes. A. — Ziphaei significant florentes, quod in isto mundo peccatoribus datum est. David autem figuram gerebat domini salvatoris, per quem declaratur populus christianus. in hac ergo similitudine decenter exprimitur, hic perfidos esse florentes ac liberos, et fideles absconditos atque conclusos. C.

2. hoc dicat ecclesia latens inter Ziphaeos . . . . ne autem quondam ille infirmus, cum venerit fortis, ventilabro illo ad sinistram nos mittat, salvet nos in nomine suo, et iudicet nos in virtute sua. quis enim hoc tam temerarius optaverit, ut dicat deo: iudica me? nonne pro maledicto dici solet hominibus, iudicet te deus? ita plane est maledictum, si iudicat te in virtute sua, sed si non te salvaverit in nomine suo: cum vero in nomine praecedente salvaverit te, salubriter in virtute consequente iudicabit. securus esto: iudicium illud non tibi erit punitio, sed discretio. A.

3. perveniant ad aures tuas verba oris mei, quia non florem Ziphaeorum a te desidero. A.

4. nam Ziphaeis etsi sonet oratio mea, non audiunt,

quia non intellegunt. temporalibus quippe gaudent, bona aeterna disiderare non norunt. ad te perveniat oratio mea, ex desiderio aeternorum tuorum beneficiorum excussa et iaculata: ad aures tuas emitto eam, adiuva eam, ut perveniat, ne deficiat in itinere medio, et quasi collapsa corruat. A.

5. nonne ipse David Judaeus erat de tribu Juda? ipse autem locus Ziph ad tribum Juda pertinebat, Judaeorum erat. quomodo ergo alieni? non civitate, non tribu, non cognatione, sed flore. nam vis nosse alienos istos? in alio psalmo filii alieni dicti sunt, quorum os locutum est vanitatem, et dextera eorum dextera iniquitatis. A.

6. fortes enim Saulem vult intellegi cum ministris. C.

8. omnes enim sancti adiuvantur a deo, sed intus, ubi nemo videt . . . . nam gloria nostra haec est, ait apostolus, testimonium conscientiae nostrae. in hac gloriatur iste intus, non in flore Ziphaeorum foris. A.

9. quomodo te adiuvat? et dominus susceptor est animae meae. A.

10. sic quomodo virent, sic quomodo florent, igni servantur. A.

11. puta, quia florent modo, puta quia exoriuntur sicut foenum . . . . nam si tu fueris in corpore ipsius David, in virtute sua disperdet illos. isti florent felicitate saeculi, pereunt in virtute dei. A.

12. quare ergo voluntarie? quia gratis amo, quod laudo . . . . quid est gratuitum? ipse propter se, non propter aliud. A.

13. et confitebor nomini tuo, domine, quoniam bonum est, ob nihil aliud, nisi quia bonum est . . . . melius nihil inveni, quam nomen tuum. A.

14. quoniam ex omni tribulatione eripuisti me: ideo intellexi, quia bonum est nomen tuum. A.

15. super illos Ziphaeos respexit oculus meus: florem quippe illorum transii altitudine cordis, ad te perveni, et inde respexi super illos, et vidi, quia omnis caro foenum, et omnis claritas hominis sicut flos foeni. A.

PSALM LIV.

1. Finis ergo noster perfectio nostra esse debet, perfectio nostra Christus . . . . in hymnis, in laudibus . . . . agnoscamus ergo honorem nostrum, et intellegamus. si intellegimus, videmus non esse istam regionem gaudendi, sed gemendi, non iam exsultandi, sed adhuc plangendi. sed et si exsultatio quaedam habitat in cordibus nostris, nondum est in re, sed in spe. A.

4. u. 7. homines malos, quos patitur, commemoratus est, eandemque passionem malorum hominum exercitationem

suam dixit .... exerceri me quidem inter malos posuisti, sed nimis exsurrexerunt supra vires meas. A.

5. cum extendit dilectionem, ut diligat inimicos, affectus est taedio, multorum inimicitiis, multorum rabie circumlatratus, et quadam humana infirmitate succubuit. A.

9. vita nostra dilectio est: si vita dilectio, mors odium est. cum coeperit homo timere, ne oderit, quem diligebat, mortem timet. A.

10. qui odit fratrem suum, in tenebris est usque adhuc. si dilectio lumen est, odium tenebrae. A.

12. aut mortem optabat, aut solitudinem desiderabat. quamdiu, inquit, id mecum agitur, id mihi praecipitur, ut inimicos diligam, convicia istorum crebrescentia et adumbrantia me, commovent oculum meum, perturbant lumen meum, appetunt cor meum, interficiunt animam meam. vellem, ut abirem, sed infirmus sum, ne manendo augeam peccata peccatis .... etenim amissa dilectio mors tua. hanc ille amittere timuit, qui dixit, metus mortis cecidit super me. itaque ne amittam dilectionis vitam, quis dabit mihi pennas sicut columbae? A.

13. in quo deserto? si forte in conscientia, quo nullus hominum intrat, ubi nemo tecum est, ubi tu et deus es .... sed illa dilectio conturbat eum: solus erat in conscientia, sed non solus in caritate: intus consolabatur in conscientia, sed forinsecus tribulationes non relinquebant. A.

14. forte navis tua ideo turbatur, quia ille in te dormit. saeviebat mare, turbabatur navicula, in qua discipuli navigabant, Christus autem dormiebat: tandem aliquando visum est illis, quia inter illos dormiebat ventorum imperator et creator; accesserunt et excitaverunt Christum: imperavit ventis et facta est tranquillitas magna. merito ergo forte turbatur cor tuum, quia excidit tibi in quem credideris: intolerabiliter pateris, quia non venit tibi in mentem, quid pro te pertulerit Christus. si in mentem non tibi venit Christus, dormit: excita Christum, recole fidem. tunc enim in te dormit Christus, si oblitus es passiones Christi: tunc in te vigilat Christus, si meministi passionum Christi. A.

15. submerge, quare? quia se extulerunt. A.

16. divide, quare? quia in malum conspiraverunt. A.

19. labor respicit ad exercendas oppressiones: iniustitia pertinet ad nefanda iudicia. C.

20. tantum exige, quantum dedisti, foenerator iniuriarum. pugno percussus es, interfectionem quaeris. usura mala. A.

22. nunc autem vide, si non nihil aliud restat, nisi ut solitudinem quaeras. A.

26, 27 (vgl. Num. 16, 32 u. 47). et quare maxime ipsos duces terrae hiatus absorbuit vivos, populum autem illis consentientem e caelo irruens ignis absumsit? proptera hanc poenam commemorans psalmus iste a populo coepit et ad duces conclusit. veniat mors super eos, propter illos dixit, super quos venit ignis de caelo: et statim adiunxit: descendant ad infernum viventes propter duces, quos terrae hiatus absorbuit .... descendant ad infernum viventes, quia ipsi scripturas tractant, et noverunt bene quotidie legendo, quomodo ecclesia catholica per totum orbem terrarum ita diffusa est, ut omnino contradictio omnes vacet, nec inveniri possit aliquod testimonium pro schismate eorum, noverunt bene; ideo ad inferos viventes descendunt, quia malum, quod faciunt, malum esse noverunt. A.

28. in hospitiis, ubi peregrinantur et transeunt. non enim hic semper futuri sunt. A.

29. nullum tam medium eorum, quam cor eorum. A.

30. corpus Christi et unitas Christi in angore, in taedio, in molestia, in conturbatione exercitationis suae. A.

31. vespere dominus in cruce, mane in resurrectione, meridie in adscensione: enarro vespere patientiam morientis, annuntio mane vitam resurgentis, orabo ut exaudiat meridie sedens ad dexteram patris. exaudiet vocem meam, qui interpellat pro nobis. A.

32. quare dixi, appropinquant mihi? A.

33. in multis mecum, in paucis non mecum .... quid ergo ait? in palea mecum erant, in tritico non mecum erant. A.

34. illi enim praesumunt de nescio quo duce suo, qui coepit heri. A.

36. ipsa nunc allegorice dicuntur, quae in futuro iudicio sunt agenda cum perfidis. C.

37. lege testamentum, quod polluerunt: in semine tuo benedicentur omnes gentes. polluerunt testamentum eius. tu contra ista verba testatoris quid dicis? Africa sola istam gratiam meruit sancti Donati, in ipso remansit ecclesia Christi: dic saltem ecclesia Donati. quare adiungis Christi? de quo dictum est, in semine tuo benedicentur omnes gentes. post Donatum vis ire? pone Christum et sic recede. videte ergo quid sequitur: polluerunt testamentum eius. quod testamentum? Abrahae dictae sunt promissiones et semini eius. A.

38. quomodo appropinquavit cor illius? ut intellegamus voluntatem illius. etenim ex haereticis asserta est catholica ecclesia, et ex his, qui male sentiunt probati sunt, qui bene sentiunt. multa enim latebant in scripturis, et cum praecisi essent haeretici, quaestionibus agitaverunt ecclesiam dei: aperta

sunt, quae latebant, et intellecta est voluntas dei .... numquid enim perfecte de trinitate tractatum est, antequam oblatrarent Arriani? A.

39. quaedam enim in scripturis dura videbantur, cum obscura essent, exposita, mollita sunt .... ecce per divisionem haereticorum multa dura mollita sunt: sermones illius duri molliti sunt super oleum, et ipsi sunt iacula. armaverunt evangelizantes: et ipsi sermones diriguntur in pectora quorumque audientium ab instantibus opportune et importune: illis sermonibus, illis verbis tamquam sagittis corda hominum ad amorem pacis feriuntur. duri erant, et molles facti sunt. molliti non virtutem amiserunt, sed in iacula conversi sunt. A.

41. occurrit nescio quis et dicit: ego excipio. tamquam navi fluctuanti occurrit et dicit: ego excipio. responde et tu: portum quaero, non saxum. iacta in dominum curam tuam, et ipse te enutriet. et vide, quia portus te excipit. A.

42. fluctuat navis in ancoris, sed non longe a terra proiicitur, nec in aeternum fluctuabit, etsi ad tempus fluctuat. etenim ad fluctuationem pertinent verba superiora: contristatus sum in exercitatione mea, et conturbatus sum .... illis autem quid? A.

43. nunc dicit de impiis, qui in gehennae profunditatem mergendi sunt. C.

44. hos tales implere non dicit dies suos, quando cum sibi longam vitam promittunt, exitum celerrimae mortis inveniunt .... ideo enim additum est, suos, ut voluntarios intellegeres, non a domino constitutos. C.

PSALM LV.

1. Pertinet hoc enim ad ipsum David, quem iam nostis intellegere spiritaliter. neque enim commendatur nobis nisi ille, de quo dictum est: finis legis Christus ad iustitiam omni credenti. ergo in finem cum audis, in Christum intende .... scriptus est enim quidam titulus in dominica passione, quando dominus crucifixus est: erat ibi titulus inscriptus, hebraice, graece et latine, rex Judaeorum .... istum titulum cum legissent Judaei, indignati sunt et dixerunt ad Pilatum: noli scribere rex Judaeorum, sed quia ipse dixit, se regem esse Judaeorum .... quia ergo in maledicto isto indignati sunt Judaei, dicentes, nos non habemus regem nisi solum Caesarem, de tituli offensione longe facti sunt a sanctis .... Geth civitas quaedam erat Allophylorum, id est, alienigenarum, utique populi longe a sanctis .... ergo David nostrum dominum Jesum Christum, natum ex semine illius David, non solum tenuerunt, sed et tenent adhuc Allophyli in Geth.

Geth diximus, quod civitas sit. interrogata autem interpretatio huius nominis indicat torcular. Christus secundum quod caput salvator corporis, ille natus ex virgine crucifixus, qui iam nobis exemplum resurrectionis nostrae in resurrectione suae carnis ostendit, qui sedet ad dexteram patris et pro nobis interpellat, est et hic,. sed in corpore suo, quod est ecclesia . . . . quomodo ergo hic tenetur in Geth? tenetur in torculari corpus eius, id est, ecclesia eius. quid est in torculari? in pressuris. sed in torculari fructuosa pressura est. uva in vite pressuram non sentit, integra videtur, sed nihil inde manat: mittitur in torcular, calcatur, premitur, iniuria videtur fieri uvae, sed ista iniuria sterilis non est . . . . quicunque ergo sancti pressuram patiuntur ab eis, qui longe facti sunt a sanctis, attendant psalmum istum, agnoscant hic se, dicant, quod hic dicitur, qui patiuntur, quod hic dicitur . . . . et dicamus deo: A.

2. noli timere, quia conculcavit te homo: vinum habeto, uva factus es, ut calceris. A.

3. tota die, toto tempore. nemo sibi dicat: fuerunt tribulationes apud patres nostros, apud nos non sunt. si putas te non habere tribulationes, nondum coepisti esse christianus. et ubi est vox apostoli: sed et omnes, qui volunt in Christo pie vivere, persecutiones patientur? si ergo non pateris ullam pro Christo persecutionem, vide ne nondum coeperis in Christo pie vivere. A.

4. ab altitudine diei, hoc est, a superbia temporali . . . . sed noli timere altitudinem conculcantium: diei altitudo est, temporalis est, non aeterna. A.

5. cum venerit ille dies iudicii, tunc lamentabuntur se omnes tribus terrae. A.

6. et ipsi stupidi, qui modo nihil timent, timebunt aliquando . . . . stupor autem non dolet, amisit sensum doloris, tanto insensibilior, quanto peior. A.

7. et in deo, et meos. in deo, quia ab ipso, meos, quia accepi. A.

8. plane conculcavit, plane tribulavit, sed quid mihi faciet? uva eram, vinum ero. A.

9. sed cum verba mea abominantur, quem putamus abominantur, nisi eum, in quo laudabo sermones meos? A.

10. contemtus est dominus tuus, et tu te honorari vis ab eis, qui longe facti sunt a sanctis? A.

11. isti ergo subdoli christiani habitare publice videntur ecclesiam, et congregationes sequi conventusque populorum: sed virus suae perversitatis abscondunt, nec palam ausi sunt prodere, quod sciunt apostolicas regulas non habere. C.

12. etenim sic incolent et abscondent, ut observent, ubi

homo labitur. intenti sunt ad calcaneum, quando fiat lapsus, ut pedem teneant ad ruinam aut pedem supponant ad offensionem, certe ut inveniant, quod accusent . . . . illi autem, qui incolent et abscondent, aucupantur verba omnia, quaerentes alicubi laqueos et nodosas facere calumnias. A.

13. id est, sicut ante praevidi, sicut instructa fui, sicut a domino regulam praedicationis accepi. C.

14. nullis eorum meritis praecedentibus salvos facies eos. qui prius fui blasphemus, inquit, et persecutor et iniuriosus, accipiebat literas a sacerdotibus, ut ubicunque inveniret christianos, alligaret et adduceret (vgl. 1. Timoth. 1, 13 u. Act. 9, 2). A.

15. irasceris et deducis, saevis et salvas, terres et vocas. quid est enim: in ira populos deduces? imples tribulationibus omnia, ut in tribulationibus positi homines recurrant ad te, ne deliciis et securitate perversa seducantur. a te ira videtur, sed paterna. A.

16. ut vivam enim tu fecisti, et ad hoc enuntio vitam meam tibi . . . . enuntiavi deo vitam meam, quia vivere me fecit deus. quomodo enuntiavit vitam suam Paulus apostolus, dicens: qui prius fui blasphemus et persecutor et iniuriosus; enuntiet vitam suam: sed misericordiam consecutus sum. A.

17. pollicitatio quippe domini est, ut pias lacrymas non refutet, sicut in alio psalmo dicit: invoca me in die tribulationis tuae et eripiam te et magnificabis me. C.

18. praecedendo ergo non corrigitur: bonum est illi, ut convertatur retrorsum, et quem praecedere volebat, sequatur. A.

19. tuus est enim, cum tibi subvenit: tuus est, cum tu ab illo alienus non es . . . . omnium quidem deus est: sed eorum deus proprie dicitur, qui eum diligunt, qui eum tenent, qui illum possident, qui illum colunt, tamquam de domo ipsius, magna sunt familia eius, redemti magno sanguine unici filii. quantum dedit nobis deus, ut ipsius essemus, et ipse sit noster? A.

20. iam ipse est sensus, qui superius est repetitus. A.

21. dicit enim se esse vota laudationis, dei tamen munere contributa, quae in illa perpetuitate reddenda sunt, quando iam sancti indefessis vocibus persolvent laudis obsequium. C.

23. merito non placet filiis alienis longe factis a sanctis. quia non habent lumen viventium, unde videant, quod deo placet. A.

PSALM LVI.

1. Quia ergo passionem domini cantat iste psalmus, vide quem titulum habeat: in finem. finis Christus est . . . . in-

venimus ergo illo tempore, quando Saul David persequebatur, regem futurum et praedestinatum rex iam reprobatus, quod fugerit a facie Saul in speluncam ipse David. quid ergo hoc ad Christum? si omnia, quae tunc agebantur, figurae erant futurorum, invenimus ibi Christum . . . . videmus autem in passione domini scriptum fuisse titulum: rex Judaeorum . . . . Saul, ut diximus, populus Judaeorum erat, David Christus erat . . . . cum ergo indignarentur ex illo titulo, adierunt Pilatum iudicem, cui obtulerant occidendum Christum, et dixerunt ad eum: noli scribere sic, rex Judaeorum, sed scribe, quia ipse dixit, se regem esse Judaeorum. et quia iam cantatum erat per spiritum sanctum, in finem, ne corrumpas in tituli inscriptionem, respondit eis Pilatus: quod scripsi, scripsi; quid mihi suggeritis falsitatem? ego non corrumpo veritatem. A — nam sicut David Saulem fugiens in spelunca se abscondit, ita et domini salvatoris deitas intra templum corporis sui Judaeis perfidis fuisse probatur abscondita. sic singula, quae de David et Christo provenerunt facta, illis sunt sub hac allusione communia. quae imagines rerum in hoc titulo ideo praeludunt, quia totus psalmus de domini passione dicturus est . . . . dominus Christus in primo ordine psalmi orat, de sua passione sollicitus . . . . secundo ordine resurrectionis suae gloriam stupenda varietate describit. C.

2. Christus in passione dicit: miserere mei deus . . . . etenim quod de illo clamat, miserere mei, tuum est: a te hoc accepit, propter te liberandum carne indutus est. caro ipsa clamat: miserere mei deus, miserere mei: homo ipse, anima et caro . . . . audis magistrum orantem, disce orare. ad hoc enim oravit, ut doceret orare. A.

3. al rum etenim umbra tecta materna sunt, quae pullos teneros et blandimento quodam fovent, et ab irruente tempestate custodiunt. C. — hoc plane iam totus Christus dicit, hic est et vox nostra. non enim iam transiit iniquitas, adhuc fervet iniquitas . . . . quis autem perseverabit usque in finem, quoadusque transeat iniquitas? qui fuerit in Christi corpore, qui fuerit in membris Christi et a capite didicerit patientiam perseverandi. A.

4. bene enim nobis fecit dominus deus mittendo nobis salvatorem nostrum Jesum Christum, ut moreretur propter delicta nostra, et resurgeret propter iustificationem nostram. A.

5. misit de caelo et resuscitavit eum. A.

6. saevierunt Judaei in Christum, superbierunt in Christum: ubi? in civitate Jerusalem. ubi enim regnabant, ibi tumebant, ibi cervices erexerunt. post passionem domini eradicati inde sunt, et perdiderunt regnum, in quo regem Christum agnoscere noluerunt. quemadmodum dati sunt in

opprobrium, videte: dispersi sunt per omnes gentes nusquam habentes stabilitatem, nusquam certam sedem .... sic enim apparent Judaei de scriptura sancta, quam portant, quomodo apparet facies caeci de speculo: ab aliis videtur, ad ipso non videtur. A.

7. ad quam rem? A.

8. qui sunt catuli leonum? populus ille minutus, male deceptus, male seductus a principibus Judaeorum: ut illi leones, illi catuli leonum. omnes fremuerunt, omnes occiderunt. A.

9. mors domini mirabili proprietate describitur, qui conturbatus fremitu Judaeorum quiete altissima dormiebat: ostendens tam nihil fuisse persecutionem impiorum, ut occisus perduceretur ad somnum. C.

12. quando ergo percusserunt, nisi quando clamaverunt: crucifige, crucifige. A.

13. exclamat a forma servi. C. — homo in cruce, et super caelos deus. remaneant in terra saevientes, tu in caelo esto iudicans. A.

15. pedes autem Christi sunt increpationes malorum, promissionesque fidelium, quibus ille in hoc mundo evangelizans quasi quibusdam pedibus incedebat. C.

18. ille paravit foveam ad opprimendum, ego cor non parabo ad tolerandum? A.

20. exsurge gloria mea: glorificetur Jesus post passionem. A.

21. psalterium est organum, quod quidem manibus fertur percutientis, et cordas distentas habet; sed illum locum, unde sonum accipiunt cordae, illud concavum lignum, quod pendet et tactum resonat, quia concipit aerem, psalterium in superiore parte habet. cithara autem hoc genus ligni concavum et resonans in inferiore parte habet .... sed quid est psalterium, quid est cithara? per carnem suam dominus duo genera factorum operatus est, miracula et passiones: miracula de super fuerunt, passiones de inferiore fuerunt. illa enim, quae fecit miracula, divina erant; sed per corpus fecit, per carnem fecit. caro ergo divina operans psalterium est, caro humana patiens cithara est. sonet psalterium, illuminentur caeci, audiant surdi, stringantur paralytici, ambulent claudi, surgant aegroti, resurgant mortui: iste est sonus psalterii. sonet et cithara, esuriat, sitiat, dormiat, teneatur, flagelletur. irrideatur, crucifigatur, sepeliatur. A.

22. puto, quia hic iam agnoscitis dominum resurgentem. legimus in evangelio, videte horam resurrectionis. A.

23. caelestem significat actum universalis ecclesiae, quae

per omnes gentes linguis variis psalmodiam domino devota mente persolvit. C.

24. quia magnificata est usque ad caelos misericordia tua, et usque ad nubes veritas tua . . . . caelum autem sursum est, habitationes angelorum, sedium, dominationum, principatuum, potestatum. illud ergo forte videatur fuisse dicendum, magnificata est usque ad caelos veritas tua, et usque ad nubes misericordia tua. etenim in caelo angeli laudant deum, videntes ipsam speciem veritatis . . . . videtur congruentius dici potuisse, magnificata est usque ad caelos veritas tua et usque ad nubes misericordia tua. nubes enim intellegimus praedicatores veritatis . . . . novimus ergo nubes dei esse praedicatores veritatis, prophetas, apostolos, omnes recte proferentes verbum veritatis et habentes in se lumen occultum, sicut habent nubes, unde coruscant. homines ergo nubes. A.

PSALM LVII.

2. Cui enim iniquo non facile est loqui iustitiam? aut quis de iustitia interrogatus, quando non habet causam, non facile respondeat, quid sit iustum? . . . non sit iustitia labiorum, sed et factorum: si enim aliter agis, quam loqueris, bona loqueris et male iudicas. si enim agis, quomodo iudicas, interrogatus, quid sit melius, aurum an fides, non usque adeo perversus et devius es ab omni veritate, ut aurum melius esse respondeas . . . . ecce locutus es mihi meliorem esse fidem, et in iudicio tuo melius duxisti aurum. non sic iudicasti, ut locutus es. A.

3. iniquitas forte in corde solo? audi, quid sequitur: et cor suum sequuntur manus, et cordi suo famulantur manus, cogitatur et fit. A.

4. nunc etiam per manus res significat actuales, ut non solum cogitatum scelus, sed etiam completum esse doceatur. C.

5. unde alienati? a veritate. unde alienati? a patria beata, a vita beata. A. — merito peccatores tamquam abortivos proiectos ab utero dicit ecclesiae, qui nulla doctrinae confirmatione perfecti sunt. C.

6. in ventre quippe ecclesiae veritas manet. A.

7. inde haeretici clamant contra evangelium. A.

8. ira Judaeorum per similitudinem nimis aptissimam definitur. C.

9. aspis cum coeperit pati incantatorem Marsum, qui eam quibusdam carminibus propriis evocat, sicut sunt multa etiam magica, audite, quid facit . . . . utique in lucem vult educere: illa autem amando tenebras suas, quibus se involutans occultat, dicitur, quod cum exire noluerit, recusans tamen audire illas

voces, quibus se cogi sentit, allidit unam aurem terrae, et de cauda obturat alteram, atque ita voces illas, quantum potest, evitans, non exit ad incantantem. huic similes dixit spiritus dei quosdam non audientes verbum dei, et non solum non facientes, sed omnino ne faciant audire nolentes. A.

10. factum est hoc et in primis temporibus fidei: Stephanus martyr praedicabat veritatem, et tamquam tenebrosis mentibus, ut eas in lucem educeret, incantabat: ubi venit ad commemorationem Christi, quem illi omnino audire noluerunt, quid de eis scriptura dicit? quid de illis narrat? clauserunt, inquit, aures suas. A.

11. quid est, in ore ipsorum? ut ore suo contra se pronuntiarent: coegit illos ore suo in se sententiam dicere. calumniari volebant ei propter tributum: non dixit ille, licet reddere tributum, aut, non licet reddere . . . . iam nunc dominus conteret dentes eorum in ore ipsorum iam respondistis, iam contriti sunt dentes vestri in ore vestro. reddite Caesari, quae Caesaris sunt, et deo, quae dei sunt . . . . et illi non invenerunt, quid responderent. missi enim erant, ut calumniarentur ei: et redierunt dicentes, quod nemo possit ei respondere. A.

12. non tantum aspidum quid de aspidibus? aspides insidiosae volunt venena immittere, et spargere, et insibilare. apertissime saevierunt gentes, et fremuerunt sicut leones. quare fremuerunt gentes, et populi meditati sunt inania? quando insidiabantur domino, licet dare tributum Caesari, an non licet? aspides erant, serpentes erant. contriti sunt dentes eorum in ore ipsorum. postea clamaverunt: crucifige, crucifige; iam non est lingua aspidis, sed fremitus leonis . . . . tamen et eorum molae contritae sunt. crucifixus resurrexit, adscendit in caelum. glorificatus est Christus, adoratur ab omnibus gentibus, adoratur ab omnibus regibus. saeviant modo Judaei, si possunt. non saeviunt: molas leonum confregit dominus. A.

13. nolite timere, post paululum transit, decurrit aqua. A.

14. nam hinc infirmatus est ille, qui dixit: quid me iubes facere? ego sum, inquit Jesus Nazarenus, quem tu persequeris. (vgl. Act. 9.5). A. -- sicut Paulus audivit: Saule Saule, quid me persequeris? Br.

15. non contra te stabunt, non perdurabunt: igne quodam concupiscentiarum suarum peribunt. A.

16. ignis supercecidit, ignis superbiae, ignis fumosus, ignis concupiscentiae, ignis iracundiae. A.

17. solem vero, id est, dominum salvatorem. C.

18. quid est rhamnus? spinarum genus est, densissimae quaedam spinae esse dicuntur. primo herba est, et cum herba

est, mollis et pulchra est: ibi sunt tamen spinae postea processurae . . . . quare autem non dixit viventes, sed tamquam viventes, nisi quia falsa est haec vita impiorum? neque enim vivunt, sed vivere sibi videntur. et quare non in ira, sed tamquam in ira, nisi quia tranquillus hoc facit deus? nam et hoc scriptum est: tu autem domine virtutum cum tranquillitate iudicas. ille ergo et cum minatur, non irascitur. A. — absorbet eos, eorum subitum significavit interitum: quia quanta domino in sustinendo patientia fuit, tanta erit percussio in celeritate iudicii. C.

19. omne enim malum suam portat, dum committitur, ultionem: quia torquente conscientia ipse in se probatur implere vindictam. contra iustus laetus est. C. — vindicta enim primi peccati, et eorum quae addiderunt, manet super eos. A.

20. sed hoc si diligentius intuemur, correctionis potius, quam saevitiae praestabit exemplum. nam cum sanguis peccatoris effunditur, manus, id est, actus iustissimi corriguntur. impio enim pereunte commonetur innoxius cautius se diligentiusque tractare. ita fit, ut manus iusti non crudeliter, sed pie sanguis peccatoris emundet, sicut Salomon dicit: stulto pereunte sapiens astutior fit. C.

21. ecce antequam veniat, quod promittitur, antequam detur vita aeterna, antequam impii proiiciantur in ignem aeternum, hic in hac vita est fructus iusto. qui fructus? spe gaudentes, in tribulatione patientes . . . . quia caritas dei diffusa est in cordibus nostris per spiritum sanctum, qui datus est nobis. gaudet ebriosus, et non gaudet iustus? in caritate est fructus iusto. A.

PSALM LVIII.

1. Hoc non ad crucem domini, sed tamen ad passionem domini pertinet. crucifixus enim Christus et mortuus et sepultus est. erat ergo illa sepultura tamquam domus: ad quam custodiendam misit regnum Judaeorum, quando custodes adhibiti sunt sepulcro Christi . . . . refer hoc ergo ad corpus Christi: quia interficere Christum erat tollere nomen Christi, ne crederetur in Christum . . . . hoc est vere Christum velle interficere, nomen resurrectionis eius extinguere, ut mendacium evangelio praeferretur. A.

6. sed cum dicitur, anima occupata, tempus ostenditur passionis. C.

7. fortes diabolum significat cum ministris. C.

9. illi ergo fortes currentem me sequi non potuerunt. A.

10. hic iam tropicis allusionibus potentia resurrectionis exprimitur, ut petat patrem sibi occurrere. C.

11. et vide, intellegendum est, fac videri, quod curro,

fac videri, quod dirigor . . . . quid est, et vide? et adiuva me, id est, in illis, ut videant cursum meum, sequantur me, non eis videatur pravum esse, quod rectum est . . . . hoc volebat praestari a patre fidelibus suis, qui dicebat: exsurge in occursum mihi et vide: innotescc, quod tibi aequalis sim et vide. quid est, et vide? fac videri, quod tibi aequalis sim. A.

12. tu deus Israel, qui non putaris nisi deus Israel solius, qui non putaris nisi deus unius gentis, quae te colit. A.

13. intende nunc ad visitandas omnes gentes, ut tibi credentium copia crescat ex gentibus. C.

14. iniquitas omnis, parva magnave sit, puniatur necesse est, aut ab ipso homine poenitente aut a deo vindicante. nam et quem poenitet, punit seipsum . . . . est quaedam iniquitas, quam qui operatur, non potest fieri, ut misereatur eius deus. quaeritis forte, quaenam illa sit? ipsa defensio peccatorum . . . . sed quomodo ea defendunt? si deus noluisset, id non fecissem . . . . ergo ad hoc peccatum tuum defendis, ut deum accuses. A.

15. Judaici populi futura conversio declaratur. significat ergo in fine mundi ex eis innumeros domino esse credituros. C. — canes gentes Judaei dixerunt, tamquam immundos. A.

16. quam civitatem? mundum istum, quem quibusdam locis vocat scriptura civitatem circumstantiae . . . . istam civitatem circumibunt illi iam canes facti esurientes. quomodo circumibunt? evangelizando. Saulus ex lupo canis factus est ad vesperam, id est, sero conversus. A.

17. loquentur plane tunc in ore suo, quod nunc habere non merentur in corde. C. — iam ille gladius bis acutus, de quo apostolus dicit: et gladium spiritus, quod est verbum dei. A.

18. qui paulo ante et ipsi credere nolebant, taedium de non credentibus patiuntur. et vere, fratres, contingit. vides hominem pigrum, antequam sit christianus; clamas ad illum quotidie, vix convertitur: convertatur, et iam vult omnes esse christianos, et miratur, quia nondum sunt. excidit illi, quod ad vesperam conversus est: sed quia factus est esuriens, sicut canis, habet etiam in labiis gladium. A.

19. irridendos eos pronuntiat, qui praedicationes rectas audire noluerint. C.

20. nihil ante te erit: quia facillimum erit, ut credant in te omnes gentes. A.

21. ego autem fortitudinem meam ad te custodiam: quia si recedo, cado, si accedo, fortior fio . . . . non a te recedam, non de me praesumam. A.

22. ubi enim eram et ubi sum? unde me suscepisti? quas iniquitates meas dimisisti? ubi iacebam, quo erectus sum? ergo haec meminisse debeo, quod in alio psalmo dicitur, quoniam pater meus et mater mea dereliquerunt me, dominus autem assumsit me. A.

23. antequam aliquid boni ego faciam, misericordia eius praeveniet me. A.

24. secundum dicit munus beneficii, ut etiam inter inimicos ipsius virtus maiestatis eius possit ostendi: scilicet ut de blasphemis, fiant religiosi, et de iniqua conversatione iustissimi. C.

25. potest quidem hoc et de Judaeis intellegi. A.

28. quid in illis occides? crucifige, crucifige, quod clamaverunt, non qui clamaverunt. illi enim Christum delere, interimere, perdere voluerunt: tu autem resuscitando Christum, quem perdere voluerunt, occidis delicta oris eorum. A.

29. quia frustra irruerunt fortes, et quasi cessit illis, ut aliquid sibi fecisse viderentur, et praevaluerunt domino .... quid autem fecerunt in Christo? non vitam, sed mortem occiderunt. A.

31. quae sunt consummationes? perfectiones. A.

32. non erunt, utique superbi. C.

33. vident et ipsi Judaei, quia non debent gentes contemnere, quos quasi canes et peccatores putabant .... non solum Judaeis, inquit apostolus, verum etiam et gentibus .... non tantum Judaeorum dominabitur, sed et finium terrae. A.

34. id est, etsi sero, id est, post interfectionem domini nostri Jesu Christi. A.

35. iam et hesterno die exposuimus civitatem, id est, circumstantiae civitatem omnes gentes (v. s. 16) A. — ille enim primus pertinet ad finem saeculi, iste ad domini passionem. his merito comparantur Judaei, qui christianae fidei munere saginati ecclesiam dei clamosa praedicatione defendere festinabant, sicut Paulo apostolo contigit. C.

36. ad manducandum disperguntur, cibum scilicet spiritualem .... sicut Petro apostolo in visione dictum est: macta et manduca. C.

37. quia et superius murmur eorum dixerat dicentium: quoniam quis audivit. A.

38. ipse enim cantabit in sanctis suis, dum eius membra gaudebunt. et quale est illud gaudium, de domini semper contemplatione gaudere. C.

39. mane transactis tentationibus, mane, cum nox huius saeculi transierit .... ipsum dei verbum tamquam solem contemplamur. A.

43. totum quidquid sum, de misericordia tua est. A.

PSALM LIX.

1. In finem quid sit, nostis: finis enim legis Christus est . . . . nostis tituli inscriptionem: titulus infixus est super crucem domini scriptus, hic est rex Judaeorum: mutántur in huius tituli inscriptionem, qui in regnum Christi transeunt a regno diaboli . . . . quando ergo nos mutaret Christus, nisi fecisset, quod dixit: ignem veni mittere in mundum. si ergo Christus venit mittere in mundum ignem, utique salubriter atque utiliter, non quomodo missurus est mundum in ignem, sed quomodo ignem in mundum? quoniam ergo venit ignem mittere in mundum, quaeramus iam, quid sit Mesopotamia, quae succensa est, quid sit Syria Sobal. interpretationes ergo nominum interrogemus secundum hebraeum eloquium, quo primum haec scriptura locuta est. Mésopotamiam dicunt interpretari elevatam vocationem. iam totus mundus vocatione elevatus est. Syria interpretatur sublimis. sed illa, quae erat sublimis, incensa est et humiliata: et quemadmodum humiliata est, quae fuerat exaltata, sic exaltetur, quae fuerat humiliata. Sobal interpretatur vana vetustas. gratias Christo, qui eam succendit. quando vetera virgulta succenduntur, virecta succedunt; et alacrius et uberius et viridius nova nascuntur, cum ea ignis in vetustorum succensione praecesserit. omnis enim caro foenum, et omnis claritas hominis sicut flos foeni. succendit ergo ista illo igne. et convertit Joab. Joab interpretatur inimicus . . . . interpretatur Edom terrenus. debuit percuti terrenus iste. utquid enim viveret terrenus, qui caelestis debet vivere? . . . cum autem percussisset Edom, percussit duodecim millia in valle salinarum . . . . quare in valle salinarum? vallis humilitas est: salinae saporem significant . . . . bonum est ergo, sapienter humiliari. A.

2. destruxisti nos, ut aedificares nos. destruxisti nos male aedificatos, destruxisti vanam vetustatem, ut sit aedificatio in novum hominem, aedificatio mansura in aeternum. A.

3. sed ira tua in vetustatem nostram fuit, ut destrueretur vetustas. A.

4. sed misertus es nostri propter novitatem, propter eos, qui immutantur in tituli inscriptionem: quia et si exterior homo noster corumpitur, sed interior renovatur de die in diem. A.

5. quomodo conturbata est terra? conscientia peccatorum. A.

8. ostendisti plebi tuae dura: in quibus? in persecutionibus, quas pertulit ecclesia Christi. A.

10. per tribulationes, inquit, temporales, significasti tuis fugere ab ira ignis sempiterni. A.

11. arcum, per quem in iudicio domini omnis percutitur

indevotus. C. — et videte, quid sit in arcu: nonne sagitta in priora mittenda est? nervus tamen retro tenditur in contrarium, qua illa mittenda est. et quanto plus ierit eius extensio retrorsum, tanto maiore impetu illa currit in priora. quid est, quod dixi? quanto magis differtur iudicium, tanto maiore impetu venturum est. A.

13. salvum me fac dextera tua, ut et si in tempore isto tribulationes aliquas patiar, transacta nocte omnium tribulationum ad dexteram inveniar inter oves. A.

14. poterat supplicare, ut salvus fieret et in hoc saeculo, sicut in languoribus petitur, sicut in tribulationibus postulatur: sed dextera domini salvum se fieri deprecatur, ubi aeterna salus est et sine fine laetitia. C.

15. quid times, ne non fiat, quod deus locutus est? deus locutus est in sancto suo. in quo sancto suo? deus erat in Christo mundum reconcilians sibi. A.

17. Sichima humeri interpretantur. secundum historiam vero Jacob rediens a Laban, socero suo, cum omnibus suis abscondit idola in Sichima, quae habebat de Syria, ubi diu peregrinatus tandem aliquando inde veniebat . . . . quid est hoc, dividam Sichimam? si ad historiam, ubi abscondita sunt idola referatur, gentes significat . . . . quomodo dividit humeros secundum nominis interpretationem? dividuntur humeri, ut alios gravent peccata sua, alii tollant sarcinam Christi. A. — Sichima interpretatur humeri; et quoniam ad onus portandum divinum humeri decenter aptantur, hic dixit: dividam Sichimam, id est, onus devotionis divinae, quod unicuique caelesti distributione conceditur. C.

18. forte propter oves Jacob, convallis tabernaculorum intellegitur gens Judaeorum, et ipsa dividitur: nam transierunt inde qui crediderunt, foris reliqui remanserunt. A. — de iudaica collectione habebo non minimam portionem. constat enim de variis nationibus ecclesiam domini quasi ex diversis floribus in una coronae specie esse formatam. C.

19. interpretatur enim acervus testimonii. quantus acervus testimonii in martyribus? meus est Galaad, meus est acervus testimonii, mei sunt martyres veri. A.

20. et meus est Manasses, quod interpretatur oblitus. A. — Manasses interpretatur oblitus. inter illas enim persecutiones fidelium magnum opprobrium videbatur ecclesia sustinere, quando quicunque christianus inventus fuisset, praecepto principum paganorum capitali crimine damnabatur. hoc ergo opprobrium iam probatur abolitum, et felici oblivione consumtum. C.

21. Ephraem fructificatio interpretatur . . . . et unde fructificatio fortitudo eius? quia nisi granum caderet in terram,

non multiplicaretur, solum remaneret. cecidit ergo in terram Christus in passione, et secuta est fructificatio in resurrectione. A. — sicut in evangelio dominus dicit: nisi granum tritici cadens in terram mortuum fuerit, ipsum solum manet, si autem mortuum fuerit, multum fructum affert. C.

22. Juda Christus significatur, qui secundum carnem de Judae stirpe descendit. iste ergo populus a tituli illa inscriptione non discrepat, qui regem sibi Judam, id est, salvatorem esse testatur. C.

23. Moab intellegitur in gentibus. nata est enim ista gens de peccato, nata est ista gens de filiabus Lot, quae cum patre inebriato concubuerunt, male utentes patre .... proinde male illae utentes patre, hoc est, male utentes lege, generaverunt Moabitas, per quos significantur opera mala. inde tribulatio ecclesiae, inde olla ebulliens .... nescis Judaeos male utendo lege Christum occidisse? ergo et spera, et qua praecessit rex tuus, sequere. dic Juda rex meus. et ex eo, quia Juda rex meus, Moab quid factus est? olla spei meae, non consumtionis meae. A.

24. extendam calceamentum meum usque in Idumaeam, usque ad eos ipsos, qui terrenam vitam degunt (quoniam Idumaea interpretatur terrena), usque ad ipsos, usque in Idumaeam extendam calceamentum meum. cuius rei calceamentum, nisi evangelii? quam speciosi pedes eorum, qui annuntiant pacem, qui annuntiant bona? et calceati pedes in praeparationem evangelii pacis. A.

25. Allophyli qui sunt? alienigenae non pertinentes ad genus meum. subditi sunt, quia multi adorant Christum, et non sunt regnaturi cum Christo. A.

26. cirumstantiae enim civitas gentium circumfusio est, quae circumfusio gentium in medio habebat unam gentem Judaeorum, colentem unum deum .... quis deducet me in civitatem circumstantiae? quis nisi deus? hoc vult dicere, quomodo deducet per illas nubes, de quibus dictum est: vox tonitrui tui in rota. A.

27. quis deducet me usque in Idumaeam? id est, ut regnem etiam terrenis, ut me venerentur etiam, qui de me non sunt, qui de me nolunt proficere. A.

28. repulit enim dominus a religione perversa, quem dignatur perducere ad dogmata christiana: sicut et in primo versu huius psalmi dictum est. C.

29. non contra eos apparebis, non ostendes potentiam tuam, qualem ostendisti in David, in Moyse, in Jesu Nave, quando eorum fortitudini gentes cesserunt, et strage facta magnaque reddita vastitate, in terram, quam promisisti, plebem tuam induxisti. hoc tunc non facies, non egredieris deus in

virtutibus nostris, sed intus operaberis . . . . si enim bellare vellet ecclesia et gladio uti, videretur pro vita praesenti pugnare: quia vero contemnebat vitam praesentem, ideo factus est acervus testimonii de vita futura. A.

30. venit ad consolatoriam orationem, ut de tribulatione mundi istius, quam iugiter sustinebat, domini proveniret auxilium: sciens tanto unumquemque illic consolandum, quanto hic pro eius nomine fuerit vehementer afflictus. C.

31. da nobis auxilium interius . . . . quod ideo dico, quia vana et inutilis est salus hominis exterius. B.

33. denique factum est hoc de inimicis nostris . . . . ubi sunt modo inimici martyrum, nisi forte quia modo eos ebriosi calicibus persequuntur, quos tunc furiosi lapidibus persequebantur. A.

PSALM LX.

1. In finem, utique in Christum. finis enim legis Christus est ad iustitiam omni credenti. et ipsi David, non alium quam ipsum accipere debemus, qui venit ex semine David, ut esset homo inter homines. A.

2. fidelis populus, qui tamen membra sunt domini, sancta caritate succensus petit. C.

3. non clamat a finibus terrae, nisi hereditas illa, de qua dictum est ipsi filio: postula a me, et dabo tibi gentes hereditatem tuam, et possessionem tuam terminos terrae. haec ergo Christi possessio. A. — a finibus terrae, id est, ab universo orbe terrarum, in quo est omnipotentis domini ecclesia constituta. C.

4. namque vita nostra in hac peregrinatione non potest esse sine tentatione. A.

6. deducit tamquam dux A. — deduxisti me, in illam scilicet futuram requiem, quam beatis suis dominus pollicetur. C.

7. hic est mihi turris fortitudinis; quo cum confugero, non solum vitabo tela inimici, sed etiam in illum, quae voluero, securus ipse iaculabor. ipse enim Christus est turris. A.

8. hic tamen, fratres, quia non modico tempore futura erat ecclesia in hac terra, sed hic erit ecclesia usque in finem saeculi . . . . non vincetur ecclesia, non eradicabitur, nec cedet quibuslibet tentationibus, donec veniat huius saeculi finis, et nos ab ista temporali aeterna illa habitatio suscipiat, ad quam nos deducet, qui factus est spes mostra. A.

9. ecce quare securi sumus inter tantas tentationes, donec veniat finis saeculi, et suscipiant nos saecula aeterna: quia cooperimur in velamento alarum ipsius. A.

10. quam? a qua coepit: exaudi deus deprecationem meam. A.

11. hereditatem significat futuri saeculi regnum, quod beatis famulis pollicetur. C.

12. hic ergo rex, cuius membra sumus. rex Christus est, caput nostrum, rex noster .... quomodo anni, sic dies, sic unus dies: quidquid vis, dicis de aeternitate. A.

13. generationis huius et generationis futurae. A.

14. dicit enim: permanebit in aeternum in conspectu dei: quod de populo fideli magis congruenter advertitur. C.

15. quid est ei? sufficeret, quis requiret. quare addidit, ei, nisi quia multi quaerunt misericordiam eius et veritatem discere in libris eius. et cum didicerint, sibi vivunt, non illi, sua quaerunt, non quae Jesu Christi; praedicant misericordiam et veritatem, et non faciunt misericordiam et veritatem. A. — quare enim quaeratur misericordia, ubi nullus est miser? quare veritas, ubi cuncti deum videbunt? C.

PSALM LXI.

1. Latine dicitur Idithun transiliens eos. A.

3. ab ipso enim salutare meum, id est, unigenitus filius .... ab ipso enim cum dicitur, filius significatur. C.

6. quo usque apponitis super hominem? insultando, opprobria iaciendo, insidiando, persequendo apponitis super hominem onera. A.

7. ad persecutores christianorum verba convertit. dicit enim: quamdiu agmine facto supra homines innocentes irruitis? non vos revocat timor divinus, ut inde magis saeviatis, quia culturas daemonum contemtas esse cognoscitis. C.

8. tamquam parieti inclinato: qui etsi non impellatur, occumbit .... versus respicit ad paganos. C.

9. superior versus respicit ad paganos, iste autem ad Judaeos et fictos pertinet christianos. duobus enim modis laborat ecclesia, sive quando eam gentilis error insequitur, sive quando haeretici prava contentione dilacerant. honor erat sancti viri catholica et fidelis ecclesia, Christus ipse .... hunc infideles repellere cogitabant, quando, ne puro corde coleretur, sacrilegis dogmatibus obviabant. C.

10. retribuebant enim mala pro bonis. illi interficiebant, illi retribuebant: ego eos sitiebam: illi honorem meum cogitaverunt repellere, ego eos in corpus meum sitiebam traiicere. A.

14. quoniam ipse est deus meus, ergo vocat me. A.

15. et salutaris meus, ergo iustificat me. A.

16. et susceptor meus, ergo glorificat me. hic enim vocor et iustificor, ibi autem glorificor. A.

17. et inde, ubi glorificor, non emigrabo. neque enim in peregrinatione mea remanebo: est hic unde emigrem, sed veniam, unde non emigrabo. nam inquilinus ego sum apud te in terra, sicut omnes patres mei. ergo ab inquilinatu migrabo, de domo caelesti non emigrabo. A.

18. salvus ero in deo, gloriosus ero in deo: non enim tantum salvus, sed et gloriosus . . . donce veniam ad illam glorificationem, ubi iusti fulgebunt in regno patris sui tamquam sol. A.

19. interim nunc inter tentationes, inter iniquitates, inter scandala, inter apertas oppugnationes et subdolas locutiones, inter eos, qui ore suo benedicunt, et corde suo maledicunt, inter eos, qui honorem meum cogitant repellere, quid hic? deus auxilii mei. A.

20. spes, quamdiu nondum est, quod promissum est, et creditur, quod nondum videtur, cum autem venerit, erit salvatio et glorificatio. A.

22. effundite coram illo corda vestra deprecando, confitendo, sperando . . . . non perit, quod effunditis. A.

23. numquid fortiores illo sunt? A.

25. quod homines, sibi placentes, iusti atque immobiles videri volunt, cum sint deceptrici mutabilitate fallaces. C.

27. vos, qui non vultis accedere et transilire, nolite sperare super iniquitatem. ego enim qui transilivi, spes mea in deo. et numquid iniquitas est apud deum? A.

28. dictum est hoc pauperi, fortassis aliquid de necessitate rapturo. A.

30. non damnat largas divitias, quibus dispensatio modificata praestatur; nam si cor eis non apponitur, ut in ipsis singularis felicitas iudicetur, profecto necessariae sunt. C.

33. ista sunt duo, potestas et misericordia? ista plane. intellegite potestatem dei, intellegite misericordiam dei. his duobus continentur prope omnes scripturae. A.

34. pertinet ergo ad eius potestatem damnare iniquos . . . . hunc humiliat, et hunc exaltat: hunc humiliat potestate, illum exaltat misericordia. A.

PSALM LXII.

1. Quapropter ecclesiae, quae in hoc psalmo locutura est, merito proposita sunt verba, quae significant dominum salvatorem, haec igitur in deserto Idumaeae habitat, id est, in huius saeculi ariditate, ubi sitit, ubi desiderat. ubi misericordiam domini expetit ambitienter, donec ad illam aeternam gloriam venire mereatur. C.

2. ad ipsum vigilatur, quoties in mundi ambitione dormitur. nam illa sic consequimur, si ista deserere festinemus. bene autem adiecit, diluculo, quando tempus dominicae resurrectionis eluxit. C.

3. sitit ergo anima fidelium deum, quando mandata eius et virtutes eximias concupiscit, quando ipsum desiderat videre, a quo bonorum omnia fluenta constat emanare. C.

4. sed iterum innumerabilia sunt, quae caro sibi a deo cognoscitur postulare. utraque enim indigent salvari: sed caro plus eget cibo, potu, vestitu, vehiculo, somno, temperie humorum, salubritate aeris sumtu caeterisque, quibus anima non indiget. C. — modo ergo sitiat anima nostra: unde et caro nostra sitit, et hoc multipliciter? multipliciter tibi, inquit, et caro mea. quia et carni nostrae promittitur resurrectio. A.

5. saeculum istud diximus, ipsa est Idumaea, hoc est desertum Idumaeae, unde titulum psalmus accepit . . . . malum desertum horribile et timendum: et tamen deus misertus est nostri, et fecit nobis viam in deserto, ipsum dominum nostrum Jesum Christum. et fecit nobis consolationem in deserto, mittendo ad nos praedicatores verbi sui, et dedit nobis aquam in deserto, implens spiritu sancto praedicatores suos, ut fieret in eis fons aquae salientis in vitam aeternam. A.

6. ergo multi nescio quid minimum putant apparuisse in terra filium dei; quia non sunt in sancto, non eis apparet potentia ipsius, et gloria ipsius: id est, quia nondum sanctificatum habent cor, unde intellegant eminentiam virtutis illius, et gratias agant deo, quia propter ipsos tantus quo venit, ad quam nativitatem, ad quam passionem, non possunt videre gloriam ipsius et potentiam ipsius. A. — tunc apparuisse se dicit ecclesia in sancto fidelique proposito, quando Christum verum deum esse cognovit. C.

7. multae sunt vitae humanae. sed deus unam vitam promittit: et non illam dat nobis quasi propter merita nostra, sed propter misericordiam suam . . . . misericordia ipsius melior super vitas. quas vitas? quas sibi homines elegerunt. alius elegit sibi vitam negotiandi, alius vitam rusticandi, alius vitam foenerandi, alius vitam militandi, alius illam, alius illam . . . . unam vitam donas, quae proponatur omnibus nostris, quascumque in mundo eligere potuerimus. A.

8. non te laudarent labia mea, nisi me praecederet misericordia tua. dono tuo te laudo, per misericordiam tuam te laudo. A.

10. levemus et nos manus nostras ad deum in prece: et non confundentur manus nostrae levatae ad deum, si exer-

ceantur in bonis operibus .... in nomine tuo levabo manus meas. istae preces nostrae sunt in hac Idumaea, in hoc deserto, in terra sine aqua et sine via. A.

11. est quaedam saturitas pinguis sapientiae .... pinguis anima unde esset pinguis, nisi a domino saturaretur? et tamen quantumlibet hic sit pinguis, quid erit in illo futuro saeculo, quo nos pascet deus? A.

12. in hac eremo, in nomine tuo levabo manus meas: impleatur anima mea tamquam adipe et pinguedine: et labia mea exsultationis laudabunt nomen tuum. modo enim oratio, quamdiu sitis; cum sitis transierit, transit oratio et succedit laudatio. A.

13. ostendit se recordationem domini semper habuisse, nec in rebus prosperis oblitam fuisse (i. e. ecclesiam), quando solent humana corda collata beneficia in memoria non habere. C.

14. si me non protegas, quia pullus sum, milvus me rapiet. A.

15. caritatem habe, quo glutine adglutinetur anima tua post deum. non cum deo, sed post deum, ut ille praecedat, tu sequaris. qui enim voluerit deum antecedere, consilio suo vult vivere, et non vult sequi praecepta dei. propterea et Petrus repulsus est, quando voluit consilium dare Christo passuro pro nobis. adhuc enim infirmus erat Petrus, et quanta utilitas esset generis humani in sanguine Christi, non noverat: dominus autem, qui venerat redimere nos, et dare pretium pro nobis sanguinem suum, coepit praedicare passionem suam. expavit Petrus quasi moriturum dominum, quem volebat hic semper vivere, quomodo illum videbat; quia carnalibus oculis deditus, carnali affectu circa dominum tenebatur; et ait illi: absit a te, domine, propitius esto tibi. et dominus: redi post me, satanas, non enim sapis, quae dei sunt, sed quae sunt hominum. A.

16. dextera patris Christus est dominus, qui suscepit ecclesiam alarum suarum velamine protegendam. C.

17. utinam quaererent animam meam, ut crederent mecum: sed quaesierunt animam meam, ut perderent me .... maxime hoc tamen accipiamus de Judaeis, qui quaesierunt animam Christi perdere, et in ipso capite nostro, quod crucifixerunt, et in discipulis eius, quos postea persecuti sunt. A.

18. terram perdere noluerunt, ut crucifigerent Christum: in inferiora terrae ierunt. quae sunt inferiora terrae? terrenae cupiditates .... illi ergo timentes terram perdere, quid dixerunt de domino Jesu Christo, cum viderent multas turbas ire post illum, quia mirabilia faciebat? si illum dimiserimus vivum, venient Romani, et tollent nobis et locum et

gentem. timuerunt perdere terram et ierunt sub terram: accidit eis et quod timuerunt. nam ideo voluerunt Christum occidere, ne terram perderent, et ideo terram perdiderunt, quia Christum occiderunt. A.

20. vulpes dicit reges saeculi, qui tunc fuerunt, quando debellata est Judaea. audite et noveritis et intellegatis, quia ipsos dicit vulpes. Herodem regem ipse dominus vulpem appellavit. A. — tradita est in manus gladii gens Judaea, quando eam principes Romanorum Vespasianus et Titus caede incendioque vastaverunt .... sive partes vulpium erunt, illud significat, quando in illa Jerosolymitana vastatione cadavera Judaeorum escae fuerunt vulpium ferarumque reliquarum. C.

21. rex vero, id est, verus rex, cui titulus inscriptus est, quando passus est .... illi facti sunt partes vulpium: rex vero laetabitur in deo. quem sibi visi sunt quasi superasse, cum crucifigerent, tunc crucifixus fudit pretium, quo emit orbem terrarum. A. — in domino, id est, in patre. C.

22. quis iurat in eo? qui pollicetur ei vitam suam, qui vovet illi et reddit, qui fit christianus. A.

23. quanta iniqua locuti sunt Judaei? quanta mala dixerunt non solum Judaei, sed et omnes, qui propter idola christianos persecuti sunt .... vicit leo de tribu Juda, et siluerunt vulpes. A.

PSALM LXIII.

1. Novit autem sanctitas vestra, caput nostrum esse dominum nostrum Jesum Christum, omnesque illi cohaerentes membra esse illius capitis, eiusque vocem iam habetis notissimam, quoniam non ex solo capite, sed etiam ex corpore loquitur. A.

2. hoc orabat, ut eruerentur ab inimicis, et non eos possent occidere inimici .... alii timentes consentiebant et vivebant, et tamen ipsi ab inimicis absorbebantur. occisi eruebantur, viventes absorbebantur. A.

3. iam ipsum caput nostrum intueamur. A. — dum illi eum crederent communiter mori, resurrectionis eius gloria probantur esse confusi. protectus est denique virtute divinitatis suae: quia filius erat hominis, et idem filius dei in duabus naturis una sine aliqua dubitatione persona: habens in potestate ponendi animam suam et iterum sumendi eam. C.

4. unde occidistis? gladio linguae; acuistis enim linguas vestras. et quando percussistis, nisi quando clamastis: crucifige crucifige? A.

5. arcum dicit insidias .... quod dixit, intenderunt

arcum, hoc est, in abscondito, quasi fallentes insidiis. nostis enim quibus dolis id egerint, quemadmodum discipulum ei cohaerentem pecunia corruperint, ut sibi traderetur. A.

6. agnus quippe immaculatus, totus immaculatus, semper immaculatus. A.

7. repente, id est, insidiose, quasi inopinate, quasi non praevise. similis enim nescienti erat inter ipsos dominus ignorantes quid nesciret, et quid sciret; immo ignorantes eum nihil nescire et omnia scire, et ad hoc venisse, ut illi facerent, quod se potestate facere arbitrabantur. A.

8. traditus est ille iudici, trepidat iudex, et non trepidant qui iudici tradiderunt . . . . quanta egit Pilatus, quanta, ut refrenarentur? quae dixit? quid egit? sed firmaverunt sibi sermonem malignum: crucifige, crucifige . . . . non invenio aliquid in isto homine, ait iudex, quo dignus sit morte. et illi, qui firmaverunt sermonem malignum, dixerunt: sanguis eius super nos et super filios nostros. A. — verbum malum firmaverunt sibi, quando dixerunt, reus est mortis. C.

9. numquid et deus nescit? o cor humanum, quare tibi dixisti, quis videt me, cum ille videat, qui te fecit? A.

10. defecerunt scrutantes scrutationes: id est, acerba et acuta consilia. non tradatur per nos, sed per discipulum suum, non occidatur a nobis, sed a iudice, totum nos faciamus, et nihil fecisse videamur. et ubi est clamor linguae, crucifige, crucifige? si caeci estis, ut et surdi sitis. simulata innocentia non est innocentia, simulata aequitas non est aequitas, sed duplex iniquitas . . . . quanto acutius sibi excogitare videbantur, tanto magis deficiebant. A.

11. accessit homo et cor altum, id est, cor secretum, obiiciens adspectibus humanis hominem, servans intus deum . . . . occiditur homo, et exaltatur deus. quod enim occisus est, ex infirmitate humana fuit: quod resurrexit et adscendit, ex potestate divina. accedet homo et cor altum, cor secretum, cor abditum: non ostendens, quid nosset, non ostendens, quid esset. illi putantes, hoc totum esse, quod videbatur, occidunt hominem in corde alto, et exaltatur deus in corde divino: potentia enim maiestatis suae exaltatus est. A.

12. nostis, quemadmodum sibi faciunt de canniciis sagittas infantes. quid feriunt aut unde feriunt? quae manus, aut quod telum? quae arma aut quae membra? A.

13. ecce resurrexit dominus, qui occisus erat. transibant ante crucem vel stabant, et intuebantur illum, sicut tanto ante psalmus praedixerat: foderunt manus meas et pedes meos, dinumeraverunt omnia ossa mea, ipsi vero consideraverunt et adspexerunt me. tunc caput agitabant, dicentes: si filius dei est, descendat de cruce . . . . sed ava-

ritia illa, quae captitavit discipulum comitem Christi, captitavit et militem custodem sepulcri. damus, inquiunt, vobis pecuniam, et dicite, quia vobis dormientibus venerunt discipuli eius et abstulerunt eum. vere defecerunt scrutantes scrutationes. A. — et viderunt postea resurgentem de sepulcro, quem de crucis descendere non credebant posse patibulo. ubi est, Judaei, infidelitas vestra? adhuc de vivo dicebatis: si rex Israel est, descendat de cruce? vos ipsos consulo, vos ipsos iudicium peto; quanto mirabilius est mortuum posse resurgere, quam adhuc vivum de cruce velle descendere. C.

14. exaltato deo, ut dixi, praedicato Christo, visi sunt Judaei, a quibusdam Judaeis visi sunt deficientes in scrutationibus suis. videbant enim illi in nomine crucifixi et occisi manibus suis fieri tanta miracula .... in omnibus suis malis perscrutationibus consiliorum ubique defecerunt .... namque annuntiantes istos apostolos opera dei, exhibuerunt sibi principes sacerdotum et comminati sunt, dicentes, ne in nomine Jesu praedicarent. A.

15. illi, qui non timuerunt, pecora potius nominandi sunt, bestiae potius immanes et truces. A. — conturbati sunt enim ex illis quidam credentes, quando ad apostolos venerunt et dixerunt: quid faciemus viri fratres? a quibus salutaria monita percipientes per sanctum baptisma dilui meruerunt a damnatione perpetua (vgl. Act. 2, 37). C.

16. opera dei, scilicet gloriam resurrectionis agnitionem in confractione panis, adscensionem in caelis. C.

17. et facta eius intellexerunt, utique intellexerunt esse divina. C.

18. iam quia dominus resurrexit, iam quia adscendit in caelum .... laetabitur iustus in domino. A.

20. patere ergo quidquid pateris recto corde: novit deus, quid tibi donet, quid tibi subtrahat. A.

PSALM LXIV.

1. Talis nobis sit ordo verborum: in finem, psalmus David, canticum de populo transmigrationis, per prophetiam Jeremiae et Ezechiel, cum inciperent proficisci. C.

2. prophetavit autem Jeremias sanctus, post septuaginta annos rediturum populum de captivitate .... factum est completis septuaginta annis, restitutum est templum, quod deiectum erat, et regressa est de captivitate magna pars illius populi. sed quoniam dicit apostolus, haec in figura contingebant illis, scripta sunt autem propter nos, in quos finis saeculorum obvenit: debemus et nos nosse prius capti-

vitatem nostram, deinde liberationem nostram; debemus nosse Babyloniam, in qua captivi sumus, et Jerusalem, ad cuius reditum suspiramus . . . . duas istas civitates faciunt duo amores: Jerusalem facit amor dei, Babyloniam facit amor saeculi. interroget ergo se quisque quid amet, et inveniet, unde sit civis: et si se invenerit civem Babyloniae, exstirpet cupiditatem, plantet caritatem . . . . sub hac ergo figura cantatur hic psalmus. A.

3. Sion speculatio . . . . sed ubi? in Sion; in Babylonia non decet . . . . contra tentationes huius peregrinationis nostrae spes nostra fundata in illa civitate Jerusalem facit nos non abripi in saxa. qui ergo secundum hanc spem cantat, ibi cantat. A.

4. ibi enim erimus toti, id est, integri in resurrectione iustorum: ibi reddetur votum totum nostrum, non sola anima, sed ipsa etiam caro iam non curruptibilis, quia iam non in Babylonia, sed iam corpus caeleste immutatum . . . . reddam votum meum. quod votum? quasi holocaustum. holocaustum enim tunc dicitur, quando totum ignis absumit . . . . holocaustum, totum incensum. arripiat ergo nos ignis, ignis divinus in Jerusalem: incipiamus ardere caritate, donec totum mortale consumatur. A.

5. omnis caro dixit, omnis generis caro: ex omni genere carnis venietur ad te. quid est, ex omni genere carnis? numquid venerunt pauperes, et non venerunt divites? numquid venerunt humiles, et non venerunt sublimes? numquid venerunt indocti et non venerunt docti? numquid venerunt viri et non venerunt feminae? . . . postremo numquid venerunt Judaei et non venerunt Graeci, aut venerunt Graeci et non venerunt Romani et non venerunt barbari? et quis numeret omnes gentes venientes ad eum? A.

6. quid faceret puer natus inter paganos, ut non coleret lapidem, quando illum cultum insinuaverunt parentes . . . . sermones iniquorum praevaluerunt super nos; duxerant nos praedicatores Jovis et Saturni et Mercurii. A.

7. propitiaberis impietates nostras non dicitur nisi cuidam sacerdoti offerenti aliquid, unde impietas expietur et propitietur . . . . exstitit ergo a deo domino missus quidam sacerdos noster . . . . hoc holocaustum obtulit deo. extendit manus in cruce, ut diceret: dirigatur oratio mea sicut incensum in conspectu tuo, elevatio manuum mearum sacrificium vespertinum. sicut nostis, quia dominus circa vesperam pependit in cruce. A.

9. ipse Christus assumsit quendam beatum . . . . unum enim assumit, quia unitatem assumit, schismata non assumit . . . itaque unus vir assumitur, cui caput est Christus, quia

caput viri Christus est .... uno spiritu omnes vivimus, unam patriam omnes desideramus .... in illo simus et assumemur, in illo simus et electi erimus. A.

10. de quibus dicit apostolus: quod oculus non vidit nec auris audivit, nec in cor hominis adscendit, quae praeparavit deus his, qui diligunt eum. C.

11. ista sunt bona domus dei, his te para satiari .... et ipsum templum, fratres, nolite praeter vos cogitare. amate iustitiam, et vos estis templum dei. A.

13. mare enim in figura dicitur saeculum hoc .... intra ipsa retia, fratres, bene vivamus, non retia rumpentes foras exeamus .... eia, cives Jerusalem, qui intra retia estis, et pisces boni estis, tolerate malos, retia nolite rumpere. A.

14. non in fortitudine illorum. praeparavit enim magnos praedicatores, et ipsos appellavit montes. A.

15. accinctus potentia, id est, indutus maiestate sua .... hos dominus praeparavit in virtute sua, quia per eos fecit magna miracula. C. — Christum qui in medio ponunt, circumcinctum faciunt .... habemus illum omnes communiter, ideo in medio est. A.

16. turbavit enim apostolis praedicantibus non solum superficiem maris, sed fundum maris, id est, gentilium corda demersa profundius. C. — fundum maris est cor impiorum .... quidquid processit per linguam, per manus per potestates diversas ad persecutionem ecclesiae, de fundo processit. A.

17. nos ipsi per nosmetipsos sufferre illas persecutiones non possemus, nisi ille daret fortitudinem. A. — nam dono domini suffragante martyres eorum violentiam superare potuerunt. C.

18. turbabuntur gentes, primo turbabuntur. A.

19. miracula enim fecerunt apostoli, et inde omnes fines terrae timuerunt et crediderunt. A.

20. delectabis, id est, delectabiles facis .... mane significat prosperitatem saeculi, vespere significat tribulationem saeculi .... in utroque enim tentatur anima humana, et prosperitate, ne corrumpatur, et adversitate, ne frangatur .... quomodo contemsisti mane saeculi ex luce domini, sic contemne et vesperam ex passionibus domini. A.

21. terram hic genus humanum debemus accipere. C. — misisti nubes tuas, pluerunt praedicationem veritatis, inebriata est terra .... unde multiplicasti eam ditare? A.

22. quis est fluvius dei? populus dei .... impleti sunt spiritu sancto. A.

23. cibus ille non dentibus manditur, sed animae aviditate devoratur. C. — merita illorum mala erant, sed tu

propter misericordiam tuam, quia ita est praeparatio tua, ita parasti cibum illorum. A.

24. duritia pectoris nostri aperiatur vomere sermonis dei. A. — inebria, id est, abundare facias donis spiritus sancti. H.

25. ex credentibus alii credunt, et ex illis alii credunt, et non sufficit uni homini, ut factus ipse fidelis unum lucretur. A. — unde catholica semper crescat ecclesia. C.

26. parvulis enim adhuc et infirmis stillantur quaedam de sacramentis, quia non possunt capere plenitudinem veritatis. A.

27. coronam ubi audis, gloria victoriae significatur. vince diabolum. et habebis coronam . . . . commendat benignitatem dei, ne quisquam de suis meritis glorietur. A.

28. campos dicit fideles homines atque iustos . . . . tales enim ubertate replentur: quia fructum tricenarium et sexagenarium vel centenarium domino largiente praestabunt. C.

29. fines deserti omnes gentes. quare fines deserti? deserti erant, nullus ad eos propheta missus erat . . . . ventum est ad dominum, crediderunt frumenta in ipso populo Judaeorum. A.

30. exsultatione accingentur, quia praestante domino perveniunt ad aeternum gaudium. C.

31. subaudiendum exsultatione . . . . arietes ergo apostoli induti sunt exsultatione, gaudent de fructibus suis, non sine causa laboraverunt, non sine causa praedicaverunt. A.

32. et convalles abundabunt frumento: et humiles populi multum fructum afferent. A.

33. quid clamabunt? etenim hymnum dicent. A.

PSALM LXV.

1. Tenebant ergo Judaei spem resurrectionis mortuorum, et solos se ad beatam vitam resurrecturos sperabant . . . . crucifixus est Christus, caecitas ex parte Israel facta est, ut plenitudo gentium intraret, hoc apostolo dicente. coepit etiam gentibus promitti resurrectio mortuorum. A.

2. iubilate deo. qui? A.

3. non ergo sola Judaea . . . . nemo iubilet in parte, nemo, inquam, iubilet in parte: omnis terra iubilet, catholica iubilet. catholica totum tenet: quicunque partem tenet, et a toto praecisus est, ululare vult, non iubilare. A.

4. psallite etiam, quod homines et videant et audiant, sed non nomini vestro. A.

5. audi ipsum dominum nostrum hoc idem dicentem;

ego, inquit, veni, ut qui non vident, videant, et qui vident, caeci fiant. A.

6. sed in hac virtute mentiebantur inimici eius, quando dicebant: haec signa in Beelzebuth facit. C.

7. remaneant Judaei in mendaciis suis: tibi, quia in multitudine potentiae tuae mentiti sunt, fiat quod sequitur: omnis terra adoret te. A.

8. o gentes, o ultimae nationes, relinquite Judaeos mentientes, venite confitentes. A.

9. vere terribilis. ecce caecitas ex parte Israel facta est, ecce Judaei, ex quibus natus est Christus, foris sunt, ecce gentes, qui contra Judaeam erant, in Christo intus sunt. A.

10. mare erat mundus, amarus salsitate, turbulentus tempestate . . . . certe in aridam conversum est mare, modo sitit aquam dulcem mundus. A.

11. quid est flumen? flumen est omnis mortalitas saeculi . . . . quid est, pede transire? facile transire. non quaerit equum, ut transeat, non erigitur superbia ad transeundum flumen: humilis transit, et tutius transit . . . . hunc fluvium mortalitatis, ne mortalium rerum concupiscentia subvertat et rapiat, facile transit, qui humiliter, id est, pede transit, duce illo, qui prior transiit, qui de torrente in via usque ad mortem bibit, propterea exaltavit caput. A.

12. in quo? A.

13. eius participes efficiamur, in cuius virtute nos erimus fortes, ille autem in sua. A.

14. quia multum se extulerunt Judaei de virtute sua praesumentes . . . . quidam eorum crediderunt: sed non sufficit Christo, multum est, quod dedit, magnum pretium dedit, non pro solis Judaeis debuit valere, quod dedit. A.

15. immo exaltentur, sed non in seipsis. humilientur in seipsis, exaltentur in Christo. A.

16. ne vos ipsos laudetis, sed ipsum laudetis. A.

17. qui posuit animam meam in vitam: ergo in morte erat. A.

18. ipse posuit animam in vitam. A.

19. adhibendo nobis ignem non in cinerem convertisti, sed sordes abluisti. A.

20. laqueus, qui non deciperet, sed probaret: qui corpus quidem necteret, sed animae vincula dissolveret. C.

21. sequitur homines, ut intellegeres peccatores. C.

22. ignis et aqua, utrumque periculosum est in hac vita . . . . utrumque metuendum, et ustio tribulationis, et aqua corruptionis. quando sunt res angustae, et aliqua quae infelicitas dicitur in hoc mundo, quasi ignis est: quando sunt

res prosperae, et abundantia saeculi circumfluit, quasi aqua est . . . . firmus esto adversus ignem, coqui te oportet, tamquam vas fictum mitteris in caminum ignis, ut firmetur, quod formatum est. vas ergo iam igne firmatum aquam non timet: vas autem, si solidatum igne non fuerit, tamquam lutum aqua solvetur. A.

23. iam cum transierimus ad illud refrigerium, fratres carissimi, nullum ibi timebimus inimicum, nullum tentatorem, nullum invidum, nullum ignem, nullam aquam: perpetuum ibi refrigerium erit. refrigerium propter quietem dicitur. A.

24. quid est holocaustum? totum incensum, sed igne divino . . . . hoc autem erit in resurrectione iustorum, quando et corruptibile hoc induetur incorruptione . . . . non remanet mortale aliquid in carne, non remanet aliquid culpabile in spiritu: totum ex mortali vita consumetur, ut in aeterna vita consummetur, erunt ergo illa holocausta. A.

25. id est, ut laudes tuas sub perpetuitate decantem.

26. haec est distinctio, ut te accuses, illum laudes . . . . redde vota distincta, confitere te mutabilem, illum incommutabilem, confitere te sine illo nihil esse, ipsum autem sine te perfectum esse, te indigere illo, illum autem tui non indigere. A.

27. quid ibi locutum est os ipsius in tribulatione sua? A.

28. intus teneam caritatem tuam, non erit in superficie, in medullis meis erit, quod diligo te . . . . quisquis ergo in superficie colit deum, magis placere vult hominibus. A.

29, 30. incensum significat orationes, quae ad instar thymiamatis divinis conspectibus offeruntur . . . . arietes vero significant apostolos, qui duces christiano populo piis praedicationibus exstiterunt . . . . boves intelleguntur praedicatores . . . . hirci vero intelleguntur, qui diabolicis pravitatibus studentes hispidis vitiis vestiuntur. C.

30. adiunctione ipsa salvantur hirci, per se non possunt, adiuncti bobus accipiuntur. fecerunt enim amicos de mammona iniquitatis, ut ipsi recipiant eos in aeterna tabernacula (vgl. Luc. 16, 9). A.

32. et hoc ipsum factum dicit animae suae: ut ad ipsum ore suo clamaret, factum esse dicit animae suae. ecce, fratres, gentes eramus, etsi non in nobis, in parentibus nostris . . . . homo ad lapidem clamabam, ad lignum surdum clamabam, simulacris surdis mutis loquebar . . . . quando clamabam ad lapides in vana conversatione paternae traditionis, ore alieno clamabam; quando clamavi ad dominum, quod ipse donavit, quod ipse inspiravit, ad ipsum ore meo clamavi. A.

33. sub lingua dicit, in conscientia: quia cor nostrum sub lingua nostra est, ubi tacita cogitatione laudamus. C.

34. in corde noli respicere, id est, noli diligere, noli acceptare. A.

35. quia non conspexerat iniquitatem in corde suo, propterea se dicit auditum. C.

36. quamdiu ergo hic sumus, hoc rogemus deum, ut non a nobis amoveat deprecationem nostram et misericordiam suam, id est, ut perseveranter oremus et perseveranter misereatur. A.

PSALM LXVI.

2. Bonus est deus, facit illa, qui solem suum facit oriri super bonos et malos, vultum tuum illumina super nos .... geminus intellectus est, uterque dicendus est. illumina, inquit, vultum tuum super nos, ostende nobis vultum tuum .... impressisti nobis vultum tuum, fecisti nos ad imaginem et similitudinem tuam .... sum in tenebris peccatorum, sed radio sapientiae tuae discutiantur tenebrae meae, appareat vultus tuus? A.

4. quid est, viam tuam? quae ducit ad te .... ego sum via, dominus ait, Christus dixit, ego sum via. A.

5. salutare tuum. an forte non est Christus salutare ipsius? A.

6. quid sequitur, quia cognoscitur in terra via dei, quia cognoscitur in omnibus gentibus salutare dei? confiteantur tibi populi .... tuam iniquitatem confitere, gratiam dei confitere; te accusa, illum glorifica, te reprehende, illum lauda. A.

7. et quia ista confessio non ad supplicium ducit, sequitur et dicit: laetentur gentes. A.

8. quid ibi valebit calliditas accusatoris, ubi est testis conscientia? A.

9. tortuosae erant gentes, perversae erant gentes .... venit manus ipsius, extenta est misericorditer in populos, diriguntur, ut ambulent rectam viam. A.

10. directae autem gentes ambulantes in fide, exsultantes in illo, facientes opera bona .... daret terra fructum suum, nisi ante misericordia dei veniret de super? ... audi compluentem dominum: agite poenitentiam, appropinquavit enim regnum caelorum. A.

11. re vera ipse solus colendus deus credatur, quem sancta catholica colit et confitetur ecclesia, hoc est: patrem et filium et spiritum sanctum. C. — benedictio enim in multiplicatione solet maxime et proprie intellegi. A.

12. ergo benedictio proprie ad multiplicationem valet, et ad implendam faciem terrae .... et quo valet ista benedictio? et metuant eum omnes fines terrae. A.

PSALM LXVII.

2. Jam factum est, exsurrexit Christus, qui est super omnia deus benedictus in saecula: et dispersi sunt inimici eius per omnes gentes Judaei. A.

3. timeant a praesentia sanctorum fideliumque eius, de quibus dicit: cum uni ex minimis meis fecistis, mihi fecistis. A.

4. illud intellegi potest, ut futurum iudicium comminetur. A.

5. sic pereant peccatores Judaei a facie dei. B.

6. tunc enim audient: venite benedicti patris mei, percipite regnum. A.

7. deinde se ad ipsos convertit, quibus tantam spem dedit, et hic viventes alloquitur et hortatur .... opera vero bona quoniam ideo videnda sunt ab hominibus, ut glorificent patrem nostrum, qui in caelis est, merito dictum sit, psallite nomini eius. A. — cantat enim deo, qui contemplationem eius puro ac fideli semper animo contuetur. psalmum dicit nomini eius, qui opera efficit, quae ille praecepit. C.

8. iter facite Christo .... quia adscendit super occasum, cum resurgendo vicit corporis casum. A.

9. quod illi si cognovissent, nunquam dominum gloriae crucifixissent. A.

10. et exsultate in conspectu eius. quasi tristes, semper autem gaudentes. A.

15. deus, qui inhabitare facit unius modi in domo: unanimes, unum sentientes .... locus sanctus eius sunt, quos habitare facit unius modi vel unius moris in domo. qui enim τρόποι graece dicuntur, et modi et mores latine interpretari possunt. nec habet Graecus, qui inhabitare facit sed tantum habitare facit. A.

16. solvit enim gravia vincula peccatorum, quibus impediebantur, ne ambularent in via praeceptorum: educit autem eos in fortitudine, quam ante eius gratiam non habebant. A.

17. enumerat adhuc, quos educit vinctos in fortitudine sua. in iram enim provocant dominum blasphemi et pessima se conversatione tractantes. C. — aliud est enim desiderare, aliud oppugnare iustitiam, aliud a malo liberari velle, aliud mala sua defendere potius quam fateri: utrosque tamen gratia Christi educit in fortitudine. A.

18. egressus eius intellegitur, cum apparet in operibus suis. apparet autem non omnibus, sed eis, qui noverunt opera eius intueri. non enim ea nunc opera dico, quae con-

spicua sunt omnibus .... sed opera, quibus educit compeditos in fortitudine, similiter amaricantes, qui habitant in sepulcris, et facit eos unius moris habitare in domo. A.

19. cum ergo transires in deserto, cum praedicareris in gentibus, terra mota est, terreni homines ad fidem excitati sunt. A.

22. et ideo mons Syna, quia et ipse, qui plus omnibus illis laboravit, non ipse autem, sed gratia dei cum illo, ut abundantius distillaret in gentibus, id est, in deserto, ubi Christus non erat annuntiatus, ne super alienum fundamentum aedificaret, ipse, inquam, Israelita erat (vgl. 1. Cor. 15, 10). A.

23. ipsa gratia pluvia voluntaria, quia nullis praecedentibus operum meritis gratis datur. A.

24. agnovit enim non esse se aliquid per se ipsum; non viribus suis, sed gratiae dei tribuendum esse, quod est (vgl. 2. Cor. 12, 9). A.

25. tu vero perfecisti eam: quia virtus in infirmitate perficitur. A.

26. haec habitabunt in ecclesia. C.

27. egens est enim, quoniam infirmatus est, ut perficiatur .... haec est illa suavitas, de qua alibi dicitur: dominus dabit suavitatem, et terra nostra dabit fructum suum: ut bonum opus fiat non timore, sed amore. A.

28. dominus dabit verbum, cibaria scilicet animalibus suis, quae inhabitabunt in ea. sed quid operabuntur haec animalia, quibus dabit verbum? quid nisi quod sequitur: evangelizantibus virtute multa .... fortasse etiam virtutem hic dicat illam, qua evangelizantes mirabilia signa fecerunt. quis ergo dabit verbum evangelizantibus virtute multa? A.

29. dominus dabit verbum evangelizantibus virtute multa, quia ipsa virtus ab eo regitur, eique militat, a quo datur. A.

31. speciosam quippe domum, id est, ecclesiam Christus fecit .... alligavit ergo diabolum Christus spiritalibus vinculis .... spolia sanctificans hosti erepta prostrato atque alligato, divisit ea speciei domus suae, alios constituens apostolos, alios prophetas, alios pastores et doctores in opus ministerii, in aedificationem corporis Christi .... numquid omnes apostoli, numquid omnes prophetae, numquid omnes virtutes, numquid omnes dona habent curationum, numquid omnes linguis loquuntur, numquid omnes interpretantur? A.

32. 33. pennae columbae deargentatae, subaudiatur, eritis, ut iste sit sensus: o vos, qui tamquam spolia speciei domus dividimini, si dormiatis inter medios cleros, pennae columbae deargentatae eritis: id est, in altiora elevabimini,

compagini tamen ecclesiae cohaerentes. nullam quippe aliam melius hic intellegi puto columbam deargentatam, quam illam, de qua dictum est: una est columba mea. deargentata est autem, quia divinis eloquiis est erudita . . . . inter scapulas autem, pars est utique corporis, pars est circa regionem cordis, a posterioribus tamen, id est, a dorso: quam columbae illius deargentatae partem in viriditate auri esse dicit, hoc est, in vigore sapientiae, quem vigorem melius non puto intellegi posse, quam caritatem . . . . utrum propterea ibi est auri viriditas, id est, sapientia et caritas, quia ibi sunt quodam modo radices alarum; an quia ibi portatur sarcina levis? quid enim sunt vel ipsae alae, nisi duo praecepta caritatis, in quibus tota lex pendet et prophetae? quid ipsa sarcina levis, nisi ipsa caritas, quae in his duobus praeceptis impletur? . . . quamquam mihi et alius hic sensus occurrat, nisi fallor, anteponendus, ut cleros multo probabilius ipsas hereditates intellegamus: ut quoniam hereditas veteris testamenti est, quamvis in umbra significativa futuri, terrena felicitas; hereditas vero novi testamenti est aeterna immortalitas. A.

34. super eam, id est, super eandem columbam deargentatam. A.

35. sequitur enim apostolus ac dicit: et ipse dedit quosdam quidem apostolos, quosdam autem prophetas, quosdam vero evangelistas, quosdam autem pastores et doctores. nam quid est aliud reges discernere super eam, nisi in opus ministerii, in aedificationem corporis Christi: quandoquidem ipsa est corpus Christi? dicuntur autem illi reges, utique a regendo: et quid magis, quam carnis concupiscentias, ne regnet peccatum in eorum mortali corpore . . . . quid est, obumbrabit tibi, nisi umbram faciet? unde et isti reges dum gratia spiritus domini Christi discernuntur super columbam deargentatam, nive dealbabuntur in Selmon. Selmon quippe interpretatur umbra . . . . umbra porro ista defensaculum intellegitur ab aestu concupiscentiarum carnalium. A.

36. sed quem montem intellegere debemus montem dei, montem uberem, montem incaseatum, nisi eundem dominum Christum . . . . ipse est mons incaseatus, propter parvulos gratia tamquam lacte nutriendos. A.

37. de patre dictum accipiamus, quoniam ipse ait: pater autem in me manens ipse facit opera sua. ego in patre et pater in me. A.

38. id est, illos montes non comparandos huic monti . . . . ut perducat eos in finem, id est, in seipsum sicut deus est contemplandum. finis enim legis Christus . . . . unde dicit, ego in eis, et tu in me. A.

39, 40. ingentem itaque multitudinem sanctorum atque fidelium, qui portando deum fiunt quodam modo currus dei, significavit hoc nomine. hanc immanendo et regendo perducit in finem. A.

42. etsi sunt quasi tristes, semper tamen gaudentes. A.

43. id est, dominus in illis, in mandato; quod mandatum sanctum est. A.

44. Christo ergo sine dubio dictum est, adscendisti in altum. A.

45. non credentes erant, ut inhabitarent. nam fides eos inde liberavit, ut iam credentes inhabitent in domo dei, facti et ipsi domus dei, et currus dei millium laetantium. A.

46. quotidie quippe hoc agit usque in finem, captivat captivitatem accipiens dona in hominibus.

47. iter quippe cursum vitae significat, qui iam prosper effectus est. C.

48. quid indignaris humana conditio, habere te exitum mortis? et domini tui exitus non alius quam mortis fuit .... patienter ergo etiam ipsam mortem feramus, illius exemplo, qui licet nullo peccato esset debitor mortis, et dominus esset, a quo nemo animam tolleret, sed ipse eam a semetipso poneret, etiam ipsius fuit exitus mortis. A.

49. inimicorum suorum, de quibus ait: resuscita me et reddam illis. A.

50. Basan interpretatur siccitas .... convertam de profundis maris, scilicet populos, quos de mundi istius profundo liberavit. mare enim mundum istum debere suscipi, frequenti lectione iam notum est, qui et gustu amarus est, et vitiorum fluctibus inquietus. C.

51. id est, ut ipsi, qui ad te convertuntur, vel ad quos liberandos converteris, licet in profundo maris onere iniquitatis depressi fuerint, in tantum gratia tua proficiant, ut fiant pes tuus inter membra tua, ad annuntiandum evangelium tuum, et pro nomine tuo diu ducentes martyrium, usque ad sanguinem certent. A.

53. hic versus incarnationem significat domini salvatoris. C. — gressus, quibus venisti per mundum, tamquam in illo curru peragraturus orbem terrarum; quas et nubes in evangelio sanctos et fideles suos significat, ubi ait: a modo videbitis filium hominis venientem in nubibus. A.

54. in quo sancto, nisi in templo suo? A.

55. principes sunt apostoli; ipsi enim praevenerunt, ut populi sequerentur .... coniuncti psallentibus, de quorum bonis operibus etiam visibilibus tamquam organis laudis glorificaretur deus. iidem autem principes in medio adolescentularum tympanistriarum, in ministerio scilicet honorabili:

nam ita sunt in medio ministri praepositi ecclesiarum novarum; hoc enim est adolescentularum: carne edomita deum laudantium; hoc enim est tympanistriarum, eo quod tympana fiant corio siccato et extento. A.

56. ecclesiae sunt tympanistriae, castigata carne spiritaliter sonorae. A.

57. inde quippe prius elegit, quos fontes faceret. nam inde sunt electi apostoli. A. — de fontibus Israel, de doctrina scilicet christiana, quam apostoli gentibus infuderunt. fons enim religionis inde per ceteras nationes emanavit. C.

58. ibi Paulus, novissimus apostolorum, qui dicit: nam et ego Israelita sum ex semine Abraham, tribu Beniamin. sed plane in ecstasi, expavescentibus omnibus tam magnum in eius vocatione miraculum. ecstasis namque est mentis excessus . . . . quia cum ei persecutori dictum esset de caelo: Saule Saule, quid me persequeris, ademto lumine oculorum carnalium, respondebat domino, quem spiritu videbat . . . . potest hic ecstasis etiam illa eius intellegi, de qua ipse loquens ait, scire se hominem raptum usque in tertium caelum. A.

59. Juda confessio interpretari dicitur, Zabulon habitaculum fortitudinis, Nephtalim dilatatio mea. quae omnia verissimos nobis insinuant principes ecclesiarum, dignos ducatu, dignos imitatione, dignos honoribus . . . . quoniam tria haec praecipue commendat apostolus, fidem, spem, caritatem confessio sit in fide, fortitudo in spe, latitudo in caritate. A.

60. unus enim dominus noster Jesus Christus, per quem omnia, et nos in ipso, quem legimus dei virtutem et dei sapientiam . . . . dum adhuc peccatores essemus, Christus pro nobis mortuus est. A.

63. et ferae calami sunt, quoniam scripturarum sensum pro suo errore pervertunt. A.

64. tauros vocans propter superbiam durae indomitaeque cervicis: significat enim haereticos. vaccas autem populorum seductibiles animas intellegendas puto, quia facile sequuntur hos tauros . . . . quod autem ait idem apostolus: oportet et haereses esse, ut probati manifesti fiant in vobis, hoc etiam hic sequitur: ut excludantur ii, qui probati sunt argento, id est, qui probati sunt eloquiis domini. eloquia quippe domini eloquia casta, argentum igne probatum terrae. nam excludantur dictum est, appareant, emineant: quod ait ille, manifesti fiant. unde et in arte argentaria exclusores vocantur, qui de confusione massae noverunt formam vasis exprimere. A.

65. hoc ergo prophetat, ut ipsi potius dispergantur, qui corrigi nolunt, qui gregem Christi dispergere affectant. gentes

autem appellavit, non propter generationes familiarum, sed propter genera sectarum, ubi series successionis confirmat errorem. A.

66. significat enim mundum, qui densis tenebris vitiorum diabolo premebatur obnoxius. C.

67. metaphora a bellantibus tracta, qui ne crudeliter intereant, manus suas victoribus dedunt, ut armis depositis periculum mortis evadant. C.

69. ab oriente vero quod dixit, Jerosolymam evidenter ostendit, quae est in orientis partibus collocata: unde dominus apostolis videntibus adscendit ad caelos. C.

70. vocem virtutis, tamquam iudicaturus. non enim deus occultus, sicut prius, et in hominum iudicio non aperiens os suum, sed deus manifestus veniet, deus noster et non silebit. A. – cum dicet suis: venite benedicti patris mei. alienis vero: discedite maledicti in ignem aeternum. B.

72. quod etiam respicit ad apostolos et prophetas. C. — quibus promisit, quod sedebunt super sedes iudicaturi, qui etiam angelos iudicabunt. hae sunt nubes. A.

73. tunc enim et nomen ipsum verissime ac plenissime implebitur Israel, quod est videns deum. A.

74. ipse ergo dabit virtutem, quam in sua carne praemisit, de qua dicit apostolus: virtutem resurrectionis eius fortitudinem autem, qua inimica destruetur mors. A. — benedictus deus, qui nos a morte in vitam, a corruptione in incorruptionem demutare dignetur. Br.

PSALM LXVIII.

1. Unde autem ista commutatio facta est, nisi ex passione Christi? . . . sed nisi ipse transiret hinc ad patrem, qui propter nos venit, nos transire hinc quomodo possemus? . . . transitus ergo et illius et noster hinc ad patrem, de hoc mundo ad regnum caelorum, de vita mortali ad vitam aeternam, de vita terrena ad vitam caelestem, de vita corruptibili ad incorruptibilem, de tribulationum conversatione ad perpetuam securitatem. A.

2. potuerunt illae turbae, quas aquarum nomine significat, huc usque praevalere, ut occiderent Christum . . . . hanc quippe vitam dixit animam suam, quo usque illi accedere saeviendo potuerunt . . . . unde ergo tamquam aliquid invitus patiatur sic clamat, nisi quia caput membra sua praefigurat? passus est quippe ille, quia voluit . . . . praefigurans ergo et transformans in se nos ipsos hoc ait. A.

3. quid dicit limum? an ipsos, qui persecuti sunt? de limo enim factus est homo. sedisti cadendo a iustitia, limus

profundi facti sunt, quibus persequentibus et ad iniquitatem trahere cupientibus quisquis non consenserit, de limo suo aurum facit. merebitur enim limus ipsius converti in habitudinem caelestem . . . . isti autem cum limus profundi essent, haesi in illis, id est, tenuerunt me, praevaluerunt mihi, occiderunt me. A.

4. omne malum substantia non est: quia substantia dici non potest, quae a domino creata non est . . . . veraciter ergo negat fuisse substantiam vitiatam naturam, quam a se noverat non creatam. C.

5. altitudo maris copiosam populi significat insaniam. item tempestas est seditio concitata dementium; ipsa enim demersit dominum salvatorem, quando eum pervenire fecit ad crucem. C.

6. diu clamavit: vae vobis scribae et pharisaei, diu clamavit: vae mundo ab scandalis. A.

7. non intellegebatur quando dicebant Judaei: quid est quod dicit? durus est hic sermo, quis potest illum audire? . . . ille omnia verba dicebat, sed illis raucae fuerunt fauces eius, qui voces eius non intellegebant. A.

8. defecerunt oculi eius in corpore eius, id est, in membris eius . . . . haec vox corporis est . . . . vide membra eius desperantia: adtende duos illos, quos post resurrectionem invenit in via colloquentes secum . . . . et nos sperabamus, quod ipse erat redemturus Israel. A.

9. quam multiplicati? ut adderent sibi unum ex duodecim . . . . hoc est enim gratis, sine causa. A.

10. quod ergo gratis, hoc est iniuste. A.

11. non peccavi, et poenas dabam . . . . non enim rapinam arbitratus est esse aequalis deo: et tamen semetipsum exinanivit, formam servi accipiens. omnino non rapuit. sed quis rapuit? Adam. quis rapuit primo? ille ipse, qui seduxit Adam. quomodo rapuit diabolus? ponam sedem meam ad aquilonem et ero similis altissimo. usurpavit sibi, quod non acceperat, ecce rapinam. usurpavit sibi diabolus, quod non acceperat, perdidit, quod acceperat . . . . rapere voluerunt divinitatem, perdiderunt felicitatem. A.

12. quae imprudentia in Christo? nonne ipse est dei virtus et dei sapientia? an illam dicit imprudentiam suam, de qua dicit apostolus: stultum dei sapientius est hominibus? . . . tu scisti imprudentiam meam. quid enim tam simile imprudentiae, quam cum haberet in potestate una voce suos persecutores prosternere, ut pateretur se teneri, flagellari, conspui, colaphizari, spinis coronari, ligno affigi? imprudentiae simile est, stultum videtur, sed stultum hoc superat omnes sapientes . . . . haec est imprudentia, sed tu nosti

illam. isti autem si cognovissent, nunquam dominum gloriae crucifixissent. A.

13. vidisti vulnera, quae sanares. sed ubi? utique in corpore, in membris; in illis fidelibus unde illi haerebat iam membrum illud, quod confitebatur peccata sua. A.

14. non dicatur illis: ubi est, qui vobis dicebat, credite in deum et in me credite. A.

15. non sic affligar ab insurgentibus persecutoribus, non sic obterar ab invidentibus inimicis meis .... non sic eorum scandalis premar, ut erubescant in me, qui te expectant domine. A.

16. oportet, ut habeat christianus irreverentiam istam, quando venerit inter homines, quibus displicet Christus. si erubuerit de Christo, delebitur de libro viventium. opus est ergo, ut habeas irreverentiam, quando tibi de Christo insultatur, quando dicitur, cultor crucifixi. A.

17. filiis synagogae hospes factus est. in patria quippe ipsius dicebatur .... hunc autem nescimus unde sit? A.

18. quia persecutus sum in illis iniquitates ipsorum .... ubi etiam positum est: zelus domus tuae comedit me. hinc alienus, hinc hospes, hinc: nescimus unde sit. agnoscerent, unde sim, si agnoscerent, quod mandasti. si enim invenirem illos servantes mandata tua, zelus domus tuae non comederet me. A.

19. quare tibi? numquid patri exprobratur, et non ipsi Christo? ... quia nemo exprobravit Christo, nisi deo exprobrans; quia nemo honorat patrem, nisi qui honorat et filium. A.

20. ieiunium ipsius erat, quando defecerunt omnes, qui in eum crediderant; quia et esuriens ipsius erat, ut in eum crederetur .... denique respuit etiam fel, quod illi obtulerunt; ieiunare elegit, quam amaritudinem accipere. non enim intrant in corpus eius amaricantes .... ergo operui in ieiunio animam meam, et factum est mihi in opprobrium. hoc ipsum mihi in opprobrium factum est, quia non illis consensi, hoc est, ab illis ieiunavi. qui enim non consentit male suadentibus, ieiunat ab ipsis; et per hoc ieiunium meretur opprobrium, ut ideo illi insultetur, quia non consentit ad malam. A.

21. id est, opposui illis, in quam saevirent, carnem meam, occultavi divinitatem meam. A.

22. in parabolam, id est, in irrisionem. parabola dicitur, quando datur similitudo, de aliquo, quando de illo male dicitur. sic ille, verbi gratia, pereat, quomodo ille, parabola est, id est, comparatio et similitudo maledicti. A.

23. in porta, nihil aliud, quam in publico. A. — nam

sicut porta euntium ac redeuntium turbas excipit, ita diversa trivia vel plateae populorum numerositate complentur. C.

24. putatis hoc, fratres, Christo tantummodo contigisse? quotidie illi in membris eius contingit . . . . parum est, quia cantant, insuper et in ipsum incipiunt cantare, a quo prohibentur cantare. A.*

25. Judaeis mihi maledicentibus atque dicentibus: crucifige, crucifige eum; ego pro eis orans loquebar: pater ignosce eis, non enim sciunt, quid faciunt. Br.

28. quare veritas? reddendo promissa. A.

29. de illo, de quo supra dixerat: infixus sum in limo profundi. A.

30. et exponit hoc ipse: eruar ex eis, qui oderunt me. ipsi ergo sunt lutum. A.

32. demersit secundum carnem, non demergat secundum spiritum. quibus dictum est: si vos persecuti fuerint in una civitate, fugite in aliam: hoc eis dictum est, ut nec carne haererent nec spiritu. non enim appetendum est, ut haereamus vel carne, sed quantum possumus vitare debemus. si vero haeserimus et in manus peccatorum venerimus, iam corpore haesimus, fixi sumus in limo profundi: restat pro anima deprecari, ut non inhaereamus, id est, non consentiamus, non nos demergat tempestas aquae, ut eamus in profundum limi. A.

34. magnus est puteus profunditas iniquitatis humanae: illuc quisque si ceciderit, in altum cadet. sed tamen ibi positus, si confitetur peccata deo suo, non super eum claudet puteus os suum, ut est in alio quodam psalmo scriptum: de profundis clamavi ad te domine, domine exaudi vocem meam . . . . quae autem dicta fuerint ita, ut capiti convenire non possint, ad corpus referatis. A.

35. sed homini in tribulatione posito necesse est, ut suavis sit misericordia dei . . . . nec panis dulcis esset, nisi fames praecederet. ergo et quando dominus permittit aut facit, ut in tribulatione aliqua simus, etiam tunc misericors est: non enim alimentum subtrahit, sed desiderium movet. A.

36. secundum multitudinem miserationum tuarum respice in me, non secundum multitudinem peccatorum meorum. A.

37. id est, a parvo: quia iam carui superbia per disciplinam tribulationis. A.

40. liberatio occulta ad animam, liberatio manifesta etiam ad corpus pertinet. in occulto enim anima liberatur, in manifesto corpus. porro si ita est, in hoc psalmo vocem domini agnoscamus . . . . restat corporis liberatio: quia eo resur-

* Das Citat aus Notker Denkm.[2] s. 365 ist demnach zu streichen.

gente et in caelos adscendente et spiritum sanctum desuper mittente conversi sunt ad eius fidem, qui in eius morte saevierunt, et ex inimicis amici facti sunt per illius gratiam, non per iustitiam suam. A.

41. cum plebs insana Judaeorum clamaret: alios salvos fecit, se ipsum salvum facere non potest. C. — confusio est, quae mordet conscientiam . . . . infirmitas humani animi plerumque verecundatur etiam cum falsum obiicitur, non quia obiectum est, sed quia creditum. omnia haec sunt in corpore domini . . . . tu ergo domine nosti non solum opprobrium meum, sed et confusionem meam in quibusdam et verecundiam; qui quamvis in me credant, publice me tamen coram impiis confiteri erubescunt . . . . videte ergo eos: et commendantur tales deo, non ut sic relinquat, sed ut eos adiuvando perficiat. A.

43. futura ista praevidit . . . . illorum miserans etiam pendens in cruce: pater, inquit, ignosce illis, quia nesciunt, quid faciunt. A.

44. quid profuit, quia praedixi? quid profuit, quia dixi, ideo me venisse? . . . non inveni, hoc est, non fuit. quod enim superiore versu dixit, sustinui, qui simul contristaretur, hoc sequenti versu, et consolantes . . . . ille volebat curare, illi saevire: hinc tristitia medico. quaere, utrum invenerit huius tristitiae comitem. A.

45. sed intellegendum est, fratres, hoc ipsum quod non inveni, qui simul contristaretur, hoc fuit fel meum, hoc mihi amarum, hoc acetum fuit: amarum propter maerorem, acetum propter eorum vetustatem . . . . quod ergo fecerunt Judaei, ut in escam, quam iam acceperat, darent bibendum amarum illum potum, hoc faciunt, qui male vivendo scandalum inferunt ecclesiae . . . . dant fel super tam iocundum cibum, sed quid facit dominus? non admittit ad corpus suum. hoc sacramento ipse dominus, quando illi obtulerunt fel, gustavit et noluit bibere . . . . sed quia in membris Christi tales esse non possunt, gustari possunt, recipi in corpus non possunt . . . . sitiebam et acetum accepi: id est, fidem illorum desideravi, et vetustatem inveni. A. —

46. qualem muscipulam mihi exhibuerunt, dando mihi talem potum, talis muscipula illis fit. A. — in laqueum, scilicet ut de litera, in qua Judaei alios astringere conabantur, ipsi in eam potius caderent obligati. C.

47. in retributionem fit et in scandalum, quia ipsi sibi sunt scandalum. A.

48. obscurentur oculi eorum, ne videant, sequitur hic: ut quoniam sine causa viderunt, fiat illis et non videre. A.

49. unde hoc? quia cum cessaverint superna cognoscere, necesse est, ut de inferioribus cogitent. A.

50. comprehendat eos indignatio irae tuae, non eos permittat effugere. A.

51. ergo iam quid aperte, ut appareat omnibus, quia vindicatum est in eis? nam caecitas Judaeorum occulta vindicta est, manifesta vero quae? fiat habitatio eorum deserta, et in tabernaculis eorum non sit, qui inhabitet. factum est hoc in ipsa civitate Jerusalem, in qua sibi visi sunt potentes clamando adversus filium dei: crucifige, crucifige; et praevalendo, quia potuerunt occidere eum . . . . nullus illuc modo permittitur accedere Judaeorum: ubi potuerunt adversus dominum clamare, ibi a domino non permittuntur habitare. A.

52. non sit, qui inhabitet, sed ex numero illorum. A.

53. quod oportuit pro mundo fieri, per ipsos crudeli voto probatur impletum. C.

54. mortales ergo hic homines cum poena nascuntur: huic poenae addunt, quicunque homines fuerint persecuti . . . . super dolorem peccatorum ipsi addiderunt. vulnera enim sua peccata dixit. sed ne ad caput respicias, ad corpus adverte. A.

55. iniquitas ipsorum erat, quia hominem iustum occiderunt. addita est alia, quia filium dei crucifixerunt . . . . meriti erant sic excaecari, ut filium dei non agnoscerent . . . . quia tales fuerunt, ut curari non mererentur, in ipsa malitia quodam modo profecerunt. A.

57. hoc dictum est secundum spem ipsorum, quia ipsi se scriptos putabant . . . . sic ergo et hic illi, qui se sperabant tamquam merito iustitiae suae in libro scriptos dei. A.

58. versus qui sequitur exponit, quod dictum est, et cum iustis non scribantur. dixi ergo, deleantur secundum spem eorum. A.

59. de paupertate sua et dolore suo . . . . commendaturus est nobis, ut discamus esse pauperes et dolentes: beati enim pauperes, quoniam ipsorum est regnum caelorum, et beati, qui lugent, quoniam ipsi consolabuntur. A.

61. hae sunt divitiae meae. A.

62. multo acceptior est laus puro corde fusa deo, quam potest pecudum placere mactatio. C.

63. postquam dixit plus esse sacrificia laudis, quam pecudum immolationes, convertitur ad pauperes, commonens, ut debeant laetari, quando iam non in solis facultatibus oblatio posita est, sed in mentis affectu. C.

64. quaeritis panem, ut vivat caro vestra; dominum quaerite, ut vivat anima vestra. A.

65. nec exaudiret pauperes, nisi essent pauperes. A.

66. quae sunt istae compedes? mortalitas, corruptibilitas carnis, compedes sunt, quibus ligati sumus. A.

68. reparat ecclesiam suam; gentes fideles incorporat unigenito suo. A.

69. civitates Judae ipsae sunt ecclesiae .... Juda enim confessio interpretatur. de confessione humilitatis aedificantur civitates Judae: ut foris ab eis superbi remaneant, qui confiteri erubescunt. A.

71. semen ergo servorum eius, imitatores fidei servorum eius obtinebunt eam. A.

72. inhabitabunt in ea. ipsum est enim, quod superius dixit: semen servorum, quod hic: qui diligunt nomen eius. C.

PSALM LXIX.

1. Est ergo in hoc psalmo vox contribulatorum, et ideo utique martyrum inter passiones periclitantium, sed de suo capite praesumentium. audiamus eos, et loquamur cum eis ex affectu cordis, etiamsi non similitudine passionis. illi enim iam coronati sunt, nos adhuc pereclitamur: non quia tales nos persecutiones urgent, quales ipsos urserunt, sed fortasse peiores in omnimodis generibus tantorum scandalorum .... verumque est illud, quod apostolus ait: sed et omnes, qui volunt in Christo pie vivere, persecutionem patientur. A.

2. dolebat se non quaeri ad imitandum, gemebat se quaeri ad opprimendum .... optemus ergo haec inimicis nostris, securi optemus. A.

3. quare? ut non praecedant, sed sequantur. qui enim reprehendit christianam religionem, et consilio suo vult vivere, quasi praecedere vult Christum .... dixit hoc ipse dominus Petro .... redi post me satanas. quid est, redi post me? sequere me. praecedere me vis, consilium mihi dare vis, melius est, ut consilium meum sequaris. A.

4. duo sunt genera persecutorum, vituperantium et adulantium. plus persequitur lingua adulatoris, quam manus interfectoris. A.

5. ab illo est enim illis salus, non a se. salutare domini dei nostri salvator dominus noster Jesus Christus .... ecce magnificetur dominus: nunquam tu? nusquam tu? in illo aliquid, iu me nihil. si autem in illo, quidquid ego, ille, non ego. tu ergo quid? A.

6. donata sunt mihi paccata, iam coepi sequi praecepta dei: adhuc tamen egenus et pauper. unde adhuc egenus et pauper? quia video aliam legem in membris meis repugnantem legi mentis meae. A.

PSALM LXX.

1. In omnibus scripturis sanctis gratia dei, quae liberat nos, commendat se nobis, ut commendatos habeat nos . . . . gloriantes, inquit, tamquam de operibus, excludunt a se gratiam; et tamquam de sanitate sua falsa praesumentes respuunt medicinam . . . . hanc ergo gratiam commendat nobis deus et in isto psalmo . . . . Jonadab homo fuit quidam (commendatur nobis ex prophetia Jeremiae) qui filiis suis praeceperat, ut vinum non biberent, neque in domibus, sed in tabernaculis habitarent; praeceptum autem patris filii tenuerunt et servaverunt, et ex hoc benedici a domino meruerunt. dominus autem hoc non praeceperat, sed pater ipsorum. sic autem hoc acceperunt, tamquam praeceptum a domino deo suo: quia etsi dominus non praeceperat, ut non biberent vinum et in tabernaculis habitarent, praeceperat tamen dominus, ut filii patri oboedirent . . . . benedixit ergo deus filios Jonadab propter oboedientiam, eosque obiecit inoboedienti populo suo, exprobrans, quia cum filii Jonadab oboedientes essent patri suo, illi non oboedirent deo suo. cum autem ageret ista Jeremias, id agebat cum populo Israel, ut pararent se ad captivitatem ducendos esse in Babyloniam . . . . quare ergo captivi, et quare nomine captivitatis commendatur ipsa gratia liberatoris? aperit, ipse dicit apostolus: condelector lege dei secundum interiorem hominem: video autem aliam legem in membris meis repugnantem legi mentis meae, et captivum me ducentem in lege peccati, quae est in membris meis . . . . quid ergo commendat iste psalmus? quod sequitur ibi apostolus: infelix ego homo, quis me liberabit de corpore mortis huius. gratia dei per Jesum Christum dominum nostrum. A.

2. iam confusus sum, vel non in aeternum . . . . confusi estis in Adam . . . . accedite ad Christum, et iam non confundemini. A.

3. non in mea, sed in tua: si enim in mea, ero ex illis, de quibus ille ait: ignorantes dei iustitiam et suam iustitiam volentes constituere, iustitiae dei non sunt subiecti. A.

4. confitetur, quia iacet tamquam aeger prostratus medico stanti. A.

6. ego enim me protegere non possum. A.

7. cum ad illum locum confugeris, dic mihi, quos adversarios formidabis. A.

9. ergo firmamentum meum es tu, ut firmus sim in hoc saeculo adversus omnes tentationes . . . . ubi est, quod ab illo fugiebas, Adam . . . . ubi est, quod eius faciem formidabas, ad quem gaudere consueveras? abiisti et periisti: captivatus es, et ecce visitaris, et ecce non dimitteris. A.

11. sed duo habent genera peccatores isti: alii sunt, qui legem acceperunt, alii sunt, qui non acceperunt. omnes pagani legem non acceperunt, omnes Judaei et christiani legem acceperunt. A. — peccatores sunt transgressores, id est, Judaei et mali christiani. Br.

15. non tantum tempore fidei, sed et tempore speciei .... quid cum acceperis perfectam etiam sanitatem, quid cum effectus fueris aequalis angelis dei, iam forte istam gratiam, qua liberatus es, oblivisceris? A.

16. unde tamquam prodigium? ... quia credo, quod non video. illi enim beati in his quae vident, exsultant in potu, in luxuria, in scortationibus, in avaritia, in divitiis, in rapinis, in saecularibus dignitatibus, in dealbatione lutei parietis, in his exsultant: ambulo autem ego in viam dissimilem, contemnens ea, quae praesentia sunt, et timens etiam prospera saeculi, nec alicubi securus, nisi in promissis dei. et illi: manducemus et bibamus, cras enim moriemur .... audi contra a me: immo ieiunemus et oremus, cras enim moriemur. A.

17. adesto, o domine Jesu, qui mihi dicas: noli deficere in via angusta, ego prior transii. A.

18. in prosperis, quia consolaris, in adversis, quia corrigis. A.

19. quod est hoc tempus senectutis? A.

20. dicas cum apostolo: quando infirmor, tunc potens sum. noli timere, ne proiiciaris in infirmitate, in ista senectute. A.

24. operiantur dixit, quasi quodam velo roseo verecundiae eorum facies obtegantur; quod solet accidere his, qui actiones pristinas vita meliore condemnant. C.

25. nondum erat laudatus in eo, quod suscitavit carnem in vitam aeternam. sit ergo ista laus adiecta per resurrectionem domini nostri Jesu Christi, ut hic eius vocem intellegamus super omnem laudem praeteritam. A.

26. quid est salutem tuam? domini est salus. A.

27. qui sunt negotiatores, id est, quasi de actu suo sibi placentes? qui ignorantes dei iustitiam, et suam volentes constituere, iustitiae dei non sunt subiecti. merito et negotium dictum est, quia negat otium. quantum mali est, quod negat otium? merito dominus expulit de templo illos, quibus dixit, scriptum est, domus mea domus orationis vocabitur, vos autem fecistis eam domum negotiationis: id est, gloriantes de operibus vestris, otium non quaerentes .... sed est in quibusdam exemplaribus, quoniam non cognovi literaturam; ubi alii codices habent negotiationem, ibi alii literaturam .... de hac litera dicit alio loco: litera occidit, spiritus autem vivificat .... merito lex per Moysen data est, gratia

et veritas per Jesum Christum facta est .... in ipsa gratia glorians literaturam non cognovi: id est, homines de litera praesumentes et a gratia resilientes, toto corde reprobavi. A.

28. in potentiam domini, non meam, sed domini. A.

29. solius, inquit prorsus; ibi meam non cogito .... iustitia tua sola me liberat, mea sola non sunt nisi peccata. non glorior ergo de viribus meis. A.

30. quis redimitur, nisi a captivitate. quis autem potest dicere, iniustam fuisse captivitatem suam, quando deseruit imperatorem et defecit ad desertorem? imperator enim deus, desertor diabolus .... ispsa est prima captivitas nostra, qua concupiscit adversus spiritum caro. venit autem hoc de poena peccati, ut homo adversus seipsum divideretur, qui uni subditus esse noluit. A.

31. quid mirabilius inter dei mirabilia, quam mortuos suscitare? A.

32. id est, usque ad ultimum meum. A.

33. brachium domini Christus. A.

34. dicam omni homini nascituro: nihil es per te, deum invoca, tua peccata sunt, merita dei sunt; supplicium tibi debetur, et cum praemium venerit, sua dona coronabit, non merita tua .... dicam hoc omni generationi superventurae, nullas vires meas, nullam iustitiam meam, sed potentiam tuam et iustitiam tuam. A.

35. potentiam tuam et iustitiam tuam usque quo? ... usque ad altissima, quae fecisti magnalia. in altis caeli sunt, in altis angeli sunt, sedes, dominationes, principatus, potestates: tibi debent, quod sunt, tibi debent, quod vivunt, tibi debent, quod iuste vivunt, tibi debent, quod beate vivunt. A.

36. ego autem, ait Adam miser, et in Adam omnis homo, cum volo esse perverse similis tibi, ecce quid factus sum, ut de captivitate ad te clamem .... qui ergo bene vult inimico suo, deo similis est: nec ista superbia, sed obedientia est .... volui esse perverse similis tibi, et factus sum similis pecori. sub tua dominatione, sub tuo praecepto vere similis eram: sed homo in honore positus non intellexit, comparatus est iumentis insensatis, et similis factus est illis. iam de similitudine iumentorum clama sero et dic: deus quis similis tibi? A.

37. sed disciplina fuit, admonitio, non desertio. denique gratias agens quid dicit? A.

38. quid doceret te? quia resurrecturus es .... in illo primo resurreximus: quia et Christus cum resurrexit, nos resurreximus .... ille resurrexit, numquid ego? sed resurrexit in eo, quod pro te accepit ex te. ergo natura tua in illo praecessit te: et quod sumtum est ex te, adscendit ante te. ibi ergo et tu adscendisti. A.

39. tempus est, ut iudicium incipiat a domo dei, ait Petrus, id est, a sanctis eius. flagellat autem omnem filium, quem recipit. multiplicasti iustitiam tuam: quia iam nec filiis pepercisti; sed quibus hereditatem aeternam servabas, disciplina non deseruisti .... propter corpus in fine resurrecturum, et de abyssis terrae iterum reduxisti me. A.

41. vasa psalmi, psalterium. A.

42. sed quid est psalterium? organum ligneum cum cordis. quid significat? interest aliquid inter ipsum et citharam: interesse dicunt, qui norunt, eo quod concavum illud lignum, cui cordae supertenduntur, ut resonent, in superiore parte habet psalterium, cithara in inferiore. et quia spiritus de super, caro de terra, significari videtur per psalterium spiritus, per citharam caro .... ego confitebor tibi in vasis psalmi veritatem tuam: hoc secundum spiritum; quid de corpore? psallam tibi in cithara sanctus Israel. A.

44. tota die meditabitur iustitiam meam: id est, in aeternitate sine fine. A.

45. aut cum credent in Christum, aut cum venerit Christus. A.

PSALM LXXI.

1. Intellegitur etiam ipsum vocabulum Salomonis ad figuratam significationem adhibitum, ut in eo Christus accipiatur. Salomon quippe interpretatur pacificus: ac per hoc tale vocabulum illi verissime atque optime congruit, per quem mediatorem ex inimicis accepta remissione peccatorum reconciliamur deo .... paci reconciliationis additur pax immortalitatis. A.

2. dominus ipse in evangelio dicit: pater non iudicat quemquam, sed omne iudicium dedit filio. A.

3. ubi sane demonstrat, populum dei pauperem esse debere, id est, non superbum, sed humilem. beati enim pauperes spiritu, quoniam ipsorum est regnum caelorum. A.

4. per montes significari frequenter diximus apostolos. C. — montes maiores, colles minores .... excellenti ergo sanctitate eminentes in ecclesia montes sunt, qui idonei sunt et alios docere, sic loquendo, ut fideliter instruantur, sic vivendo, ut salubriter imitentur: colles autem sunt illorum excellentiam sua obedientia subsequentes. A.

5. pauperes et filii pauperum iidem ipsi mihi videntur, sicut eadem civitas est Sion et filia Sion. A.

6. nullus melius, quam diabolus hic calumniator agnoscitur. calumnia eius est, numquid gratis colit Job deum? A. — calumniator itaque est, qui innocentiam alienam in reatum nititur exquisita machinatione perducere. C.

7, 8. sed per lunam significare maluit incrementa defectusque mortalium. denique cum dixisset, ante lunam, volens quodam modo exponere, pro qua re lunam posuerit, generationes inquit generationum. tamquam diceret: ante lunam, id est, ante generationes generationum, quae transeunt decessione et successione mortalium, tamquam decrementis incrementisque lunaribus. ac per hoc quid melius intellegitur permanere ante lunam, nisi omnia mortalia immortalitate praecedere? quod etiam sic non inconvenienter accipi potest, ut quod iam humiliato calummiatore sedet ad dexteram patris, hoc sit permanere cum sole. splendor enim aeternae gloriae intellegitur filius: tamquam sol sit pater, et splendor eius filius eius . . . . victo diabolo per resurrectionem sedet ad dexteram patris, ubi iam non moritur, et mors ei ultra non dominabitur. A.

9. voluit leniter in utero virginali sine aliquo strepitu, tamquam pluvia in vellus agnae descendere. C. — recoluit et admonuit illud, quod factum est per iudicem Gedeon, de Christo id habere finem. petiit quippe ille signum a domino, ut in area positum solum vellus complueretur, et sicca esset area: et rursum solum vellus siccum esset et complueretur area; et ita factum est . . . . videmus iam gratia Christi siccam remansisse gentem Judaeorum, totumque orbem terrarum in omnibus gentibus christianae gratiae plenis nubibus complui . . . . illam gentem velleris nomine significari puto, vel quia exspolianda fuerat auctoritate doctrinae, sicut ovis exspoliatur vellere, vel quia in abdito eandem pluviam detinebat, quam nolebat praeputio praedicari, id est, incircumcisis gentibus revelari. A.

11. id quod dictum est, tollatur, alii interpretati sunt auferatur, alii vero extollatur, unum verbum graecum, sicut unicuique visum est, transferentes, quod ibi positum est, ἀνταναιρεθῇ . . . . fortassis enim hoc intellegi voluit, ne ulterius sit mortalitas, quando novissima inimica destruetur mors . . . . donec luna extollatur, id est, elevetur ecclesia, per gloriam resurrectionis cum illo regnatura. A.

12. mari quippe magno cingitur terra, qui vocatur oceanus: de quo influit quiddam exiguum in medio terrarum, et facit ista maria nota nobis, quae navigiis frequentantur . . . . a flumine scilicet Jordane . . . . hinc ergo doctrina eius incipiens et magisterii caelestis auctoritas, dilatatur usque ad terminos orbis terrae. A.

16. idem quippe est potens, ille qui superius calumniator est dictus: quem potentem ad homines sibi subdendos et in captivitate retinendos non virtus eius fecit, sed humana peccata. A.

17. numquidnam Christo, qui eruit egenum a potente,

peccata placuerunt? absit. sed parcet ipse inopi et pauperi: id est, peccata dimittet humili et non de suis meritis confidenti. A.

19. usuras autem appellatas puto, quia plus mali invenitur in suppliciis, quam commissum est in peccatis. nam verbi gratia, cum homicida corpus tantum hominis perimat, animae autem nocere nihil possit, ipsius et anima et corpus perditur in gehenna . . . . redimet autem ab iniquitate, adiuvando per gratiam etiam ad faciendam iustitiam. A.

20. quia etsi videntur huic saeculo contemtibiles christiani, nomen eorum coram ipso est honorabile. A.

21. illa vita, in qua iam non moritur . . . . et vivet, qui contemtus est moriens, quoniam sicut alius propheta dicit: tolletur de terra vita eius. sed quid est: et dabitur ei de auro Arabiae? nam quod inde aurum etiam ille Salomon accepit, in hoc psalmo figurate transiectum est in alium verum Salomonem, id est, verum pacificum . . . . sic ergo prophetatum est, etiam sapientes huius mundi in Christo fuisse credituros. A. — de ista ergo sapientia, quae per aurum Arabiae significatur, dabitur domino munus . . . . magorum munera fortasse significat, quae merito auro Arabiae comparantur, quoniam puritate cordis oblata sunt. C.

22. forte quod oramus dicentes, adveniat regnum tuum. A.

24. nam summa montium, scripturarum divinarum auctores, id est, per quos ministratae sunt, intellegere convenit. in quibus utique ipse est firmamentum . . . . ipse in terram venit, ut ea cuncta firmaret, id est, in se monstraret impleri. A.

25. quis alius fructus intellegendus est, qui super hunc Libanum extollitur, nisi de quo apostolus dicit, de caritate sua locuturus: adhuc supereminentem viam vobis demonstro? haec enim et in primo proponitur munerum divinorum, ubi ait: fructus autem spiritus est caritas. A.

26. non in civitate, quia de ista civitate huius saeculi in illa florebunt beatitudine sempiterna. C.

28. per solem tempora significata sunt. A.

29. Abrahae autem dicitur: in semine tuo benedicentur omnes tribus terrae. A.

31. quoniam quicunque faciunt, ipse in eis operatur. A.

32, 33. iussisti, domine, ita fit: ita fit, donec illud, quod coepit a flumine, perveniat omnino usque ad terminos orbis terrae. A.

PSALM LXXII.

1. Tempora igitur veteris testamenti, fratres, promissiones a deo nostro populo illi carnali, terrenae erant et tem-

porales. promissum est regnum terrenum, promissa est terra illa, in quam etiam inducti sunt ab Aegypto liberati . . . . acceperunt terram liberati ex Aegypto, transeuntes per rubrum mare; finitis anfractibus et erroribus solitudinum acceperunt terram, acceperunt regnum: deinde post regnum acceptum, quia terrena acceperant, coeperunt merito peccatorum suorum oppugnari, expugnari, captivari, ad extremum eversa est et ipsa civitas . . . . deficientibus ergo rebus, pro quibus laudabat deum populus carnalis, cui regnavit ille David, defecerunt hymni David . . . . Asaph synagoga interpretatur. A.

2. quam bonus deus Israel! sed quibus? A.

7. quam pacem? temporalem, fluxam, caducam atque terrenam. A.

10. homines hic sanctos viros intellegamus, qui et labores in hoc saeculo sustinent. C.

13. iniquitas enim potest esse mediocris; sed addidit impietatem, quae malorum omnium probatur extrema. C.

14. sunt enim mali, sed macie mali, ideo mali, quia macri, id est, exiles, exigui, tabe quadam necessitatis affecti, et ipsi mali et damnandi . . . . tamen aliud est, de necessitate peccare, aliud in abundantia. pauper mendicus furtum facit, ex macie processit iniquitas: dives abundans rebus tantis, quare diripit res alienas? illius iniquitas ex macie, huius ex adipe processit. A.

15. excesserunt metas humani generis, homines se pares ceteris non putant. A.

17. non solum locuti sunt iniquitatem, sed etiam clare, audientibus omnibus. A.

18. non se cogitat hominem subito mori posse, cum loquitur. A.

19. iam ipse Asaph revertitur huc. vidit enim ista abundare iniquis, vidit superbis. redit ad deum et incipit quaerere et disputare. sed quando? cum dies pleni invenientur in eis. quid est dies pleni? cum autem venit plenitudo temporis, misit deus filium suum. A.

20. illos, quos superius reversos esse memoravit, nunc ex qua cogitatione transeant evidenter exponit. C. — ecce iniqui felices sunt, non curat deus res humanas. vere scit, quid agamus? A.

23. Asaph se quoque fatuis cogitationibus profitetur illusum. C. — hoc sine causa feci. ubi est merces bonae vitae meae? ubi est praemium servitutis meae? bene vivo et egeo, et iniquus abundat. A.

24. bene servio et flagellor, non servit et ornatur. A.

25. quid est, in matutinum? non differtur. differtur

impiorum, mea non differtur: illa sera vel nulla est, mea in matutinum. A.

26. vult homo aliquando erumpere in istam sententiam, sed revocatur scripturis dicentibus, ut semper bene vivatur, dicentibus, quia deus curat res humanas, quia discernit inter pium et impium. ergo et iste volens iam istam proferre sententiam, revocat se. et quid ait? si dicebam, narrabo sic, ecce generationem filiorum tuorum reprobavi. reprobavi generationem filiorum tuorum, si narrabo sic: generationem iustorum reprobabo . . . . dissonui ab omnibus, si sic doceo. A.

28. verum dicis, labor est ante te; sed ante deum non est labor. A.

29. in sanctuarium dei, id est, in sacras scripturas. B. H.

31. quia dolosi sunt, dolos patiuntur . . . . fraudem volunt facere generi humano in omnibus nequitiis suis, fraudem et ipsi patiuntur, ut terrena bona eligant, et relinquant aeterna. A.

32. in eo ipso, quod elati sunt, deiecti sunt. A.

33. desolatus, utique desertus ab illis rebus, quae eum tamquam numerosa familia circuibant. C.

36. pauper dormierat, dives in somnis factus fuerat: si non evigilasset, dives esset; evigilavit, invenit aerumnam. A.

37. dicit, quemadmodum in illa Jerusalem caelesti impii divinis non possint apparere conspectibus. C. — ipsi in civitate sua terrena imaginem dei ad nihilum redegerunt? A.

41. iste quasi pecus factus est desiderando terrena, quando redactus ad nihilum non cognovit aeterna. A.

42. sed non recessit a deo suo, quia non illa desideravit a daemonibus, a diabolo . . . . vox est synagogae, id est, illius populi, qui non servivit idolis. pecus quidem factus sum, a deo meo terrena desiderans: sed nunquam recessi ab ipso deo meo. A.

43. quae erat dextera mea? quia ego semper tecum. in sinistram habebam, quia pecus factus sum, id est, quia terrena in me fuit concupiscentia: sed dextera mea erat, quia semper tecum eram. huius dexterae meae manum tenuisti, id est, potestatem rexisti. quam potestatem? dedit eis potestatem filios dei fieri. A.

44. quid est in voluntate tua? non in meritis meis. A.

45. iam quo assumtus est, et in qua gloria, quis explicat? . . . in resurrectione erit, in novissimis erit . . . . cogitans et aestuans in cogitatione cuiusdam rei ineffabilis. A.

46. servas, inquit, mihi tu in caelo divitias immortales teipsum, et ego volui a te in terra, quod habent et impii

. . . . pecuniam, aurum, argentum, gemmas, familias, quod habent et scelerati multi. A.

48. deum etsi non semper haberem, quam magnum bonum haberem? A.

49. iste ergo recessit a deo, sed non longe . . . . illi vero longe recesserunt. A.

50. huic fornicationi contrarius est amor castus . . . . iste ipsum solum amat, gratis amat. quia in ipso habet omnia, quia per ipsum facta sunt omnia A.

51. quando eum videbimus facie ad faciem. A.

52. sed modo in peregrinatione, quia nondum venit res, ponere in deo spem meam. A.

53. Sion frequenter diximus, montem esse Jerosolymis constitutum, qui nostra lingua speculatio interpretatur. istius ergo contemplationis filiam catholicam constat esse ecclesiam. C.

PSALM LXXIII.

1. Asaph latine congregatio, graece synagoga dicitur. A.

3. quare iratus es super oves gregis tui, nisi quia terrenis inhaerebamus, et pastorem non agnoscebamus. A.

4. possedit semen Abrahae, populum Israel etiam secundum carnem natum de patriarchis. A.

5. hanc ipsam congregationem dixit virgam hereditatis. respiciamus ad factum primum, quando voluit possidere ipsam congregationem liberans illam de Aegypto, quod signum dederit Moysi . . . . et deus ait ad illum: quid in manu tua portas? virgam. A.

6. nam quod dicit: montis Sion, in quo habitasti, Jerosolymam utique significat . . . . ubi habitasse declarat Christi domini praesentiam corporalem. C.

7. quorum superbiam? a quibus eversa est Jerusalem. a quibus autem, nisi a regibus gentium? bene elevata est manus eius in superbiam eorum in finem: nam et ipsi iam Christum cognoverunt. A. — ubi enim amplius religionis christianae cultus effloruit, quam in romana urbe? C.

9. in his quae sancta tua erant, id est, in templo, in sacerdotio, in illis omnibus sacramentis. A. — inimicus significat populum Romanorum, qui illo tempore, sicut dictum est, insignis idolorum cultor habebatur. C.

10, 11. mementote, quod dixi: tunc eversam esse Jerusalem, cum ipsa solemnitas ageretur: in qua solemnitate dominum crucifixerunt. congregati saevierunt, congregati perierunt. A.

12, 13. certe statuas monimenta victoriae, quas imperatores supra fornices portarum in suis laudibus erigebant. sequitur etiam cum dolore dictum signa, ut ipsa repetitio ad vindictam celerem iustum iudicem commoveret. C.

15. id est, conspiranter, constanter. A.

19. potuissent mala superius enumerata misericordiam domini commovere, nisi adhuc fuisset in Judaeis obstinata superbia. C.

20. hic verba referuntur irascentium Judaeorum, quoniam viderant eversam civitatem suam, et dei sanctuaria prophanata, insipienter et furiose dixerunt: abiiciamus legem domini, qui nos vindicare contemsit . . . . talia enim Asaph ex sua persona dicere non poterat. C.

21. ecce isti Judaei, qui se dicunt non agnosci adhuc, id est, in captivitate adhuc se esse, nondum se liberari, expectant adhuc Christum. venturus est Christus, sed veniet ut iudex: primo vocator, postea discretor. A.

22. quamdiu istas improperationes sustinebis, quas Judaeus tibi movet incredulus. C.

24. iterum aliud signum, quod datum est Moysi. quomodo enim superius de virga signum, ita et de dextera. cum enim illud factum esset de virga, dedit deus alterum signum: mitte, inquit, manum tuam in sinum tuum, et misit: produc eam, et produxit: et inventa est alba, id est, immunda. albor enim in cute lepra est, non candor. ipsa enim hereditas dei, id est, populus eius foras ab eo missus, immundus factus est. sed quid illi ait: revoca eam in sinum tuum. revocavit et reversa est ad colorem suum. quando hoc facis, ait Asaph iste. quo usque dexteram tuam alienas a sinu tuo, ut foris immunda remaneat. revoca eam, redeat ad colorem, agnoscat salvatorem. A.

26. confirmavit enim rubri maris liquidas abyssos, quando in duobus lateribus sic aqua defixa est, ut mare navigerum iter faceret terrenum. C. — sicut in aquis maris milites Pharaonis, ... ita hic in aquis baptismatis contribulasti . . . . non solum dracones, id est, inferiores daemones . . . . sed etiam capita illorum, id est, illos qui illis inferioribus praesunt. B.

27. draconum capita, daemoniorum superbias. A.

28. quia eos, quos possidebant, tu per baptismum liberasti . . . . dracones habent principem suum, et ipse primus est magnus draco . . . . quem ergo singularem draconem, cuius caput confractum est, nisi ipsum diabolum intellegere debemus? A.

29. Aethiopes enim nigri sunt . . . . et quomodo acceperunt isti in escam draconem iustum? puto, quia magis Christum acceperunt in escam: sed Christum, quo se consummarent, diabolum, quem consumerent. nam inde et vitulus

ille, quem adoravit populus infidelis, apostata, quaerens deos Aegyptiorum, unde agitatum est illud magnum sacramentum. cum enim sic irasceretur Moyses colentibus et adorantibus idolum, et zelo dei inflammatus vindicaret temporaliter, ut a morte sempiterna devitanda terreret, tamen ipsum caput vituli in ignem misit et exterminavit, comminuit, in aquam sparsit, et dedit populo bibere: sic factum est magnum sacramentum .... corpus diaboli consumendum erat, et hoc ab Israelitis consumendum. ex illo enim populo, ex illo prima ecclesia. et dictum erat Petro de gentibus: macta et manduca. A. — sive conversi iam fideles escam possunt habere diabolum, quando per ipsius machinamenta tentationesque proficiunt. ipso enim persequente martyres fiunt. C.

31. quid interpretatur Etham? fortis .... illi adhuc fortes sunt, qui de virtute sua praesumunt. siccentur flumina eorum, non proficiant doctrinae gentium, haruspicum, mathematicorum. A.

32. ad te pertinent spiritales, ad te pertinent carnales: illos illustras incommutabili sapientia et veritate .... tuus est dies, tua est nox. vis audire diem? vide si capis, erige, quantum potes, mentem tuam. videamus, si pertines ad diem, iam videamus, si non palpitat adspectus tuus. potes videre, quod audisti modo ex evangelio: in principio erat verbum .... capis, o carnalis, responde, capis? non capis, adhuc ad noctem pertines. A.

33. quid ergo quia sol permanet, id est, quia sapiens permanet sicut sol, stultus sicut luna mutatur, adhuc carnalis, adhuc insipiens deserendus est? et ubi est, quod dictum et ab apostolo, sapientibus et insipientibus debitor sum. A.

35. ferventes spiritu aestas est. tu, inquam, fecisti spiritu ferventes: tu fecisti et novellos in fide, ver est .... non glorientur, quasi non acceperint. A.

37. dictum est Christo in gente sua: peccator est iste, non novimus unde sit, nos novimus Moysen, illi locutus est deus, iste Samaritanus est. A.

38. illorum verborum meminit, quae superius dixit, venite, comprimamus omnes dies festos domini a terra. C.

39. compuncti sunt corde, et dixerunt ad apostolos: quid ergo faciemus, dicite nobis. et apostoli: agite poenitentiam, et baptizetur unusquisque vestrum in nomine domini Jesu Christi, et dimittentur vobis peccata vestra .... ne tradideris bestiis animam confitentem tibi .... noli, inquit, dare diabolo et angelis eius animam confitentem tibi. A.

40. pauperes sumus, exaudi mendicos tuos. A.

41. redde, quod promisisti: tabulas tenemus, hereditatem expectamus .... non propter terram Canaan rogo

. . . . respice in testamentum tuum, quo promisisti regnum caelorum. A.

42. terrae domorum iniquarum, quia corda habebant iniqua. domus nostrae, corda nostra. ibi libenter habitant beati mundo corde. respice ergo in testamentum tuum, et reliquiae salvae fiant. quia multi, qui adtendunt ad terram, obscurati sunt et repleti sunt terra. A.

43. humiles, trementes verba dei, confitentes peccata sua. A.

45. factae sunt mihi lacrymae meae panis die ac nocte, dum dicitur mihi quotidie: ubi est deus tuus? et quia non possum ostendere deum meum, quasi inane sequar. insultatur mihi . . . et si videt, qui potest, numquid oculis videt? A.

46. adhuc dicitur: vana praedicant christiani: adhuc dicitur: inanis est resurrectio mortuorum. A. — sequitur: memor esto improperiorum tuorum, illorum scilicet, quae superius dicta sunt: iam non est propheta, et nos non cognoscet amplius. C.

PSALM LXXIV.

1. Quid est, ne corrumpas? quod promisisti, exhibe. sed quando? in finem. A.

2. noli antequam confitearis invocare: confitere et invoca . . . . confitendo enim mundas templum, quo veniat invocatus. confitere et invoca. A.

3. confessus exinanivit se malis, invocans implevit se bonis, enarrans eructuavit, quo se implevit. A.

4. dicit in illo ista et corpus eius: non enim sine illis iudicabit . . . . totus Christus dicit, id est, caput et corpus in sanctis. A.

5. si defluxit terra, unde defluxit, nisi peccatis? . . . cupiditate enim inferiorum quisque peccat: sicut roboratur caritate superiorum, sic deficit et quasi liquescit cupiditate inferiorum. A.

6 expositio est consequens, non additio. A.

7. columnas apostolos dicit . . . . et quid essent illae columnae, nisi ab illo firmarentur? quia quodam terrae motu etiam ipsae columnae mutaverunt, in passione domini omnes apostoli desperaverunt. ergo columnae illae, quae passione domini mutaverunt, resurrectione firmatae sunt. A.

8. non audierunt. olim enim nobis dictum est: non audivimus, lapsi sumus, mortales facti, mortales geniti: defluxit terra. A.

9. si fecistis iniquitatem per cupiditatem, nolite eam

defendere per elationem: confitemini, si fecistis. qui enim non confitetur, et iniquus est, exaltat cornu. A.

10. quid solent homines dicere? . . . vere curat, quid agatur in terra? tam multi iniqui redundant felicitatibus, innocentes premuntur laboribus . . . . unde argumentatur adversus deum? quia non potest dicere: iustus sum, quid putamus eum dicere? sunt peiores iniqui, et tamen ista non patiuntur. A.

11. ubique praesens est. quo te auferes ab oculis dei, ut in parte aliqua loquaris, quod ille non audiat? dic, quidquid vis adversus deum . . . . vade in medium populorum, ubi tibi submurmures . . . . spiritus dei replevit orbem terrarum. A.

12. quia vero deus iudex est, non homo, noli illum expectare de locis. A.

13. humiliat superbum, exaltat humilem . . . . intellegamus duos populos Judaeorum et gentium. A.

14. calix vini meri plenus mixto videtur mihi esse lex, quae data est Judaeis, et omnis illa scriptura veteris quod dicitur testamenti, ibi sunt pondera omnium sententiarum. A.

16. nam ibi novum testamentum absconditum latet tamquam in faece corporalium sacramentorum. circumcisio carnis magni sacramenti res est, et intellegitur inde circumcisio cordis. templum illud Jerusalem magni sacramenti res est, et intellegitur ex eo corpus domini. terra promissionis intellegitur regnum caelorum, sacrificium victimarum et pecorum magnum habet sacramentum: sed in omnibus illis generibus sacrificiorum intellegitur unum illud sacrificium et unica victima in cruce dominus. A.

17. inclinavit ex hoc in hunc: id est, a iudaico populo in gentilem populum. quid inclinavit? legem. eliquatus est inde spiritalis intellectus. A.

18. verumtamen faex eius non est exinanita, quia omnia sacramenta carnalia apud Judaeos remanserunt. A.

20. id est, Christus cum corpore suo: in saeculum gaudebo, psallam deo Jacob: promissione illa futura in fine, de qua dicitur: ne corrumpas. A.

21, 22. cornua peccatorum, dignitates superborum: cornua iusti, munera Christi. A.

PSALM LXXV.

2. Et ait illis Pilatus: regem vestrum crucifigam? et illi: nos non habemus regem nisi Caesarem . . . . Judaea confessio interpretatur. A.

3. quis enim dicitur Israel? videns deum . . . . illi ergo digni sunt Israel dici, qui meruerunt Christum intellegere

deum in carne positum. A. — quomodo sibi istud nomen rationabiliter vendicare possunt, qui deum non agnoscentes tamquam hominem crucifigere decreverunt . . . . amiserunt ergo et istud nomen. C.

4. quomodo enim non cum illo litigas, qui, quod illi displicet, laudas? . . . litigas cum deo, non fecisti illi locum in corde tuo: quia in pace locus eius . . . . incipite adiungi deo. quomodo? ut hoc vobis displiceat, quod et illi displicet . . . . Sion interpretatur contemplatio. quid est contemplatio? contemplabimur enim deum facie ad faciem . . . . habitatio eius in Sion, id est, in contemplatione quadam et speculatione facta est habitatio eius in Sion. A.

5. in te ex teipso est flagellum tuum: sit rixa tua tecum. sic vindicatur in rebellem adversus deum, ut ipse sibi sit bellum, qui pacem noluit habere cum deo . . . . non dixit apostolus: non sit peccatum in vestro mortali corpore, novit enim, quia quamdiu mortale est, est ibi peccatum. sed quid ait? non ergo regnet peccatum in vestro mortali corpore. quid est non regnet? ipse exposuit: ad obediendum, inquit, desideriis eius. A.

6. qui sunt montes aeterni? quos ipse fecit aeternos; qui sunt montes magni, praedicatores veritatis. A.

7. contemserunt homines vitam praesentem, et amaverunt vitam futuram, illuminati per montes illuminatos. insipientes autem corde conturbati sunt. A.

8. amaverunt praesentia, et dormierunt in ipsis praesentibus; et sic illis facta sunt ipsa praesentia deliciosa . . . . venerunt in hanc vitam, et per cupiditates temporales quasi obdormierunt hic, et exceperunt illos divitiae et vanae pompae volaticae et transierunt: non intellexerunt quantum inde boni posset fieri. nam si nossent aliam vitam, illic sibi thesaurizarent, quod hic erat periturum . . . . dormierunt in cupiditatibus suis, delectat illos, transit somnus iste, transit vita ista, et nihil inveniunt in manibus suis. A.

9. qui sunt, qui adscenderunt equos? qui humiles esse noluerunt . . . . quia dives es, adscendisti; increpat deus, et dormis. A.

10. tunc enim dicit, id est, tempore iudicii. C.

11. hi tremefient, cum audierint, ite in ignem aeternum . . . . quiescunt enim a malis operibus, sed in supplicio non quiescunt, quippe qui aeterna flamma cruciandi sunt. C.

12. non tantum exsurget ad iudicium, sed etiam exsurget ad hoc, ut salvos faciat omnes mansuetòs terrae. de quibus dictum est: beati mites. R. — et ne iudicium illud ad solam damnationem malorum crederes esse faciendum, addidit, ut salvos faceret omnes quietos terrae. C.

13. prima cogitatio, posteriores reliquiae cogitationis . . . . quae erant reliquiae cogitationis? quando ait: et peccatum meum ante me est semper A. — reliquiae cogitationum sunt, post effusas lacrymas et assiduam contritionem cordis, praeteritorum criminum recordata pernicies. C.

14. melius est non vovere, quam post votum non solvere. R.

15. qui altari eius munera reddere catholica institutione festinant. C.

16. spiritus enim principum superbi sunt spiritus . . . . ergo illi omnes humiles sint necesse est. A.

17. audi apostolum regentem terram: non sic pugillor, quasi aerem verberans, sed castigo corpus meum et in servitutem redigo. A.

PSALM LXXVI.

1. Idithun interpretatur transiliens eos, Asaph interpretatur congregatio. loquitur hic ergo congregatio transiliens, ut perveniat ad finem, qui est Christus Jesus. quae sint itaque transilienda, ut ad illum finem pervenire possimus, ubi iam quod transiliamus non habebimus, psalmi textus ipse demonstrat. A.

2. et vox mea ad deum, subaudiendum pervenit. C. — quisquis ergo pro alia re qualibet clamat ad dominum, nondum est transiliens . . . . ad illum clamare non cessaverunt, et tamen dominum non invocaverunt. quid est, dominum non invocaverunt? dominum in se non vocaverunt. A.

3. deum exquire. non per deum aliud, sed ex tribulatione deum, ut ad hoc deus removeat tribulationem, ut securus inhaereas deo. in die tribulationis meae deum exquisivi, non aliud aliquid, sed deum exquisivi . . . . quomodo enim non sit tribulatio vita ista, rogo vos? quomodo non sit tribulatio, quae dicta est tota tentatio? habes scriptum in libro Job: numquid non tentatio est vita humana super terram? ipsa vita tentatio est. A.

4. quid est, manibus meis? operibus meis. A.

5. quid est nocte? in hoc saeculo. A.

6. nolite facere iustitiam vestram coram homnibus. A.

7. ille re vera non decipitur, cui promissa complentur. C.

8. tantum taedium hic me occupavit, ut contra omnem consolationem clauderet se anima mea . . . . percussus ergo scandalis abundantibus quasi multis vulneribus, clausit se contra humanam consolationem. A.

10. quid est garrivi? laetatus sum, exsultavi loquendo.

garruli enim proprie dicuntur, qui a vulgo verbosi appellantur, accedente laetitia, nec valentes nec volentes tacere. A. — exercitatus sum et defecit paulisper spiritus meus. exercitatum se dicit in illa contemplatione divina, cum tractaret, qua sapientia cuncta disponat. C.

12. plus illi me vigilaverunt ad decipiendum, quam ego ad custodiendum me .... qui sunt enim isti inimici, nisi illi, de quibus dicit apostolus: non est vobis colluctatio adversus carnem et sanguinem, sed adversus principatus et potestates, et rectores mundi tenebrarum harum. A.

13. conturbatus ergo, ne in eius garrulitate inimici anticipantes vigilias, calumnias quaererent et invenirent, non est locutus. A.

15. dicit enim, quare turbatus est: quoniam dies cogitavit antiquos, Adae videlicet, quibus humanum genus peccatis tenebatur obnoxium. C.

16. anni, de quibus alio loco scriptura dicit deo: ... et anni tui non deficient. A.

18. coepit intus garrire securus, ubi solus in silentio cogitat annos aeternos. A.

19. scrutabatur iste spiritum suum, et cum ipso spiritu suo loquebatur. A.

20. numquid deus in aeternum proiiciet genus humanum. C.

23. hinc ergo praenuntiabat misereri deum, quia eius praevidebat adventum. C.

25. iam seipsum transiliens quid dixit? A.

27. dextera enim excelsi Christus est dominus, per quem sic sumus commutati, ut de conditione servili mereamur etiam eius filii nuncupari. C. — modo me coepit mutare excelsus, modo coepi aliquid, ubi securus sim, modo intravi aliquam aulam gaudiorum, ubi nullus timeatur inimicus. A.

28. quia memor ero ab initio mirabilium tuorum; utique quae humano generi pius miserator indulsit. primum quod Adam fecit ad imaginem et similitudinem suam: deinde quod oblationem Abel iusti susceperit: quod in arca Noe crescente diluvio in mysterium ecclesiae animalia diversa salvaverit; ut Abraham filium suum offerente, typum sui adventus caelesti pietate monstraverit. C.

30. ego sum, inquit, via, veritas et vita. A.

33. si ergo virtus dei Christus, notum fecit Christum in populis. A.

34. brachio tuo, hoc est, virtute tua. A.

35. per Joseph alium populum intellegi voluit, gentium populum intellegi voluit. A.

36. quid sunt aquae? populi . . . . supra autem dix erat, notam fecisti in populis virtutem tuam. A.

37. ideo mutatae sunt, quia timuerunt. A.

38. quid profundius humana conscientia? A.

39. in laudibus dei, in confessionibus peccatorum, in hymnis et canticis, in orationibus multitudo sonitus aquarum. A.

40. denique apostoli relinquentes Judaeos ierunt ad gentes . . . . praedicando Christum. A.

41. verba enim evangelistarum sagittae fuerunt . . . . non in auribus remanserunt, sed corda transfixerunt. A.

42. orbis terrarum est rota. A.

43. nubes illae in rota circumierunt orbem terrarum, circumierunt tonando et coruscando. abyssum commoverunt, praeceptis tonuerunt, miraculis coruscaverunt. A.

44. terra, id est, omnes, qui habitant in terra. A.

45. id est, in gentibus praedicatur Christus tuus. A.

46. hoc est, in populis multis. A.

47. nescio, quos tetigit, et mirum, nisi et ipsos Judaeos . . . . qui adhuc dicunt: nondum venit Christus. A.

48. expulerunt Christum . . . . remansit foris ingrata multitudo. A.

PSALM LXXVII.

1. Psalmus iste ea continet, quae in veteri populo acta narrantur: recentior autem et posterior populus admonetur, ut caveat, ne sit ingratus beneficiis dei eiusque in se provocet iracundiam, cuius obedienter et fideliter debet suscipere gratiam. A.

4. omnia autem haec in figura contingebant illis . . . . quas autem figuras dixit apostolus, eas dicit iste psalmus, quantum existimare possumus, parabolas et propositiones. A.

5. dominus superius loquebatur . . . . quid est ergo, quod nunc repente homo loquitur? iam enim hominis verba sunt . . . . audita enim sunt in veteri testamento, quae cognoscuntur in novo . . . . et patres nostri, Moyses et prophetae, narraverunt nobis. A.

6. haec est nostra generatio, in qua nobis donata est regeneratio. A.

7. ordo verborum est: et patres nostri narraverunt nobis, annuntiantes laudes domini. A.

8. nam quod est, suscitavit testimonium, hoc est, legem posuit, et quod est in Jacob, hoc est in Israel. nam sicut ista duo nomina hominis unius, ita lex et testimonium duo sunt nomina rei unius. A.

11. ut cognoscat generatio altera, quod illa non cognovit. A.

12, 13. nam illi, qui nati sunt, non exsurrexerunt, quia non sursum cor, sed in terra potius habuerunt. cum Christo enim exsurgitur. A.

15. non suam iustitiam iusti volunt constituere. A.

16. et non obliviscantur operum dei, magnificando scilicet et iactando opera sua, tamquam ipsi faciant, cum deus sit, qui operatur in eis, qui bona operantur. A.

18. nec fiant sicut patres eorum. ne murmurent, sicut murmuraverunt quidam in deserto, et perierunt. Br.

21. nam quid est aliud tendere arcum et mittere et converti in die belli, nisi adtendere et promittere in die auditionis et deserere in die tentationis; armis quasi proludere, et ad horam certaminis nolle pugnare. A. — miserunt sagittas, quando admonente Moyse dixerunt: quaecunque locutus est dominus deus noster, faciemus et audiemus. conversi sunt autem in die belli, quando Aaron dixerunt: fac nobis deos, quos adoremus. C.

22. repetitio est superioris sententiae cum quadam eius expositione. hoc enim appellavit legem eius, quod supra dixerat testamentum dei. A.

24. accipimus patres Moysen et Aaron. A.

29. peccare ei, id est, non credere. A.

30. nec aliud quam siccitatem significat. utrum in illa eremi siccitate, an potius in sua? quia licet bibissent de petra, non ventres sed mentes aridas habebant. A.

31. sic enim dicimus aegrotis dari escas propter animas in corpore retinendas; non quia pabulum sit animarum, sed quia per ipsas videtur in hac vita vigor corporis contineri. C.

35. distulit vindictam. C.

40. panis ergo angelorum bene dicitur Christus: quia re vera ipsius laude pascuntur. C.

50. plurimos eorum, vel sicut nonnulli codices habent, pingues eorum . . . . quid aliud intellegendi sunt pingues eorum, nisi superbia praevalentes. A.

51. erant illic etiam electi, quorum fidei non comparabatur generatio prava et amaricans. impediti sunt autem, ne aliquid eis prodessent. A.

55. non propter aeternam vitam, sed vaporem citius finire metuentes. quaerebant ergo eum, non utique iis, quos occiderat, sed qui exemplo eorum occidi timebant. A.

59. sic ergo et in hoc tempore reliquiae per electionem gratiae salvae factae sunt . . . . quia etiam illud remisit, quod ab eis unicus filius eius occisus est. A.

66. de manu tribulantis, id est, de potestate Pharaonis et principum Aegyptiorum. R.

67. Tanis humile mandatum diximus interpretari. C.

68. manationes aquarum, sicut nonnulli melius intellegunt, quod graece scriptum est τὰ ὀμβρήματα, quas latine scaturigines dicimus, ab imo aquas ebullientes. foderunt enim Aegyptii, et sanguinem pro aquis invenerunt. A.

69. misit in eos muscam caninam. C.

70. rubigo occulte nocet, quam etiam aeruginem nonnulli interpretati sunt. A.

72. notandum est autem, quod hae tres plagae, id est, aerugo, pruina et ignis, quas hic dixit, in exodo penitus non legantur . . . . pro istis vero tribus aliae ibi tres sunt positae, sciniphes, ulcera et tenebrae. C.

73. utitur ergo deus angelis malis non solum ad puniendos malos . . . . verum etiam ad probandos et manifestandos bonos, sicuti fecit in Job. quod autem pertinet ad istam materiam corporalem visibilium elementorum, puto, quod ea possunt uti angeli et boni et mali . . . . in libro autem fidelissimo legimus diabolum potuisse etiam de caelo ignem immittere, ad sancti viri tantum pecorum numerum mirabili et horrendo impetu consumendum (vgl. Job 1, 16) . . . . quae cum ita sint, si per angelos malos deus illas plagas inflixit Aegyptiis, numquid audebimus dicere, et aquam in sanguinem per eosdem angelos versam, et ranas per eosdem angelos factas, quorum similia etiam magi Pharaonis veneficiis suis facere potuerunt; ut angeli mali ex utraque parte consisterent, hinc illos affligentes, inde fallentes . . . . non audeo dicere. unde enim sciniphes facere magi Pharaonis minime potuerunt? an quia hoc permissi ipsi angeli mali non sunt? . . . verumtamen quantum nostrae intentioni scriptura divina moderatur, malis poenas irrogari et per bonos angelos, sicut Sodomitis, et per malos angelos, sicut Aegyptiis, legimus: iustos vero corporalibus poenis per bonos angelos tentari et probari, non mihi occurrit. quod vero pertinet ad praesentem psalmi huius locum, si ea, quae mirabiliter de creaturis facta sunt, malis angelis tribuere non audemus: habemus, quod eis tribuere sine dubitatione possumus, mortes pecorum, mortes primitivorum, et illud maxime, unde religata sunt omnia, obdurationem cordis illorum, ut populum dei nollent dimittere. A. — per bonos enim angelos Sodomam subvertit et Gomorrham, quos Abraham et Loth suscipere suis hospitiis meruerunt . . . . iusti quoque tentati sunt a diabolo, ut Job. C.

75. Cham quippe fuit pater Chanaam, cuius posteritas terram ipsam possedisse cognoscitur. C.

77. dicit apostolus, qui eruit nos de potestate tenebrarum, et transtulit in regnum filii caritatis suae: cuius rei populus iste figuram gerebat, cum esset erutus de potestate Aegyptiorum, et translatus in regnum terrae promissionis fluentis lac et mel . . . . tanto fit hoc melius, quanto interius, ubi eruti de potestate tenebrarum in regnum dei mente transferimur, et secundum pascua spiritalia efficimur oves dei ambulantes in hoc saeculo velut in deserto, quoniam nemini est fides nostra conspicua. A.

78. nec timere debemus. si enim deus pro nobis, quis contra nos? A.

79. et inimicos nostros operuit mare, abolevit in baptismo remissione peccatorum. A.

80. significat enim Sion montem. C. — et induxit eos in montem sanctificationis suae; quanto melius in sanctam ecclesiam? A.

81. quanto est ecclesia sublimior, quam adquisivit Christus? A.

82. a facie fidelium suorum. nam quodam modo gentes sunt gentilium errorum maligni spiritus. A.

83. et in nobis omnia operatur unus atque idem spiritus, dividens propria unicuique, prout vult. A.

84. disserendum puto, ut ad caelestem gloriam, unde peccantes angeli eiecti atque deiecti sunt, per Christi gratiam subvehamur. A.

88. in idololatriam eos prosiluisse significat. A.

90. id est, advertit et vindicavit. A.

92. illam gestam commemorat, quando victi sunt ab Allophylis, tempore Heli sacerdotis . . . . cum ergo digni non essent, in quibus habitaret, cur non repelleret tabernaculum, quod utique non propter se instituerat, sed propter ipsos, quos iam iudicabat indignos, in quibus habitaret. A.

93. illud tempus memorat, quando Allophylis Hebraei victi sunt, et caedibus eorum direptionique patuerunt. quapropter virtutem et pulchritudinem significat arcam testamenti, per quam sibi inter gentes videbantur invicti. A.

95. ignem hic iram bellantium debemus advertere. C.

96. ceciderunt enim in gladio filii Heli, quorum unius uxor viduata, et mox in partu mortua, propter eandem perturbationem plangi non potuit honore funeris (vgl. 1. Reg. 4, 19). A. — sacerdotes quoque illorum Ophni et Phinees, filii Heli, ceciderunt in gladio Philistinorum. B. — sacerdotes eorum, scilicet Ophni et Phinees, filii Heli. H.

97. videtur enim dormire, quando populum suum dat in manus eorum, quos odit, ubi eis dicatur: ubi est deus

tuus? . . . nullus hoc de deo dicere audet, nisi spiritus eius. A.

98. illos utique, qui gaudebant, quod arcam eius captivare potuerunt, percussi enim sunt in sedibus suis. quod eius poenae signum mihi videtur, qua quisque cruciabitur, si in posteriora respexerit, quae, sicut apostolus, aestimare debet ut stercora. qui enim sic suscipiunt testamentum dei, ut vetere vanitate non se exuant, similes sunt hostilibus populis, qui arcam testamenti captivatam iuxta sua idola posuerunt . . . . arca autem domini manet in aeternum, secretum scilicet testamenti regnum caelorum, ubi est aeternum verbum dei. sed illi, qui posteriora dilexerunt, ex ipsis iustissime cruciabuntur. A.

99. quia nullus alter taliter punitus est. C.

100. eos potissimum nominavit, qui clarioribus meritis videbantur excellere. nam Joseph pavit in Aegypto patrem et fratres suos, et impie venditus merito pietatis, castitatis, sapientiae, iustissime sublimatus est; et Ephraem maiori fratri avi sui Jacob benedictione praelatus est: et tamen deus repulit tabernaculum Joseph, et tribum Ephraem non elegit. ubi per haec praeclari meriti nomina, quid aliud, quam universum populum illum vetusta cupiditate a domino terrena praemia requirentem, repulsum et reprobatum intellegimus; electam autem tribum Juda, non pro meritis ipsius Judae? longe quippe maiora sunt merita Joseph, sed per tribum Juda, quoniam inde exstitit Christus secundum carnem, novum populum Christi illi populo veteri praelatum scriptura testatur, aperiente domino in parabolis os suum. iam inde etiam quod sequitur: montem Sion, quem dilexit, ecclesiam Christi melius intellegimus, non propter praesentis temporis beneficia carnalia deum colentem, sed futura et aeterna praemia oculis fidei longe speculantem: nam et Sion speculatio interpretatur. A.

101. in terra tamen, id est, in hominibus sanctis sub aeternitate probatur esse fundata, sicut in evangelio Petro dictum est: tu es Petrus, et super hanc petram aedificabo ecclesiam meam. C. — unicornui recte intelleguntur, quorum firma spes in unum illud erigitur. A.

102. et elegit David, quo nomine Christum significavit. addidit servum suum, non filium suum. immo vero hinc agnoscamus, non patri coaeternam unigeniti substantiam, sed formam servi susceptam ex semine David. A.

103. Jesus ab hominibus ad homines, a Judaeis ad gentes, tamen secundum parobolam ab ovibus ad oves ablatus atque translatus est . . . . ac per hoc in Judaea, quae

modo in terra est, non est modo Christus: ablatus est inde, nunc gentium greges pascit. A.

104. quid illo innocentius, qui ullum peccatum, non solum a quo vinceretur, sed etiam quod vinceret, non habebat? A.

105. videtur mihi eam dixisse intellegentiam, quam ipse facit in credentibus . . . . recte anima fidelis dicere potest, intellegere me facito, et perscrutabor legem tuam. A.

PSALM LXXVIII.

1. Asaph synagoga interpretetur, quae est congregatio. A. — est ergo et iste psalmus totus in lamentatione positus, sicut et septuagesimus tertius . . . . Maccabaeorum nobis primus liber insinuat Antiochum regem, cum Hierosolymam venisset, hostiliter civitate opibus enudata, in templo dei idola posuisse. C.

2. dicitur ergo tamquam praeteritum, quod in spiritu videbatur esse futurum . . . qua loquendi consuetudine etiam illud est prophetatum de domini passione: dederunt in escam meam fel. A.

3. de Antiocho in Maccabaeorum libro legitur: iussit coinquinari sancta et sanctum populum Israel, iussit aedificari aras et templa et idola, ut immolarent carnes suillas. C. — hoc itaque templum persecutores in his utique polluerunt, quos ad negandum Christum terrendo vel cruciando coegerunt, atque ut idolis supplicarent vehementer instando fecerunt. quorum multos poenitentia reparavit. A.

4. in custodiam pomorum quod dictum est, desertionem intellegendam existimo, quam fecit vastitas persecutionis: id est, velut custodiam pomorum, quia deseruntur pomorum custodiae, cum poma transierint. A.

6. copiam sceleratae caedis ostendit, ut non solum intra urbem, verum etiam circa muros civitatis tantum provenisset exitium. C.

8. ita dictum est, ac si diceretur, noli domine irasci in finem. A.

9. nomine irae intellegitur vindicta iniquitatis, nomine zeli exactio castitatis, ne anima legem domini sui contemnat, et a deo suo fornicando dispereat. A.

12. non ait, praeteritarum, quae possent esse etiam recentiores, sed antiquarum, hoc est, a parentibus venientium. A

13. anticipent utique ad iudicium tuum. A.

14. non habemus, quod possimus offere iustitiae. C.

15. cum vero adiuvari nos vult, nec ingratus est gratiae, nec tollit liberum arbitrium. A.

16. propter gloriam nominis tui domine libera nos: ut qui gloriatur, non in seipso, sed in domino glorietur. A.

17. non propter nos: nam quid aliud merentur peccata nostra, quam debita et digna supplicia. A.

18. pereunt, qui de deo vero desperaverint, putantes eum vel non esse, vel suos non adiuvare nec eis esse propitium. A.

19. hic est subaudiendum vindicta .... celeritatem postulat ultionis. C. — haec quidem, ut diximus, prophetatio est, non optatio. A.

20. compedes sunt infirmitas et corruptibilitas corporis, quae aggravant animam. A.

21. in diversis enim passionibus constituti orabant pro ecclesia, ne infructuosus esset posteris sanguis illorum, ut dominica seges, unde inimici eam putabant perituram, inde feracius pullularet. A.

22. in sinus eorum dicit, utique nunc in occultis .... homo namque cum datur in reprobum sensum, in interiore sinu accipit suppliciorum meritum futurorum. A.

24. id est, usque in finem saeculi. A.

25. in futuro, saeculo cum videbimus eum sicuti est, cui deinceps annuntietur, non erit. A.

PSALM LXXIX.

1. Cantatur hic de adventu domini et salvatoris nostri Jesu Christi et de vinea eius. sed cantat ille Asaph, quantum apparet illuminatus atque correctus, cuius nomine nostis significari synagogam. denique titulus psalmi est: in finem, pro his qui immutabuntur: utique in melius. quoniam Christus finis legis ideo venit, ut immutet in melius. et addit, testimonium ipsi Asaph. bonum testimonium veritatis .... concludit autem titulus psalmi: pro Assyriis. Assyrii interpretantur dirigentes. iam ergo non sit generatio, quae cor non direxit suum, sed generatio iam dirigens. A.

2. invocatur, ut veniat, desideratur, ut veniat; ergo dirigentes inveniat. A.

3. Joseph fidelem populum debemus advertere .... rogat, ut beneficio sanctae incarnationis appareat. C.

4. appare, inquam, coram gente Judaeorum, coram populo Israel. ibi enim Ephraem, ibi Manasses, ibi Beniamin. A.

6. aversi enim sumus a te, et nisi tu convertas, non convertemur. A.

8. iam servi tui: irascebaris in orationem inimici tui, adhuc irasceris in orationem servi tui? ... ita plane irasceris, ut pater corrigens, non ut iudex damnans. A.

9. apostolum audi: fidelis deus, qui non vos permittit tentari supra quam potestis ferre. ipsa est mensura pro vi-

ribus tuis: ipsa est mensura, ut erudiaris, non ut opprimaris. A.

10. de Asaph electi sunt, qui irent ad gentes et praedicarent Christum, et diceretur eis: quis est iste novorum daemoniorum annuntiator? A.

11. quem praedicabant? mortuum resurrexisse Christum .... contradicebatur. sed contradictor vincebatur .... ibi tamen magna flamma, ibi martyres cibati de pane lacrimarum et potati in lacrimis, sed in mensura, non amplius quam poterant ferre. A.

12. repetitur versus, quem iam superius ante hos tres posuisse monstratur. C.

13. Amorrhaei, Cethaei, Jebusaei, Gergesaei et Evaei. quibus expulsis et victis introductus est populus ex Aegypto liberatus. A.

14. gens autem Judaea usque ad mare, et usque ad flumen regnavit. usque ad mare: apparet in scriptura, quod mare ibi vicinum sit. et usque ad flumen Jordanem. trans Jordanem enim aliquid Judaeorum collocatum est, intra Jordanem autem tota gens .... non autem a mari usque ad mare, et a flumine usque ad terminos orbis terrae; illa iam perfectio vineae est, de qua hic praedixit: viam fecisti in conspectu eius, et plantasti radices eius, et implevit terram .... initium vis audire? usque ad mare et usque ad flumen. finem vis audire? dominabitur a mari usque ad mare, et a flumine usque ad terminos terrae: hoc est implevit terram. A.

15. videamus ergo testimonium Asaph, quid factum est primae vineae, quid est expectandum secundae vineae .... montes dei, omnes sanctos prophetas, patriarchas. A.

17. quid est, viam transeuntes? temporaliter dominantes. A.

18. singularem autem ferum, Titum eius filium (i. e. Vespasiani) C. — de silva, de gentibus .... quid est singularis ferus? ... hoc enim dicit omnis superbus: ego sum, ego sum, et nemo. A.

19. quamvis haec facta sint, convertere vero. A.

21. magnum firmamentum: aedifica, quantum potes. fundamentum enim aliud nemo potest ponere, praeter quam quod positum est, quod est Christus Jesus. A

22. peccata; ab increpatione vultus eius peccata perierunt .... omnia peccata duae res faciunt in homine, cupiditas et timor .... proponitur praemium, ut pecces, id est, quod te delectat, facis propter quod cupis. sed forte non induceris donis, terreris minis, facis propter quod times .... itaque, fratres mei, ad omne recte factum amor et timor ducit: ad omne peccatum amor et timor ducit. ut facias bene, amas

deum, et times deum: ut autem facias malo, amas mundum et times mundum . . . . ac per hoc sicut omnia iusta opera bono timore et bono amore fiunt: sic malo amore et malo timore omnia peccata committuntur. A.

23. ostendat se misericordia tua, fac bene cum vinea tua, perfice illam. A.

24. nam prius amabamus terram, non te . . . . innovabis nos, vitam interioris hominis dabis nobis. A.

PSALM LXXX.

1. Accipite torcularia mysterium ecclesiae, quod nunc agitur. in torcularibus animadvertimus quaedam tria, pressuram, et de pressura quaedam duo, unum recondendum, alterum proiiciendum. fit ergo in torculari conculcatio, tribulatio, pondus: et in his oleum eliquatur occulte in gemellarium, amurca publice per plateas currit . . . . videtur enim mihi, quoniam baptizatis loquitur. quinto enim die deus ex aquis creavit animalia: quinto die, id est, quinta sabbati . . . . videte ergo vos, in quibus iam produxerunt aquae reptilia animarum vivarum. vos enim ad torcularia pertinetis: et in vobis, quos produxerunt aquae, aliud eliquatur, aliud proiicitur. sunt enim multi non digne viventes baptismo, quod perceperunt. quam multi enim baptizati hodie circum implere, quam istam basilicam maluerunt? A.

2 vos, qui congregati estis hodie, vos hodie Asaph domini, siquidem vobis canitur psalmus. A.

3. exsultant alii deo suo ventri suo, exsultate vos deo vestro adiutori vestro . . . . quidquid verbis explicare non poteritis, non ideo tamen ab exsultatione cessetis: quod poteritis explicare, clamate, quod non potestis, iubilate. A.

4. dicit quodam loco apostolus Paulus reprehendens et dolens, quod nemo illo communicaverit in ratione dati et accepti. quid est in ratione dati et accepti, nisi quod alio loco aperte exposuit: si nos vobis spiritalia seminavimus, magnum est, si nos vestra carnalia metamus? et verum est, quod tympanum, quod de corio fit, ad carnem pertinet. psalmus ergo spiritalis est, tympanum carnale . . . . si ergo avidi estis in spiritalibus accipiendis, devoti estote in carnalibus erogandis. A.

5. psalterium lignum illud concavum, unde canorae cordae redduntur, in superiore parte habet, deorsum feriuntur cordae, ut de super sonent. in cithara vero haec eadem concavitas ligni partem inferiorem tenet: tamquam illud sit de caelo, hoc de terra. caelestis enim est praedicatio verbi dei . . . . hoc alio modo dictum est, quod supra, accipite psal-

mum et date tympanum: hic pro psalmo psalterium, pro tympano cithara posita est. A.

6. tuba canite, hoc est, clarius et fidentius praedicate, ne terreamini: sicut ait propheta quodam loco: exclama et exalta sicut tuba vocem tuam . . . . praeceptum erat, ut in initio mensis tuba caneretur . . . . initium enim mensis nova luna est: nova luna nova vita est. A.

7. praeceptum fuerat inter alia Judaeis, ut a prima die septimi mensis septem diebus tuba canerent; quod hodieque carnaliter faciunt, non intellegentes, ideo fuisse iussum, quoniam spiritus sancti gratia septiformis baptizandis erat toto orbe praedicanda. C.

8. dicit causam, quare debeant tuba canere: quia lex data est per Moysen in israelitico populo. qua cognita nullus peccare debuisset. iudicium autem deo Jacob, id est, deo christianorum. ipse enim rationalem creaturam caelesti veritate iudicavit, sicut in evangelio ait: pater non iudicat quempiam, sed omne iudicium dedit filio. C. — in iudicium, inquit, veni in hunc mundum, ut qui non vident, videant, et qui vident, caeci fiant . . . . hoc agit mysterium torcularis, ut qui non vident, videant, et qui vident, caeci fiant. A.

9. Joseph interpretatur augmentatio. meministis, nostis Joseph in Aegyptum venditum, Christus ad gentes transiens. ibi Joseph post tribulationes exaltatus, et hic Christus post passionem martyrum glorificatus. ergo ad Joseph magis gentes pertinent: et ideo augmentatio, quia multi filii desertae, magis quam eius, qui habet virum . . . . videte et hic significari quintam sabbati: quando exiit de terra Aegypti Joseph, id est, populus multiplicatus per Joseph, per mare rubrum traiectus est . . . . nihil aliud tunc in figura portendebat transitus populi per mare, nisi transitum fidelium per baptismum . . . . nihil ergo aliud significabat transitus populi per mare, nisi sacramentum baptizatorum, nihil aliud insequentes Aegyptii, nisi abundantiam praeteritorum delictorum. videtis evidentissima sacramenta: premunt Aegyptii, urgent, instant ergo peccata, sed usque ad aquam . . . . time, ne remaneat aliquid peccatorum, si vixit aliquis Aegyptiorum. A.

10. nos a terra Aegypti, id est, a vitiis carnalibus absoluti sacra unda regenerante renascimur. C. — cum eductus fueris a delictis tuis in manu potenti et brachio forti, percepturus es mysteria, quae non noveras . . . . audies, ubi debeas habere cor. A.

12, 13. per cophinum significantur opera servilia: mundare, stercorare, terram portare, cophino fit, servilia sunt opera: quia omnis, qui facit peccatum, servus est peccati; et si vos filius liberaverit, tunc vere liberi eritis . . . . sed et quando in cophino serviebat Joseph, terram ibi portabat, quia lateres faciebat . . . . recognoscat se unaquaque conscientia christiana, si devote transierit mare rubrum, si cum fide credendi et observandi linguam, quam non noverat, audivit, recognoscat se in tribulatione exauditam . . . . ecce baptizatus es, conscientia, quae heri premebatur, hodie gratulatur. A.

14. non in tempestate maris, sed in tempestate cordis. A.

15. qui exauditus est in abscondito tempestatis, debet probari in aqua contradictionis. cum enim crediderit, cum baptizatus fuerit, cum viam dei carpere coeperit, cum in gemellarium eliquari intenderit, et ab amurca publice currente se extraxerit, habebit multos exagitatores, multos insultatores . . . . senserunt illam maiores nostri, quando verbo dei, quando mysterio Christi acriter resistebant gentes, turbabatur aqua. aquas enim pro populis aliquando intellegendas evidenter apocalypsis scriptura demonstrat, ubi aquae multae cum viderentur, et quaereretur, quid essent, responsum est: populi sunt . . . . recolitis, quid de Christo dictum sit, sic natum eum esse in multorum ruinam et multorum resurrectionem et in signum, cui contradiceretur . . . . hoc totum ab initio psalmi usque ad hunc versum de oleo torcularis audivimus. quod restat, magis dolendum est et cavendum: ad amurcam enim torcularis pertinet usque ad finem, fortasse non frustra et interposito diapsalmate. A. — si ad historiam referas, aquam contradictionis dicit, quando in deserto fluenta israeliticus populus incredulis mentibus expetebat. C.

17. deus recens et ad tempus factus: deus autem noster non recens, sed ab aeternitate in aeternitatem . . . . deus recens aut lapis aut phantasma est . . . . multi ergo haeretici cum paganis alios et alios deos sibi ipsi fecerunt . . . . in te, in corde tuo. A.

18. in deceptione erroris tui tecum portabis deum tuum recentem, remanens vetustus. A.

19. quid vis adorare, quod non est? A.

20. quia ego sum, qui sum. A.

21. non illi tantum populo dicitur. omnes enim educti sumus de terra Aegypti, omnes per mare rubrum transivimus, inimici nostri persequentes nos in aqua perierunt. A.

22. angustias pateris in te propter deum recentem constitutum in corde tuo . . . . dilata os tuum confitendo, amando. et adimplebo illud, quoniam apud me fons vitae. A.

25. secundum afflictiones cordis eorum: donavi eos sibi. A. — ille enim suae plebi tamquam oleo loquebatur: sed amurca non poterat audire . . . . sequitur ultio digna peccati. non enim dimittitur impunitus, qui a domini tuitione deseritur; ille enim quos relinquit, affligit. C.

26. nunc vero quid queruntur de inimicis? ipsi facti sunt peiores inimici. A.

27. renuntias? renuntio. et redit ad quod renuntiat. utique quibus rebus renuntias, nisi factis malis, factis diabolicis .... his omnibus renuntias, et rursus his inflexus superaris .... dicendo, eo ad vineam et non eundo. A.

28. unusquisque autem super fundamentum videat, quid superaedificat. alius enim, superaedificat aurum, argentum, lapides pretiosos, alius ligna, foenum, stipulam: uniuscuiusque opus quale sit, ignis probabit: dies enim domini declarabit, quia in igne revelabitur. si cuius opus permanserit, quod superaedificavit, mercedem accipiet: hoc est, quia super fundamentum iusta opera aedificavit, aurum, argentum, lapides pretiosos .... et erit tempus eorum in aeternum, non accipio nisi ignem aeternum .... sed de impiis dixit, ait aliquis, non de me, qui, quamvis peccator sim, quamvis adulter, quamvis fraudator, quamvis raptor, quamvis periurus, habeo tamen in fundamento Christum, christianus sum, baptizatus sum, ego per ignem purgor, et propter fundamentum non pereo. dic mihi iterum: quid es? christianus, inquit. interim transi. quid aliud? raptor, adulter, et cetera, de quibus apostolus dicit: quoniam qui talia agunt, regnum dei non possidebunt. A. — mentiuntur enim, qui bonis se pollicitationibus obligantes, in pessimos iterum relabuntur errores. de paganis enim dici non potuit, qui nulla fuerint domini promissione constricti. C.

29. adipem quippe dicimus animalium pinguedinem corpulentam, quod nomen ad frumentum abusive translatum est. C. — et cibavit illos ex adipe frumenti: miscuit eos sacramentis suis. et Judam, quando dedit buccellam, ex adipe frumenti cibavit. et inimicus domini mentitus est ei, et erit tempus eius in aeternum. A.

30. quam multi ergo inimici domini mentientes domino cibantur, non solum ex adipe frumenti, sed etiam de petra melle, de sapientia Christi? quam multi delectantur verbo eius et cognitione sacramentorum eius, solutione parabolarum eius, quam multi delectantur, quam multi clamant? et non est hoc mel de quolibet homine, sed de petra. petra autem erat Christus. quam multi ergo satiantur de melle isto clamant, dicunt: suave est. dicunt: nihil melius. nihil dulcius vel intellegi vel dici potuit. et tamen inimici domini mentiti sunt ei. A.

PSALM LXXXI.

1. Ad synagogam, quod est Asaph, eius intellegentia referatur. A. — Asaph, quem pro significatione sui nominis in

titulo constat appositum, contra Judaeos de Christi adventu per totum loquitur psalmum. C.

2. cum paulo post hunc versum idem iste psalmus asserat, et quos deos intellegi velit, in quorum synagoga stetit deus, apertius exprimat, ubi ait: ego dixi, dii estis, et filii altissimi omnes . . . . in synagoga populum Israel accipimus. A.

3. discernit autem deos, ex eadem conspersione faciens alia vasa in honorem, alia in contumeliam. A.

4. dedi legem, duriter restitistis, misi prophetas, iniuriis affecistis aut interfecistis, aut haec agentibus connivistis . . . . numquid etiam nunc et ipse heres veniens occidendus est? nonne ipse propter vos sine patre esse voluit, tamquam pupillus? . . . haec dicta sunt, ut sciretur in eo populo, in quo natus et occisus est Christus, nec illos fuisse immunes a tanto scelere, qui cum essent tantae multitudinis, ut eos, sicut evangelium loquitur, timerent Judaei, et propterea in Christum manum mittere non auderent, postea conniverunt, eumque interimi a malignis et invidis Judaeorum principibus permiserunt. A.

6. non illos propter se superbos et divites, sed istum propter vos humilem et pauperem, iustum credite, iustum praedicate. A.

8. et illi si cognovissent, nunquam Barrabam liberandum, et Christum crucifigendum petere consensissent. A.

9. quia et illi si cognovissent, nunquam dominum gloriae crucifixissent. A.

10. sed quoniam supra memorata caecitas ex parte Israel facta est, donec plenitudo gentium intraret, per hanc utique illius populi caecitatem crucifixo Christo movebuntur omnia fundamenta terrae . . . . et si intellegamus fundamenta terrae, terrenorum bonorum copia felices, recte praedictum est, quod moverentur, vel admirando sic amari, sic coli humilitatem, paupertatem, mortem, velut magnam secundum ipsos miseriam Christi, vel ipsi quoque huius mundi vana felicitate contemta, illam diligendo atque sectando. ita moventur omnia fundamenta terrae, cum partim mirantur, partim etiam commutantur. A. — signum dicit, quod in crucifixione domini constat evenisse . . . . terra vero mota potest et spiritaliter accipi, quia illo tempore multi peccatores, id est, terreni homines, viso tanto miraculo crediderunt. C.

11. terrenae autem felicitatis regnum superbia est, contra quam venit humilitas Christi, exprobrans eis, quos vult ex humilitate filios altissimi facere, atque increpans . . . . ego inquit dixi, dii estis, et filii altissimi omnes, id est, omnibus vobis promisi caelestem felicitatem: vos autem per infirmi-

tatem carnis sicut homines moriemini, et per elationem animi sicut unus ex principibus, id est, diabolus, non extollemini, sed cadetis. A.

13. fit ergo hereditas eius per caritatem. A.

PSALM LXXXII.

1. Homo ergo ille, qui vocabatur Asaph, in figura congregationis populi dei in multorum psalmorum titulis ponitur. A. — Asaph, qui multa iam in superioribus psalmis de domini incarnatione praedixerat, nunc in primo membro de adventu eius secundo dicturus est. C.

2. quod ego arbitror accommodatius accipi in Christo .... multis enim similis in humilitate esse voluisti, usque et latronibus, qui tecum sunt crucifixi, sed in claritate cum venies, quis similis erit tibi? quid enim magnum dicitur, cum deo dicitur, quis similis erit tibi, nisi illi dicatur, qui similis esse hominibus voluit, formam servi accipiens .... quia vero ad formam servi relatum est, tunc eius a ceteris hominibus dissimilitudo apparebit, quando apparebit in gloria. A.

3. tacuit enim, ut iudicaretur, quando venit occultus: non autem tacebit, ut iudicet, quando veniet manifestus. A.

4. omnibus insanis unum est caput, antichristus. C. — quando eo perventuri sunt, ut etiam illud caput habeant, quod extollitur super omne, quod dicitur deus, et quod colitur: ut in illo maxime impleatur .... ne taceas neque mitescas deus, interficiet spiritu oris sui. A.

10. testamentum sane in scripturis non illud solum dicitur, quod non valet, nisi testatoribus mortuis: sed omne pactum et placitum testamentum vocabant. nam Laban et Jacob testamentum fecerunt, quod utique etiam inter vivos valeret. A.

11. quorum vocabulorum interpretatio satis indicat, quid velit intellegi. talibus enim nominibus convenientissime figurantur veritatis inimici. Idumaei quippe interpretantur vel sanguinei vel terreni. Ismaelitae, obedientes sibi, utique non deo, sed sibi. Moab, ex patre .... pater Lot filiae suae illicite se utenti permixtus eum genuit .... Agareni, proselyti, id est, advenae: quo nomine significantur inter inimicos populi dei non illi, qui cives fiunt, sed qui in animo alieno atque adventitio perseverant, et nocendi occasione inventa se ostendunt. Gebal, vallis vana, id est, fallaciter humilis. Amon, populus turbidus vel populus maeroris. Amalech populus linguens, unde alibi dictum est: et inimici eius terram linguent. alienigenae, quamvis et ipso nomine latino se indicent alienos, et ob hoc consequenter inimicos, tamen in hebraeo dicuntur Philistiim .... Tyrus lingua hebraea dicitur Sor: quod sive angustia sive tribulatio interpretatur. A.

12, 13. Assur autem pro ipso diabolo figurate intellegi solet, qui operatur in filiis diffidentiae, tamquam in vasis suis, ut oppugnent populum dei. facti sunt, inquit, in adiutorium filiis Lot .... Lot, qui interpretatur declinans. angeli autem apostatici bene intelleguntur tamquam filii declinationis: a veritate quippe declinando in satellitium diaboli discesserunt. A.

14, 15, 16, 17. interpretationes autem eorum nominum istae sunt. Madiam interpretatur declinans iudicium, Sisara gaudii exclusio, Jabin sapiens. sed in his inimicis a populo dei superatis ille intellegendus est sapiens, de quo apostolus dicit: ubi sapiens, ubi scriba, ubi conquisitor huius saeculi? Oreb siccitas: Zeb lupus. Zebee victima, sed lupi: habet enim et ipse victimas suas. Salmana umbra commotionis. haec omnia congruerunt malis, quos in bono vincit populus dei porro autem Cison, in quo torrente victi sunt, interpretatur duritia eorum. Endor, ubi perierunt, interpretatur fons generationis, sed utique carnalis, cui dediti perierunt: non curantes regenerationem, quae perducit ad vitam, ubi non nubent, neque uxores ducent, non enim incipient mori. merito ergo de his dictum est: facti sunt ut stercus terrae: de quibus nihil propagatum est, nisi terrena fecunditas: sicut ergo illi omnes in figura superati sunt a populo dei, sic istos inimicos precatur in veritate superari. A.

18. ipse est sonitus inanis, quo, ut supra dictum est, inimici tui sonuerunt. sanctuarium autem dei quid intellegendum est, nisi templum dei, de quo apostolus ait: templum enim dei sanctum est, quod estis vos? nam quid aliud inimici, nisi populum dei possidere, id est, subiugare moliuntur, ut cedat in eorum impias voluntates? A.

19. convenienter quidem accipitur, ut non sint in eo quod cogitant stabiles: verumtamen etiam sic recte posse intellegi existimo, pone illos ut rotam, quod rota ex his, quae retro sunt, extollitur, ex his, quae ante sunt, deiicitur: sic fiunt omnes inimici populi dei. A.

20. ponitur autem pro tentatione, qua levia et inania corda rapiuntur. A.

21. ignem quoque et flammam posuit iudicii tempus. C. — silvam dixit propter sterilitatem, montes propter elationem: tales enim sunt inimici populi dei, inanes iustitiae, pleni superbia. ignem vero et flammam dicens, hoc idem alio nomine repetivit, quo intellegi voluit iudicantem atque punientem deum. quod autem ait, in tempestate tua, hoc idem consequenter exposuit dicens, in ira tua: et quod supra dixit, persequeris eos, hoc postea, conturbabis eos. A.

24. cognoscant, inquit, quia nomen tibi dominus: tam-

quam non vero nec suo nomine nuncupentur, quicunque alii domini nominantur; quoniam serviliter dominantur, et vero domino comparato nec domini sunt. A.

25. desinit enim superbire terra, id est, homo, cui dictum est: terra es, et quid superbit terra et cinis? A.

PSALM LXXXIII.

1. Homines antequam accedant ad servitutem dei, fruuntur in saeculo tamquam deliciosa libertate, velut uvae aut olivae pendentes; sed quoniam dictum est: fili accedens ad servitutem dei sta in iustitia et timore et praepara animam tuam ad tentationem: accedens quisque ad servitutem dei ad torcularia se venisse cognoscat; contribulabitur, conteretar, comprimetur, non ut in hoc saeculo pereat, sed ut in apothecas dei defluat. exuitur carnalium desideriorum integumentis, quasi vinaciis: hoc enim ei contigit in desideriis carnalibus . . . . hoc totum non fit nisi de pressura. propterea torcularia nominantur ecclesiae dei huius temporis . . . . filios Core, interpretatos habemus filios calvi . . . . filii Core, domini scilicet nostri Jesu Christi. iam occurrit caritati vestrae ex evangelio, quare calvus gerebat personam Christi, recordamini. quod in calvariae loco crucifixus est . . . . christianorum ergo sunt ista torcularia. in pressuris autem constituti ad hoc conterimur. A.

2. erat in tabernaculis quibusdam, id est, in torcularibus: sed desiderabat alia tabernacula, ubi nulla pressura est. in his illuc suspirabat, ab his in illa per desiderii carnalem quodam modo defluebat. A.

3. sed quo deficit? A.

4. defecit uva pressa: sed quo defecit? in vinum et in lacum, et in apothecae requiem, servanda in quiete magna. A.

5. unde exultatio nisi de spe? A.

6, 7. cor tamquam passer, caro tamquam turtur . . . . habebit quendam caelestem locum, perpetuam domum . . . . domus tamquam ad sempiternum eligitur, nidus ad tempus congeritur. corde cogitamus deum, tamquam volante passere ad domum suam: carne autem agimus opera bona. A.

8. evenit, ut ieiuniorum sacrificia suaviter offerantur, ut cibum pauperibus demus, et sepeliamus defunctos, aegrotis serviamus, positos in carcere visitemus, et cetera pietatis officia. C.

9. unde autem ibi beati? quid habituri, quid acturi? A.

10. hoc erit totum negotium nostrum, sine defectu halleluia. non vobis, fratres, videatur quasi fastidium ibi futurum: quia si modo hoc diu dicatis, non duratis, ab illo gaudio necessitas vos avertit. A.

11. quomodo perveniam? . . . desperatione quadam

suborta, rursus in spem evigilavit et ait: beatus vir, cuius est susceptio eius abs te, domine. A.

12. facit ille gradus, quibus adscendat .... ubi? intus in corde. in qua regione? A.

13. in convalle plorationis. ut quo adscendatur? A.

15. et quid nobis praestitit ista gratia et benedictio? A.

16. nam et virtutes agendae vitae nostrae quatuor describuntur a multis, et in scriptura inveniuntur. prudentia .... iustitia .... temperantia dicitur, qua libidines refrenamus. fortitudo .... ab his virtutibus imus in illam virtutem. A.

17. quae erit illa virtus, nisi solius contemplationis dei? ... deus deorum, Christus christianorum .... finita omni necessitate mortalitatis, sicuti est deus apud deum, verbum apud patrem, per quod facta sunt omnia, apparebit mundis corde. A.

18. audi ergo me, deus Jacob, et fac me Israel. quando fiam Israel? cum apparebit deus deorum in Sion. A.

19. protector noster adspice deus. sub umbra alarum tuarum sperabunt. A.

20. ut praesentia incarnationis gentibus illum innotescere faceret. C. — notus sit omnibus Christus tuus, ut possimus ire a virtutibus in virtutem. A.

22. quam multi praeter tabernaculum hoc torcularis dominici, id est, praeter ecclesiam catholicam volentes sublimari, et amantes honores suos, nolunt cognoscere veritatem. A.

23. dominus misericordiam diligit, qua mihi primo subvenit: veritatem diligit, ut credenti det quod promisit. audi misericordiam et veritatem in apostolo Paulo, prius Saulo persecutore .... ut cum indulgentiam tantorum scelerum acciperet Paulus, nemo desperaret posse sibi donari quaecunque peccata .... indulgentiam donavit, coronam reddet. A.

24. quam gratiam, nisi de qua ipse dixit: gratia dei sum, quod sum. quam gloriam, nisi de qua ipse dixit: superest mihi corona iustitiae? A.

25. erit enim postea etiam bonum tuum, quod desideras, requies, aeternitas, immortalitas, impassibilitas erit postea. A.

PSALM LXXXIV.

1. In finem, direxit cor nostrum in Christum. in illum si intendamus, non errabimus, quia ipse est veritas, quo festinamus et ipse est via, per quam curramus. quid est filiis Core? interpretatur Core ex verbo hebraeo in latinum calvus. ergo filiis Core filiis calvi. quis est iste calvus? non ut irrideamus illum, sed ut ploremus ante illum .... itaque cantat ei propheta in futurum, et utitur verbis quasi iam praeteriti

temporis; tamquam facta dicit, quae futura erant: quia apud deum, et quod futurum est, iam factum est. A.

2. praevidens psalmista futura miracula, tamquam de praeterito laetus exsultat adventu domini benedictam terram esse pronuntians, id est, carnem utique, quam ipse est dignatus assumere. C.

3. an forte intellegimus hic aliam captivitatem, de qua omnes nos volumus liberari? . . . quae est ergo illa captivitas, unde nos volumus liberari? . . . modo ostendo quandam captivitatem, in qua gemimus et unde nos liberari cupimus. Paulus apostolus procedat, ipse illam dicat . . . . condelector enim legi dei secundum interiorem hominem: intus delectat me lex dei. video autem aliam legem in membris meis, repugnantem legi mentis meae. iam audisti legem, audisti pugnam; captivitatem nondum audieras, audi quae sequuntur: repugnantem, inquit, legi mentis meae, et captivum me ducentem in lege peccati, quae est in membris meis . . . . cum diceret, se trahi captivum a lege in membris suis repugnante legi mentis suae, exclamavit sub illa captivitate et ait: infelix ego homo, quis me liberabit de corpore mortis huius? . . . gratia dei per Jesum Christum dominum nostrum. de hac gratia dei propheta dicit huic domino Jesu Christo: avertisti captivitatem Jacob. adtendite, captivitatem Jacob, adtendite quia hoc est, avertisti captivitatem nostram: non liberando nos a barbaris, in quos non incurrimus, sed liberando nos ab operibus malis, a peccatis nostris, per quae nobis satanas dominabatur. A.

5. quid est operuisti? ut non illa videres. A.

10. petit ergo, ut quia priori generationi pro pertinaciae suae qualitate iuste iratus est dominus, ne secundae generationi idem velit irasci: quae etsi a peccato immunis esse non potest, tamen per gratiam baptismatis et satisfactionem confessionis culparum suarum sordibus desiderat expiari. C.

11. noli tibi ergo arrogare nec ipsam conversionem: quia nisi te ille vocaret fugientem, non posses converti. A.

13. salutare tuum, Christum tuum . . . . cum apparuerit, similes ei erimus, quoniam videbimus eum, sicuti est . . . . carnem caro videbat, divinitatem cor non videbat. A.

14. loquebatur in illo deus intus, et mundus faciebat illi strepitum foris. cohibens ergo aliquantum ab strepitu mundi, et avertens se ad se, et a se in illum, cuius vocem audiebat interius, quasi obturans aurem contra tumultuantem vitae huius inquietudinem . . . . ait: audiam quid loquetur in me dominus deus. A. — intus enim loquitur dominus, id est, spiritus sanctus. C.

15. nondum est ergo pax, ubi pugna est . . . . quae

erit perfecta pax? oportet corruptibile hoc induere incorruptionem, et mortale hoc induere immortalitatem. A.

16. erant quidam, qui iam timebant eum in gente Judaeorum. A.

17. veritas in terra nostra ex persona Judaeorum, misericordia in terra gentium. A. — duo testamenta in unius seriem copulationis adducta sunt. in novo enim misericordia est, in qua per gratiam liberatur genus humanum: in veteri veritas, ubi lex et prophetarum annuntiatio continetur. C.

18. si enim non amaveris iustitiam, pacem non habebis .... non facias alteri, quod tu pati non vis. A.

19. sed ut iustitia de caelo prospiceret, id est, ut iustificarentur homines divina gratia, veritas nata est de Maria virgine .... possumus hinc dicere alterum sensum: veritas de terra orta est, confessio ab homine .... confitere peccata tua et orietur de te veritas .... intende illum publicanum, longe a pharisaeo in templo orantem, qui neque oculos ad caelum audebat levare, sed percutiebat pectus suum dicens: dominus propitius esto mihi peccatori. A.

20. confitens illi peccata tua mereberis ab illo delectationem, et suavitatem iustitiae faciendae dabit tibi, ut incipiat te delectare iustitia, quem primo delectabat iniquitas. A.

22. iustitia illa est, quae est in confessione peccatorum. veritas enim ipsa est .... quia ergo ipsa est prima hominis iustitia, ipsa fit via deo, ut veniat ad te deus: ibi illi fac viam, in confessione peccatorum. ideo et Johannes .... dicebat: parate viam domino. A.

PSALM LXXXV.

1. David autem quod positum est, dominum significat salvatorem .... per totum psalmum orat dominus Christus: in prima sectione dicens, quae ipsi tantum probantur aptari. secunda pro membris suis, quorum ipse caput est, humilius deprecatur. C.

2. ad inopem et egenum inclinat aurem, id est, ad humilem et ad confitentem, ad indigentem misericordia; non ad saturatum et extollentem se et iactantem, quasi nihil ei desit .... dives enim pharisaeus iactabat merita sua, inops publicanus confitebatur peccata sua. A.

3. nescio utrum potuerit forte alius dicere, nisi ille, qui sine peccato erat in hoc mundo .... audeat et corpus Christi, audeat et unus ille homo clamans a finibus terrae cum capite suo et sub capite suo dicere: quoniam sanctus sum. accipit enim gratiam sanctitatis, gratiam baptismi et remissionis peccatorum .... clamet ubique patiens tribulationes, diversas

tentationes et scandala innumerabilia, dicat: custodi animam meam. A.

4. ecce ille sanctus non est superbus, quia sperat in domino. A.

5. tota die, omni tempore intellege: ex quo corpus Christi gemit in pressuris, usque in finem saeculi, quo transeunt pressurae, gemit iste homo et clamat ad deum, et unusquisque nostrum pro portione habet clamorem suum in toto isto corpore. clamasti tu diebus tuis, et transierunt dies tui; successit tibi alius, et clamavit diebus suis; et tu hic, ille ibi, ille alibi: corpus Christi tota die clamabat sibi decedentibus et succedentibus membris. unus homo usque in finem saeculi extenditur. eadem membra Christi clamant, et quaedam membra iam in illo requiescunt, quaedam modo clamant, quaedam vero cum ipsi nos requieverimus clamabunt, et post illa alia clamabunt. totius corporis Christi hic adtendit vocem dicentis: ad te clamavi tota die. A.

6. in terra enim erat et in terra amaritudinem sentiebat .... ne omnem tuae gratiae suavitatem amitteret, levavi eam ad te: iocunda eam apud te. solus enim tu es iocunditas: amaritudine plenus est mundus .... amando adscendis, neglegendo descendis. stans in terra in caelo es, si diligas deum. A.

7. suavis, quia post amaritudinem huius mundi dulcis est ad se recurrentibus. mitis, quia diu sustinet peccatores. C. — diceret unusquisque sibi contingere, et alteri non contingere, nisi inveniremus in scripturis dei David orantem quodam in loco et dicentem: quoniam inveni, domine, cor meum, ut orarem ad te. invenire se dixit cor suum, quasi soleret ab eo fugere .... videor mihi videre ad hoc dixisse mitem deum, quia patitur ista nostra, et expectat tamen a nobis orationem, ut perficiat nos .... quis enim est, fratres mei, homo, cum quo si coeperit amicus eius colloqui, et voluerit ille respondere collocutioni eius, et viderit eum averti a se, et aliud loqui ad alium, qui hoc ferat. A.

8. non enim solum misericors, sed multum misericors. A.

9. quidam invocantes non ipsum invocant. de quibus dicitur: deum non invocaverunt. invocant sed non deum. invocas, quidquid amas .... ego, inquis, non hoc petebam, non inimici mei petebam mortem, sed vitam petebam filii mei. quid mali petebam? nihil mali petebas, sicut tu sentiebas. nam quid si ille raptus est, ne malitia mutaret intellectum illius? sed peccator, inquis, erat, et ideo volebam eum vivere, ut corrigeretur .... quid si deus noverat, si viveret, peiorem futurum? unde ergo nosti, quid illi prodesset, mori an vivere? si ergo non nosti, redi ad cor tuum, dimitte deo consilium

suum. quid ergo, inquis, faciam? quid orem? . . . ama deum tamquam deum, illo melius nihil est, ipsum desidera, ipsum concupisce. A.

10. respondeat deus et dicat nobis: vis figam orationem tuam in auribus meis? fige in corde tuo legem meam. A.

11. causa, ut exaudires me, quia in die tribulationis meae clamavi ad te. paulo ante dixerat, tota die clamavi, tota die tribulatus sum. nullus ergo christianus dicat esse diem, in quo non sit tribulatus. totam diem, totum tempus intelleximus. tota die tribulatur. quid ergo tribulatio est, et quando bene est? utique tribulatio. unde tribulatio? quia quamdiu in corpore sumus, peregrinamur a domino . . . . postremo sint copiae, redundet affluentia huius saeculi, detur securitas, quod non pereant. dicat deus de super: aeternus in his eris, aeterna tecum erunt ista, sed meam faciem non videbis . . . . gauderemus in illis bonis? A.

12. fingant sibi deos, quos volunt, pagani . . . . quales deos? oculos habentes et non videntes, et cetera quae dicit psalmus consequenter (vgl. Ps. 113,5). A.

13. quis enim ut ille fecit caelum terramque vel omnia, quae in eis sunt, momentanea possit celeritate perficere. C.

14. modo videtur, quod dictum est. A.

15. cum legamus, et magos Pharaonis miracula diversa fecisse, hic dicitur, quod ipse solus miracula possit efficere . . . . illa enim vere nequeunt dici miracula, quae ad nullam utilitatem simulata deceptis oculis blandiuntur. C.

16. via tua, veritas tua, vita tua, Christus . . . . qui praeter viam sunt, christiani non sunt, aut catholici nondum sunt: deducantur ad viam. sed cum perducti fuerint ad viam, et catholici in Christo facti fuerint, ab ipso deducantur in ipsa via, ne cadant . . . . nam qui in via et veritate deducis, quo nisi ad vitam perducis? deducis ergo in illo ad illum. A.

17. et ideo utraque miscenda sunt, ut et sub spe timeamus, et sub timore laetemur. C.

18. intellegamus. tamquam duo inferna esse, superius et inferius . . . . ergo inter ista duo fortasse inferna, quorum in uno quieverunt animae iustorum, in altero torquentur animae impiorum, adtendens quidam orans hic, iam hic in corpore Christi positus, et orans in voce Christi, eruisse deum animam suam ab inferno inferiore dixit, quia liberavit se a talibus peccatis, per quae posset deduci ad tormenta inferni inferioris. A. — nunc gratias agens fidelis populus dicit animam suam ab inferno inferiori, id est poenali, esse liberatam. C.

19. si ab ipso domino accipiamus hanc vocem, praetereuntes legem Judaei erant. A.

20. synagoga potentium est congregatio superborum. A.

21. quomodo non proposuerunt? non intellexerunt deum, ut homini parcerent. A.

23. transeat tempus patientiae, veniat tempus iudicii. quomodo, da potestatem puero tuo? pater non iudicat quemquam, sed omne iudicium dedit filio. A.

24. dominus filius ancillae. cuius ancillae? cui nasciturus quando nuntiatus est, respondit et ait: ecce ancilla domini, fiat mihi secundum verbum tuum. salvum fecit filium ancillae suae et filium suum: filium suum in forma dei, filium ancillae suae in forma servi .... dicat et unusquisque christianus in corpore Christi positus: salvum fac filium ancillae tuae .... sed quare non dicit et hoc? an non servis dictum est: sedebitis super duodecim sedes iudicantes duodecim tribus Israel? ... filius paganae quomodo potest esse filius ancillae ipsius? est quidem paganae filius carnaliter, sed filius ecclesiae spiritaliter. A.

25. quod signum nisi resurrectionis? A.

PSALM LXXXVI.

1. Filiis Core significant fideles christianos .... sequitur, psalmus cantici, ut de huius saeculi tabernaculis ad intellegentiam supernae civitatis elevemur. psalmus enim de superioribus sonans commonet nos caelestia cogitare. C.

2. qui sunt montes sancti, super quos fundata est ista civitas? alter quidam civis planius hoc dixit, apostolus Paulus. civis inde propheta, civis inde apostolus .... fundamentum, inquit apostolus, nemo potest ponere praeter id quod positum est, quod est Christus Jesus. quomodo ergo fundamenta prophetae et apostoli, et quomodo fundamentum Christus Jesus, quo ulterius nihil est? quomodo putamus, nisi quemadmodum aperte dicitur sanctus sanctorum, sic figurate fundamentum fundamentorum? A. — novus ordo factus est laudis eximiae, ut de fundamentis civitatis supernae propheta sumere videretur initium .... fundamentum eius Christus est dominus. C.

3. iam ideo praelocutus sum, ne putetis alia esse fundamenta, alias portas. quare sunt fundamenta apostoli et prophetae? quia eorum auctoritas portat infirmitatem nostram. quare sunt portae? quia per ipsos intramus ad regnum dei: praedicant enim nobis .... sed quia erant quaedam tabernacula temporalia et imaginaria, loquitur autem iste de civitate quadam, quam spiritaliter intellegit, cuius umbra et figura erat illa terrena, ait: diligit dominus portas Sion super omnia tabernacula Jacob. diligit illam spiritalem civitatem super

omnia figurata, quibus intimabatur illa civitas semper manens et semper caelestis in pace. A.

5. non solus est ille populus Judaeorum natus ex carne Abrahae, sed ibi omnes gentes, quarum quaedam nominatae sunt, ut omnes intellegantur. A.

7. ecclesiae catholicae matrem synagogam forsitan hoc loco non inconvenienter advertimus, quam per Sion montem frequenter intellegendam esse iam diximus. C.

9. et non solum legem per Moysen dedit, verum etiam ante mundi initium ipse noscitur fuisse principium. C. — unde ista scitis? A.

10. commonet enim frequenter in evangelio, quae de ipso praedixerit Moysis et quae prophetae. C.

PSALM LXXXVII.

Ueberschr. u. 1. Pro melech autem latine pro choro dici potest . . . . domini hic passio prophetatur. dicit autem apostolus Petrus: Christus pro nobis passus est, relinquens nobis exemplum, ut sequamur vestigia eius. hoc est respondere. dicit etiam apostolus Joannes: sicut Christus animam suam posuit, ita et nos debemus animam pro fratribus ponere . . . . ita in hoc cantico passionis praecedentem Christum subsequitur chorus martyrum in finem caelestium coronarum. hoc enim canitur filiis Core. id est, imitatoribus passionis Christi . . . . et hic est, intellectus Aemam Israelitae: quod in tituli huius ultimo positum est. Aemam quippe interpretari dicitur, frater eius. eos enim fratres suos Christus facere dignatus est, qui sacramentum crucis eius intellegunt et non solum de illa non erubescunt, verum etiam in illa fideliter gloriantur, non de suis meritis extollentes, sed eius gratiae non ingrati, ut unicuique eorum dici possit, ecce vere Israelita, in quo dolus non est A.

2. oravit enim et dominus non secundum formam dei, sed secundum formam servi: secundum hanc enim et passus est; oravit autem, et cum in laetis rebus ageret, quod diei nomine, et cum in adversis, quod noctis nomine significari arbitror. A.

4. quod est: intret in conspectu tuo oratio mea, idipsum est: inclina aurem tuam ad precem meam. A.

5. non enim vitiis, per quae homini dominatur iniquitas, animam illam repletam possumus dicere: sed forte doloribus, quibus anima suae carni in eius passione compatitur. non enim vel ipse qui dicitur corporis dolor, potest esse sine anima, quem inevitabiliter imminentem praecedit tristitia. A.

6. tunc ait illis: tristis est anima mea usque ad mortem. A

7. utique a nescientibus, quid facerent, qui eum sic mori putaverunt, ut moriuntur homines ceteri . . . . lacum enim dixit vel miseriae vel inferni profunditatem. A.

9. inter mortuos liber, qui in potestate habebat ponere animam suam et iterum sumere eam. A.

11. ubi est domini Christi a ceteris mortuis animadvertenda discretio. nam et ipse vulneratus est, et mortuus positus in sepulcro. sed illi, qui nesciebant, quid faciebant . . . . quorum deus adhuc non meminit, id est, quorum nondum tempus resurgendi advenit. ideo namque mortuos consuevit scriptura dicere dormientes, quia evigilaturos, id est, resurrecturos vult intellegi. sed hic vulneratus et dormiens in sepulcro die tertio evigilavit . . . . unde longe distat ab eis, quorum ad talem resurrectionem deus non meminit adhuc. A.

12. ipsi adiutorio manus tuae privati sunt, qui me sine adiutorio esse putaverunt. foderunt enim, sicut dicit in alio psalmo, ante faciem meam foveam, et inciderunt in eam. A.

13. quid est autem lacus infimus, nisi profundissima miseria. A.

14. umbra enim mortis nescio utrum mors corporis hic intellegenda sit, an illa potius, de qua scriptum est: qui sedebant in tenebris et umbra mortis, lux orta est eis: quia credendo in lucem et in vitam ex tenebris et morte impietatis educti sunt. talem ergo illi, qui nesciebant quid faciebant, dominum putaverunt, et inter tales nesciendo posuerunt, qualibus ne hoc essent, ipse subvenit. A.

15. quemadmodum illi putaverunt . . . . apud eos enim sic erat, quod ira dei non solum commota, verum etiam confirmata fuerit super eum, quem usque ad mortem, nec quamlibet mortem, sed quam prae ceteris exsecrabilius habebant, id est, usque ad mortem crucis perducere potuerunt. A.

16. quae duo sic exposuimus, ut suspensiones diceremus comminationes, fluctus autem iam ipsas passiones . . . . omnia, quae impendebant, evenisse significat. impendebant autem, quamdiu in prophetia futura imminebant, omnia, quae de illius passione praedicta sunt. A.

17. notorum, significans apostolos . . . . isti ergo noti longe facti sunt, quando ipsius passione dispersi sunt. C.

18. in abominationem vero tunc positus est, quando praetereuntes scribae et pharisaei crucifixo imputabant dicentes: vah qui destruit templum dei, et in triduum aedificat illud. C.

19. traditus est a Juda. C. — non ostendebam, quis essem. A. — non manifestavi divinitatem meam. R.

20. sed nimirum oculos suos dixit membra, quae in suo

corpore, cui caput est ipse, clariora et eminentiora et praecipua diligebat . . . . quapropter et illi oculi, id est, sancti apostoli, quibus non revelaverat caro et sanguis, sed pater eius, qui in caelis est . . . . videntes eum tradi, ac tanta perpeti mala, quoniam non eum videbant, qualem volebant, quia non egrediebatur, id est, non manifestabatur in virtute et potentia sua, sed in suis interioribus occultus, omnia quasi superatus atque impotens perferebat, infirmati sunt ab inopia. A.

21. hoc quidem et apertissime fecit, cum penderet in ligno. A.

22. convenienter per extentas manus tota die continuationem bonorum operum intellegere possumus, a quorum nunquam intentione cessavit. A.

23. sed mortuis, id est, non credentibus mirabilia nequaquam fecit, dum eos ad conversionem perducere non potuit infidelitas sua. mirabilia enim illis fiunt, qui magnalia domini sub credulitate conspiciunt. C.

24. id est, quia non a medicis exsuscitabuntur homines, ut confiteantur tibi. A.

25. nimis enim occulta dei gratia est, qua hominum mentes quodam modo reviviscunt, ut possint a quibuslibet eius ministeriis praecepta sanitatis audire quam gratiam commendat in evangelio dicens: nemo potest venire ad me, nisi pater, qui misit me, traxerit eum . . . sic autem dictum est in sepulcro, qui et superius significati sunt nomine mortuorum, ubi ait: numquid mortuis facies mirabilia? animae namque mortuae corpus sepulcrum est. A.

26. infideles enim significantur nomine tenebrarum . . . . sic et terra oblita, homo est, qui oblitus est deum. A.

27. in quibus verbis iam intellegendus est dominus Christus ex voce corporis sui loqui, id est, ecclesiae. quid est enim, et ego: nisi quia fuimus et nos aliquando natura filii irae sicut et ceteri? sed ad te clamavi, ut salvus essem. quis enim me discernit ab aliis filiis irae, cum apostolum audiam, ingratos terribiliter increpantem ac dicentem: quis enim te discernit? A.

28. iam mane, postquam nox infidelitatis et tenebrae transierunt . . . . quia restat illa clarificatio, ubi illuminabuntur occulta tenebrarum, et manifestabuntur cogitationes cordis, et laus erit unicuique a te, nunc in ista vita, in ista peregrinatione, in hac luce fidei, quae in comparatione tenebrarum infidelium iam dies est, sed in comparatione diei, ubi videbimus facie ad faciem, adhuc nox est, adhuc oratio mea praeveniet te. A.

29, 30. ad hoc enim oratio sanctorum dilatione tanti

beneficii et tribulationum adversitate quasi repellitur, ut tamquam ignis flatu repercussus inflammetur ardentius . . . . et avertit deus ab orantibus faciem, non exaudiendo ad id, quod volunt, quando sibi nesciunt non expedire, quod petunt. A.

31. et inops est ecclesia, cum esurit et sitit peregrina, unde satietur in patria. A.

32. haec crescit persecutionibus. C.

33. exaltatus autem, id est, mei exaltati sunt in prosperitatibus, ne deficiant in labore; et iterum humiliatus sum, id est, humiliati sunt mei per adversa, ne superbirent in prosperitatibus. R.

34. de infideli dictum est: ira dei manet super eum. A.

35. et terrores dei conturbant infirmitatem, quia omne, quod accidere potest, etiamsi non accidat, prudenter timetur. A.

37. terrores utique venturi iudicii. C.

38. saepe amici et noti pereclitantes secundum saeculum sanctos formidine deserunt. de quibus dicit apostolus: omnes me reliquerunt, non illis imputetur. A.

PSALM LXXXVIII.

1. Interpretatio tamen nominis huius robustum indicat. A.

2. in generatione vero et progenie, quod addidit, duos significat populos, iudaicum scilicet et gentilem. C.

3. hoc canto, haec est veritas tua, huic annuntiandae servit os meum. A.

4. caeli, sicut saepe diximus, significant apostolos, quorum praedicationibus actum est, ut inculcaretur gentibus religio christiana. C.

5. quod testamentum, nisi novum? quod testamentum, nisi quo renovamur ad novam hereditatem? A.

6. videamus ergo, quid iuraverit deus. A.

7. semen tuum, non tantum illam carnem Christi natam ex virgine Maria, sed etiam nos omnes credentes in Christum. A.

8. est enim generatio nunc carnis et sanguinis, erit generatio futura in resurrectione mortuorum . . . . sedet ergo in nobis regnans in nobis: sedet etiam in alia generatione, quae fuerit ex generatione mortuorum . . . . praedicemus et portando deum caeli simus. A.

9. non merita sua confitebuntur caeli, sed confitebuntur caeli mirabilia tua, domine. A.

10. excipiat ecclesia rorem caelorum, sitienti terrae

pluant caeli et germinet excipiens pluviam germina bona, opera bona. A.

11. quid praedicant caeli? quid confitebuntur in ecclesia sanctorum? quoniam quis in nubibus aequabitur domino? . . . si igitur nubes sunt praedicatores veritatis, quaeramus primo, quare sint nubes. iidem quippe caeli, iidem nubes: caeli propter fulgorem veritatis, nubes propter occulta carnis . . . . cuius enim oculi nubem penetrant? ergo nubes in carne praedicatores veritatis. venit et ipse omnium creator in carne. A.

12. ille ab aeterno filius genitus per naturam, nos a tempore facti per gratiam. A.

13. quis ergo in nubibus aequabitur domino . . . . quoniam non possunt aequales illi esse, consilium ipsorum sit credere in illum. A.

14. super omnes, qui in circuitu eius sunt, sancti scilicet, quos superius dei filios dixit, qui dono ipsius gratiae proximantur. C. — ille, qui ubique est, voluit per carnem in uno loco nasci, in una gente conversari, in uno loco crucifigi, ex uno loco resurgere, ex uno loco in caelum adscendere. ubi hoc fecit, in circuitu eius gentes sunt . . . . tu quidem in illo loco de nube propria intonuisti, sed ad rigandam in circuitu gentium alias nubes misisti. vere potens implesti, quod dixisti: a modo videbitis filium hominis venientem in nubibus caeli. A.

15, 16. sancti enim ditantur virtutibus, non dominantur: tu autem illis rebus imperas, quibus illi te praestante praeclari sunt. merito repetitum est: quis similis tibi. tu ex te potens es, illi de te: illi veritate tua illuminati sunt, tibi autem viritas tua individue semper inest. C.

17. diffundant veritatem tuam in circuitu tuo, non timeant rabidos fluctus. A.

19. perdidit quod tenebat diabolus: quia superbus nonnisi superbos tenebat . . . . illum ergo vulnerasti, cui tot abstulisti. vulneratum enim intellegas diabolum, non penetrata carne, quam non habet, sed percusso corde, ubi superbus est. A.

20. inimicos autem dicit infideles Judaeos. C.

21. tui sunt caeli, per quos praedicata est veritas in circuitu tuo, tua est terra, quae excepit veritatem in circuitu tuo. A. — ideo enim triumphavit in caelo de superbo diabolo, ideo in terra de perfido Judaeo, quoniam ipsius erat utique caelum et terra . . . . sensus ergo talis est: cur voluerunt stulti in te saevire in hoc mundo. C.

22. non enim aliquid contra te valet, contra creatorem suum. A.

23. quid ergo timeo aquilonem, quid timeo maria? est

quidem in aquilone diabolus, qui dixit, ponam sedem meam in aquilonem, et ero similis altissimo. A.

24. Thabor interpretari dicitur veniens lumen .... Hermon autem interpretatur anathema eius. cuius, nisi diaboli vulneratio superbi? A. — Thabor et Hermon montes sunt Syriae provinciae .... Thabor enim dicitur veniens lumen .... Hermon significat anathema eius, id est diaboli, quod a christianis domino veniente suscepit. dignum enim fuit, ut praesente lumine tenebrosus diabolus vinceretur. isti ergo exsultabunt in nomine domini. C.

26. rogat enim, ut manus, id est, operatio firmetur in superbos .... exaltetur autem dextera tua. hic fortasse dictum est, id est, clarificetur numerus praedestinatorum. qui est ad dexteram collocandus. C.

27. ponentur quidam ad dexteram, et quidam ad sinistram .... iustitia et iudicium praeparatio sedis tuae: utique in die iudicii. nunc ergo quid? A.

28. praecedente misericordia tua deles peccata mea et exhibendo veritatem imples promissa tua. A.

31. Thabor ille et Hermon in nomine tuo exsultabunt: si volunt, tota die, in nomine tuo. si autem exsultabunt in nomine suo, non tota die exsultabunt. A.

32. quidam enim notantur ab apostolo, quod zelum dei habeant, sed non secundum scientiam, ignorantes dei iustitiam et suam volentes constituere, et non in lumine tuo exsultantes iustitiae dei non sunt subiecti. A.

34. assumtio, id est, gloria illa incarnationis a sancto Israel probatur impleta. C. -- revelasti hoc prophetis tuis. ideo locutus es eis in adspectu, id est, in revelatione: unde prophetae videntes dicebantur. A.

38. de illo enim dicitur: unxit te deus, deus tuus, oleo exsultationis prae participibus tuis. A.

. 40, 41. nam licet in eum saevierit diabolus, qui est protervuus humanitatis inimicus: licet Juda, filius iniquitatis, nocere praesumserit, nullus tamen eorum peccatum, quod iuste accusare potuisset, invenit. C.

42. comminuuntur omnes infideles, credunt paulatim, et a populo dei bibuntur, in corpus Christi traiiciuntur. A.

43. et videntes non se habere, quo fugiant ab omnipotente. conversi fugiunt ad omnipotentem. A.

44. debemus ei reddere misericordiam et veritatem: misericordiam, ut miserorum misereamur, veritàtem, ut non inique iudicemus. A.

45. cornu hic significat invictissimam potestatem, de qua ipse in evangelio dicit: data est mihi omnis potestas in caelo et in terra. C.

46. hoc est, dominabitur gentibus. A.

47. flumina currunt in mare, cupidi homines in amaritudinem huius saeculi prolabuntur: omnia tamen genera ista Christo subdita erunt. A.

49. dictum est: et adorabunt eum omnes reges terrae. C.

50. propter ipsum fidele testamentum, in ipso mediatum est testamentum, ipse mediator testamenti, ipse signator testamenti, ipse fideiussor testamenti, ipse testis testamenti, ipse coheres testamenti. A.

51 semen eius, quae est hereditas eius. A.

52. dies caeli anni sunt illi, de quibus dicitur: tu autem idem ipse es, et anni tui non deficient. dies terrae succedentibus urgentur, praecedentes excluduntur, nec qui succedunt manent, sed veniunt, ut eant . . . . dies autem caeli et illi anni non deficientes. A.

53 hos duos versus dicit de populo christiano, qui vere dicuntur filii sponsi. C.

57. unam iurationem pro vita nostra habuit, qui pro nobis ad mortem unicum suum misit. A.

58. semen Christi sunt omnes, qui ei mente fideli crediderint: quia in ipsis futurum regnum seminatum est, quod ventura messis ostendat. C.

59. sedes ergo eius omnes, in quibus regnat deus, sic erunt, inquit, in conspectu meo sicut sol: quia iusti fulgebunt in regno patris mei sicut sol. A.

60 sed quae luna? perfecta in aeternum. etenim etsi perficitur luna ista, quam novimus, alio die incipit minui, posteaquam perfecta fuerit. sicut luna, inquit, perfecta in aeternum; sic perficietur sedes eius tamquam luna, sed luna in aeternum perfecta . . . . quia perficiet nos deus et in animo et in corpore, secundum animum dictum est: sicut sol in conspectu meo, quia animum non videt nisi deus: et sicut luna, iam caro. A.

61. vera dicebantur omnia de resurrectione mortuorum. A.

62. David positus erat, cui promitterentur haec omnia in semine eius, quod est Christus, implenda . . . . manet omnino, deus, quod promisisti. nam Christum tuum non abstulisti, sed distulisti A. — de regno eiectus, a filio Absalom fugiens nudis pedibus ambulavit, et increpationes filii Jemini sub durissimis opprobriis sustinebat. C.

63. ubi est enim testamentum vetus Judaeorum? ubi est terra illa promissionis? . . . regnum Judaeorum quaeris, non est; sacrificium Judaeorum quaeris, non est; sacerdotium Judaeorum quaeris, non est. A.

64. immolatio siquidem pecudum et observantia sabba-

torum, quae prius figuraliter agebantur, veniente veritate submota sunt. C.

65. omnes macerias eius, quibus eum munieras. A.

66. munitiones eius posuisti formidinem, ut culpis facientibus ipsum dominum formidarent, cuius solebant munitione vallari. C.

67. omnes transeuntes viam, omnes scilicet gentes, per viam, hoc est per vitam istam transeuntes diripuerunt Israel, diripuerunt David. A.

70. quomodo solebant pauci dimicare, multos prosternere. A.

71. ligatum tamen flagellet, quem mundet, non dissolvat ab emundatione. si enim dissolvit ab emundatione, iam non habet mundandum, sed proiiciendum. a qua ergo emundatione dissolvitur Judaeus? a fide. ex fide enim vivimus, et de fide dictum est: fide mundans corda eorum. A.

72. sedes enim pro regno posita est, quae merito dicitur in terra collisa, quando divisus populus atque confractus particulatim toto orbe dispersus est. C.

73. putabant se in aeternum regnaturos. A.

75. in finem, hic saeculi terminum debemus advertere, quando, sicut saepe dictum est, expectatur innumera conversio Judaeorum. C. — quia caecitas ex parte Israel facta est, ut plenitudo gentium intraret, et sic omnis Israel salvus fieret. interea tamen exardescet sicut ignis ira tua. A.

76. David iste dicit positus in spe in Christo: memento, quae est substantia mea. non enim quia Judaei defecerunt, defecit substantia mea . . . . veniet semen, cui promissum est. A.

77. ecce omnes filii hominum ierunt in vanitatem, tu tamen non vane illos constituisti. cum ergo ierunt omnes in vanitatem, quos tu non vane constituisti, unde eos mundares a vanitate, numquid nihil tibi servasti? . . . sanctum suum admirabilem fecit, inde omnes a vanitate mundavit. A.

78. etsi ceteri fideles eius resurgent a mortuis, et vivent et ipsi in aeternum, non videbunt mortem, non tamen animam suam ipsi eruent de manibus inferni. ille qui eruit animam suam de manibus inferni, ipse eruit animas fidelium suorum, ipsi se eruere non possunt. proba, quia ipse animam suam eruit. A.

79. dixerunt ista martyres, quorum natalitia celebramus. A. — et impleat promissiones, quas se David fecisse noscebat. C.

80. iam illo vivente, iam in caelo ad dexteram patris sedente, opprobria obiecta sunt christianis: crimen de Christo christiani diu habuerunt . . . . ibam, inquit, praedicare, et

opprobria audiebam, et in sinu meo continebam; quia implebam . . . . diu continuerunt christiani opprobria in sinu suo, in corde suo, nec audebant resistere conviciantibus: antea cum crimen videretur respondere pagano, nunc iam crimen est, remanere paganum. gratias domino, memor fuit oprobriorum nostrorum . . . . iam modo nemo insultat christianis. A.

81. inimici tui, domine, et Judaei et pagani. A.

82. hoc enim obiecerunt, quia mortuus est Christus, quia crucifixus est Christus. quid obiicitis insani? . . . ille non perimebatur, sed commutabatur. mortuus dicitur propter triduum . . . . mutatus est ille a temporali vita ad aeternam, mutatus est a Judaeis ad gentes, mutatus est etiam a terra in caelum. eant nunc vani inimici tui et adhuc exprobrent commutationem Christi tui. utinam et ipsi mutentur: commutationem Christi non exprobrarunt. sed displicet Christi mutatio, quia ipsi mutari nolunt. neque enim est illis commutatio, et non timuerunt deum. A.

PSALM LXXXIX.

1. Psalmus iste intitulatur oratio Moysi hominis dei, non quod a Moyse sit conscriptus, sed alicuius significationis gratia tanti meriti servi dei nomen appositum est, quo dirigatur legentis vel audientis intentio. B. — intitulatur psalmus iste nomine Moysi, non quod Moyses fecisset eum, sed quia ipse eus minister veteris testamenti et propheta novi, in ipso ministerio discrevit nobis vitam veterem et vitam novam. R.

2. sive in omni generatione, sive in duabus generationibus, vetere et nova. A.

3. montium nomine significentur celsitudines angelorum, et terrae nomine humilitas hominum . . . . a saeculo et usque in saeculum tu es; quod convenientius diceretur, ab aeterno in aeternum. A.

4. id est, ne a tuis aeternis atque sublimibus homo aversus, temporalia concupiscat, sapiatque terrena. A.

5. et hoc a deo petit, quod deus ipse praecepit . . . . sine cuius adiutorio per arbitrium voluntatis tentationes huius vitae superare non possumus. A.

7. et sicut vigilia in nocte, cum vigiliae spatium non habeat amplius tres horas. A.

9. mane, id est prius. A.

11. decidat, utique in mortem. A.

12. durescat, in cadavere. A.

13. arescat, in pulvere. A.

14. defecimus in infirmitate, conturbati sumus mortis timore. infirmi enim facti sumus, et infirmitatem finire trepidamus. alter te, inquit, cinget, et feret, quo tu non vis: quamvis martyrio non puniendum, sed coronandum. et ipsius domini anima nos in se transfigurans tristis erat usque ad mortem: quoniam et domini exitus nonnisi mortis. A.

16. haec quidem verba videntur exprimere brevitatem miseriamque vitae huius . . . . multo brevius vivunt, quam vixerunt antiqui. A.

17. quoniam longioris vitae praesumtione peccabant. C.

18. in rebus corruptibilibus laborabamus, corruptibilia opera texebamus. A.

19. quod datur intellegi in temporalibus rebus. ideo septuaginta: quia temporalia promitti videntur in vetere testamento. A.

20. non in rebus temporalibus, sed in aeternis, octoginta anni, quod novum testamentum in spe est renovationis et resurrectionis in aeternum. A.

21. quia licet in novo testamento constituti simus, quod octogenarius significat numerus, amplius habet haec vita nostra laborem et dolorem, dum in nobismetipsis ingemiscimus, adoptionem expectantes redemtionem corporis nostri. A.

22. et hoc ad misericordiam dei pertinet: unde sequitur et dicit: quoniam supervenit super nos mansuetudo et corripiemur. quem enim diligit dominus, corripit; flagellat autem omnem filium, quem recipit: et dat etiam magnis quibusdam stimulum carnis, a quo colaphizentur, ne extollantur in magnitudine revelationum suarum, ut virtus in infirmitate perficiatur. A.

24. et a paucis eruditis maior eius ira intellegitur vana et seductoria felicitas impiorum. hanc ille non noverat, cuius pene commoti sunt pedes, quia zelavit in peccatoribus, pacem peccatorum intuens: sed didicit eam, cum intraret in sanctuarium dei, et intellegeret in novissima: quo pauci intrant, ut discant prae timore dei dinumerare iram eius et prosperitatem hominum malorum numero applicare poenarum. A.

25. quid est ergo: dexteram tuam sic notam fac, nisi Christum tuum, de quo dictum est, et brachium domini cui revelatum est, sic notum fac, ut in eo discant fideles tui ea magis a te poscere et sperare praemia fidei, quae non apparent in vetere testamento, sed revelantur in novo . . . . denique secundum hanc orationem hominis sui sic notum fecit Christum suum, ut suis passionibus demonstraret, non ea munera, quae videntur sonare in vetere testamento, ubi sunt umbrae futurorum, sed aeterna esse concupiscenda. A.

26. consuetudinem suam vir sanctus operatur, qui dicit in exodo: esto placabilis super nequitiam populi tui. C. — et ipsos enim compeditos vel eruditos corde in sapientia sic notos deus fecit in novo testamento, ut pro fide, quam Judaeorum et gentilium detestabatur impietas, omnia contemnerent, et eis se privari paterentur, quae magna putant promissa in vetere testamento, qui carnaliter iudicant. et quoniam cum sic noti fierent, ut illa contemnerent, et desiderandis aeternis per suas passiones testimonium perhiberent (unde et testes dicti sunt, sic enim graece martyres appellantur), multa et multum mala et acerba temporalia pertulerunt: hoc adtendit iste homo dei, et spiritus propheticus per Moysi vocabulum figuratus, et ait: convertere domine quousque. et deprecabilis esto super servos tuos. vox est eorum, vel pro eis, qui multa persequente isto saeculo mala tolerantes, innotescunt compediti corde in sapientia, ut nec tantis malis coacti refugiant a domino ad huius saeculi bona. A.

27. repletum se ergo dicit hac misericordia mane, id est, lucida contemplatione: quoniam vir sanctus Christi domini praevidebat adventum. C.

29. ipsi enim servi tui opera tua sunt. A.

29, 30. nunc eadem simili fine concludit, ut peccantibus Judaeis parcat, et filios eorum sancta credulitate recorrigat; quatenus si illi, iniquitate sua faciente, dispersi sunt, saltem eorum soboles in fine saeculi conversa, ad veniam pervenire mereatur. C.

31. unde dicitur: signatum est super nos lumen vultus tui, domine. A.

32. ut non ea pro rerum terrenarum mercede faciamus: tunc enim non directa, sed curva sunt. A.

33. huc usque psalmum istum multi codices habent: sed in nonnullis legitur alius ultimus versus: et opus manuum nostrarum dirige . . . . omnia bona opera nostra unum opus est caritatis. plenitudo enim legis caritas . . . . tamquam ultimo versu volens ostendere, ipsa opera unum opus esse, id est, ad unum opus dirigi . . . . ad hoc existimo hominis dei Moysi nomen titulo eius inscriptum, ut eis, qui pie recteque scrutantur scripturas, eo modo imitaretur etiam legem dei, quae per Moysen ministrata est, ubi pro bonis operibus sola vel pene sola praemia terrenorum bonorum deus polliceri videtur, sine dubio habere sub velamento tale aliquid, quale iste psalmus ostendit. sed cum quisque transierit ad Christum, auferetur velamen, et revelabuntur oculi eius, ut consideret mirabilia de lege dei: donante illo, cui dicimus: revela oculos meos, et considerabo mirabilia de lege tua. A.

PSALM XC.

1. David autem hic ipsum prophetam debemus advertere. C.

2. quis est, qui habitat in adiutorio altissimi? qui non est superbus, quomodo illi, qui manducaverunt, ut essent quasi dii, et perdiderunt, quod erant facti homines immortales. in adiutorio enim suo habitare voluerunt, non in adiutorio altissimi: ideo suggestionem serpentis audierunt, praeceptum dei contemserunt, et invenerunt hoc evenisse in se, quod minatus est deus, non quod promisit diabolus. A.

3. quis hoc dicit domino? qui habitat in adiutorio altissimi. A.

4. quid est quod dico? tendit diabolus et angeli eius, tamquam venantes tendunt muscipulas . . . . sed quid est, a verbo aspero? multos per verbum asperum misit in muscipulam diabolus: verbi gratia, qui voluerint esse christiani inter paganos, insultatores patiuntur paganos . . . . sed sunt multi male viventes christiani. inter quos qui voluerit bene vivere . . . . patitur verba aspera, et dicunt: magnus tu, iustus, tu es Elias, tu es Petrus, de caelo venisti. A.

5. scapulis innituntur alae, et in alis sunt pennae, et ideo per scapulas alae et pennae intelleguntur. B.

6. tamquam scutum veritas eius est: ut non misceat eos, qui in seipsis sperant, cum eis, qui in deo sperant. A.

7. cum quisque ignorans peccat, tamquam in nocte peccat: cum autem sciens peccat, tamquam in die peccat. A.

8. tentationem, quae fit in ignorantibus levis, timorem nocturnum appellavit. A.

9. recte hic intellegimus daemonium meridianum persecutionem vehementem . . . . quomodo antea iusserant: quicunque confessus se fuerit christianum, feriatur, iusserunt postea: quicunque confessus se fuerit christianum, torqueatur et tamdiu torqueatur, donec neget se esse christianum . . . . multi ergo ceciderunt a daemonio meridiano. quam multi vultis nosse? sequitur et dicit. A.

10. quibusdam promisit Christus, quia cum illo iudicabunt: apostolis scilicet, qui dimiserunt omnia et secuti sunt eum . . . . tales multi cum essent illo tempore, qui distribuerant omnia sua pauperibus et sibi iam promittebant, quia sessuri erant cum Christo, et iudicaturi gentes, fervente calore persecutionis tamquam a daemonio meridiano defecerunt in tormentis. A.

11. multi erunt, qui iudicabunt, sed pauciores erunt quam illi, qui ante tribunal stabunt: quia illi tamquam mille, illi tamquam dena millia . . . . sed multi promittunt sibi,

quia iudicabunt cum Christo, quia dimittunt omnia sua, et sequuntur Christum; sed habent praesumtionem de se, habent quendam typhum et superbiam, quam deus solus potest nosse . . . . audient in fine ad dexteram positi: venite benedicti patris mei. A.

12. ad te autem, id est, ad caput et corpus, non appropinquabit ruina et daemonium meridianum. A.

13. impune ergo erit impiis, quia persecuti sunt servos tuos? non erit impune. quamvis enim tu permiseris, et magis inde tui coronati sint, verumtamen oculis tuis considerabis, et retributionem peccatorum videbis . . . . modo opus est, ut oculos fidei habeamus et videamus, quia exaltantur ad tempus, et plangent in aeternum . . . . non est leve videre impium florentem in hoc saeculo et habere ad illum oculos, ut consideres fide, quid ille passurus est in fine, si se non correxerit: quia qui modo tonare volunt, postea fulminantur. A.

15. dicat ergo ecclesia domino suo Jesu Christo, dicat corpus capiti suo: quoniam tu es domine spes mea, altissimum posuisti refugium tuum: id est, ideo resurrexisti a mortuis, et in caelum adscendisti, ut altum poneres refugium tuum adscendens, et fieres spes mea, qui in terra desperabam, et me resurrecturum esse non credebam, modo iam credo, quia adscendit in caelum caput meum. A.

17. tabernaculum dei caro est. in carne inhabitavit verbum, et caro facta est tabernaculum deo. A.

18. nam quod legitur, angelis mandatum, ut eum debeant custodire, infirmitatis humanae est, sicut evangelium quoque testatur: apparuit autem illi angelus de caelo confortans eum. C.

19. sublatus est Christus in manibus angelorum quando assumtus est in caelum: non quia, si non portarent angeli, ruiturus erat, sed quia obsequebantur regi. A.

20. de spiritu sancto evangelium: spiritus, inquit, nondum erat datus, quia Jesus nondum erat clarificatus . . . . a deo clarificatus adscensione in caelum, misit spiritum suum sanctum die pentecostes . . . . data est lex in tabulis lapideis scripta digito dei . . . . a die paschae domini, sicut a die paschae agni occisi, numerantur quinquaginta dies; et venit spiritus sanctus iam in plenitudine amoris, non in poena timoris . . . . qui sunt pedes domini? apostoli missi per totum orbem terrarum. qui sunt pedes domini? omnes evangelistae, in quibus peragrat dominus universas gentes. metuendum erat, ne evangelistae offenderent in lapidem . . . . in quem lapidem? in legem in tabulis lapideis datam. A. — istud fuit prophetatum de adscensione domini nostri, id est, Christi

sed diabolus est abusus veritate in eius tentatione, et hinc etiam maxime habuit occasionem tentandi eum. B.

21. leo aperte saevit, draco occulte insidiatur. utramque vim et potestatem habet diabolus . . . . draco quomodo insidiatur? per haereticos. quid autem ecclesia? super aspidem et basiliscum ambulabis. rex est serpentium basiliscus, sicut diabolus rex est daemoniorum. A.

22. hunc ergo beatum, qui habitat in adiutorio altissimi, liberaturum se a malis saeculi istius compromittit. C.

28. ostendam illi ipsum Christum. A.

PSALM XCI.

1. Intus est, in corde est sabbatum nostrum. multi enim vacant membris, et tumultuantur conscientia. omnis homo malus sabbatum habere non potest: nusquam enim illi conquiescit conscientia; necesse est, in perturbationibus vivat. cui autem bona est conscientia, tranquillus est, et ipsa tranquillitas sabbatum est cordis. A.

2. in utraque re et in peccato tuo, quia tu fecisti, et in bono facto confitere domino, quia ipse fecit. A.

3. psalterium organi genus est, cordas habet. opus nostrum psalterium nostrum est. quicunque manibus operatur opera bona, psallit deo: quicunque ore confitetur, cantat deo. A.

4. mane dicitur, quando nobis bene est, nox dicitur, quando tristitia tribulationis est . . . . quando bene est, lauda misericordiam, quando male, lauda veritatem . . . . cum misericordiam annuntias mane et veritatem per noctem, semper laudas deum, semper confiteris deo et psallis nomini eius. A.

5. decacordum psalterium significat decem praecepta legis. A.

6. cum cantico in cithara: hoc est, verbo et opere. A.

7. tu me fecisti bene viventem, tu me formasti: si quid forte boni facio, in factura manuum tuarum exsultabo . . . . nisi enim te formaret ad opera bona, non nosses nisi opera tua mala. qui enim loquitur mendacium, de suo loquitur. hoc evangelium dicit. omne peccatum mendacium est . . . . adtendite sententiam contra. si enim, qui loquitur mendacium, de suo loquitur, restat, ut qui loquitur veritatem, de dei loquatur. A.

8. nullum mare tam profundum est, quam est ista cogitatio dei, ut mali floreant et boni laborent: nihil tam profundum, nihil tam altum: ibi naufragat omnis infidelis, in isto alto, in isto profundo. A.

10. interim videte peccatores, sicut foenum florent, bene: sed qui sunt, qui non cognoscunt? stulti et imprudentes . . . .

quid est sicut foenum? virent cum hiems est, sed arescent aestate . . . . non te delectet viriditas ipsius, sed time ariditatem ipsius. A.

12. expectans de super ex aeternitate tua, quando transeat tempus iniquorum, et veniat tempus iustorum. A.

13. peribunt autem, cum ille inspicere coeperit, et iudicium suum in omnem carnem adduxerit. A

14. unitas exaltatur, omnes haereses cum inimicis dei peribunt. A.

15. quid dixit senectus mea? novissima mea . . . . senecta ecclesiae candida erit recte factis, morte autem non corrumpetur . . . . veniet ergo iudicium, ut arescant peccatores et virescant fideles. A.

17. hos audibunt aures omnium fidelium, quando increpationibus propriis sua desideria factaque condemnabunt. C.

18. quod licet procerum ubique nascatur, in Libano tamen monte celsius invenitur. ita iustus multiplici laude celebratus, et cedri proceritatem, et pulchritudinem dictus est habere palmarum. C. — numquid cum sol exierit, arescit palma? numquid arescit cedrus? cum autem sol cadens aliquando fuerit, arescit foenum. A.

19. scilicet, quoniam qui in ista ecclesia per gratiam domini plantatur, in illo ingressu Jerusalem modis omnibus florebunt . . . . in atriis enim merito florebit, quando in illo resurrectionis initio auditi muneris felicitate gaudebit. C.

20. senecta hominum arida atque sterilis est, ecclesia vero tunc magis incipit esse uberrima, quando ad finem saeculi fuerit domino miserante perducta. C.

22. quia deus aeternus est, quia modo parcit malis adducens illos ad poenitentiam, flagellat bonos, erudiens illos ad regnum caelorum; non est iniquitas in eo, noli timere. A.

PSALM XCII.

1. Recordantes ergo per omnes dies, quid fecerit deus, quando creavit et ordinavit universa a primo die usque ad sextum diem; septimum enim sanctificavit, quia in illo requievit post omnia opera, quae fecit bona valde, et invenimus eum sexto die fecisse, qui dies hic commemoratur, quia dicit ante sabbatum, omnia animalia in terra. deinde ipso die fecit hominem ad imaginem et similitudinem suam. . . . et saecula sic cursura erant, antequam requiescamus in deo. tunc autem requiescimus, si facimus opera bona. ad hoc exemplum scriptum est de deo: requievit deus septimo die, cum fecisset omnia opera bona valde . . . . sicut ergo sexto die fecit deus hominem ad imaginem suam, sic invenimus

sexto saeculo venisse dominum Jesum Christum, ut reformaretur homo ad imaginem dei . . . . sextus dies iam a praedicatione Joannis agitur usque ad finem, et post finem sexti diei pervenimus ad requiem. modo ergo sextus dies agitur . . . . iam audiamus ipsum psalmum: ipsum interrogemus, quomodo fundata est terra, ne forte tunc facta est terra. nec in genesi sic legimus. quando ergo fundata est terra? quando, nisi cum fit, quod lectum est modo in apostolo: si tamen statis in fide, ait, stabiles et immobiles. cum omnes, qui credunt, per universam terram immobiles sunt in fide, fundata est terra. tunc fit homo ad imaginem dei. quod significat sextus ille dies de genesi. sed quomodo illud fecit deus? quomodo fundata est terra? Christus venit, ut fundaret terram. A.

3, 4. aliis placebat, aliis displicebat. nam divisae sunt adversus se linguae Judaeorum: alii dicebant: quia bonus est, alii dicebant: non, sed seducit turbas . . . . in humilitate est tota fortitudo . . . . si ergo in humilitate est fortitudo, nolite timere superbos. A.

4. illa enim humilitas et decorem habuit: quia dignatus est caelorum dominus humillimum obsequium suis famulis exhibere. habuit et fortitudinem: quia per humilitatem diaboli malitiam superbiamque prostravit. C.

6. firmavit enim orbem terrae, id est, ecclesiam, quando in evangelio dixit: tu es Petrus, et super hanc petram aedificabo ecclesiam meam: et portae inferi non praevalebunt adversus eam. vera laus, mirabile praeconium, ut terra illa, quae significat ecclesiam toto orbe diffusam non commoveatur ullatenus. quamvis ista frequenti concussione vexetur. C.

7. vis esse sedes dei? para locum in corde tuo, ubi sedeat . . . . ex tunc, ex quo? sexto enim die, id est, tempore huius mundi sexto, venit dominus in carne. A.

9. apostoli scilicet, qui de spiritu sancto potati sunt . . . . ipsa ergo flumina manaverunt sermones irriguos, ipsa in praedicationibus suis voces erexere sanctissimas C.

10. cum enim illi elevassent voces suas discipuli, crediderunt multi, et acceperunt multi spiritum sanctum, et coeperunt multa flumina clamare de paucis. A.

11, 12. ideo sequitur: a vocibus aquarum multarum mirabiles suspensurae maris, id est, huius saeculi. cum coepisset Christus tantis vocibus praedicari, coepit irasci mare, coeperunt crebrescere persecutiones . . . . mirabilis in excelsis dominus. compescat se ergo mare, et aliquando tranquilletur, detur pax christianis. A.

13. potestates et reges crediderunt, subiugati sunt Christo . . . . testimonia tua, quia dixerat illud ante: haec

dico vobis, ut in me pacem habeatis, in mundo autem pressuram . . . . statim subiecit: sed gaudete, quia ego vici saeculum A.

14. domus itaque domini est universalis ecclesia. C.

PSALM XCIII.

1. Quarta ergo sabbatorum, quarta feria, qui Mercurii dies dicitur . . . . quarto die luminaria fecit deus in caelo, solem in potestatem diei, lunam et stellas in potestatem noctis . . . . tales enim sancti, in quibus est verbum vitae, de conversatione, quam habent in caelo, despiciunt omnia iniqua, quae fiunt in terra: et quomodo luminaria in caelo per diem et per noctem procedunt, peragunt itinera sua, cursus suos certos habent, et committuntur tanta mala, nec deviant de super stellae fixae in caelo agentes per tractus caelestes, quae illis praestituit et constituit creator ipsarum: sic debent sancti, sed si in caelo figantur corda eorum, si non frustra audiant et respondeant sursum se habere cor, si imitentur eum, qui ait: nostra autem conversatio in caelis est . . . . de ipsis cogitationibus supernorum patientes fiunt, et quidquid in terra committitur, sic non curant, donec peragant itinera sua, quemadmodum non curant luminaria caeli, nisi quomodo exerceant dies et noctes, quamvis tanta mala videant fieri super terram. sed facile est forte, ut ferant iusti iniquitates malorum, quae non in ipsos fiunt: sed sicut ferunt, quae in alios fiunt, sic ferant et quae in ipsos fiunt. non enim propterea debent ferre et tolerare, quia in alios fiunt; etsi in se fiant, non debent perdere tolerantiam. nam qui perdiderit tolerantiam, cecidit de caelo, qui autem fixum habet cor in caelo, terra ipsius laborat in terra. . . . cor ergo in libro: si cor in libro, cor in firmamento caeli. si ibi est cor, inde luceat et non movebitur iniquitatibus subterpositis: non quia ibi est in caelo per carnem, sed quia ibi est per conversationem, secundum quod dictum est: nostra autem conversatio in caelis est. A.

2. ergo quid dominus? propter miseriam inopum et gemitum pauperum nunc exsurgam, dicit dominus . . . . admirabantur turbae super doctrina eius. erat enim docens eos tamquam postestatem habens, non quasi scribae eorum et pharisaei. A.

3. exaltare, id est, resurge, vade in caelum. A. — homines terrenos maiestatis suae ditione iudicabit. C.

4. superbis reddet, non humilibus. qui sunt superbi? quibus parum est, quod mala faciunt, et defendere peccata sua volunt. namque de his, qui crucifixerunt Christum, facta

sunt postea miracula . . . . adiuncti sunt corpori ipsius, id est, ecclesiae, qui corpus eius mortale, quod viderunt, persecuti sunt. fuderunt pretium suum, ut biberent pretium suum . . . . et facti sunt humiles . . . . et consilium quaesierunt dicentes: quid ergo faciemus? . . . tunc ait illis Petrus: agite poentitentiam, et baptizetur unusquisque vestrum in nomine domini nostri Jesu Christi. qui egerunt poenitentiam, humiles fuerunt: non ergo illis redditum est . . . . in illis valuit vox illa domini pendentis in cruce: pater ignosce illis, quia nesciunt, quid faciunt. A.

5. spiritus dei, utique omnia sciens, quaerit tecum, quasi verba tua dicit. A.

6. quid loquentur, nisi contra deum, qui dicunt . . . . vere curat ista, quae facimus, deus? quia enim vivunt, putant deum nescire quod faciunt. vide quid mali illis contingat: quia si stationarius sciret, teneret illos. et ideo vitant oculos stationarii, ne statim teneantur. oculos enim dei vitare nemo potest . . . . quia faciunt et sciunt quid fecerunt, et vident se vivere sciente deo, qui non viverent sciente stationario, dicunt sibi: placent ista deo; et revera, si illi displicerent facta nostra, quomodo displicent iudicibus, quomodo displicent regibus, quomodo displicent imperatoribus, et quomodo displicent commentariensibus, numquid quomodo illorum oculos vitamus, vitare possemus oculos dei? A.

7. populum tuum, viros dicit fideles, quos idem perhibet humiliatos. quoniam deo fieri contumelias audiebant. necesse est enim devotum famulum dolore cruciari, quando irreverentissimum aliquid de domino contingit audire. C.

13. non habet unde audiat, qui tibi fecit, unde audias? A. — qui plasmavit oculum, non habebit adspectum? C.

14. qui praedicationibus prophetarum gentes arguit, ipse minime iudicabit? C.

15. ipse non scit, qui te fecit scire? A.

16. etsi tu nescis cogitationes dei, quoniam iustae sunt, ille scit cogitationes hominum, quoniam vanae sunt. et homines scierunt cogitationes dei: sed quibus iam amicus factus est, prodit consilium suum. A.

18, 19. maligni, enim sunt dies, quibus videntur florere peccatores et laborare iusti . . . . parcit enim illi deus, quem novit peccatorem et impium, occulta iustitia sua . . . . fossa ad ima tendit, non ad caelum: peccatores autem superbi quasi in caelum eunt, et in terram merguntur. A.

20. non repellet dominus plebem suam. exercet, non repellit. A.

21. tu gaude sub flagellis, quia tibi servatur hereditas:

quia non repellet dominus plebem suam. . . . . illis autem ad tempus parcit, in aeternum illos damnabit. A.

22. adtende modo et habe iustitiam: quia iudicium nondum potes habere. prius es, ut habeas iustitiam. sed ipsa iustitia tua convertetur in iudicium. habuerunt hic iustitiam apostoli, et pertulerunt iniquos. sed quid illis dicitur? sedebitis super duodecim sedes iudicantes duodecium tribus Judae. A.

23. qui tenent eam, id est, iustitiam. C.

24. multi mali te circumdant . . . . ergo cum undique mali perstrepant, et dicant: quare sic vivis, tu solus christianus es, quare non facis, quod faciunt et alii? . . . et tu signas te et dicis: christianus sum, ut repellas istos nescio quos. A.

25. prope rueram in illam fossam, quae paratur peccatoribus, hoc est: paulominus in inferno habitaverat anima mea. A.

26. confessionem vult deus, humilitatem vult. A.

28. hoc dixit: nemo sedet tecum iniquus, nec tu sedem iniquitatis habebis . . . . sic dicamus: numquid adhaeret tibi sedes iniquitatis, qui formas dolorem in praecepto? formas, inquit dolorem in praecepto, id est, de dolore praeceptum nobis facis, ut ipse dolor praeceptum sit nobis. A. — praeceptum enim ipsius continet: beati, qui lugent. C.

29. hoc et ad dominum salvatorem potest referri, qui vere innocens atque immaculatus pro nostra redemtione sententiam iniustae condemnationis excepit. C.

PSALM XCIV.

1. Laus cantici et hilaritatem significat, quia cantus est, et devotionem quia laus est . . . . invitat ad magnas epulas exsultandi, non saeculo, sed domino. A.

2. exsultatio mala est, exsultare saeculo, exsultatio bona est, exsultare domino . . . . unde vocat, ut veniant, cum quibus vult exsultare domino, nisi quia longe sunt, ut veniendo propinquent. A.

3. quid est iubilare? gaudium verbis non posse explicare, et tamen voce testari, quod intus conceptum est. A.

4. quod hic admonet fieri debere, ut ante iudicialem adventum debeamus nostra facinora confiteri: ne veniens discutiat, quod nos sine dubitatione condemnat. C.

6. habemus scripturae testimonium: deus stetit in synagoga deorum, in medio autem deos discernere. deos dixit participatione, non natura; gratia, qua voluit facere deos. quantus deus est, qui facit deos? aut quales dii sunt, quos

facit homo? quam ille magnus deos faciendo, tam isti nihil, qui ab homine facti sunt. deus verus facit deos credentes in se, quibus dedit potestatem filios dei fieri . . . . ergo sit laus illi, sit iubilatio illi. A.

7. erat enim plebs iudaea. A. - inde enim prophetae, inde apostoli et multi fideles, qui domino sincera mente crediderunt. C.

8. agnoscimus lapidem angularem . . . . venit ex una parte circumcisio, venit ex alia parte praeputium. in Christo ambo populi concordaverunt . . . . venerunt etiam omnes gentes ad lapidem angularem, ubi osculum pacis agnoverunt, in illum unum, qui de duobus fecit unum. A.

9. ipsae terrenae potestates adversatae sunt ecclesiae, leges contra ecclesiam promulgarunt, nomen christianum de terra delere conati sunt: sed posteaquam impletum est, quod prophetatum est: adorabunt eum omnes reges terrae, factum est, quod hic dictum est: altitudines montium ipsius fiunt. A.

10. ipsas gentes ipse fecit; non permittet illas ultra eam saevire, quam novit ille mensuram, ex qua proficias. nonne dicit alius psalmus: omnes gentes, quotquot fecisti, venient et adorabunt coram te domine? A.

11. sic et corda nostra ad bonos fructus sterilia atque arida sunt, nisi domini misericordia compluantur. C

16. perventum est ad ingressum secundum, ubi Judaeos dominus salvator alloquitur . . . . tentatio enim iudaica, sicut in exodo legitur, contra Moysen gravi murmuratione surrexit. C.

17. iam tales non sint patres vestri, nolite eos imitari. patres vestri erant: sed si non imitati fueritis, patres vestri non erunt. A. - nam cum dicit: patres vestri, et eos quoque significat obstinatos: quia illum unusquisque habet patrem, quem cognoscitur imitari. C.

19. ante illos miracula in manu Moysi faciebam, et ipsi magis magisque corda obdurabant. A.

21. ad hoc cum illis fui quadraginta annis, ut ostenderem genus tale hominum, quod me semper exacerbat usque in finem saeculi. A.

23. ab exsultatione coepimus, sed ad magnum timorem conclusit psalmus iste. A.

PSALM XCV.

1. Quantum ad literam pertinet, tempus illud significatur in titulo, cum a Zorobabel, filio Salathiel, post captivitatem templum ierosolymitanum constat esse reparatum, quod usque ad superficiem terrae Chaldaeorum manus inimica destruxit.

sed cum nihil tale in subsequentibus dicat, nec aliquando titulus discrepet a narratione psalmorum, restat, ut eum spiritualiter exquirere debeamus. destructa domus aedificatur, quando anima post captivitatem peccati ad intellegentiam veritatis coeperit domino praestante remeare. domus enim ista, id est, universalis ecclesia, in qua Christus inhabitat, vivis lapidibus semper exstruitur. C.

2. dilectio ipsa vox est ad deum, et ipsa dilectio canticum novum est. audi, quia canticum novum est. dominus dicit: mandatum novum do vobis, ut vos invicem diligatis. omnis ergo terra cantat canticum novum: ibi aedificatur domus. omnis ergo terra est domus dei . . . . lapides enim ad fabricam novam, quae aedificatur post captivitatem, sic colliguntur, et sic illos caritas in unitate constringit, ut non sit lapis super lapidem, sed unus lapis sint omnes lapides . . . . ad ipsam structuram nos compingit apostolus et in illa unitate nos constrictos compaginat dicens: sufferentes invicem in dilectione, studentes servare unitatem spiritus in vinculo pacis. A. — omnis terra, catholicam significat ecclesiam. C.

8. ergo omnes gentes daemonia habebant deos; quos dicebant deos, daemonia erant. A.

10. pulchritudinem amas? vis esse pulcher? confitere . . . . prius eligamus confessionem, ut sequatur pulchritudo. A.

12, 13. afferte domino gloriam et honorem: nolite vobis, quia et illi, qui vobis annuntiaverunt, non suam, sed illius gloriam annuntiaverunt. et vos afferte domino gloriam et honorem, et dicite: non nobis, domine. non nobis, sed nomini tuo da gloriam. nolite spem in homine ponere. A.

14. hostias non victimas pecudum dicit, sed conscientiae pura libamina, unde non sanguis currat, sed piae lacrymae defluant. istae sunt hostiae, quas in quinquagesimo psalmo dixit: cor contritum et humiliatum deus non spernit . . . . atria enim domini sunt apostoli vel prophetae, per quos fidelis populus intrat ad dominum. C.

15. in atrio sancto eius, in catholica ecclesia. A.

16. terra commoveatur, quando peccator ad poenitentiam fuerit deo miserante perductus. C.

17. illos admonet reverenda mysteria gentibus praedicare, quos in atrio sancto dominum adorare praecepit, ut in nationibus a ligno crucis dominum debeant dicere regnaturum, non ab illo ligno paradisi, unde diabolus genus humanum videbatur tenere captivum. C.

18. ego tibi orbem terrarum ostendo aedificatum: tolle hostiam, intra in atria domini. A.

20. exsultet terra, quam compluunt caeli. A.

21. quod mare? saeculum. commotum est mare et

plenitudo maris: omne saeculum concitatum est adversus ecclesiam. A.

22. omnes lenes, omnes mites, omnes aequi campi sunt dei. A.

23. ligna silvarum pagani sunt. quare iam gaudent? quia praecisi sunt de oleastro, et inserti in oliva . . . . praecisae sunt ingentes arbores cedrinae et cyparissinae, et imputribilia ligna translata sunt ad aedificationem domus. A.

24. primo venit, et postea venturus est . . . . dicetur enim eis ad dexteram positis: venite benedicti patris mei, percipite regnum. A.

25. positurus est enim alios ad dexteram, alios ad sinistram. A.

PSALM XCVI.

1. Totum ad Christum revocemus . . . . post resurrectionem et adscensionem eius accepto spiritu sancto, loquentibus apostolis variis linguis . . . . facti sunt fideles eius, cuius fuerant persecutores . . . . cum terra eius restitueretur, cum caro eius resuscitaretur. A.

2. verbum dei non in sola continenti terra praedicatum est. A.

5. de quodam igne dicit, qui praeibit ante illum, antequam veniat ad iudicium . . . . cum praedicaretur Christus, iratae sunt gentes et commoverunt persecutionem . . . . quos inimicos eius? qui deserto deo, a quo facti erant, adorabant simulacra, quae fecerant. A.

6. unde fulgura? de nubibus. quae sunt nubes dei? praedicatores veritatis . . . . forma humana nubes erat, splendor miraculi coruscatio erat. sic in verbis, sic in factis, cum miranda dicunt et miranda faciunt, apparuerunt fulgura eius orbi terrae. A.

8. qui sunt montes? superbi . . . . ubi est altitudo potestatum? ubi duritia infidelium? . . . complanata est omnis altitudo, modo blasphemare Christum non audet. A.

9. qui sunt caeli? qui facti sunt sedes ipsius . . . . sedet in praedicatoribus evangelii. A.

11. sculptilia enim sunt manu facta idola. A.

13. bonus enim angelus adorat dominum, quia recto corde suum cognoscit auctorem, nec se ab hominibus adorari permittit. C.

14. etenim ecclesia necdum erat in gentibus: in Judaea crediderant ex Judaeis . . . . audierunt autem apostoli, et qui erant in Judaea fratres, quoniam et gentes receperunt verbum dei et benedicebant deum. A.

15. quae iudicia? quia non est personarum acceptor deus. namque ipse Petrus .... ait: in veritate comprehendo, quia non est personarum acceptor deus. ergo: exsultaverunt filiae Judaeae propter iudicia tua, domine. quid est, propter iudicia tua? quia in omni gente et in omni populo quicunque illi servierit, acceptus est illi. A.

16. supra omnem terram hic bene intellegimus peccatores. supra omnes deos, iustos homines competenter advertimus, quos deos recte dici frequenti expositione probatum est. sive quoniam per haec duo significat eum et terrenis creaturis et caelestibus imperare. C.

19. audi illum custodientem animas servorum suorum et dicentem: nolite timere eos, qui corpus occidunt, animam autem non possunt occidere. A.

20. iusto dicit ortam lucem, id est, verissimam fidem. C. — numquid soli boni vident istum solem, cum faciat oriri solem suum super bonos et malos, et pluat super iustos et inustos. istam lucem vident tecum iniqui .... audi prophetam Isaiam: non est gaudere impiis, dicit dominus. A.

21. dominum habes iocunditatem, dominus semper tecum est, non habet tempus .... esto rectus corde, et semper est tibi de illo iocunditas .... iam iocundati in domino, iam gaudentes in domino, illi confitemini. quia nisi vellet, non in illo gauderemus. ait enim ipse dominus: haec locutus sum vobis, ut in me pacem habeatis, in mundo autem pressuram. si christiani estis, pressuras in isto mundo spe.ate, tranquilliora et meliora tempora nolite sperare. A.

PSALM XCVII.

1. Propheta fideles admonet christianos, ut novae regenerationis sacramenta sumentes, novum canticum de domini incarnatione concelebrent. novus enim homo cantare debet canticum novum, non ille vestustus, qui necdum Adae peccata deponens in praevaricatione veteris hominis perseverat. C.

2. mirabilia sunt, quod totum orbem terrarum a morte sempiterna erexit. A.

3. sed hoc vult intellegi, ut ipsum salvasse cognosceres, qui dixit: potestatem habeo ponendi animam meam, et potestatem habeo iterum sumendi eam .... dextera pertinet ad operationes mirabiles, brachium ad fortitudinem singularem. C

5. dextera dei, brachium dei, salutare dei et iustitia dei. dominus est salvator noster Jesus Christus. A.

6. memor fuit, dictum est, quia promissa complevit .... Israel enim significatur omnis fidelis .... veritas, quando sancti facie ad faciem videbunt. C — Israel est videns deum. A.

8. quia ergo viderunt, iubilate deo universa terra, iam nostis, quid sit iubilare. gaudete et loquimini. A.

10, 11. psallite non voce sola, assumite opera, ut non tantum cantetis, sed et operemini. A.

12 ductiles tubae aereae sunt, tundendo producuntur .... eritis tubae ductiles, ad laudem dei productae, si cum tribulamini, proficiatis. tribulatio tunsio, profectus productio est. tuba ductilis erat Job, quando repente percussus tantis damnis et orbitate filiorum tunsione illa tantae tribulationis factus tuba ductilis, sonuit .... de ipso malleo in manu dei posito, id est, in potestate dei, tunduntur ductiles tubae, ut resonent laudes dei. A.

13. cornu excedit carnem .... sed unde hoc? quia carnem superavit. qui vult esse tuba cornea, superet carnem. quid est, superet carnem? transcendat carnales affectus, vincat carnales libidines. A.

17. fiunt persecutiones et gaudent sancti in deum. unde flumina plaudent manibus? quid est plaudere manibus? gaudere operibus. A.

19 hic orbis terrarum impiis est nihilonimus applicandus .... populos autem significat eos, qui ex Hebraeis fideles probati sunt, et qui devoti ex gentibus advenerunt. C.

PSALM XCVIII.

1. Coepit enim regnare dominus noster Jesus Christus, coepit praedicari, postquam resurrexit a mortuis et adscendit in caelum, postquam implevit discipulos suos fiducia spiritus sancti, ut non timerent mortem, quam ille iam occiderat in se. A.

2. illos volebat converti ad eum, a quo facti erant, et averti ab eis, quae ipsi fecerant. illi pro idolo suo irascebantur domino suo. A. — irascantur, qui rem probati sunt fecisse nefariam; ut cito ad conversionis salutem veniant, cum propria voluntate sua coeperint facta damnare. C.

3. illi irascantur, et in ira ipsorum martyres coronentur .... dixerunt esse Cherubim plenitudinem scientiae. ergo quia superat deus omnem scientiam, super plenitudinem scientiae sedere dicitur .... breviter tibi dicitur, quid habeas, si vis habere plenitudinem scientiae et esse sedes dei: ait enim apostolus: plenitudo autem legis caritas. A.

4. Sion speculatio dicitur, id est, visio et contemplatio. speculari enim prospicere est vel conspicere vel intendere ut videas. est autem Sion omnis anima, si intendit videre lucem, quae videnda est. nam si ad suam adtenderit, tenebratur: si ad lucem illius adtenderit, illuminatur. quia tamen manifestum est, Sion civitatem dei esse, quae est civitas dei, nisi sancta ecclesia? ... ecclesia est Sion, in illa est magnus deus. in illa esto et non erit praeter te deus. cum autem fuerit in te deus, quia tu factus es de Sion, membrum de Sion, civis de Sion, pertinens ad societatem populi dei, excelsus in te erit deus, super omnes populos, super illos, qui irascuntur, aut super illos, qui irascebantur. A.

5. iam ergo magno nomini tuo confiteantur populi, qui ante parvo nomini tuo irascebantur. A.

6. terribile, quia ipse venturus est iudicare vivos et mortuos. sanctum, quia immaculata et caelesti conversatione permansit .... sicut et Mariae dictum est ab angelo: propterea quod ex te nascetur sanctum, vocabitur filius dei. C.

7. ergo timeamus, ergo faciamus iustitiam, ergo faciamus aequitatem. A.

9. iudicium habes, quando discernis malum a bono, iustitiam autem, quando sequeris bonum et declinas a malo. discernendo iudicium habes, faciendo iustitiam habes. A.

10. laudemus illum, exaltemus illum, qui fecit ipsam iustitiam .... quis enim in nobis fecit iustitiam, nisi qui nos iustificavit? A.

11. terram nos iubet adorare, quia dixit alio loco, quod sit scabellum pedum dei .... scabellum pedum eius. suscepit enim de terra terram: quia caro de terra est, et de carne Mariae carnem accepit. et quia in ipsa carne hic ambulavit, et ipsam carnem nobis manducandam ad salutem dedit, nemo autem illam carnem manducat, nisi prius adoraverit, inventum est, quemadmodum adoretur scabellum pedum domini .... sacramentum aliquod vobis commendavi, spiritaliter intellectum vivificabit vos. A. — dicendum nobis est, quid in isto versu pedes eius significare videantur, scilicet stabilitatem divinitatis. C.

12. et nota, quia hic Moysen sacerdotem dicit, dum sic in heptateucho non legatur; qui etsi hostias non offerebat, sicut Aaron frater ipsius, vota tamen populorum coram deo semper exhibuit; quod sacerdotis officium esse monstratur. ... Samuel autem in templo domini praedicabili sanctitate conversatus est, qui David unxit in regem .... addidit de ipso: inter eos, qui invocant nomen eius, quia nominatim percurrere non poterat, quos multitudo infirmata dilatabat. C.

13. loquebatur per figuras. A. — non vacat, quod dictum est, in columna nubis: quia semper ista in aedificatione domus pro fortitudine ponitur et decore. in hac ergo specie loquebatur illis dominus, quae venturam fabricam ecclesiae nuntiabat. C.

14. quomodo? quando custodiebant praecepta eius, custodiebant testimonia eius. A.

16. Moyses habuit primam vitam fortasse peccatricem .... habuit et Aaron primam vitam, quae displiceret deo .... nihil unquam dictum est de Samuele, nihil ab hominibus. noverat ibi forte deus aliquid, quod purgaret .... legite et videte vindictas, et qui proficitis, ferte vindictas. quotidie patiebantur populos contradicentes, quotidie patiebantur inique viventes, et inter illos vivere cogebantur, quorum vitam quotidie reprehendebant. haec erat vindicta .... vide Paulum apostolum, quid patiebatur .... ecce quomodo propitius erat deus vindicans in omnes affectiones eius. quae sunt affectiones, in quas sic vindicabat? ipse exposuit, ipse dixit: in magnitudine, inquit, revelationum ne extollar, datus est mihi stimulus carnis meae .... et rogavit, ut tolleretur, aeger ille rogavit, ut auferretur medicamentum: propter quod ter dominum rogavi, inquit, ut auferret eum a me, et dixit mihi: sufficit tibi gratia mea, nam virtus in infirmitate perficitur. A.

17. iterum exaltamus illum, qui bonus est et cum ferit .... non enim bonus es, quando blandiris filio tuo, et malus, cum caedis filium tuum. et cum blandiris, pater es, et cum caedis pater es. A.

18. mons ipsius quis est? legimus alibi de hoc monte, quia lapis fuit praecisus de monte sine manibus, et confregit omnia regna terrae, et crevit lapis ipse. Danielis visio est ista, quam narro. crevit lapis iste, qui praecisus est de monte sine manibus, et factus est, inquit, mons magnus, ita ut impleret universam faciem terrae. in ipso monte magno adoremus, si exaudiri volumus. haeretici non adorant in isto monte, quia mons iste implevit universam faciem terrae: haeserunt in parte, et totum amiserunt .... quid est mons, unde praecisus est lapis sine manibus? regnum Judaeorum. primo, quod colebant unum deum. inde praecisus est lapis, quem reprobaverunt aedificantes, hic factus est in caput anguli. lapis iste praecisus de monte sine manibus confregit omnia regna terrarum: videmus confracta ab illo lapide omnia regna terrae. quae erant regna terrae? regna idolorum, regna daemoniorum, fracta sunt .... quid est praecisus de monte sine manibus? natus de gente Judaeorum sine opere

hominum. omnes enim, qui nascuntur, de opere maritali nascuntur. ille de virgine natus, sine manibus natus est. A.

PSALM XCIX.

1. Confessio enim quasi confatio dicitur, sive poenitentia, sive laus multorum ore celebrata. C.

2. pertendens enim benedictio incipiente ecclesia ab Jerusalem per omnes gentes, impietatem ubique prosternit. A.

3. libera servitus est apud dominum, libera servitus, ubi non necessitas, sed caritas servit. A.

4. facile est, exsultare foris: in conspectu dei exsulta. non valde lingua exsultet, conscientia exsultet. A.

5. in capite versus huius contra perfidiam loquitur Judaeorum, qui dominum salvatorem non putando deum, in creatorem suum manus iniicere praesumserunt. C.

7. oves, quia simplices sunt, et ipse earum pastor est verus. pascua eius, id est, divinarum scripturarum copiosa et dulcis epulatio. ipsa sunt pascua, quibus fidelis anima saginatur. C.

8. portae domini sunt humilis poenitentia, baptismum sacrum, caritas sancta, eleemosynae, misericordia ceteraque mandata, per quae ad eius possumus pervenire conspectum. C.

9. quando non erit confessio peccatorum? in illa requie, in illa aequalitate angelorum. sed videte, quid dixerim: non erit confessio peccatorum. non dixi: non erit confessio, erit enim confessio laudis. A.

11. quia cum semel praestiterit futura bona, ab ipso tamen perpetue servantur illaesa. C.

12. hic est generatio una, quae parit mortales, altera, quae parit aeternos. A.

PSALM C.

2. Forte invenimus, modo tempus esse misericordiae, futurum autem tempus iudicii. A. — alibi dicit pro his duobus nominibus, iustitia et pax, et iterum misericordia et veritas, vel iustitia et iudicium praeparatio sedis tuae, ut ubique deum pium demonstret et iustum. C.

4. duobus enim modis nocet homo, quantum in ipso est, aut faciendo miserum, aut deserendo miserum . . . . ait aliquis: ecce non tuli alicui, nec pressi aliquem: de re mea, de iusto labore meo bene mihi faciam . . . . qui in seipsum crudelis est, esse in alium misericors potest? A.

5. domus enim nostra interior cor nostrum est. A.

6. rem malam ante oculos suos quomodo poterat non habere, nisi quia illi talia displicebant. C.

7. unus homo praevaricator videte, quia duo nomina habet, homo et praevaricator: hominem deus fecit, praevaricatorem ipse se fecit: ama in illo, quod deus fecit, persequere in illo, quod ipse sibi fecit. A.

8. quod est cor pravum? cor tortum. quod est cor tortum? cor non rectum . . . . pravum cor resistit deo. aliquid illi contingat adversum, clamat: deus, quid tibi feci, quid commisi, quid peccavi? se iustum vult videri, deum iniustum . . . . tales quando videritis, fratres, corripite . . . . et si non potestis corripere aut corrigere, nolite consentire. A.

9. quid est, non cognoscebam? non approbabam. A. — haereticos dicit, qui pravis dogmatibus a catholica praedicatione dissentiunt, et declinantes semitas rectas per vias pessimas se auditoresque deducunt. C.

10. ecce persecutor bonus, non hominis, sed peccati. A.

11. cor superbum unde pascitur? si superbus est, invidus est . . . . si invidus est, malis alienis pascitur . . . . videtis ergo comedentes, nolite his convesci, fugite tale convivium. neque enim se satiant gaudendo de malis alienis, quia insatiabili corde sunt A.

12. recte credentium virorum desiderat habere consortium. C. — sedebitis super duodecim thronos iudicantes duodecim tribus Israel . . . . iudicant fideles terrae, quibus dicitur: nescitis, quia angelos iudicabimus. A.

13. multi enim ministrant evangelium, sed sibi ministrant: quia sua quaerunt, non quae Jesu Christi. quid est Christo ministrare? ea quae Christi sunt quaerere. A.

14. non habitabat in corde meo faciens superbiam, nullus talis habitabat in corde meo; resiliebat enim inde. nemo habitabat in corde meo, nisi mitis et quietus: superbus non illic habitabat. A.

16. in matutinis, in ipsis videlicet initiis dicit, quando in nobis suggestiones diabolicae velut dubia crepuscula coeperint apparere, tunc oratione debent eiici, tunc abominabili execratione detrudi . . . . peccatores autem terrae sunt daemones, qui universam carnem deducunt pravis immissionibus ad reatum. peccatores enim iuste dicuntur, quoniam peccatores faciunt . . . . civitatem domini animam piam patres esse dixerunt. C. — sunt ergo in civitate domini operantes iniquitatem, et quasi parcitur eis modo? quare? quia misericordiae tempus est: sed veniet et iudicii . . . . quid est tempus misericordiae? adhuc nondum revelatum est iudicium: nox est, apparebit dies, apparebit iudicium. audi apostolum:

itaque nolite ante tempus quidquam iudicare. quid est, ante tempus? ante diem. audi, quia ante diem dixit: donec veniat dominus, et illuminet abscondita tenebrarum et manifestabit cogitationes cordis, et tunc laus erit unicuique a deo. nam modo, quamdiu non vides cor meum, et non video cor tuum, nox est .... in nocte quaerunt escam catuli leonum: qui sunt catuli leonum? principum et potestatum aeris huius daemones et angeli diaboli. A.

PSALM CI.

2. Ecce unus pauper orat .... ne forte ille sit, de quo dicit apostolus: qui propter vos pauper factus est, cum dives esset, ut illius paupertate vos ditaremini .... sit caput nostrum, simus membra eius, sint duo in carne una .... ita enim erunt duo et in voce una, et in illa una voce iam non mirabimur nostram vocem .... iam ergo audiamus, quid oret caput et corpus, sponsus et sponsa, Christus et ecclesia. utrumque uus. A.

4. propter membrorum paupertatem ne avertas faciem tuam a me. A.

5. tribulor enim deorsum, tu autem es sursum. A.

6. oravit Petrus, oravit Paulus, oraverunt ceteri apostoli, oraverunt fideles temporibus illis, oraverunt fideles consequentibus temporibus, oraverunt fideles martyrum temporibus, orant fideles nostris temporibus. orabunt fideles posterorum temporibus in quacunque die invocavero te, cito exaudi me. cito exaudi: iam enim hoc rogo, quod dare vis. non terrena, quasi terrenus, sed ex prima captivitate iam redemtus regnum caelorum desidero. cito exaudi me: non enim nisi tali desiderio dixisti: adhuc te loquente dicam, ecce adsum. A.

7. unde invocas? de qua tribulatione? de qua egestate? ... unde sicut fumus, nisi propter elationem superbiae? tales dies dignus fuit accipere superbus Adam. A.

8. confrigitur peccator, quoniam futuros ignes incendiaque formidat. C. — ossa corporis Christi, fortitudo corporis Christi, ubi maior, quam in sanctis apostolis? et tamen vide ossa frigi: quis scandalizatur, et non ego uror? ... fortes plane sunt, sed omnes, qui scandala patiuntur, frixorium ipsorum sunt. est enim ibi caritas, et magis in ossibus. A.

9. genus humanum foeno transitorio comparatur, quod et viriditatis habet laetitiam temporalem, et percussum facile sentit iniuriam; sic quamdiu in lege domini mandatisque consistimus, tamquam viridia foena vegetamur, sed mox ut ab eius praeceptis fuerimus diabolica falce succisi, statim arescimus, et cor nostrum peccati sterilitate siccatur. C.

10. dederat enim deus panem praecepti, nam panis animae quid nisi verbum dei? suggerente serpente, praevaricante muliere, tetigit vetitum, oblitus est praeceptum. merito percussum est. A.

11. adhaeserunt fortes invalidis, adhaeserunt firmi infirmis. unde adhaeserunt? a voce gemitus sui, non a voce gemitus illorum. qua lege adhaeserunt, nisi qua dictum est: debemus enim nos firmi infirmitatem infirmorum portare? A.

12. pellicanus enim avis aegyptia est, ciconiis corporis granditate consimilis, quae naturali macie semper affecta est: quoniam, sicut physiologi volunt, tenso intestino per viscera quidquid escarum accipit, sine aliqua decoctione transmittit. C. — nascitur in solitudinibus, maxime Nili fluminis, in Aegypto. A.

13. sequitur: factus sum sicut nycticorax in domicilio. aliud genus introducitur poenitentis. nycticorax graeco vocabulo dicitur noctis corvus, quem quidam bubonem, quidam noctuam esse dixerunt: alii magis corvo magnitudine et colore consimilem, quem specialiter in Asiae partibus inveniri posse testantur. C

14. per hoc igitur avium genus pulcherrime significantur eremitae, qui hominum consortio derelicto, timore domini remota se afflictione discruciant . . . . ita et poenitens iste nocturno tempore escas animae sollicita curiositate perquirit: modo psalmodiae operam dando, modo eleemosynas faciendo, modo carceres occulte visitando, solum deum vult habere testem, cui caligo noctium non tollit adspectum . . . . passer est avis parva . . . . haec propter infirmitatem suam . . . . inter aves unica cautione munita ad domorum fastigia celsa concurrit . . . . huic merito comparatur, qui diaboli insidiosa formidans specialiter ad ecclesiae septa se conferens in eius fastigio vigilans tutissime perseverat. C. — pelicanus in solitudine. puto ego hic intellegi Christum natum de virgine. solus enim sic, ideo solitudo . . . . a quibus crucifigebatur? numquid ab stantibus? numquid a lugentibus? ergo tamquam in nocte ignorantiae ipsorum, et tamquam in parietinis ruinae ipsorum. ecce nycticorax et in parietinis, amat et noctem. nam nisi amaret, unde diceret: pater ignosce illis, quia nesciunt, quid faciunt. deinde natus in solitudine, quia solus ita natus, passus in tenebris Judaeorum tamquam in nocte, in praevaricatione tamquam in ruinis . . . . sequitur: et exsurrexi. ergo hic vigilavi. sed posteaquam vigilavit, quid egit? adscendit in caelum, factus est sicut passer volando, id est, adscendendo. singularis in tecto, id est, in caelo. ergo pelicanus nascendo, nycticorax moriendo, passer resurgendo: ibi in solitudine velut solus, hic in parietinis, velut ab eis occisus,

qui stare non potuerunt in aedificio, hic vero iam vigilans et volans singularis in tecto, ibi interpellat pro nobis. A.

15. audi laudem ipsorum: magister, scimus quia viam dei in veritate doces, et personam non accipis. licet tributum dari Caesari? quem laudas, supplantas. A.

16. quia veni facere membra mea peccatores, ut agendo poenitentiam sint in corpore meo? inde totum opprobrium, inde persecutio. quare magister vester cum peccatoribus et publicanis manducat? A. — ex hoc maxime scribae et pharisaei redemtorem nostrum criminabantur, quia publicanos peccatores non solum non respuebat, sed etiam cum eis in cibo et potu communicabat. G. — cineres peccatorum sanctissimus poenitens consumere festinabat. C.

17. ipsa est illa ira tua, domine, in Adam, ira cum qua omnes nati sumus. A.

18. si enim mihi non dedisses liberum arbitrium, et per hanc rationem pecoribus me non faceres meliorem, non me sequeretur damnatio iusta peccantem. ergo per arbitrium liberum levasti me, et per iustitiae iudicium elisisti me. A.

19. potuerunt enim esse dies tui non declinantes, si tu a die vero non declinasses. A.

20. tu autem quid? A.

21. mei dies sicut umbra declinaverunt, et tu in aeternum manes: temporalem salvet aeternus. A.

22. memoriale dictum est, salutare promissum de domini incarnatione venturum. C.

23. Sion vero mons est Jerosolymis constitutus, per quem, sicut saepe dictum est, significatur ecclesia. C.

25. servos domini dicit apostolos et prophetas . . . . isti lapides, id est, christianos, qui divina firmitate viguerunt, beneplacitos habuerunt, quando in eis praedicationem suam proficuam esse cernebant. C.

26. numquid non erat pulvis, qui dominum crucifixit? . . . . de ipso pulvere venit paries tot millium credentium, et pretia rerum suarum ad pedes apostolorum ponentium . . . . subito primo tria, postea quinque millia. A. — lapides dicit beneplacitos, quia de ipsorum erant soliditate. C.

29. videbitur in gloria sua, qui in illa primo visus est in infirmitate sua. A.

30. ergo nunc oratur, nunc curritur, nunc si quis aliter erat, et aliter se habebat, manducet cinerem sicut panem, et potum suum cum fletu commisceat. nunc tempus est, cum aedificatur Sion, nunc intrant lapides in structuram. A.

31. scribebantur enim ad prophetandum novum testamentum inter homines, qui vivebant ex vetere testamento . . . . sed quoniam memoriale tuum in generationem et

generationem, non iniquorum est, sed iustorum. in una generatione pertinet ad vetus testamentum, in alia autem generatione pertinet ad novum testamentum. A.

32. illa creatura, de qua dicit apostolus: si qua igitur in Christo nova creatura, vetera transierunt, ecce facta sunt omnia nova, omnia autem ex deo. A.

33. prospexit ex alto. ut veniret ad humiles. A.

34. agnoscuntur et compedes disciplinae dei et timoris eius, de quo dictum est: initium sapientiae timor domini. A.

35. filios interemtorum, qui diabolica fraude peremti sunt. C. — solvitur enim unusquisque a vinculis cupiditatum malarum . . . . remissio peccatorum solutio est. A.

36. annuntiatum est enim in Sion nomen domini Christi, dum ibi primum diversis linguis magnalia dei locuti probantur apostoli. hinc factum est, ut a locali Jerusalem velut a purissimo fonte per ecclesiam generalem pia domini praecepta decurrerent. C.

37. dicendo enim. in unum, virtus catholicae unitatis ostenditur. C.

38 si enim vocat te deus, et praecipit, ut bene vivas, et tu male vivis, vocationi eius non respondes, nec laus eius respondet ei de te . . . . cum autem sic vivimus, ut per nos laudetur deus, respondit ei laus eius: de vocatis et sanctis eius respondit et Jerusalem. vocata est enim et Jerusalem; et prima Jerusalem noluit audire, et dictum est ei: ecce dimittetur vobis domus vestra deserta. A.

39. quomodo annuntiavit? ecce ego vobiscum sum usque in consummationem saeculi . . . . pereant haeretici, pereant quod sunt, et inveniantur. ut sint, quod non sunt. exiguitas dierum usque in finem saeculi erit: exiguitas ideo, quia totum hoc tempus . . . . exigua gutta est comparata aeternitati. non ergo blandiantur sibi contra me haeretici, quia dixi: exiguitatem dierum meorum, quasi non permansuram usque in finem saeculi. A.

40. noli quomodo haeretici loquuntur sic mecum agere. usque in finem saeculi me perduc, non in dimidium dierum meorum. A.

41. licet usque in finem saeculi durent mecum isti dies, exigui sunt in comparatione dierum tuorum. A.

42. idem ipse es, tu qui dixisti: ego sum, qui sum. A.

43. iam ergo dixit, periisse caelos per diluvium . . . . excrevit enim aqua, et totam istam capacitatem, ubi aves volitant, occupavit, ac sic utique caeli perierunt propinqui terris: caeli, secundum quos dicuntur aves caeli. sunt autem et caeli caelorum superiores in firmamento: sed utrum et ipsi perituri sint igne, an hi soli caeli, qui etiam diluvio perie-

runt, disceptatio est aliquanto scrupulosior inter doctos .... forte hic caelos etiam non importune intellegimus ipsos iustos, sanctos dei, in quibus manens deus intonuit praeceptis, coruscavit miraculis, imbrificavit terram sapientia veritatis. caeli enim enarraverunt gloriam dei .... quid est, secundum vestimentum? secundum corpus. vestimentum enim animae corpus .... si ergo secundum corpus peribunt, ubi ergo resurrectio carnis? ... mutabitur, non tale erit, quale fuit. audi apostolum dicentem: et mortui resurgent incorrupti, et nos immutabimur. quomodo immutabimur? seminatur corpus animale, surget corpus spiritale. ergo seminatur mortale, resurget immortale, seminatur corruptibile, resurget incorruptibile .... ita peribunt caeli. et immutabuntur caeli sed fortasse sanctorum corpora non recte dicuntur caeli? si non portant deum, non sint caeli. et unde, inquit, probas, quia portant deum? usque adeone excidit tibi: glorificate et portate deum in corpore vestro? ergo tales caeli peribunt, sed non in aeternum: peribunt, ut mutentur .... vestem audis, coopertorium audis, et aliud, quam corpus intellegis? A.

44. ubi, nisi in annis non deficientibus? ... nos filii sumus servorum, quia filii sumus apostolorum. A.

45. intende, quare sit positum, dirigetur, scilicet quoniam, quae ibi suscepta fuerint, in aeterna directitudine collocantur, ubi nihil pravum, nihil potest esse distortum .... inchoavit enim a lacrymis, finivit in gaudio. C.

PSALM CII.

2. Interiora sunt animae, cogitatio multiplex, virtusque rationis. C.

3. retribuisti tu mala pro bonis, retribuit ipse bona pro malis. A.

8. resurrectionem enim quandam significavit nobis. et quidem renovatur et iuventus aquilae, sed non ad immortalitatem .... dicitur aquila, cum senectute corporis pressa fuerit, immoderatione rostri crescentis cibum capere non posse. pars enim rostri eius superior, quae supra partem inferiorem aduncatur, cum prae senecta immoderatius creverit, longitudo eius incrementi non eam sinit os aperire, ut sit aliquod intervallum inter inferiorem partem et uncum superiorem .... itaque modo quodam naturali in mensura reparandae quasi iuventutis aquila dicitur collidere et percutere ad petram ipsum quasi labium suum superius, quo nimis crescente edendi aditus clauditur: atque ita conterendo illud ad petram excutit, et caret prioris rostri onere, quo cibus impediebatur. accedit ad cibum, et omnia reparantur: erit post senectutem tamquam iuvenis aquila .... petra autem erat

Christus. in Christo renovabitur sicut aquilae iuventus nostra. A. -- sic anima in pristinam sanitatem revertitur, si peccata sua in petra, quae est Christus dominus, expolire non desinat. C.

9. hoc illis permittitur, qui patientiae munere decorantur, de quibus ait: mihi vindictam, et ego retribuam. nam qui se manu desiderant ulcisci, furoremque suum inimici persecutione satiare contendunt, vindictam domino non reservant. C.

10. per Moysen data est lex, et habet aliquid obscurum traditio ipsa legis . . . . ergo quia hoc ibi mysterium est, ideo docet datam legem, ut convincerentur peccatores, et ad gratiam accipiendam medicum invocarent . . . . nolebant se confiteri homines peccatores: addita lege facti sunt et praevaricatores . . . . ubi enim non est lex, nec praevaricatio. abundavit ergo peccatum, ut superabundaret gratia . . . . istae sunt viae occultae, quas notas fecit Moysi, per quem legem dedit. A.

11. ecce vere Israelita, in quo dolus non est . . . . dati sunt quinque libri Moysi: cincta est piscina quinque porticibus; produxit languidos, ut ibi iacerent, ut proderentur, non ut sanarentur. quinque porticus prodebant languidos, non curabant: piscina curabat descendente uno, et hoc piscina turbata: turbatio piscinae in passione domini . . . . turbavit aquam, id est, turbavit populum. et in tota illa perturbatione aquae unus sanabatur, quia in passione unitas sanatur. A.

15. adtende et caelum: ubique, undique protegit terram, et nulla pars terrae est, quae non caelo protegatur. peccant homines sub caelo, faciunt omnia mala sub caelo: tamen proteguntur caelo. inde lux ad oculos, inde aer, inde spiritus, inde pluvia ad terram propter fructus, inde omnis misericordia a caelo. tolle auxilium caeli a terra, statim deficiet: sicut ergo protectio caeli permanet super terram, sic protectio domini permanet super timentes eum. A.

16. quando peccatum remittitur, occidunt peccata tua, oritur gratia tua. A.

17. fili, si ploras, sub patre plora, noli cum indignatione, noli cum typho superbiae. quod pateris, unde plangis, medicina est, non poena. castigatio est, non damnatio. noli repellere flagellum, si non vis repelli ab hereditate. A.

18. novit, quid fecerit . . . . ecce facti sumus de limo. A.

19. memor esto, domine, non quia nos ex limo creasti, non quia immortales tua largitate fecisti, non quod ad imaginem et similitudinem tuam plasmare dignatus es . . . . sed quia in pulverem nunc redacti sumus ariditate peccati. C.

22. non alloquitur enim foenum, sed propter quod et

verbum foenum factum est . . . . quidquid melius eris, gratia illius eris, misericordia illius eris. A.

23. mihi videtur hic convenienter adverti, et Adam, sicut multi patrum dixerunt, a domini fuisse gratia revocatum, quando ipse primus in saeculo fuit, sicuti etiam Abel, Noë, Abraham, et ceteri patres, qui tamen in saeculo, sed non a saeculo fuerunt. C.

24. sed filios nostros dicit opera nostra: filios filiorum, mercedem operum nostrorum . . . . totam legem volo tenere. tene, si potes, quando potes, quomodo potes. quamcunque paginam interrogaveris, hoc tibi respondebit: quod tenes, tene. A.

25. hoc ad illud pertinet, quando dominus Jesus adscendit in caelum, sedet ad dexteram patris. C.

PSALM CIII.

1. Benedicat anima nostra dominum pro tantis beneficiis eius, pro tam multis et magnis muneribus gratiarum eius: quae munera invenimus in hoc psalmo. A.

2. magnificatus es nimis, hoc est, sanctificetur nomen tuum . . . . quibusdam immundis nondum est sanctum nomen tuum. A.

3. ergo tu ecclesia habes decorem . . . . dicitur de te: quae est ista, quae descendit dealbata? quid est dealbata? illuminata: non dealbata, sicut fucata, quemadmodum se dealbant feminae . . . . ipsa enim ecclesia confessio et decor. ante confessio, postea decor: confessio peccatorum, decor rectefactorum. A.

5. pelles autem detrahi non solent nisi animalibus mortuis . . . . quid ergo, hic si divina scriptura significatur pellis nomine, quomodo deus de pelle fecit caelum, et extendit caelum sicut pellem? . . . mortuus est Jeremias, et tot prophetae mortui sunt . . . . quod ad divinam scripturam attinet, extenditur sermo mortuorum . . . . nam post mortem plus innotuerunt prophetae et apostoli . . . . prophetas vivos sola Judaea habuit, mortuos omnes gentes. cum enim viverent, nondum erat extenta pellis, nondum erat extentum caelum, ut tegeret orbem terrarum. A.

6. si ergo nihil supereminentius in scriptura sancta inveniri potest, quam caritas, superiora caeli quomodo in aquis proteguntur, si superiora scripturae praecepta caritatis sunt? . . . caritas, inquit, dei diffusa est in cordibus nostris per spiritum sanctum . . . . iam nomine diffusionis intellege aquas in caritate spiritus sancti. A.

7. legitur: haec cum dixisset, nubes suscepit eum ab oculis eorum. C. — ostendam et nubes adscensum caeli huius,

id est, divinarum scripturarum .... omnes tamen praedicatores verbi veritatis nubes accipite. quicunque ergo infirmi non possunt adscendere in hoc caelum, id est, ad intellectum scripturarum, per nubes adscendant. A.

8. velocitatem verbi fortasse commendat scriptura.... quia nihil ventis velocius norunt homines .... ventos quidem intellegimus in figura non absurde animas .... quisquis dilexerit deum et proximum, animam habet pennatam .... sed quantumvis sint praeditae virtutibus caritatis, quid ad illam dilectionem dei, qua sunt dilectae, etiam cum visco essent implicatae? maior ergo in nos dilectio dei, quam nostra in illum. iam dat illis caritatem, iam dat illis alas et pennas. ut possitis, inquit, comprehendere, quae sit latitudo, longitudo, altitudo et profundum .... latitudo enim est in bonis operibus, longitudo in perseverando usque in finem, altitudo propter sursum cor .... profundum autem quod dixi, ubi fixa erat pars crucis, et non videbatur, inde surgebant, quae videbantur. quid est, quod occultum est, et non publicum in ecclesia? sacramentum baptismi, sacramentum eucharistiae .... et quid postea? cum hoc dixisset apostolus, adiecit: scire etiam supereminentem scientiam caritatis Christi .... amando autem quantumcunque amatis, volatis ad ipsum, ut cognoscatis, quemadmodum ipse vos amaverit. A.

9. esse angelos novimus ex fide, et multis apparuisse scriptum legimus .... spiritus spiritales dicit; bene facit angelos suos spiritales, id est, nuntios verbi sui .... vide spiritalem factum angelum dei .... de spiritali quadam affectione missus est ad carnales, tamquam angelus de caelo ad terram. A.

10. quomodo dicit, et ministros suos ignem flagrantem, nisi quomodo dicit, spiritu ferventes? sic enim fervens spiritu, ignis ardens est omnis minister dei .... carnalia omnia desideria tua urat minister dei, praedicans verbum dei. A.

11. fundavit terram, intellego ecclesiam. A. — huius stabilitas recte dicitur Christus, qui est immobile fundamentum. C.

12. de qua dictum est: caelum et terra transient. laboratur hic, si ad literam quaeras accipere. A.

13. abyssus enim dicitur immensa aquarum copia .... terrae enim quasi vestimentum est aqua, circumdans eam et contegens eam .... ecclesiam dei cooperuerunt aquae persequentium. A.

14. fuga quadam occultabantur apostoli. unde fuga occultabantur apostoli? quia super montes stabant aquae. A. — haec merito hic superstitiosis atque persecutoribus comparatur .... ut non solum mediocres, sed in perniciem suam ipsos

quoque sanctos viros atque eminentissimos tormentis corporum obruere viderentur. C.

15. qui fugient, nisi abyssi? C.

16. tamquam tonitruum vero, ut hic timeant, cum minaris, cum ais: nisi poenitentiam egeritis, omnes simul peribitis. Br. — vae mundo a scandalis. rursus: nisi poenitentiam egeritis, peribitis, et similia. B.

17. illi scilicet, qui campi iam facti sunt, ad locum fundatissimae descendunt ecclesiae. C.

18. terminum posuisti, quem non transgredientur; catholicam utique fidem, quam usque ad terminum praesentis vitae custodiunt. neque convertentur operire terram. in flagitiis, quibus prius vixerunt. Br.

20. inter apostolorum medium pertransibunt praedicationes verbi veritatis. quid est, inter medium apostolorum? quod medium dicitur, commune est. A.

21. bestias silvae gentes intellegimus. A.

22. in finem saeculi Helia et Enoch venientibus creditura est multitudo Judaeorum. C.

23. sed potius animas sanctas pontificum caelesti se conversatione tractantes mavult intellegi, qui supra populos domini praedicationibus sanctis inhabitant . . . . quapropter omnes de petrarum firmitate praedicant, qui apostolorum ac prophetarum traditionibns sua dicta confirmant. C. — spiritales quasdam animas significat hoc nomen . . . . modo si dicam vobis: credite, hoc enim dixit Cicero, hoc dixit Plato, hoc dixit Pythagoras: quis vestrum non irridebit me? A.

24. ipsi montes et illae petrae unde habent vocem? . . . dicit hoc Paulus tamquam mons, inde nos dicimus sonantes de petra. A.

26. dicitur: bovi trituranti os non infrenabis. A.

27. praedicatores verbi et iumenta et servi sunt. A.

28. quem panem? Christum de qua terra? de Petro, de Paulo, de ceteris dispensatoribus veritatis. audi, quia de terra: habemus, inquit, thesaurum istum in vasis fictilibus, ut eminentia sit virtutis dei. A.

29. videbitur ista ebrietas in operibus vestris, videbitur in sancto amore iustitiae, videbitur postremo in alienatione mentis vestrae, sed a terrenis in caelum . . . . videtur iam dicere de spiritali vino. A. — vinum laetificat cor hominis, cum sacratum fuerit in sanguinem domini Christi. C.

30. quid est exhilaratio faciei in oleo? gratia dei, nitor quidam in manifestationem, sicut dicit apostolus: unicuique autem datur spiritus ad manifestationem. A.

31. panis, qui cor confirmat, quia panis est cordis. A.

32. satiabuntur ligna campi, sed de ista gratia educta de terra. ligna campi, plebes populorum. A.

33. cedri Libani, potentes in saeculo . . . . Libanus enim mons est: ibi istae arbores etiam secundum literam annosissimae sunt et excellentissimae. A.

34. nam arbor, inquit, quam non plantavit pater meus, eradicabitur. A.

35. et voluerunt hoc facere et parvi, et esse spiritales, non iungi uxoribus . . . . sed ire in vitam quandam communem . . . . dant agros, aedificant ecclesias, monasteria. A.

36. fulica, sicut omnes novimus, marina avis est, vel in stagnis est, vel in mari est. habet quandam domum non facile in littore terrae aut nunquam, sed in iis, quae in media aqua sunt: plerumque ergo in petris, quas aqua circumdat. intellegimus ergo petram esse idoneam fulicae domum, nusquam fortius et firmius habitat, quam in petra. in quali petra? in mari constituta. et si tunditur fluctibus, frangit tamen fluctus, non frangitur: hoc habet magnum petra in mari constituta. quanti fluctus contuderunt petram nostram, dominum Christum? elisi sunt in illum Judaei, illi fracti sunt, ille integer mansit . . . . in cedris quidem nidificant passeres propter praesentem necessitatem, sed petram illam habent ducem, quae fluctibus tunditur et non frangitur; imitantur enim Christi passiones. et si forte cedri Libani iratae fuerint, et aliquid molestiae vel scandali servis dei in ramnis suis commoverint, volabunt quidem inde passeres. sed vae cedro remanenti sine nidis passerum. passeres enim non naufragabunt, non peribunt, quia fulicae domus dux est eorum. A.

37. Erodius maior est omnibus volatilibus, qui aquilam vincit et comedit. Br.

38. cervi, magni spiritales . . . . teneant montes altos, alta praecepta dei, sublimia cogitent . . . . quid de humilibus bestiis? A.

39. quid significant, nisi peccatores? A.

40. intellegimus spiritaliter ecclesiam crescentem de minimo, et ista mortalitate vitae quodam modo senescentem . . . . hic enim temporaliter transit ecclesia, non enim hic erit semper ista mortalitas. augeri et minui aliquando transibit: in tempora facta est. A.

41. et hic quis sol, nisi sol ille iustitiae? . . . Christus agnovit passionem suam . . . . quid est agnovit? approbavit, placuit ei . . . . non pateretur, nisi placeret. A.

42. nox facta est discipulis atque credentibus, quando Petrus anxio errore confusus negando tertio fidei perdiderat claritatem. C.

43. hac nocte, inquit, postulavit satanas vexare vos sicut triticum, et ego rogavi pro te, Petre, ne deficiat fides tua. nonne Petrus eum ter negavit? A.

44. quid intellegam, nisi mala daemonia?

46. quarentes a deo escam sibi, quia nec tentari quis potest a diabolo, nisi permittente deo. A.

47. qui dixit: potestatem habeo ponendi animam meam et potestatem habeo iterum sumendi eam, agnovit occasum suum et posuit eam: ortus est sol, et recepit eam .... modo iam quia nemo eorum persequi audet ecclesiam, ortus est sol et congregati sunt .... cubilia eorum, corda infidelium .... non inde erumpunt, non faciunt impetum in istam peregrinantem Jerusalem. A.

48. vespera, id est, saeculi fine. C.

50. omnia in Christo fecisti. A.

51. adtendimus plenam terram christianis credentibus in deum. A.

54. naves ecclesias intellegimus, commeant inter tempestates, inter procellas tentationum, inter fluctus saeculi .... gubernator est Christus in ligno crucis sui .... commeabunt secure, commeent perseveranter, venient ad finem debitum, perducentur ad terram quietis. A.

55. o ecclesia, caput serpentis observa. quod est caput serpentis? prima peccati suggestio: venit tibi in mentem nescio quid illicitum: noli ibi tenere mentem tuam, noli consentire .... caput calca, et evades ceteros motus .... hic ergo draco, antiquus hostis noster, ira fervidus, insidiis astutus, in mari magno est. draco hic, quem finxisti ad illudendum ei. iam tu illude draconi: ad hoc enim hic factus est draco. ipse cadens peccato suo de sublimi habitatione caelorum et ex angelo factus diabolus, accepit quendam locum suum in hoc mari magno et spatioso. A.

56. omnia, et repentia, quorum non est numerus, et animalia pusilla et magna, et ipse draco et omnis creatura tua, qua implesti terram .... quid dictum est ipsi draconi? terram manducabis .... quomodo, inquis, non ero terra? si terrena non sapias. audi apostolum, ut non sis terra .... si resurrexistis, inquit, cum Christo, quae sursum sunt, quaerite, ubi Christus est in dextra dei sedens; quae sursum sunt, sapite, non quae super terram. si non sapis terrena, non es terra: si non es terra, non manducaris a serpente, cui cibus data est terra. cibum suum dat deus serpenti .... non ei dat aurum pro terra. A.

58. manus tua Christus est. A.

59. avertit ab illo faciem suam, et decidit in tentatio-

nem: et ostendit illi, quia quod iustus erat, et recte ambulabat, ipso regente fiebat. A.

60. spiritus eorum superbia eorum erat .... invenit se homo poenitens de peccato suo, quia non habebat vires ex se, et confitetur deo dicens, se esse terram et cinerem. A.

62. non tua, non mea, non illius aut illius, gloria domini sit. A.

63. non in tuis, quasi tuis; quia et opera tua, si mala, per iniquitatem tuam, si bona, per gratiam dei. A.

64. audi illum alio loco: super quem requiescet spiritus meus? super humilem et quietum et trementem verba mea. A.

65. montes superbi erant, iactabant se, non eos tetigerat deus: tangit illos et fumigabunt. quid est fumigare montes? precem domino reddere. A.

66. cantemus domino in vita nostra. vita nostra modo spes est, vita nostra postea aeternitas erit .... ne forte cum coeperimus psallere deo in illa civitate, putemus nos aliquid aliud acturos: tota vita nostra erit psallere deo. A.

67. te illi indica scienti, ut indicet se tibi nescienti .... ipsa est mutua disputatio, quam dixi: indica te ei scienti, et indicat se tibi nescienti. suavis est ei confessio tua, suavis est tibi gratia ipsius. A.

68. deficiunt a terra peccatores, dum terrena cupiditate privati per dei gratiam ad meliora studia concitantur. C.

69. auferatur spiritus eorum, et deficiant, ut emittat spiritum suum, et recreentur. A.

70. dignum initium psalmi, dignus et finis, illum semper benedicere. C.

PSALM CIV.

1. Cuius verbi, vel potius duorum verborum interpretatio est, laudate deum. A.

2. in laude enim intellegenda est ista confessio. A.

4. quod bene potest gloriosis evangelistis et sanctissimis apostolis et nunc sacerdotibus convenire. C.

5, 6. verbo et opere laudate. A.

7. omnia enim significat ista, quae dicturus est. non est enim humanarum virium omnia narrare, quae virtus divinitatis operatur. C.

8. ne velit quisque de opere bono tamquam in sua virtute laudari. A.

9. sic enim mites iocundantur, qui non amaro zelo eos iam bene operantes aemulantur. A.

10. eum quaerendo atque ad eum accedendo et illumi-

nemur et confortemur, ne caecitate quid faciendum sit non videamus, aut infirmitate non faciamus, quod videmus. A.

11. quae est facies domini, nisi praesentia dei? . . . iam quippe illum invenit fides, sed adhuc eum quaerit spes. caritas autem et invenit eum per fidem, et eum quaerit habere per speciem . . . . an forte etiam cum facie ad faciem viderimus eum sicuti est, adhuc perquirendus erit et sine fine quaerendus, quia sine fine amandus. A.

12. mirabilia itaque pertinent ad divisionem maris rubri. C.

13. prodigia ad plagas, quas misit in Aegyptum. C.

14. iudicia oris eius, quoniam cuncta complevit, quae Moysi suo famulo promisisse dignoscitur. C.

15. quibus apostolus dicit, cum gentibus loqueretur: vos ergo Abrahae semen estis secundum promissionem heredis (vgl. Galat. 3, 29). A.

16. quia in omni terra ecclesia eius, ubi praedicantur iudicia eius. A.

17, 19. mihi videtur non hic vetus testamentum intellegendum, quod novo esse tollendum dicitur per prophetam . . . . sed testamentum fidei, quo laudat apostolus, cum Abraham nobis proponit imitandum . . . . quod Abraham etiam ante circumcisionem credidit deo et reputatum est illi ad iustitiam . . . . in saeculum testamenti eius, quod in aeternum intellegere debemus. A.

18. mandatum ergo fides est, ut iustus ex fide vivat. A.

21. Jacob enim et Israel christiana tempora plerumque significare saepe iam dictum est. C.

23, 24. ipsa enim dicta est terra promissionis, terra fluens lac et mel. quod totum significat gratiam, in qua gustatur, quam suavis est dominus, ad quam non omnes homines pertinent. non enim omnium est fides. A.

25. in ea, id est, in terra Chanaan. A.

26. nam et rex Gerarum et rex Aegyptiorum divinitus admoniti sunt, ne nocerent Abrahae. A. — et corripuit pro eis reges: et id ipsum dicit, Pharaonem et Abimelech. Br. — corripuit pro eis reges, sicut Pharaonem regem Aegypti pro Abraham. Abimelech vero regem Geraris pro Isaac, ut historia refert. B.

27. de ipsis patriarchis dicit: erubescant ergo Judaei, qui dicunt, quoniam si non aliquis ungatur regali unguento, non potest Christus vocari. hoc enim dicunt, quoniam dominus noster non est Christus: quia non est unctus unguento regali. ecce ante legem patriarchae non uncti regali unguento, Christi dicuntur. Christi autem sunt, qui spiritu sancto unguntur. ergo et dominus noster iuste vocatur Christus. Br.

29. significat tempora Pharaonis, quando in Aegypto septem annis fames saeva grassata est. C.

30. contrivit enim dixit pro eo, quod dictum est, consumsit. A. — quod re vera hominum esse noscitur firmamentum, sicut in superiori psalmo dixit: et panis cor hominis confirmat. C.

31. quem virum? A.

32. quomodo misit? A.

34. a praeposito Pharaonis Putiphar Joseph quidem redactus est in carcerem. C.

35. ferrum autem quod dicit pertransisse animam eius, tribulationem durae necessitatis accipimus . . . . talis enim locutio est quaedam in evangelio, ubi Simeon dixit ad Mariam . . . . et tuam ipsius animam pertransiet gladius. A.

36. donec tempus veniret, ubi verbum eius a rege Pharaone pro interpretando somnio quaereretur. C.

37. merito spiritus sancti, quando a domino missus est, visae sunt illis linguae divisae velut ignis. A.

38. misit, significat ministros, qui regiis iussionibus obsecundant. regem Pharaonem dicit, in cuius regno fuerat carceri mancipatus. C.

40. hoc secundum gentilem intellectum Pharaonis debemus accipere, qui credebat primarios populi sui in hanc sapientiam pervenire potuisse, ut et ipsi somniorum interpretes esse mererentur. C.

41. paucissimi et incolae in ea. incolatus porro, vel accolatus non indigenam, sed advenam ostendit. A.

42. in manu potenti per signa et portenta domini dei sui metuendi et honorandi facti sunt, donec duri regis contentio vinceretur, et mare rubrum persecutorem cum exercitu eius obrueret. A.

43. maligni et impii tales erant, qui facile incolis suis felicibus inviderent. in eo ergo, quod populum suum multiplicavit, hoc beneficio suo malos ad invidendum convertit. A.

45. signa sunt quasi vestigia aliqua futurarum sive praeteritarum rerum; prodigia vero pertinent ad mirabiles eventus, qui in rerum ordine antea non fuerunt. sed haec signa et prodigia in Aegyptiis facta sunt. C.

46. leguntur quidem Aegyptii aeris tenebras inter plagas reliquas pertulisse. sed melius intellegamus corda eorum fuisse potius obscurata, qui domini praecepta contemnebant. C.

47. exacerbaverunt autem significat acerbe acceperunt. C.

48. ne spes vivendi hominibus relicta videretur, quando illud est inter latices mortuum, quod nativo elemento probatur enutritum. C.

56. primitias vero laborum propter primogenita pecorum dictum arbitror. A.

57. nec in eo, quod Aegyptios deceperunt, a quibus sibi, ut commodaretur aurum argentumque petiverunt, putandus est deus huiusmodi dolos eis, qui sursum cor habent, vel iubere, vel si fecerint approbare. magis enim per illa dei verba .... permissi sunt facere ista, quam iussi. A.

58. etiam hoc magnum dei beneficium fuit, ut in illa necessitate migrandi nullus esset aegrotus. A.

60. nubes data est, ut solis temperaret ardorem. C.

62. non coturnicem concupiverunt, sed carnes. quia vero et coturnix caro est . . . . ipsi intellegendi sunt petisse, ut veniret. A.

63. domini salvatoris sentiretur adventus. ipse est enim panis vivus, qui de caelo descendit. C. — manna quidem non nominavit, sed nulli obscurum est, qui illas literas legit. A.

67. quod ait populum suum, hoc repetivit, electos suos. A.

69. ne hoc ipsum putaretur summum bonum, quod ista felicitas rerum temporalium populo dei data est, continuo eam ad aliud retulit, ubi sumnum bonum oportet inquiri. A.

PSALM CV.

1. Psalmus centesimus quintus etiam ipse praenotatur halleluia . . . . video autem istos duos centesimum quartum et centesimum quintum ita inter se coniunctos, ut in uno eorum, qui praecidit, commendetur populus dei in electis eius . . . . in isto autem qui sequitur, eos commemoratos, qui in eodem populo amaricaverunt. A.

3. in saeculum, vitae huius significat cursum: ubi miseri sunt, quicunque delinquunt: ubi fas est corda nostra converti et misericordiam postulare. ibi enim damnatio est confiteri peccatum, ubi iam constat esse iudicium. C.

4. eas dixit laudes eius, quae intelleguntur opera eius in praeceptis eius. deus est enim, ait apostolus, qui operatur in nobis . . . . haec ineffabiliter operatur. quis auditas faciet omnes laudes eius? id est, quis cum audierit, facit omnes laudes eius, quae sunt opera praeceptorum eius. A.

5. veniet enim tempus, . . . cum iustitia conversa fuerit in iudicium, id est, cum acceperint iusti potestatem iudicandi eos recte, a quibus modo non recte iudicantur. A.

6. id est, ut in eis simus, in quibus beneplacitum est tibi, quia non in omnibus illis beneplacitum est deo. A.

7. scio, quoniam prior populus offendit te, et novus populus creatur, qui serviat tibi. scio quia veniet filius tuus,

et salvabit omne genus humanum, et credent in eum, qui electi erunt. propterea ergo rogo, quoniam ego prius natus sum in veteri lege, ut imputes mihi mercedem cum novo populo. Br.

10. isti peccaverunt cum patribus suis, in quorum lumbis erant. A. — est et alia nobis in hoc loco tradita expositio: quia cum maioribus suis peccat, qui delicta similia non declinat, sed eadem facit. C.

12. non cognoverunt, quid per illa mirabilia eis praestare volueris. quid utique, nisi vitam aeternam, et non temporale . . . . et intellectum redarguit et memoriam. intellectu quippe opus erat, ut cogitarent, ad quorum bonorum aeternitatem per illa temporalia vocaret deus. A.

14. qui illam legit historiam, quando exierunt de Aegypto, et per mare rubrum transierunt, dolet eorum infidelitatem, in quanta trepidatione et desperatione fuerint post recentia tot et tanta miracula in Aegypto. cuius multitudinis misercordiae dei non eos fuisse memores dicit. adscenderunt autem propterea dictum est, quia ita est terrae positio, ut descensio dicatur in Aegyptum de terra Chanaan, et in eam illinc adscensio. A.

15. non propter ulla bona merita eorum. A.

17. valde occulta et obstrusa vis est, qua deus agit, ut etiam illa, quae sensu carent, confestim eius obtemperent voluntati A.

18. desertum est maxime, quod aquarum inundatione deseritur. C.

20. in figura baptismi hoc factum est, ubi redimimur de manu diaboli magno pretio, quod sanguis est Christi. A.

22. sicut in psalmo superiore dixit: laetata est Aegyptus in profectione eorum. C. — illam commemorat, ubi dicitur: cantemus domino, gloriose enim magnificatus est. A.

23. multi enim in ecclesia male vivendo et non recte sentiendo de deo perdunt baptismi gratiam. Br.

24. debuerunt enim cogitare, tanta erga se opera dei non esse inania, sed vocare ad aliquam sine fine felicitatem, quae per patientiam sustinenda est. sed festinaverunt beati fieri temporalibus rebus. A.

26. itaque hoc loco animam non secundum id, quod rationalis est, dixit, sed secundum id, quod animans corpus animal facit. A.

28. amborum autem, id est, Dathan et Abiron, una erat causa superbissimi et sacrilegi schismatis. A.

29. hoc factum est supra ducentos quinquaginta complices Dathan et Abiran. C.

30. Horeb vero interpretatur calvaria, ubi postea dominum crucis patibulo carne constat occisum; ut in ipso eodem nomine iam tunc et in illo deserto Horeb culturam domini perfidi nefanda praesumtione violarent, quorum posteritas erat in calvariae loco crucifixura dominum Christum. C.

33. in confractione, id est in plaga. A.

34. dixit, ut disperderet eos, si non Moyses, electus eius stetisset in confractione in conspectu eius . . . . perierat enim populus, nisi Moyses confregisset iram omnipotentis dei. Br. — id est, nisi obiecisset seipsum pro eis, dicens: si dimittis illis peccatum, dimitte: sin autem, dele me de libro tuo. ubi demonstratum est, intercessio sanctorum quantum pro aliis valeat apud deum. securus enim Moyses de iustitia dei, qua eum delere non posset, impetravit misericordiam, ne illos, quos iuste posset, deleret. A.

35. nisi terra illa significaret aliquid magnum, quae terra dicebatur fluens lac et mel, per quod visibile sacramentum ad invisibilem gratiam regnumque caelorum duceret eos, qui mirabilia eius intellegebant, nullo modo isti culparentur. A.

38. domini vehementer eos a murmuratione prohibentis. A.

40. ut dati in reprobum sensum etiam illud amitterent. A.

44. quae autem hic posita est quassatio, haec superius confractio. A.

47. quid est distinxit? quasi illud non posset deus facere, qui tanta iam fecerat, ut aqua de petra proflueret. dubitanter enim petram virga percussit, et ideo hoc miraculum distinxit a ceteris miraculis in quibus non dubitaverat, hinc offendit, hinc audire meruit, ut moreretur, ne intraret in terram promissionis. A. — crepuit dicens: audite me rebelles et increduli: num de petra hac vobis aquam poterimus eiicere? C.

49. sic postquam terras promissionis intravit, oblitus domini mandatorum, cum illis se magis gentibus vetita societate coniunxit, quas propter idolorum culturas eis fuerat delere praeceptum . . . . scandalum graecum nomen est, significans sinistrum, quod mentes eorum in laevam partem perversa imitatione deduxit. C.

51. quid est ergo, interfecta est terra, nisi hoc referatur ad homines, qui habitabant in terra, tropica locutione, qua significatur per id, quod continet, id quod continetur . . . . unde alii interpretes nostri non adinventiones, sed studia, alii vero affectationes, vel affectiones, alii voluptates dicere voluerunt. A. — fornicati sunt in observationibus suis. C.

54. talis ergo vicissitudo recipitur, ut qui amanti domino

servire noluerunt, odientibus inimicis iusto iudicio probarentur esse subiecti. C.

58. propter testamentum scilicet novum, quod est aeternum, ubi domini adventus eluxit . . . . ipse enim promissus est Abrahae. C.

63. iste populus praedestinatorum de circumcisione et praeputio, gens sancta, populus in adoptionem: fiat, fiat. A.

PSALM CVI.

1. Iste psalmus omnem causam conditionis humanae, quam vel delinquendo sumsit, sive poenitendo suscepit, sive multitudinem miserationum dei (ut in praesenti ait: quis sapiens, et custodiet haec, et tunc intelleget misericordias domini) narrare dignoscitur: sed et repulsionem Judaeorum, et vocationem gentium evidentissime pandit. Br.

2. hic enim ita positum est in saeculum, quia et in nonnullis scripturae locis in saeculum, id est, quod graece εἰς αἰῶνα dicitur, in aeternum intellegitur. neque enim misericordia eius ad tempus est, et non in aeternum; cum ideo sit super homines haec eius misericordia, ut vivant cum angelis in aeternum. A.

3. dicant, utique alleluia . . . . significat autem specialiter populos gentium, qui sanguine domini redemti et de potestate diaboli ipsius miseratione sublati sunt. tanta enim duritia rigens atque stupida manus illius fuit, ut nisi fuso sacro sanguine, laxari nullo tempore posset. C. — multae enim etiam unius provinciae regiones sunt. A.

5. multi fuerunt, qui repromitterent istam viam, quae deduceret ad civitatem. promisit Socrates, promisit Plato, promisit Aristoteles. Br. — in hac solitudine multi viam monstraverunt, ut philosophi multi, Aristoteles et alii multi. R.

5, 6. esurientes autem et sitientes, curiosos huius saeculi significat viros, qui veritatis semitas diversis opinionibus exquirebant. C.

7. quae tamen compunctio a domino venit. C.

9. venit ad secundam sectionem, in qua commonet iam fideles, ut domino gratias referre non desinant, qui eius copiosa beneficia perceperunt. C.

10. ferrum significat duritiam malorum. C. — confiteantur domino miserationes eius, et mirabilia eius filiis hominum. istos versus, quantum advertere potui, quod potestis et vos, quater repetit. in quo numero quantum domino adiuvante scrutari valuimus, significat nobis quatuor quasdam tentationes, ex quibus nos liberat, cui confitentur suae miserationes . . . . prima tentatio erroris et famis verbi, secunda

difficultatis vincendarum concupiscentiarum, tertia taedii atque fastidii, quarta tempestatis et periculorum in gubernandis ecclesiis. A.

11. unde hoc, nisi quia tibi tribuebas, quia gratiam dei non agnoscebas, quia consilium domini circa te reprobabas? nam vide, quid adiungat: quoniam inamaricaverunt eloquia domini; per superbiam, iustitiam domini nescientes, et suam volentes constituere . . . . et nunc pugna contra concupiscentiam: deo desistente ab adiutorio laborare potes, vincere non potes. A.

12. liberati sunt de secunda tentatione, restat taedii atque fastidii. A.

14. cum ergo ibi fuerit, iam sciens, quid observare debeat, nonnunquam multum sibi tribuendo et quasi de suis viribus praesumendo, incipit confligere velle contra peccata et propter superbiam superari . . . . quis enim nescit, se ab ignorantia venisse ad veritatem, ab errore ad viam, a fame sapientiae ad verbum fidei? A.

15. iam fastidium patiuntur, fastidio languent . . . . quid ergo restat? A. — sed hic spiritalem escam, id est, legem domini et salutaria praecepta potius debemus advertere. C.

17. tertia tentatio priori contraria: prius enim periclitabatur fame, postea fastidio (vgl. oben 10). A.

18. cum dicit, descendunt mare, significat sacerdotes, qui saeculi istius procellosa descendunt . . . . in navibus autem, ut saepe diximus, ecclesias significat, quae ligno crucis mundi istius tempestates enavigant. C. — in aquis multis, in populis multis . . . . quid enim profundius cordibus humanis? inde plerumque venti erumpunt, tempestates seditionum et dissensionum navem perturbant . . . . volens deus, ut ad eum clamarent, et hi qui gubernant, et hi qui portantur, dixit et stetit spiritus procellae. A.

21. adscendunt ad caelos audendo, descendunt usque in abyssos timendo. A.

22. qui sedent ad gubernacula, et qui fideliter navem amant, sentiunt, quod dico: turbati sunt. A.

23. commoti sunt, ad iras protinus evomendas. C. — et quid restat, nisi quod sequitur? A.

27. quemadmodum superbis restitit, humilibus gratiam dedit (vgl. oben 10). A.

28. sed facta est salsilago, cum domini praecepta contemsit. humor enim salsus fructibus probatur adversus. C. — currebant ibi aquae, currebant prophetiae. quaere modo apud Judaeos prophetam, non invenis . . . . quaeris ibi fidem Christi, non invenis, quaeris prophetam, non invenis, quaeris sacerdotem,

non invenis, quaeris sacrificium, non invenis, quaeris templum, non invenis. quare hoc? quia posuit flumina in desertum, et exitus aquarum in sitim, terram fructiferam in salinas. quo merito? unde? a malitia inhabitantium in ea. A.

34. qui fructum spiritualem faciunt, benedictione domini perfruuntur: quos vero infoecundos esse contigerit, absciduntur. sicut evangelii illa ficulnea, quae luxuriantibus foliis sterilis videbatur in pomis. multiplicati sunt autem, quando fideles benedicti sanctas operas intulerunt, et gloriosiores facti sunt per dei gratiam fecunditate meritorum. C. — iumenta et pecora dicuntur in ecclesia simpliciter ambulantia, sed utilia, non multum docta, sed fide plena. A.

35. ad populum enim dei pertinent etsi non per virtutem, certe per speciem pietatis .... manifestum est, fratres: omnes, qui se dividunt ab unitate, pauci fiunt. multi enim sunt: sed in unitate, dum non separantur ab unitate. cum enim coeperit ad eos non pertinere multitudo unitatis, in haeresi et schismate pauci sunt. A.

36. reprobati enim sunt ab ecclesia dei, et magis, quia principes esse voluerunt, ideo contemti sunt. A.

37. tradidit illos deus in concupiscentias cordis eorum .... qui enim putat, se esse aliquid, cum nihil sit, seipsum seducit. A.

38. quid est hoc, fratres, contemti sunt principes, et adiutus est pauper? abiecti sunt superbi, et instructus est humilis. A.

41. quo facto diaboli iniquitas obmutescet, quando electis domini non erit, quod possit opponi. C.

PSALM CVII.

[Augustin hat keine besondere Erklärung dieses Psalms verfasst, sondern verweist auf Ps. 56 und 59, zu welchen der vorliegende Ps. fast wörtlich stimmt.]

1. Per totum psalmum, sicut dictum est, loquitur dominus Christus. primo ordine per id, quod homo est paternae gloriae gratiam laudis exsolvens. C. — ego cor non parabo ad perpetiendum? A.

3. vgl. Ps. 56, 20, 21.

6. caelum autem sursum est, habitationes angelorum .... mandabo apostolis meis, ut deserant Judaeos et non illis evangelizent sed evangelizent in terra bona gentium, unde non spinae, sed uvae procedant. novimus ergo nubes dei esse praedicatores veritatis, prophetas apostolos. A.

10, 11. vox ecclesiae est .... Sichima humeri interpretantur. secundum historiam vero Jacob rediens a Laban socero suo cum omnibus suis, abscondit idola in Sichima, quae habebat de Syria, ubi diu peregrinatus tandem aliquando inde veniebat. tabernacula autem fecit ibi propter oves suas et armenta . . . . dividuntur humeri, ut alios gravent peccata sua, alii tollant sarcinam Christi. A. — hanc ergo humilitatem metitus est dominus, quando unicuique fidelium, prout voluit, carismatum dona distribuit. C.

12. Galaad latina lingua dicitur transmigratio, quae re vera domini est, quando gentes ipsius vocatione compunctae, ad eum feliciter emigrarunt. Manasses interpretatur oblivio, quo verbo significatur populus Judaeorum. C.

13. cecidit ergo in terram Christus in passione, et secuta est fructificatio in resurrectione. A.

15. Moab, sicut Hieronymo placet, significat, ex patre, quod est sine patre. unde diabolum vult intellegi, qui malis operationibus deum non habet patrem, sed iustum iudicem. iste ergo ollae comparatur, quae carnes susceptas decoquit, et in quandam suavitatem fervido vapore perducit; sic ille sibi traditos incessabili consumtione castigat, eosque nolens in humilitatem confessionis assidua insecutione perducit. ergo more humanitatis dominus dicit de diaboli persecutione spem sibi esse: quia multi, quos ille festinat affligere, conversi nituntur ad domini beneficia remeare. C.

16. Idumaea terrena significat et sanguinea, quam dominus per evangelii praedicationem possessurum se esse significat. calceamentum enim in quinquagesimo nono psalmo evangelium diximus significari, quod dominus usque ad homines terrenos extendens lege sua mundum universali praedicatione complevit. C.

17. Allophyli qui sunt? alienigenae. A.

18. civitas munita forte significat infernum, quam nulla humana vis potuit aperire, nisi qui portas eius cognoscitur infregisse. C.

20. repulisti nos, significat distulisti: quia et ipsum ad glorificationem suam constat esse dilatum, cum in hac vita moraretur; et omnium fidelium hodieque gloria suspenditur, donec ad resurrectionis praemia veniatur. C.

21. quid est, non egredieris? non apparebis, certe enim quando catenati martyres ducebantur. A. — tempus illud significat, quando tentus et traditus est a turba Judaeorum, quando flagellis a praeside caesus dementium Judaeorum sputa sustinuit. tunc enim si voluisset divinitas ista repellere, omnis adversitas confracta cecidisset. sed distulit miraculum suae potestatis ostendere . . . . hoc et fidelibus usu provenit, cum ad probationem suam diversis cladibus affliguntur. C.

24. conculcati sunt martyres: patiendo, perferendo, usque in finem perseverando, in deo fecerunt virtutem. A.

PSALM CVIII.

1. Sicut enim quaedam dicuntur, quae ad apostolum Petrum proprie pertinere videantur, nec tamen habent illustrem intellectum, nisi cum referuntur ad ecclesiam, cuius ille agnoscitur in figura gestasse personam . . . . sicuti est: tibi dabo claves regni caelorum, et si qua huiusmodi: ita Judas personam quodam modo sustinet inimicorum Christi Judaeorum, qui et tunc oderant Christum, et nunc per successionem perseverante genere ipsius impietatis oderunt. A.

2. dominus ac salvator noster petit. C.

3, 4. tunc utique, quando eum tamquam magistrum bonum captiosa adulatione laudabant . . . . deinde quia eruperunt clamantes: crucifige crucifige, secutus adiunxit: et sermonibus odii circumdederunt me. illi, qui lingua dolosa, quasi non odii, sed dilectionis verba locuti sunt, ideo adversus me, quia hoc insidiando faciebant, postea sermonibus, non falsae et dolosae dilectionis, sed aperti odii circumdederunt me. A.

6. ad quantam malignitatis profunditatem venerunt retribuendo mala pro bonis. A.

7. in cruce dixit: pater ignosce illis, quia nesciunt quid faciunt. A.

8. hanc dilectionem in evangelio commemorat, ubi dicit: Jerusalem, Jerusalem, quotiens volui colligere filios tuos, tamquam gallina pullos suos sub alas suas et noluisti. . . . audiamus ergo deinde, quid divinus sermo contexat: et in verbis quasi mala optantis, intellegamus praedicta prophetantis. A.

9. cum igitur hic Judam traditorem secundum scriptorem actuum apostolorum supplicio debito praenuntiet puniendum, quid est, constitue super eum peccatorem, nisi eum, quem sequenti versu indicat. A.

10. hoc itaque meruit, ut super se habeat diabolum, id est, diabolo subditus sit, qui Christo subditus esse noluit. stet autem a dextris eius, dictum est, quia opera diaboli praeposuit operibus dei. hoc enim cuique non immerito dextrum dicitur, quod praeposuit, sicut sinistrae dextra praeponitur . . . . diabolus ergo stetit a dextris eius, quando praeposuit avaritiam sapientiae, et pecuniam saluti suae, ut eum traderet. A.

11. talis, de quo dicitur: proiicite illum in tenebras exteriores. A.

12. quia non fit per Christum, quem noluit sequi, sed persequi. A.

13. si misericordiam speraret, non sibi desperatione collum ligaret. A.

14. Mathias in locum Judae ordinatus numero apostolorum duodecimus adiunctus est. A.

16. nutantes dictum est incerti. A.

17. eiiciantur de habitationibus suis. exposuit, quod supra dixerat: transferantur. A.

18. alieni quoque sunt spiritus immundi . . . . et bene dicti sunt alieni, qui a regno domini probantur extranei . . . . foenerator eius· a iudice percepta fiducia ingreditur domum obnoxii sui, et omnia, quaecunque habere potest, diripit, et satisfacit sibi pro pecunia mutuata. C.

20. id est, quod de illo generatum est, iam non generet et cito transeat. A.

21. an intellegendum est, ut reddantur ei peccata etiam parentum suorum. ei quippe non redduntur, qui fuerit mutatus in Christo . . . . quia et illud verissime scriptum est: reddam peccata patrum in filios . . . . illud autem quod dictum est: reddam peccata patrum in filios, additum est, qui oderunt me. A.

22. nam et alii interpretes sic transtulerunt: fiant in conspectu domini semper, alii vero: fiant coram domino semper. A. — disperit autem de terra viventium, qui in beata patria non videtur. C.

23 potest quidem accipi de Juda: quia non est dedignatus dominus pauper fieri, cum dives esset, ut illius paupertate nos ditaremur. mendicum autem quomodo intellegam, nisi forte quia dixit mulieri samaritanae: da mihi bibere, et in cruce ait: sitio. sed quod sequitur quomodo accipiatur in ipso capite nostro, id est, sui corporis salvatore, quem Judas persecutus est, non invenio. cum enim dixisset: et persecutus est hominem inopem et mendicum, adiecit atque ait: et compunctum corde mortificare, id est, ut mortificaret. nam quidam etiam sic sunt interpretati . . . . plane compunctum corde, sed in membris suis. A.

24. quamquam et Judas maledictionem dilexerit et furando . . . . et dominum vendendo atque tradendo, tamen apertius populus ille dilexit maledictionem, quando dixit: sanguis eius super nos et super filios nostros. et noluit benedictionem et elongabitur ab eo. et Judas quidem, quia Christum noluit, in quo est aeterna benedictio, sed apertius noluit benedictionem populus Judaeorum, cui dixit ille illuminatus a domino: numquid et vos vultis discipuli eius fieri? et noluit benedictionem, et pro maledicto habuit. et respondit: tu

sis discipulus eius. et longe facta est ab eo benedictio, quia transitum fecit ad gentes. A.

25. sive Judas, sive ille populus. et intravit sicut aqua in interiora eius . . . . quoniam in eius incidit iudicium, qui potest et corpus et animam occidere in gehenna: corpus foris, animam intus. A.

26. dicendo enim oleum significat delectationem facinoris, quod sic corpus nostrum molliter ingreditur, ut nos quadam iucunditate permulceat. C.

27. maxime homines ideo praecinguntur, ut ad operandum sint aptiores . . . . ergo maledictione se praecingit, qui malum non repentinum, sed dispositum aggreditur, et ita discit malefacere, ut semper paratus sit . . . . manifestum est enim, quod indumento et opertorio et aqua et oleo et zona ipsa opera describebat, quibus aeterna maledictio comparatur. non ergo est unus Judas, sed multi, de quibus dicitur. A.

28. haereses videtur impetere. apud deum patrem detrahunt Arriani, quando et filium minorem esse testantur, et impudenter inferiorem dicunt, quem creatorem ominum communiter confitentur. C.

29. fac mecum, id est, adiuva me . . . . propter nomen tuum . . . . nullis enim operum meritis praecedentibus in tantam celsitudinem subvecta est humana natura. A.

31. egenum se dicit et pauperem humilitate carnis. C.

32. ait propinquante passione: tristis est amima mea usque ad mortem. A.

33. hoc ipsam mortem significavit. sicut enim ex umbra declinante fit nox, sic ex mortali carne fit mors. A.

34. excussus est autem sicut locusta, dum persecutionibus crebris loca videbatur mutare diversa, scilicet quando de Nazareth venit ad Capharnaum, de Capharnaum in Bethsaida, de Bethsaida in Jerusalem, quae loca prospiciendo magis peccatoribus circumibat. C.

35. quid enim plus esse potuit infirmius, quam ut Petrus negaret? C.

35, 36. significatum esse arbitror eos, qui in membris eius fortes videbantur, tamquam praesentia panis, quo sustentabantur abstracta, in eius passione defecisse usque ad negationem, quae apparuit in Petro: tamquam ad eos confirmandos, ne succumbendo penitus caderent: et caro mea, inquit, immutata est propter oleum, ut eos mea morte deficientes, mea resurrectione firmarem, et misso spiritu sancto unguerem, qui non ad eos venisset, nisi ego abiissem. A.

37. opprobrium illis, per mortem crucis. — A. illa tangit, quae plebs erat Judaeorum sub detractione dictura. C.

38. viderunt pependisse, non viderunt resurrexisse, vi-

derunt quando genua eius sunt infirmata, non viderunt, quando est caro immutata. A.

39. hoc ad totum referri potest, id est, et ad caput et ad corpus. A.

40. intellegamus itaque manum dei esse Christum. unde alibi dicitur: et brachium domini cui revelatum est? haec manus et erat, et fecit eam: quia in principio erat verbum, et verbum caro factum est. et erat sine tempore secundum divinitatem, et factus est ei ex semine David secundum carnem. A.

41. vana est ergo et falsa maledictio filiorum hominum . . . . deus autem cum benedicit, facit quod dicit. A.

42. sed cum exaltatus fuero super caelos, et esse coeperit super omnem terram gloria mea, confundentur. A.

43. servus autem tuus laetabitur: sive in dextera patris, sive in membris suis laetantibus, et inter tentationes in spe, et post tentationes in aeternum. A.

44. diplois duplex pallium est . . . . intellegitur autem, confundantur et intus et foris, id est, et coram deo et coram hominibus. A.

45. nihil melius intellegitur dictum, quam in cordibus multorum laudabo eum . . . . ideo ait in ore meo, id est, in ore corporis mei, quod est ecclesia. A.

46. de Juda dictum erat: et diabolus stet a dextris eius: qui suas divitias augeret Christo vendito. hic autem dominus adstitit a dextris pauperis, ut divitiae pauperis sint ipse dominus . . . . salva fit autem a persequentibus anima, si non eis consentiatur ad malum: non eis autem consentitur, cum adsistit dominus a dextris pauperis, ne ipsa paupertate, id est, infirmitate succumbat. hoc adiutorium praestitum est corpori Christi in sanctis martyribus omnibus. A.

[Zur Wiener Hs.

107, 13. quia revera infirma talis est et caduca praesumtio. C.

14. quoniam spiritualibus atque carnalibus inimicis efficaciter divinis virtutibus obviatur. C.

108, 2. dominus ac salvator noster petit per id, quod formam servi est dignatus assumere, ut laudem eius resurrectionis silere non faciat pater, qui secundum carnis humilitatem Judaeorum erat convicia dura passurus. hoc est enim, laudem meam non taceas, id est, ne tacere facias. est enim decora diversitas, ut quoniam inimici mendacia loquebantur, contra eos toto orbe veritatis testimonia canerentur. sic enim illos per gloriam suae resurrectionis convinci desiderat, ut reatum propriae perversitatis agnoscant, et celerius recurrant ad remedia confessionis, ne in aeternum perire debeant contumaces. C.

3. locuti sunt igitur lingua dolosa, quando sanctam domini simplicitatem verbis captiosissimis appetebant, dicentes, licet tributum dare Caesari . . . . dicendo, sermonibus odii circumdederunt me, tempus illud significat, quando iniqua conspiratione Pilato dixerunt, crucifige, crucifige. nam sermones utique odiorum non veritatis fuerunt, qui mortem immaculati expetere videbantur. C.

5. et nota, quoniam sicut Judaei extremam illam vitiosissimam partem facere decreverunt, ut cum diligere debuissent, ad odia iniqua prosilirent: ita dominus summum illud bonum perfecta pietate restituit, ut in cruce positus pro illis oraret, qui eum decreverunt impia voluntate trucidare. C.

6. cum igitur hic Judam traditorem secundum scripturam actuum apostolorum supplicio debito praenuntiet puniendum, quid est, constitue super eum peccatorem, nisi eum, quem sequenti versu indicat, cum dicit: et diabolus stet a dextris eius? hoc itaque meruit, ut super se habeat diabolum, id est, diabolo subditus sit, qui Christo subditus esse noluit. A. — et diabolus stet a dextris eius, scilicet quia nulla meruit confessione salvari, sed desperatione malorum laqueo praefocatus occubuit. C.

7. hoc dicitur de futuro iudicio, quando peccatores iustissima pronuntiatione damnabuntur, ut est illud evangelii: discedite a me maledicti in ignem aeternum, qui paratus est diabolo et angelis eius . . . . oratio vero eius, quam inter alios apostolos susceperat peragendam, in gravissimum illi peccatum probatur esse conversa, quando ibi continetur: et dimitte nobis debita nostra, sicut et nos dimittimus debitoribus nostris. sed quid ille debentibus dimitteret, qui beneficiorum omnium tradebat auctorem? C.

8. et ne numerus ille sacratissimus apostolorum Juda mortuo rumperetur, iam tunc praedictus est in eius loco alter fieri, ut duodenarius calculus custodita integritate constaret. C.

9. quamvis alibi non legatur, Judam uxorem habuisse, vel filios, tamen ex ista prophetia eum maritum patremque fuisse datur intellegi. illo enim occumbente affectibus eius sine dubio talia contigerunt, ut vidua fieret uxor relicta, et filii orphani, cum patre caruissent. quod si ad spiritualem sensum velis referre, filii possunt intellegi, qui eum in illa traditione secuti sunt: uxor voluntas, quae nobis tamquam coniux semper adiuncta est. de qua filios parimus, cum opera nostra quasi quodam ventre generamus. C.

10. ad utrumque, quod dictum est, poterit pertinere, sive ad carnales filios, sive ad opera nostra. commoti significat violenter expulsi, ut hoc graviter doleant, quod patiuntur

inviti. mendicent, bonarum rerum indigentiam significat, ut omnibus pateat, nullam eos opem habuisse rationis, qui talia sunt secuti. eiiciuntur vero de habitationibus suis, quando de congregatione dominici populi redduntur alieni. C.

11. debitor quando ad persolvendum idoneus non est, foenerator eius a iudice percepta fiducia ingreditur domum obnoxii sui, et omnia, quaecunque habere potest, diripit, et satisfacit sibi pro pecunia mutuata: sic et diabolus, quando peccata hominibus multa congregaverit, et in eis obstinata voluntate perstiterint, accipit potestatem, ut obnoxii substantiam diripiat, et pro libito suo de humana sibi laceratione satisfaciat. hoc nunc optatur Judae, ut datus in potestate diaboli bonis omnibus enudetur. alieni quoque sunt spiritus immundi, quibus diabolus tamquam mancipiis imperat ad nocendum. et bene dicti sunt alieni, qui a regno domini probantur extranei. isti labores diripiunt mandata domini transgredientium, dum eos bonis omnibus privaverint percepta licentia. C.

12. quoniam et boni viri diaboli quidem tentatione pulsantur: sed dominum adiutorem habere non desinunt, ut ab imminenti periculo liberentur. malos dicit tali adiutorio deserendos, ut remaneat iniquitas desperata, cui subtrahitur saluberrima medicina. C.

13. una generatio illa dicenda est, quando nascimur in peccatis. et ideo petit, ut ad secundam, id est, regenerationem non perveniat. C.

14. per tropologiam dicitur, in memoriam domini peccata redire maiorum, ut et novis delictis nefarius Judas et parentum erroribus torqueatur. priscorum enim peccatis (sicut saepe diximus) ita quis reus est, quando eorum sceleribus sequacissimus invenitur. in conspectu domini, id est, in disceptatione iudicii. C.

15. nam cum dominus sit aeterna beatitudo, contra ipsum fieri bene dicitur, qui perenni ultione damnatur. disperit autem de terra viventium, qui in beata patria non videtur. C

16. sed quamvis ad singularem numerum reversus sit, adhuc tamen intellegere debemus populum Judaeorum, qui misericordiam non fecit apostolis vel fidelibus Christi, quando eos post passionem domini iniqua persecutione vexavit: quia istud de Juda non potest intellegi, quando ante crucifixionem domini de hac luce transivit. C. — potest quidem accipi de Juda. A. — et istud adhuc de Judaeorum est populo sentiendum, qui et Christum et discipulos eius nefanda praesumtione trucidavit. persequi plerumque facit homines aut divitiarum ambitus aut superbiae odiosa iactantia. pauperem

vero et mendicum insequi sola saevitia est, cuius nec honor quaeritur, nec abundantia facultatis ambitur. more autem suo a natura humanitatis assumtae pauperem se dominus et mendicum esse commemorat. mendicus de nostro, dives de suo, sicut dicit apostolus: qui propter nos pauper factus est, cum esset dives, ut illius inopia nos divites essemus. compunctum vero de ipso capite dici posse non arbitror: quia tale non occurrit exemplum: sed magis compunctum ad peccatorem aestimo referendum, qui delictorum recordatione compungitur, ut ad satisfactionem redire mereatur; quod innumeris locis scriptura testatur. necessarie itaque de membris accipiendum est, quia Christus dominus peccata non habuit. populus enim Judaeorum compunctos corde persecutus est, sicut de beato Stephano vel Paulo apostolo constat effectum. C.

18a. adhuc de perfido populo dicit: quia dilexit maledictionem, tunc scilicet, quando ait: sanguis huius super nos et super filios nostros. quod eis provenisse manifestum est, qui contra dominum impia voluntate durati sunt. noluit autem benedictionem praedictus populus, quando a caeco illuminato interrogatus est. numquid et vos vultis discipuli eius fieri? at illi quasi maledicto acerrimo provocati responderunt: tu sis discipulus eius; nos autem Moysi discipuli sumus. quo dicto prolongata est ab eis benedictio, quando illis derelictis venit ad gentium fidem, sicut dicit apostolus: vobis quidem oportebat loqui verbum dei: sed quia repulistis illud et indignos vos iudicastis aeternae vitae, ecce convertimur ad gentes. C.

18b. primo induit se praedictus populus maledictionem sicut vestimentum, quando instigante diabolo consensum praebuit, ut dominum Pontio Pilato tradere maluisset. ibi enim quodam onere vestis indutus est, ubi tali voluntate noscitur involutus. secundo intravit maledictio in interiora eius sicut aqua, quando deliberavit facere, quod ei fuerat iniquissima inspiratione suggestum. aqua enim quando visceribus vitiosis recipitur, semper ingreditur ad nocendum. tertio influxit iniquitas sicut oleum in ossibus eius, quando effectum rei inaudita perversitate complevit. C.

19. nunc dicit operitur, quod videtur pallio convenire, ut geminata vestis ingentium significet onera peccatorum. C.

20. apud deum patrem detrahunt Arriani, quando et filium minorem esse testantur, et impudenter inferiorem dicunt, quem creatorem omnium communiter confitentur. Apollinaristae quoque loquuntur mala adversus animam domini, cum dicunt deitatem eius solam carnem hominis sumsisse, non animam. C.

21. dum dicit: et tu domine, subiungitur superioribus

dictis, hoc est, si Judas tradidit, si Judaeus crucifixit, et tu fac misericordiam, ut contra illa, quae facta sunt, resurrectio gloriosa proveniat. C.

22. libera me a passione saevissima Judaeorum . . . . cor denique eius potuit conturbari, cuius caro pro nobis cognoscebatur extingui, sicut ipse vicina passione professus est: tristis est anima mea usque ad mortem. C.

23. hic facilitatem persecutionis ostendit: quia tanta celeritate de medio discipulorum raptus est a turba Judaeorum, quanta solet velocitate umbra noctis solis lumine veniente discedere. excussus est autem sicut locusta, dum persecutionibus crebris loca videbatur mutare diversa; scilicet quando de Nazareth venit ad Capharnaum, de Capharnaum in Bethsaida, de Bethsaida in Jerusalem. C.

24. cum evangelio teste doceatur quadraginta diebus et quadraginta noctibus Christum dominum ieiunasse, genua tamen eius infirmata esse non legimus, sed tantum esuriisse declaratur. unde si hanc esuriem ad genua referas, id est, corporis stabilitatem, quibus semper insistimus, potest congruenter aptari minus: nisi hoc scrupulum movet, melius genua ad ipsius membra referantur, quae revera infirmata sunt, quando apostoli eius passione dispersi sunt. quid enim plus esse potuit infirmius, quam ut Petrus negaret, et reliqua fidelium turba latuisset. C.]

PSALM CIX.

1. Nam cum ipse dominus noster et salvator Jesus Christus quaereret a Judaeis, cuius filium dicerent esse Christum, et respondissent: David, ille continuo retulit respondentibus et ait: quomodo ergo David in spiritu dicit eum dominum, dicens: dixit dominus domino meo, sede ad dexteram meam, donec ponam inimicos tuos sub pedibus tuis? si ergo in spiritu, inquit, vocat eum dominum, quomodo filius eius est . . . . dicit apostolus: qui factus est ei ex semine David secundum evangelium meum . . . . in principio eras verbum, et verbum eras apud deum, et deus eras verbum; omnia per te facta sunt: ecce dominus David. sed propter infirmitatem nostram, quia caro desperata iacebamus, verbum caro factum es, ut habitares in nobis: ecce filius David . . . . audivit hoc David, audivit in spiritu . . . . audivit ergo prorsus, audivit in quodam secretario veritatis, in quodam mysteriorum sanctuario . . . . ita admiraris hoc, quasi et in rebus humanis ista non fiant. si enim contingat filium cuiusquam regem fieri patre privato, nonne erit dominus patris? admirabilius est, quod potest contingere, ut non solum rex factus privati filius

dominus sit patris sui, sed episcopus factus laici filius sit pater patris sui. ergo et eo ipso, quod carnem accepit Christus . . . . quod in eadem adscendit in caelum et sedet ad dexteram patris, et in eadem ipsa carne sic honorata, sic clarificata, sic in caelestem habitum commutata et filius est David et dominus David. A.

2. quod est scabellum pedum tuorum, hoc est, sub pedibus tuis . . . . impleatur: dabo tibi gentes hereditatem tuam et possessionem tuam terminos terrae . . . . fremant, meditentur inania, perstrepant, numquid non implebitur? A.

3. sicut Isaias dicit: quia de Sion exibit lex, et verbum domini de Jerusalem. C. — et praedicabitur in nomine eius poenitentia et remissio peccatorum per omnes gentes, incipientibus ab Jerusalem. quia virgam virtutis tuae emittit dominus ex Sion. virgam virtutis tuae, hoc est, regnum potentiae tuae. A.

4. dominare, dominare in medio paganorum, Judaeorum, haereticorum, falsorum fratrum. A.

5. per hos duos versus verba patris accipienda sunt, ut fas fuit de generatione filii sancta locuturus. C. — nam panis ille angelorum, in principio erat verbum . . . . cum sit principium et pater, de quo unigenitus filius, in quo principio erat verbum, quia verbum erat apud deum. quid ergo, si et pater principium, et filius principium, pater autem et filius non duo, sed unum principium. A.

6. tunc manifestum erit omnibus similibus iam tibi factis: quoniam videbunt te, sicuti es . . . . tunc ergo videbitur, quod nunc creditur. tunc tecum principium videntibus sanctis, videntibus iustis, sublatis de medio impiis, ne videant honorem domini. A.

8. quid est, ex utero? ex secreto, ex occulto. de me ipso, de substantia mea, hoc est, ex utero . . . . quid est ergo ante luciferum? lucifer pro sideribus positus est . . . . si ergo et in signis et in temporibus posita sunt sidera, et lucifer nominatus est pro sideribus, quod est ante luciferum, hoc est ante sidera, et quod est ante sidera, hoc est ante tempora . . . . dictum est ergo, ut dici oportuit, figurate. prophetice, ut et uterus pro secreta substantia, et lucifer pro temporibus poneretur . . . . et hoc ipsum ante luciferum signate dictum et proprie dictum et sic impletum. noctu enim natus est dominus de utero virginis Mariae: indicant testimonia pastorum, qui vigilias exercebant super gregem suum. A.

10. ad hoc enim natus ex utero ante luciferum, ut esses sacerdos in aeternum . . . . propter victimam, quam pro nobis afferret a nobis acceptam. A.

11. ergo dominus iurat, qui prohibet hominem a iurando?

an forte ideo magis hominem prohibet a iurando, ne in periurium prolabatur, et ideo deus magis iurat, quia non potest esse periurus? . . . quid ergo tu facis, cum iuras? testaris deum; hoc est iurare, deum testari: et ideo molestum, ne ad aliquam falsitatem testem adhibeas deum. si ergo tu iurando testaris deum, cur ergo non et deus iurando testetur seipsum? . . . de sacerdotio ergo secundum ordinem Melchisedec iuravit dominus, et non poenitebit eum . . . . sed sacerdos secundum quid? numquid erunt illae hostiae, victimae oblatae a patriarchis, arae sanguinis et tabernaculum, et illa primi testamenti veteris sacramenta? absit. iam illa sublata sunt . . . . haec nec Judaei habent. vident periisse iam sacerdotium secundum ordinem Aaron, et non agnoscunt sacerdotium secundum ordinem Melchisedec. A. — Melchisedec interpretatur summus pontifex vel rex iustitiae. ipse enim rex fuit et sacerdos primus, offerens in figuram nostri officii panem et vinum et illius sanctae eucharistiae, quae in corpore et sanguine domini quotidie conficitur in ecclesia. R.

12. de quo iurasti, et cui iurasti dicens: tu es sacerdos in aeternum . . . . conati enim sunt multum delere nomen christianum de terra et non potuerunt . . . . offenderunt ergo in lapidem offensionis, et ideo conquassati sunt reges, cum dicunt: quis est Christus? nescio quis Judaeus, nescio quis Galilaeus, sic occisus, sic mortuus. lapis est ante pedes tuos, quasi viliter et humiliter iacens: ideo contemnendo offendis, offendendo cadis, cadendo quassaris. si ergo tanta est ira occulti, quod erit iudicium manifesti? audistis iram occulti, de qua psalmus inscribitur: pro occultis filii. nonus psalmus, si bene memini, inscribitur pro occultis filii, et ibi ostenditur iudicium occultum irae occultae . . . . audi et de iudicio futuro: quia qui offenderit in lapidem illum, ait, conquassabitur, super quem vero ceciderit lapis ille, conteret eum. cum ergo offenditur in eum, quasi humilis iacet, tunc conquassat: cum autem conteret, de super veniet. A.

13. nunc pro occultis, erit enim et iudicium manifestum. A.

14. bonum est, ut teipsum deiicias, humilis reddaris . . . . ut fiat in te ruina construenda. nam si permanes in mala altitudine, tunc deiicieris, quando non aedificaberis. etenim de talibus dicit in alio loco scriptura: destrue eos, et non aedificabis eos. A.

15. hic super terram, in hac vita, conquassabit capita multa, de superbis humiles facit. A.

16. quis est torrens? profluctio mortalitatis humanae . . . . bibere enim de hoc torrente illi erat nasci et mori. A.

17. exsultavit enim sicut gigas ad currendam viam. de torrente ergo in via bibit, quia in via peccatorum non stetit. A.

PSALM CX.

1. Sicut enim dies isti praeteritis diebus quadragesimae, quibus ante resurrectionem dominici corporis vitae huius significatur maeror, sollemniter grata hilaritate succedunt: sic dies ille, qui post resurrectionem dabitur plenario corpori domini, hoc est, sanctae ecclesiae, cunctis vitae huius aerumnis atque doloribus exclusis, perpetua beatitate succedet . . . . quinquagenario vero numero post resurrectionem domini, quo cantamus halleluia, non cuiusdam temporis finis et transitus, sed beata illa significatur aeternitas. A.

3. sed qui hic toto corde confitentur, iam videntur in illa congregatione iustorum psallere. quam de cunctis gentibus in futurum manifestum est dominum congregare . . . . consilium iustorum est, quando beati cum domino resurrectionis tempore iudicabunt. C.

4. exquisita, id est, singularis, exacta, cui nihil potest simile reperiri. C.

5. quid magnificentius, quam iustificare impium? sed opus fortasse hominis praevenit istam magnificentiam dei, ut, cum fuerit peccata confessus, iustificari mereatur. descendit enim de templo iustificatus publicanus magis quam pharisaeus. A.

6. iustitia quippe eius manet in saeculum saeculi, cum peccatoribus dixerit: ite in ignem aeternum . . . . iterumque iustitia eius manet in saeculum saeculi, quando fideles advocaverit dicens: venite, benedicti patris mei. C.

8. escam, quae non corrumpitur, panem, qui de caelo descendit. A.

9. quod si tantum dedit huic vitae, si verbum carnem factum peccator iustificandus accepit, quid in futuro saeculo glorificatus accipiet? memor enim erit in saeculum testamenti sui. nec totum dedit, qui pignus dedit. A.

10. quoniam quae hominibus difficilia sunt, deo facilia sunt. A.

11. itum est enim et ad gentes . . . . sic occupata est hereditas gentium, sic factum est, ut etiam plurimi, qui non dimiserunt omnia sua in hac vita, ut sequerentur eum, vitam etiam ipsam pro nominis eius confessione contemnerent. A.

12. veritas est enim, cum fidelibus promissa restituit, iudicium, quod impiis comminatur. C. -- iudicantur hic martyres et ad iudicium perducuntur, quo non solum eos, a quibus iudicati sunt, sed etiam angelos diiudicent. A.

13. hoc est verum et iustum, ut hic laboretur, illic requiescatur. A.

14. unde autem redimuntur, nisi a captivitate peregrinationis huius? A.

15. dedit quidem deus Israelitis carnalibus terrenam Jerusalem, quae servit cum filiis suis: sed hoc vetus testamentum est, ad veterem hominem pertinens. qui autem ibi figuram intellexerunt, heredes etiam nunc novi testamenti exstiterunt . . . . vetere autem illo, re ipsa probatum est transitoria promisisse. mandavit quippe in aeternum testamentum suum. sed quod nisi novum? cuius heres quisquis esse volueris, nolo te fallas, nec terram trahentem lac et mel carnaliter cogites. A.

16. sanctum pertinet ad incarnationem . . . . terribile ad omnipotentiam deitatis excelsae. C.

17. primo poenas fuge, gehennas devita, antequam desideres promittentem deum, cave minantem . . . . sed prius tibi donanda sunt debita, quam praemia flagitanda. A.

18. quis negat? sed intellegere et non facere periculosum est. A.

PSALM CXI.

1. Nondum erant hi prophetae, cum ista cantata sunt. namque inter tempus David et transmigrationem populi Israel in Babyloniam quatuordecim generationes numerantur . . . . eversi autem templi renovatio secundum sancti Jeremiae prophetiam ex illa transmigratione post septuaginta annos sperabatur. qui cum complerentur sub Dario rege Babylonis, impleti sunt spiritu sancto hi duo prophetae Aggaeus et Zacharias . . . . sed quisquis corporaliter gestis oculum cordis infigit, neque inde in gratiam spiritalis intellectus extenditur, habitat cogitatione in lapidibus templi . . . . ergo ut fiat quisque lapis vivus ad talem fabricam idoneus, spiritaliter intellegat templi renovationem ex ruina vetere . . . . quisquis igitur se ad opus huius coaedificationis et ad spem sanctae firmaeque compaginis tamquam lapidem vivum ab huius mundi ruinosa labe convertit, intellegit titulum psalmi, intellegit conversionem Aggaei et Zachariae. A.

4. semen futurae messis opera esse misericordiae, apostolus testis est . . . . quid autem, fratres, potentius, quam ut regnum caelorum non solum Zachaeus emat dimidio rerum suarum, sed et vidua duobus minutis, et tantundem ibi uterque possideat? quid potentius, quam ut idem regnum et thesauris diviti, et calice aquae frigidae pauperi valeat? A.

6. ubi deo laudante opulentius habitat cum spe vitae aeternae. A.

9. haec duo benignitatis officia, ignoscendorum peccatorum et beneficiorum erogandorum, sicut in evangelio, quod commemoravimus: dimittite et dimittetur vobis, date et dabitur vobis: sic in isto versu arbitror esse distincta: suavis vir, qui miseretur et commodat . . . . gloriam quaerit, qui desiderat vindicari se. sed attende, quod scriptum est: melior est, qui vincit iram, quam qui capit civitatem. divitias quaerit, qui non vult dare pauperibus. adtende quod scriptum est: habebis thesaurum in caelo. non ergo eris inglorius ignoscendo, quia de ira victa laudabilius triumphatur: non egenus tribuendo, quia thesaurus caelestis certius possidetur. A.

10. facta ipsa sermones sunt, quibus in iudicio defendetur: quod ei non erit sine misericordia, quia et ipse fecit misericordiam. A. — venienti quippe patrifamilias dicendum est: domine, quinque talenta dedisti mihi, ecce alia quinque superlucratus sum. C.

11. ad dexteram segregatus audiet: venite benedicti patris mei. A.

12. impiis enim dicitur: non novi vos. C.

13. et ab auditu malo non timebit: quod dici audiet iis, qui a sinistris erunt: ite in ignem aeternum, qui praeparatus est diabolo et angelis eius. A.

14. neque ullis tentationibus frangitur. A.

15. sed magnum est, confirmatum habere cor, et non commoveri, cum illi gaudent, qui amant, quod vident, et insultant ei, qui, quod non videt, sperat. A.

16. illi enim volunt videre bona hominum in terra morientium, nos credimus videre bona domini in terra viventium . . . . non commovebitur, donec videat et ipse, non deorsum, quod inimici eius, sed sursum super inimicos suos. A.

18. sed ille thesaurum servabat in caelo, qui esurire et sitire in pauperibus dignabatur in terra. A.

20. peccator videbit et irascetur, sera illa scilicet atque infructuosa poenitentia. A.

21. quia illic erit ploratus et stridor dentium. non enim frondebit et virescet, sicut fieret, si opportuno eum tempore poeniteret. A.

PSALM CXII.

1. Ne abitremini ad vos istam exhortationem non pertinere . . . . dicit apostolus: nolite effici pueri mentibus, sed malitia parvuli estote, ut mentibus perfecti sitis. qua malitia maxime nisi superbia? ipsa enim de vana granditate praesumens non sinit hominem ambulare per artam viam, et intrare per angustam portam. puer autem facile intrat per

angustum: et ideo nemo nisi ut puer intrat in regnum caelorum. quid autem superbiae malitia deterius, quae propositum non vult habere nec deum. A.

2. ex hoc ergo et usque in saeculum, sine fine laudate. A.

3. quacunque autem in parvulis sanctis ecclesia Christi diffunditur, laudate nomen domini. A.

4. gentes homines sunt. quid mirum, si super homines excelsus est deus?

6. quisnam putaret, quod in altis caelis habitet, unde humilia terrena respiciat: sed humilia respicit in caelo et in terra .... proinde quisquis intellegit conversationem apostoli in caelis, et in carne mansionem in terris, simul oportet intellegat dominum deum nostrum in excelsis sanctis habitantem, quemadmodum tamen eosdem sanctos humiles sibi et in caelo respiciat, quoniam quae sursum sunt, sapiunt, qui spe resurrexerunt cum Christo, et in terra, quoniam nondum soluti sunt carnis vinculo, ut ex tota vita sua possint esse cum Christo. si vero alia dominus deus noster humilia respicit in caelo, et alia in terra, credo quod in caelo iam respicit, quos vocavit, et habitat in eis, in terra autem respicit quos vocat, ut habitet in eis. A.

7. an forte non est exaltatus de stercore, qui serviebat desideriis et voluptatibus variis. A.

10. scilicet in ecclesia, quae ante adventum sponsi sui sterilis fuerat: sed facta est mater laeta filiorum, quando praedicationibus apostolorum ex aqua et spiritu sancto copiosos filios in toto orbe procreavit. C.

PSALM CXIII.

1. Aegyptus vero, quae tenebrae vel afflictio interpretatur, in figura huius mundi ponitur. de quo specialiter recedendum est, ne simus iugum ducentes cum infidelibus .... quia qui prius in Aegypto erant impotentes, fiunt potentes, datur eis potestas filios dei fieri. B.

3. tamquam arietes, qui fidelissimum gregem ad caulas domini divino iuvamine perducebant. C. — montes gestierunt velut arietes: fideles dispensatores verbi veritatis sancti apostoli, sancti evangelii praedicatores .... hi sunt, de quibus dicitur: afferte domino filios arietum. A.

4. quid est, o saeculum, quod tua impedimenta cesserunt? quid est, o tot millia toto orbe fidelium, huic mundo renuntiantium, quod ad vestrum dominum convertimini? . A.

5. quid est, quod gaudetis, quibus in fine dicetur: euge, bone serve, quoniam in paucis fidelis fuisti, supra multa te constituam. A.

6. quid est, a facie domini, nisi eius praesentia, qui dixit: ecce ego vobiscum sum usque in consummationem saeculi. commota est enim terra: sed quia male pigra remanserat, commota est, ut solidius firmaretur a facie domini. A.

7. seipsum enim et quandam suam duritiam liquefecit ad irrigandos fideles suos, ut fieret in eis fons aquae salientis in vitam aeternam: quia prius cum ignoraretur, durus videbatur. inde illi turbati sunt, et non expectaverunt, donec scripturis apertis influeret atque inundaret in eos, qui dixerunt: durus est hic sermo, quis potest eum audire? ista petra, ista duritia conversa est in stagna aquarum, et ista rupes in fontes aquarum, cum resurgens exposuit eis, incipiens a Moyse per omnes prophetas, quia sic oportebat Christum pati. et misit spiritum sanctum. A. — petram, ut arbitror, Judaeorum duritiam debemus advertere, quam in sacri baptismatis stagna convertit, cum eos ad religionem fecit venire tranquillam. quam similitudinem dominus in evangelio dicit: potens est dominus de lapidibus his suscitare filios Abrahae. C.

8. gratia quippe ista erumpentis aquae de petra (petra autem erat Christus) non qnasi operibus praecedentibus data est, sed miserante illo, qui iustificat impium. etenim Christus pro impiis mortuus est, ne ullam suam homines, sed nominis dei quaererent gloriam. A.

9. misericordia est enim, cum miseris ac delinquentibus peccata dimittit, veritas, cum beatitudinis futurae promissa restituit. C.

11. non in caelo. ubi solem et lunam vident, opera dei, quae colunt, sed in caelo sursum, quod transgreditur omnia corpora caelestia et terrestria. nec sic est in caelis deus noster, quasi subtracto caelo ruinam sine sede formidet. in caelis et in terra omnia, quaecunque voluit, fecit. nec indiget operibus suis, tamquam in eis collocetur, ut maneat, sed in sua aeternitate persistit. A.

12. vel in superioribus vel in inferioribus populi sui voluntariam gratiam suam constituit, ne quis de operum meritis glorietur. A. -- ut eum omnipotentem esse cognoscas, dum ubique effectum suae voluntatis ostendat. C.

14. iam ergo artifex melior est eis, quia ea potuit membrorum motu atque officio fabricare: quem tamen artificem te utique puderet adorare .... lectorem vel auditorem fecit intentum, ut dum quaerit, cur additum sit, admoneri se inveniat simulacris gentium non tantum homines, sed etiam belluas se debere praeponere .... quanto ergo melius mures atque serpentes et id genus animantium ceterarum de simulacris gentium, si ita dicendum est, quodam modo iudicant, in quibus quia non sentiunt humanam vitam, non curant

humanam figuram? itaque in eis plerumque nidificant, et nisi humanis motibus deterreantur, nulla sibi habitacula munitiora conquirunt. A.

15. adorent clausis et mortuis mentibus nec videntia nec viventia simulacra. A.

16. domus Israel, ecclesiam cognoscitur fidelium significare populorum. C.

17. an fortasse spiritales, a quibus carnales instruuntur in spiritu mansuetudinis, quia ipsi tamquam superiores pro inferioribus supplicant, iam vident, et illis iam res est, quae adhuc inferioribus spes est? A.

19. nam cum dicit: memor fuit nostri, gratiam divinae pietatis ostendit. quibus enim meritis debebatur, ut Christus dominus adveniret. C.

23. caelum enim caeli domino: qui erexit et sublimavit quorundam sanctorum mentes in tantum, ut nulli hominum, sed ipsi deo suo docibiles fierent: in cuius caeli comparatione quidquid carneis oculis cernitur, terra dicenda est. A.

24. maneant igitur caelum et terra in deo suo, qui fecit ea, confitentes ei et laudantes eum: nam si ex se velint vivere, morientur. A.

PSALM CXIV.

2. Unde scis, o anima humana, quod inclinavit deus aurem suam tibi, nisi dicas: credidi? manent ergo tria haec: fides, spes, caritas. A.

3. dies meos magis, inquit, possum dicere dies miseriae meae, dies mortalitatis meae, dies secundum Adam, plenos laboris et sudoris, dies secundum vetustatem putredinis. A.

4. circumdederunt me dolores mortis, pericula inferni invenerunt me: quae nisi aberrantem abs te non invenirent me. nunc autem illa me invenerunt, ego vero ea non inveniebam, qui gaudebam prosperis saeculi, in quibus plus fallunt pericula inferni. A.

5. latebat enim me tribulatio et dolor utilis. A.

6. non hoc eis dicimus, ut quaerant miseriam, quam non habent, sed ut inveniant eam, quam nescientes habent, neque hoc eis optamus, ut terrena necessaria desint eis, quibus indigent, dum mortaliter vivunt, sed ut hoc plangant, quod amissa satietate caelesti, terrenis non ad fruendum stabilibus bonis, sed ad sustentandum necessariis indigere meruerunt. agnoscant et lugeant istam miseriam, faciet eos beatos lugentes, qui eos esse semper miseros noluit. A.

7. misericors primum, quia inclinavit aurem suam mihi . . . . iustus autem, quia flagellat, et iterum miseretur, quia recipit. A.

8. custodiens parvulos dominus, quos grandes quaerit heredes. A.

9. non enim poenalis, sed salutaris dolor est, quem secando medicus facit. A.

10. ex infideli fidelis effecta est. A.

12. tunc autem eximet oculos nostros a lacrymis, quando et pedes a lapsu. A.

PSALM CXV.

1. Illi non Christum annuntiant, qui annuntiant falsitatem, quia Christus veritas est .... terrenis quippe cupiditatibus consulentes regnum caelorum annuntiabant, habentes in pectore falsitatem, in lingua veritatem. A.

2. homo humiliari potest ab eis, qui veritati contradicunt, non ipsa veritas, quam credit et loquitur .... hoc enim intellegimus, quia in isto psalmo vox martyrum apparet. A.

3. quantum enim ad ipsum hominem pertinet, mendax est, sed gratia dei verax effectus est, ne pressuris inimicorum cedens non loqueretur, quod crediderat, sed negaret. sicut Petro accidit, quoniam de se praesumserat, et docendus erat, de homine non esse praesumendum .... si enim omnis homo mendax, in tantum non erunt mendaces, in quantum non erunt homines: quoniam dii erunt et filii altissimi .... nec in semetipsis fidentes sint, sed in eo, qui suscitat mortuos. A.

4. videns, gratia domini se factum veracem, quid retribuam, inquit, domino .... quae retribuit mihi? ... retribuit ergo dominus bona pro malis, cui homines retribuunt mala pro bonis .... o homo, peccato tuo mendax, dono dei verax. A.

5. ait: potestis bibere calicem, quem ego bibiturus sum? quis tibi dedit imitari passiones suas, nisi qui pro te passus est prior? A.

6. emit eam sanguine suo, quem prior fudit pro salute servorum, ne pro domini nomine servi fundere dubitarent, quod tamen eorum, non domini utilitati proficeret. A.

7. multi se martyres dicunt, multi servos tuos, quia nomen tuum habent in variis haeresibus et erroribus: sed quia praeter ecclesiam tuam sunt, non sunt filii ancillae tuae. A.

8. etsi gloriabor, quod servus tuus sim, et filius ancillae tuae, non in me, sed in te, domino meo gloriabor, qui disrupisti vincula mea. A.

9. quae domus dei est, haec ancilla dei est. et quae domus dei, nisi omnis populus eius? ... quid est enim aliud populus eius, nisi quod sequitur: in medio tui Jerusalem. tunc est enim quod redditur gratum, si de pace atque in pace

reddatur. qui autem filii huius ancillae non sunt, bellum potius quam pacem amaverunt. A.

PSALM CXVI.

2. Et veritas domini manet in aeternum: sive in eis, quae promisit iustis, sive in eis, quae minatus est impiis. A.

PSALM CXVII.

1. Confessio autem vel laudis eius est, vel peccatorum nostrorum . . . . hic enim certe manifestum est, vocem confessionis et sonum non ad maerorem poenitentiae, sed ad laetitiam festivitatis celeberrimae pertinere . . . . quid sit grandius ista brevitate, non video, cum ita sit proprium deo, quod bonus est . . . . sed quoniam populo dicitur in praenuntiatione futurorum liberato ab omni labore et captivitate peregrinationis et ab omni permixtione iniquorum, quod ei per gratiam dei praestitum est, non solum non retribuentis mala pro malis, sed etiam retribuentis bona pro malis, convenientissime adiunctum est: quoniam in saeculum misericordia eius. A.

2. recognoscitis, credo, carissimi, quae sit domus Israel, quae sit domus Aaron, et quoniam utrique sunt timentes dominum. ipsi enim sunt pusilli cum magnis iam in alio psalmo bene insinuati cordibus vestris (vgl. Ps. 113,20). A.

3. angustia nostrae tribulationis finitur: latitudo autem, quo transimus, non habet terminum. A.

4. cum vero ait: videbo inimicos meos, spirituales nequitias vult intellegi, quas in illo iudicio dicit esse videndas. C.

6. et cum videntur adiuvare homo vel angelus, cum hoc vera dilectione faciunt, ille per eos facit, qui eos pro modo eorum bonos fecit. bonum est ergo sperare in dominum, quam sperare in principes. nam et angeli dicti sunt principes, sicut in Daniele legimus: Michael princeps vester. A.

7. significat ecclesiae laborem atque victoriam. A.

8. et bene ibi non repetitum est: omnes gentes; quod a Judaeis solis factum est. A.

9. persecutores domini fecerunt eum nobis ipsa passione dulciorem. A.

10. quem circumdederunt omnes gentes, cum sit collectus de omnibus gentibus. exarserunt quippe velut ignis in spinis, quando peccatricem carnem atque huius mortalis vitae molestissimas compunctiones persecutionis incendio cremaverunt. A.

11. sive quia et ipsi, malitia, quae in eis iustos persequebatur, extincta, christiano populo sociati sunt, sive quia

ceteri eorum, qui contemserunt hoc tempore vocantis misericordiam, veritatem iudicantis in fine sensuri sunt. A. — sed in eis quoque domini gratia vindicatum est, quando de illo melle, quod condiderant nescii, conversi ad dominum suavissime sunt repleti. C.

12. multitudinem ergo fidelium in unitate fidei simul habitantem persecutio gentium quo impelleret, ut deiiceret, non habebat. A.

13. tamquam cumulus arenae impulsus sum, ut caderem. A.

14. qui ergo cadunt, cum impelluntur, nisi qui sua sibi fortitudo et sua sibi volunt esse laudatio? . . . cuius fortitudo et laudatio est dominus, tam non cadit, quam non cadit dominus. A.

15. in tabernaculis iustorum, ubi vocem maeroris et exitii putabant esse, qui in eorum corpora saeviebant. A.

16. magna virtus exaltare humilem, deificare mortalem, praebere de infirmitate perfectionem, de subiectione gloriam, de passione victoriam. A.

17. illi stragem funerum ubique facientes, ecclesiam Christi mori arbitrabantur. ecce nunc enarrat opera domini . . . . tamen cur tanta indigna pertulit corpus Christi, sancta ecclesia, populus in adoptionem, indicet nobis. A.

18. saepe filios pater familias per nequissimos servos emendari iubet, cum illi hereditatem, illis compedes praeparet. A.

19. quibus ergo dicitur, aperite, nisi prophetis atque apostolis, qui caelorum claves mysticis virtutibus acceperunt. C. — haec est aeterna beatitudo iustorum, qua beati sunt, qui inhabitant in domo dei, in saecula saeculorum laudantes eum (vgl. Ps. 83, 9 u. 10). sed vide, quem admodum intretur in portas iustitiae. A.

23. sub allusione fabricantium exponitur inanis opera Judaeorum. C. — hic factus est in caput anguli, ut duos conderet in se, in unum novum hominem, faciens pacem, et connecteret utrosque in uno corpore dei, circumcisionem scilicet et praeputium. A.

24. a domino factus est ei: id est, capiti anguli a domino factus est . . . . nam illi, qui aedificabant, reprobaverunt. A. — viderunt enim et Judaei, sed non mirabilem: quia solam intuebantur carnem, quam videbant esse communem. C.

25. in oculis interioris hominis, in oculis credentium, sperantium, diligentium. A.

26. hic est dies, quem fecit dominus, id est, quo mihi

salutem dedit . . . . id est, dies, quo ille mediator factus est in caput anguli. A.

28. quia de longinqua peregrinatione revertentes seiungimur ab eis, qui oderant pacem, cum quibus eramus pacifici, et cum loqueremur eis, debellabant nos gratis. A.

29. maledictus ergo ille, qui venit in nomine suo. sicut in evangelio dicit: ego veni in nomine patris mei, et non accepistis me: si alius venerit in nomine suo, illum accipietis. A.

30. credo, quod ista vox magnorum est ad pusillos, eorum scilicet magnorum, qui verbum deum apud deum, sicut in hac vita possunt, mente contingunt, et tamen sermonem suum propter parvulos temperant, ut possint sinceriter dicere, quod ait apostolus: sive enim mente excessimus deo, sive temperantes sumus vobis, caritas enim Christi compellit nos. ipsi parvulos benedicunt de interiore domo domini, ubi laus illa in saecula saeculorem non deficit: et ideo videte, quid inde annuntient. A.

31. dominus ille, qui venit in nomine domini, quem reprobaverunt aedificantes et factus est in caput anguli: mediator ille dei et hominum homo Christus Jesus, deus est, aequalis est patri, et illuxit nobis, ut quod credidimus intellegeremus, et vobis nondum intellegentibus, sed iam credentibus enuntiaremus. A.

32. id est, usque ad interiorem domum dei, de qua vos benediximus, ubi sunt altaris excelsa. constituite diem festum, non tepide ac segniter, sed in confrequentationibus. ipsa est enim vox exsultationis soni festivitatem celebrantis, ambulantium in loco tabernaculi admirabilis usque ad domum dei. si enim est ibi spiritale sacrificium, sempiternum sacrificium laudis, et sacerdos sempiternus est, et altare sempiternum pacata mens ipsa iustorum . . . . nec in terra sufficiat iste dies festus, quo agnus occisus est: sed constituatur in confrequentationibus, quo usque perveniatur, exaltatis a domino mentibus nostris, usque ad eius divinitatem interiorem, qui nobis exteriorem humanitatem lacte nutriendis praebere dignatus est. et quid ibi aliud, nisi laudes eius cantabimus? quid ibi aliud dicemus, nisi: deus meus es tu. A

33. non strepitu verborum ista dicemus, sed dilectio inhaerens illi per seipsam clamat istam vocem, et dilectio ipsa vox est ista. A.

34. hinc coepit psalmus, huc desinit. A.

PSALM CXVIII.

Einleitung. 1. Psalmos omnes ceteros, quos codicem psalmorum novimus continere, quod ecclesiae consuetudine psalterium nuncupatur, partim sermocinando in populis, partim dictando exposui, donante domino, sicut potui: psalmum vero centesimum octavum decimum, non tam propter eius notissimam longitudinem, quam propter eius profunditatem paucis cognoscibilem differebam. et cum molestissime ferrent fratres mei, eius solius expositionem, quantum ad eiusdem corporis psalmos pertinet, deesse opusculis nostris, meque ad hoc solvendum debitum vehementer urgerent, diu petentibus iubentibusque non cessi: quia quotienscunque inde cogitare tentavi, semper vires nostrae intentionis excessit. quanto enim videtur apertior, tanto mihi profundior videri solet; ita, ut etiam quam sit profundus, demonstrare non possem. aliorum quippe qui difficile intelleguntur, etiamsi in obscuritate sensus latet, ipsa tamen apparet obscuritas: huius autem nec ipsa; quoniam talem praebet superficiem, ut lectorem atque auditorem non expositorem necessarium habere credatur. et nunc quod tandem ad pertractionem eius accedo, quid in eo possim, prorsus ignoro: spero tamen, ut aliquid possim, adfuturum atque adiuturum deum. sic enim fecit in omnibus, quaecunque sufficienter, cum prius mihi ad intellegendum vel explicandum difficilia ac pene impossibilia viderentur, exposui. statui autem per sermones id agere, qui proferantur in populis, quas Graeci ὁμιλίας vocant. hoc enim iustius esse arbitror, ut conventus ecclesiastici non fraudentur etiam psalmi huius intellegentia, cuius, ut aliorum delectari assolent cantilena. sed sit huc usque prooemium: iam de ipso est loquendum, de quo istuc visum est praeloquendum. A.

2. exhortatur nos ad beatitudinem, quam nemo est, qui non expetat . . . . sed ubi erit quisque immaculatus, nisi in via? in qua via, nisi in lege domini? . . . beatum quippe esse tam magnum est bonum, ut hoc et boni velint et mali. nec mirum est, quod boni propterea sunt boni, sed illud est mirum, quod etiam mali propterea sunt mali, ut sint beati. nam quisquis libidinibus deditus, luxuria stuprisque corrumpitur, in hoc malo beatitudinem quaerit. . . . et quisquis avaritiae facibus inardescit, ad hoc congregat quocunque modo divitias, ut beatus sit: inimicorum sanguinem fundere quicunque desiderat, dominationem quisquis affectat, crudelitatem suam quisquis alienis cladibus pascit, in omnibus sceleribus beatitudinem quaerit. hos igitur errantes et vera miseria falsam beatitudinem requirentes revocat ad viam, si audiatur, vox ista divina . . . . tam magnum bonum per mala quaerere nolite. A.

3. novimus, operarios iniquitatis ad hoc scrutari testimonia domini, quia malunt docti esse, quam iusti . . . . tales ergo nondum immaculati ambulant in lege domini, ac per hoc

nondum beati . . . . non enim quaerunt ipsa, sed aliud quaerunt per ipsa, id est, ut glorificentur ab hominibus vel ditentur . . . . quaerunt itaque deum et impii et iniqui. ut eo invento non sint impii nec iniqui. quomodo ergo iam beati, cum adhuc testimonia eius scrutantur et exquirunt eum, cum hoc facere possint et impii, possint et iniqui? beatos autem esse impios et iniquos, quis vel impius dixerit aut iniquus? ergo spe beati. A.

4. peccatum iniquitas est. . . . dic nobis Paule beatissime, utrum ambulaveris in viis domini, cum in carne adhuc viveres? . . . quomodo in viis domini ambulabas, si malum, quod nolebas, hoc agebas . . . audi continuo respondentem per sententiam consequentem: si, quod nolo, inquit, ego hoc facio, iam non ego operor illud, sed quod habitat in me peccatum. ecce quemadmodum qui ambulant in viis domini, non operantur peccatum, et tamen non sunt sine peccato, quia iam non ipsi operantur illud, sed quod habitat in eis peccatum . . . . quomodo agat homo, quod ipse non agit? utrumque enim dixit, et: non quod volo, ago, et: non ego operor illud, sed quod habitat in me peccatum. unde intellegere debemus, quando peccatum, quod habitat in nobis, operatur in nobis, tunc nos id non operari, quando nequaquam ei voluntas nostra consentit. et tenet etiam corporis membra, ne obediant desideriis eius. quid enim operatur peccatum nolentibus nobis, nisi sola illicita desideria? quibus si voluntatis non adhibeatur assensus, movetur quidem nonnullus affectus, sed nullus ei relaxatur effectus. hoc praecepit idem apostolus, ubi dicit: non ergo regnet peccatum in vestro mortali corpore, ad obediendum desideriis eius, nec exhibeatis membra vestra arma iniquitatis peccato. sunt itaque desideria peccati, quibus nos prohibuit obedire. operantur ergo peccatum haec desideria. quibus si obedimus, et nos operamur, si autem obtemperantes apostolo non obedimus eis, non illud nos operamur, sed quod in nobis habitat peccatum . . . . motum porro illiciti desiderii, cui non obediendo non eum nos operamur, ideo et nos agere dicimur, quoniam non est naturae vigor alienae, sed languor est nostrae. a quo languore omni modo salvi erimus, cum et animo et corpore immortales facti fuerimus. . . . nec nobis deinceps languor iste obesset, quamvis inesset, si desideriis eius illicitis nullis unquam obedientiam praeberemus. A.

5. nimis pro eo, quod est valde . . . . illa graeca sententia non habet hoc verbum, quod hic legitur; ibi enim est *ἄγαν*, quod est nimis, hic est autem *σφόδρα*, quod est valde. A.

6. non optat hic dirigi vias suas ad custodiendas iustificationes dei, nisi iam eius acceptis ipso praecipiente man-

datis. ad hoc enim pertinet, quod praemisit: tu praecepisti mandata tua custodiri nimis .... mandata tua sancta et iusta et bona .... iustificationes enim sunt non dicta, sed facta iustitiae, opera scilicet iustorum, quae imperat deus. A. (an anderer Stelle, Ps. 118 serm. VI, 1.)

7. non auditor eorum tantum vult esse, sed factor.

8. utique si dirigantur viae meae, confitebor tibi, quoniam tu fecisti, et tua laus est ista, non mea. tunc enim confitebor in eo, quod didicerim iudicia iustitiae tuae, si directum cor habebo, directis videlicet viis meis ad custodiendas iustificationes tuas. nam quid mihi proderit, quod ea didicerim, si corde perverso vias abibo pravas? non enim laetabor in eis, sed accusabor ab eis. A.

9. quae omnia ex illo utique connectuntur, quod ait: utinam dirigantur viae meae. A.

10. ne derelinquas me usque valde .... si enim dereliquisti, ut sine adiutorio tuo infirmus appaream, noli usque valde, ne peream .... tunc iustificationes tuas custodiam, et si dereliquisti me, ne gloriarer in me, noli usque valde, et iustificatus abs te gloriabor in te. A.

B.

1. Huc usque interrogatio est, deinde responsio. A.

2. hoc loco custoditio verborum dei intellegenda est operatio praeceptorum .... hic vero nec homo ait, nec vir, sed iunior. numquid desperandus est senior? ... an forte admonitio est, qua aetate potissimum fieri debeat secundum illud, quod alibi scriptum est: fili, a iuventute tua excipe doctrinam et usque ad canos invenies sapientiam .... senior agnoscatur vetus homo, et novus iunior .... iunior erit ad deum percepta gratiae novitate conversus. A.

3. et hoc unde posset, nisi eum aversum ad se ipse converteret .... et ille perditum quaereret, et errantem ille revocaret. A.

4. quid est enim a deo repelli, nisi non adiuvari? mandatis quippe eius rectis atque arduis humana non contemperatur infirmitas, nisi praeveniens eius adiuvet caritas. A.

5. divinum quaesivit auxilium, ne in corde eius dei eloquia sine fructu absconderentur. A.

6. utquid ergo addit et dicit: doce me iustificationes tuas, nisi quia eas vult faciendo discere, non loquendo vel memoria retinendo. A.

7. de quorum profunditate alibi scriptum est: iudicia tua abyssus multa, quantum deus donat tractare suscepimus .... omnia iudicia oris tui, id est, quae mihi dixisti, ut

per os eius eloquium eius intellegamus . . . . quae omnia iudicia usquequaque in labiis suis enuntiare non cessat ecclesia. A.

8. viam testimoniorum dei nihil citius, nihil certius, nihil brevius, nihilque grandius intellegimus esse, quam Christum . . . . commendat autem suam caritatem deus in nobis, quoniam cum adhuc peccatores essemus, Christus pro nobis mortuus est. cum ergo ipse dicat: ego sum via, et humilitas eius carnalis nativitatis atque passionis, evidentia sint testimonia divinae erga nos dilectionis. procul dubio via testimoniorum dei Christus est. per haec quippe testimonia, quae in illo videmus impleta, etiam futura erga nos, quae sempiterna promissa sunt, expectamus et speramus implenda. A.

9, 10. quod Graeci habent ἀδολεσχήσω, latini interpretes quidam garriam, quidam exercebor interpretati sunt . . . . si autem se in dei mandatis exercet ecclesia, adversus omnes inimicos fidei christianae atque catholicae copiosis doctorum disputationibus garrula: quae tunc fructuosae sunt disputantibus, si non ibi considerentur nisi viae domini, sicut scriptum est, misericordia et veritas. quorum duorum plenitudo invenitur in Christo. A.

11. nihil aliud intellegitur poscere, nisi adiutorium gratiae, ut, quod iam novit sermone, dicat et opere. A.

C.

1. Quoniam ante fidem non homini debentur nisi mala pro malis, retribuit autem deus per indebitam gratiam bona pro malis, hanc retributionem rogat, qui dicit: retribue servo tuo, vivam et custodibo verba tua . . . . nisi enim deus retribueret bona pro malis, nullo modo essent, quibus retribueret bona pro bonis . . . . et vixit, et custodivit verba eius, et pertinere coepit ad aliam retributionem, in qua retribuuntur bona pro bonis. A.

2. nihil est autem mirabilius in mandatis dei, quam: diligite inimicos vestros. A.

3. nonnulli codices habent: inquilinus ego sum in terra. quod enim est in graeco πάροικος, aliqui nostri inquilinus, aliqui incola, nonnunquam etiam advena interpretati sunt. inquilini non habentes propriam domum habitant in alieno. incolae autem vel advenae, utique adventicii perhibentur. ubi magna de anima exoritur quaestio. neque enim secundum corpus dictum videri potest incola, vel advena, vel inquilinus sum in terra, cum de terra corpus originem ducat. sed in hac profundissima quaestione nihil audeo definire. sive enim propter animam, quae absit, ut putetur ex terra, merito dici potuerit,

inquilimus vel incola vel advena ego sum in terra, sive secundum totum hominem, quia paradisi aliquando civis fuit, ubi utique non erat, qui ista dicebat, sive quod est ab omni controversia liberius, non omnis homo possit hoc dicere, sed cui patria promissa est aeterna in caelis .... infideles autem, quos deus non praescivit, nec praedestinavit conformes imaginis filii sui, non possunt veraciter dicere se in terra peregrinos, quando ibi sunt, ubi secundum carnem nati sunt: non enim habent alibi civitatem, ac per hoc non sunt in terra alienigenae, sed terrigenae. unde ait alia scriptura de quodam: posuit enim apud mortem domum suam, et apud inferos cum terrigenis axes suos. sunt autem et ipsi peregrini et inquilini, non huic terrae, sed populo dei, a quo sunt alienigenae .... nam quid est clarius, quam: diliges dominum deum tuum ex toto corde tuo et ex tota anima tua et ex tota mente tua, et diliges proximum tuum tamquam teipsum? in quibus duobus mandatis tota lex pendet et prophetae. et quis est, quem lateant ista mandata? nempe et omnibus fidelibus et plurimis infidelibus nota sunt. cur ergo poscit fidelis, ne abscondatur sibi, quod nec infideli cernit abscondi. an quia deum nosse difficile est, consequens est utique, ut diligas dominum deum tuum, difficile intellegatur, ne aliud pro alio diligatur? nam proximi facilior esse videtur cognitio .... sed multi nec seipsos noverunt: quia et seipsum nosse, quemadmodum homo sibi debet innotescere, non omnium hominum est. quomodo ergo diligit proximum tamquam seipsum, qui nescit et seipsum? ... quocirca et aliquatenus ista sciuntur, et ut magis magisque sciantur, non immerito scienda poscuntur. quapropter ut sciamus diligere deum, sciendus est deus; et ut sciat homo diligere proximum tamquam seipsum, prius debet diligendo deum diligere seipsum. A.

4. quid autem diligendo diligitur, si ipsa dilectio non diligitur? ... laudabilis est ista concupiscentia, non damnabilis. non de hac dictum est: non concupisces, sed de illa, qua caro concupiscit adversus spiritum. de hac autem bona concupiscentia, qua concupiscit spiritus adversus carnem, quaere, ubi scriptum sit, et invenies: concupiscentia itaque sapientiae deducit ad regnum .... sed hoc sane interest, quod non tacetur, quid concupiscatur, quando bona commemoratur concupiscentia: cum autem non additur, quid concupiscatur, sed sola ponitur, nonnisi mala intellegitur. sicut et hoc, quod commemoravi: concupiscentia itaque sapientiae deducit ad regnum: si non adderet sapientiae, nullo modo diceret: concupiscentia perducit ad regnum. at vero apostolus, quod posuit: concupiscentiam nesciebam, nisi lex diceret: non concupisces: non utique addidit, cuius rei concupiscentiam,

vel quid non concupisces. certum est enim non intellegi, cum ita dicitur, nisi malam concupiscentiam. quid ergo huius anima concupivit? desiderare, inquit, iustificationes tuas in omni tempore. credo nondum eas desiderabat, quando concupivit desiderare. iustificationes autem facta sunt iusta, id est, opera iustitiae. cum itaque nondum habeat et qui iam desiderat, quam longe ab his erat, qui adhuc eas desiderare concupiscebat? et quam longius ab eis sunt, qui neque hoc adhuc concupiscunt? mirum est autem, quomodo concupiscatur desiderium, nec sit in nobis, cuius concupiscentia iam sit in nobis. neque enim pulchrum aliquod corpus est, sicut aurum, vel caro aliqua speciosa, quam potest homo concupiscere, nec habere, quia extra posita non est in homine. quis nesciat, in homine esse concupiscentiam, in homine esse disiderium. cur ergo concupiscitur, ut habeatur, quasi forinsecus inferatur? . . . non mirum est, si appetit animus, ut appetat corpus, quando appetit animus, nec appetit corpus. cum autem utrumque animi est, et utrumque concupiscentia est, cur concupisco desiderium iustificationum dei? quomodo in uno eodemque animo meo habeo concupiscentiam desiderii huius, et ipsum non habeo desiderium? . . . quid sunt iustificationes, nisi opera iusta, non verba? ac per hoc possunt infirmitate animae non desiderari; et ratione mentis, ubi videtur, quam sint utiles atque salubres, potest earum desiderium concupisci. A.

5. aliud est quippe mandata dei per infirmitatem vel ignorantiam non implere, aliud ab eis per superbiam declinare, sicut fecerunt, qui nos mortaliter in haec mala genuerunt. delectavit enim eos: eritis sicut dii . . . . et ecce tota ista dura et infelix aerumna mortalium, quodam modo hereditaria est increpatio superborum. quando enim dixit deus: Adam, ubi es? non ubi esset ignorabat, sed superbum increpabat: et ubi tunc esset, id est, ad quam miseriam pervenisset, non scire cupiebat, sed interrogando increpans admonebat. A.

6. oportebat enim, ut omnes illo terrerentur exemplo a divinis non declinare mandatis. A.

7, 11. orat corpus Christi . . . . testimonia graece martyria nuncupantur . . . . Christi corpus ista cum dicit, numquid ab impiis et superbis audire opprobrium atque contemtum ullam deputat poenam, cum potius inde perveniat ad coronam . . . . orat pro ipsis inimicis suis, quibus esse perspicit noxium, obiicere sanctum nomen Christi tamquam opprobrium christianis . . . . dicat itaque corpus Christi, iam enim diligere didicit inimicos suos, dicat domino deo suo: aufer a me opprobrium et contemtum, quia martyria tua exquisivi: id est, opprobrium, quod ideo audio, et contemtum, quo ideo contemnor, quia martyria tua exquisivi, aufer a me .... ubi est nunc illud opprobrium, ubi illi contemtus? abierunt atque transierunt .... si ergo exercebatur corpus Christi, ut et martyria eius meditaretur, et diligeret eos, a quibus opprobrantibus et contemnentibus propter ipsa martyria persecutiones patiebatur. non enim pro se, sicut iam commendavimus, sed pro ipsis potius orabat. A.

8. inde persecutio gravis erat, quia eam sedentes, hoc est, iudiciariis sedibus eminentes, principes decernebant .... invenies reges terrae excogitasse atque iussisse, quomodo christiani nusquam essent. A.

9. qualis exercitatio haec fuerit, qui nosse desideras, quod adiunxit intellege. A.

10. recole, quod superius commendavi, testimonia esse martyria. A.

11. recole, in iustificationibus domini nullam esse difficiliorem et mirabiliorem, quam ut suos quisque diligat inimicos. A.

D.

1. Terra erit igitur pavimentum. vult itaque terrenis erui, et cum apostolo dicere: conversatio nostra in caelis est. proinde terrenis adhaerere mors animae est. A. — adhaesisse se ergo dicit carni suae. C.

2. quomodo enim potest intellegi terrenis adhaesisse, qui dicit: servus autem tuus exercebatur in tuis iustificationibus .... haec sunt enim verba eius antecedentia, quorum antecedentium ista sunt consequentia: adhaesit pavimento anima mea. an ex hoc intellegere debemus, quantumlibet quisque proficiat in iustificationibus domini, habere eum mortalis carnis affectum circa ista terrena, in quibus vita humana tentatio est super terram, et ab hac morte, si perseveranter proficit, quotidie reviviscere vivificante illo, cuius gratia homo noster interior renovatur de die in diem? A.

3. hoc est enim verbum promissionis: in Isaac vocabitur tibi semen. hoc est: non qui filii carnis, hi filii dei, sed filii promissionis deputantur in semine. A.

4. vias meas, hoc est, malas. nam hoc mihi videtur dicere, peccata mea confessus sum. A.

5. et exaudisti me, hoc est, ut dimitteres ea. A.

6. sic doce me, ut agam, non ut tantummodo sciam, quid agere debeam .... iustitiam ille vere dicendus est nosse, qui facit. A.

7. ipsas iustificationes ampliores, quas proficiendo cupit apprehendere, mirabilia dei vocat. sunt ergo quaedam dei

iustificationes ita mirabiles, ut humana infirmitas ab eis, qui experti non sunt, non ad eas posse pervenire credatur. A.

8. unde laborans iste et earum difficultate quodam modo fatigatus adiungit: dormitavit anima .... quid est, dormitavit, nisi ab spe refriguit, qua eas se apprehensuram esse crediderat. A.

9. confirma itaque me in eis verbis tuis, quae iam teneo, quae iam facio, ut ex eis ad alia possim proficiendo pertendere. A.

10. et quid impedit in via iustificationum dei sic ambulare, ut homo facile possit ad illa etiam mirabilia pervenire? quid putamus, nisi quod a se amoveri in consequentibus rogat. A.

11. et quia lex factorum subintravit. ut abundaret delictum, sequitur et dicit: et lege tua miserere mei. qua lege, nisi lege fidei? ... haec est lex fidei, qua credimus et oramus per gratiam nobis donari, ut faciamus, quod per nosmetipsos implere non possumus. A.

12. viam veritatis elegi, ubi currerem, adhaesi testimoniis tuis, cum currerem. domine noli me confundere. quo curro, pertendam, quo tendo, perveniam. non enim volentis neque currentis, sed miserentis est dei. A.

13. non currerem nisi dilatasses cor meum .... in hac latitudine diffunditur caritas in cordibus nostris per spiritum sanctum, qui datus est nobis (vgl. Röm. 5,5). A.

E.

1. Eo modo non ponitur iusto, quomodo posita est populo contumaci, in tabulis lapideis, non in tabulis cordis carnalibus .... gratia itaque dei nobis praecipue commendatur, quando sibi legem poni poscit a domino, qui utique iam legem secundum literam noverat. sed quia litera occidit, spiritus autem vivificat, orat, ut per spiritum faciat, quod per literam sciebat. A.

2. qui timore poenae, non amore iustitiae opus legis facit, profecto invitus facit. quod autem invitus facit, si posset fieri, mallet utique non iuberi. ac per hoc legis, quam vellet non esse, non est amicus. sed potius inimicus: nec mundatur opere, qui immundus est voluntate. A.

3. hanc autem legem iste viam iustificationum dei vocavit: nec alia via est mandatorum eius, quam se cucurisse iam dixerat, cum dilatatum est cor eius. ergo et cucurrit. et currit, donec perveniat ad palmam supernae vocationis dei .... quid enim exquirit, quod habet, nisi quia et habet agendo, et exquirit proficiendo. A.

4. debet deum deligere ex toto corde, ex tota anima, ex tota mente, et proximum suum tamquam seipsum. A.

5. quamquam etiam ut sciatur lex quomodo scienda est, id est, ut intellegatur, quid sibi velit, quare sit eis posita, qui eam non erant servaturi, quid habeat utilitatis etiam hoc ipsum, quod lex subintravit, ut abundaret delictum, nemo comprehendit, nisi a domino acceperit intellectum. A.

6. parum est mihi voluntas mea, nisi in eo, quod volui, me ipse deducas. et certe ipsa est semita, hoc est, via mandatorum dei, quam se dilatato ab illo corde suo cucurrisse iam dixerat. quam propterea etiam semitam vocat, quia angusta est via, quae ducit ad vitam; et cum sit angusta, nisi dilatato corde non curritur. A.

7. quid est inclinatum cor ad aliquid habere, nisi hoc velle? et voluit ergo, et orat, ut velit. voluit, cum dicit: deduc me in semita mandatorum tuorum, quia ipsam volui. orat autem ut velit, cum dicit: inclina cor meum in testimonia tua et non in avaritiam. hoc itaque orat, ut in ipsa voluntate proficiat. quae sunt autem dei testimonia, nisi quibus sibi ipse attestatur? testimoniis enim aliquid probatur, ac per hoc iustificationes dei et mandata dei testimoniis dei probantur, et quidquid nobis persuadere vult deus, suis testimoniis persuadet: in quae iste petit inclinari cor suum, et non avaritiam. testimoniis quippe suis agit nobiscum deus .... omnis autem a nobis circumciditur avaritia, si gratis colatur deus. ad quod sanctum Job in agone tentationis ipse provocat inimicus, cum de illo dicit: numquid gratis colit Job deum? putabat enim diabolus, quod in deo colendo vir iustus cor inclinatum haberet in avaritiam, et causa emolumenti vel utilitatis rerum temporalium, quibus eum ditaverat dominus, velut mercenarius ei pro tali mercede serviret: sed quam gratis deum coleret, tentatus apparuit. si ergo cor non habeamus inclinatum in avaritiam, deum non colimus nisi propter deum, ut sui cultus ipse sit merces. A.

8. a contrario differunt inter se vanitas et veritas .... numquid quamdiu sumus in hoc mundo, possumus non videre vanitatem? omnis enim creatura vanitati subiecta est, quae intellegitur esse in homine: et omnia vanitas, quae abundantia hominis in omni labore suo, quo ipse laborat sub sole (vgl. Eccles. 1, 2 u. 3) an iste fortassis hoc orat, ut non sit eius vita sub sole, ubi omnia vanitas, sed in illo sit, in quo se vivificari petit? ... quid est ergo, quod iste dicit: averte oculos meos, ne videant vanitatem? an hoc petit, ut non quidem in hac vita, quod in spe gerimus, impleatur, sed ut in ea sorte sit, quae in illo quandoque possit impleri, cum liberabitur a servitute corruptionis et spiritu et anima et cor-

pore, in libertatem gloriae filiorum dei, ubi iam non videat vanitatem? . . . sed est hic alius sensus, quem mihi fateor plus placere . . . . in qua vanitate praecipuum locum obtinet amor laudis humanae, propter quam multa magna fecerunt, qui magni in hoc saeculo nominati sunt, multumque laudati in civitatibus gentium, quaerentes non apud deum, sed apud homines gloriam et propter hanc velut prudenter, fortiter, temperanter, iusteque viventes, ad quam pervenientes perceperunt mercedem suam, vani vanam . . . . propter ipsam denique temporalem salutem non debemus facere bona opera nostra, sed potius propter illam quam speramus aeternam . . . . monuit, ne propter laudes hominum bona opera faciamus, dicens: attendite, ne faciatis iustitiam vestram coram hominibus, ut videamini ab eis. monuit, ne propter pecuniam, dicens: nolite thesaurizare in terra. A.

9. huius autem mundi cupiditas, vanitas; sed Christus, qui ex hoc mundo liberat, veritas. A.

10. quod quid est aliud quam: da mihi, ut faciam, quod eloqueris? . . . statuit itaque deus eloquium suum in timorem suum eis, quibus dat spiritum timoris sui: timoris autem non illius, de quo dicit apostolus: non enim accepistis spiritum servitutis iterum in timore . . . . sed illius timoris, quem dicit propheta spiritum timoris dei. A.

11, 12. suspicari enim potius alienum potest homo, non suum. quoniam quod suspicatur, ignorat: in suo autem opprobrio non est cuiusque suspicio, sed scientia, ubi loquitur conscientia. quid est ergo quod ait: opprobrium meum, quod suspicatus sum? nimirum de superiore sensu etiam iste ducendus est: quoniam quamdiu non avertit homo oculos suos, ne videant vanitatem. quod in seipso agitur, hoc de aliis suspicatur. ut propter quod ipse colit deum, vel propter quod bona opera facit, propter hoc credat et alterum facere . . . . et cum haec omnia monuisset, quia possumus suspicari eos, quos iuste vivere videmus, et quo fine faciant non videmus, propter aliquid huiusmodi benefacere, continuo subiecit: nolite iudicare, ne iudicemini. unde et hic cum dixisset: amputa opprobrium meum, quod suspicatus sum, addidit: quia iudicia tua suavia, id est, iudicia tua vera . . . . hominum autem iudicia de occultis hominum non suavia, quia temeraria. A.

13. non in mea, sed in tua iustitia vivifica me . . . . quia in me unde morerer habui, unde autem vivam, non invenio nisi in te. iustitia tua Christus est . . . in illo vivifices me. A.

F.

1. Quid hic ergo poscit, nisi ut mandata, quae concupivit, per eius misericordiam faciat, qui mandavit. A.

2. factus est enim nobis Christus sapientia a deo et iustitia et sanctificatio et redemtio . . . . quod ergo ait: in tua iustitia vivifica me, in Christo utique vivificari cupit, et ipsa est misericordia, quam super se poscit venire. A.

3. hoc est, secundum promissionem tuam. A. — secundum quod Abrahae promisisti. Br.

4, 5. Christum sonat. ipsum enim nobis exprobrant, quibus est crucifixus vel scandalum vel stultitia . . . . nos autem, ne offendamus et cadamus, opprobria eorum ne timeamus, sed respondeamus eis verbum. hoc est verbum fidei, quod praedicamus . . . . ut autem hoc martyres possent, promissum est eis et dictum: non enim vos estis, qui loquimini, sed spiritus patris vestri, qui loquitur in vobis. ideo et iste cum dixisset: respondebo exprobrantibus mihi verbum, continuo sequitur: quoniam speravi in verbis tuis, quod est utique in promissis tuis. sed quoniam plurimi, quamvis ad ipsum corpus, cuius haec verba sunt, pertinentes, gravi pondere persecutionis urgente non valuerunt sustinere exprobrationem, et Christum deficiendo negaverunt, ideo sequitur: et ne auferas etc. (vgl. 6). A.

6. ex ore suo quippe dicit, quia unitas corporis loquitur, in cuius membris etiam illi deputantur, qui defecerunt ad horam negando, sed poenitendo postea revixerunt, vel etiam martyrii palmam, quam perdiderant, reparata confessione sumserunt . . . . non usquequaque, hoc est, non omni modo, ex ore Petri, in quo erat typus ecclesiae, verbum veritatis ablatum est: quia etsi ad horam negavit timore turbatus, tamen flendo est reparatus et confitendo est postea coronatus. totum itaque corpus Christi loquitur, id est, ecclesiae sanctae universitas . . . . quod autem ait: ne auferas, intellegendum est: ne auferri sinas . . . . et ipse dominus ad Petrum: rogavi, inquit, pro te, ne deficiat fides tua, hoc est, ne auferatur ex ore tuo verbum veritatis usque valde. A.

7. iudicia tua, quibus me corripis, non solum mihi non auferunt spem, verum augent etiam. quoniam quem diligit dominus, corripit, flagellat autem omnem filium, quem recipit. ecce enim sancti et humiles corde de te praesumendo in persecutionibus non defecerunt: ecce etiam, qui de se praesumendo defecerunt, et tamen ad ipsum corpus pertinuerunt, sibi innotescendo fleverunt et tuam gratiam solidius invenerunt, quia suam superbiam perdiderunt. A.

8. id est, si non abstuleris ex ore meo verbum veritatis, custodiam legem tuam semper . . . . lex itaque ista intellegenda est, de qua dicit apostolus: plenitudo legis caritas. haec enim a sanctis, quorum ex ore non aufertur verbum veritatis, hoc est, ab ipsa Christi ecclesia custodietur, non

solum in hoc saeculum, sed etiam in alterum, quod appellatur saeculum saeculi . . . . quia et deum plenius cum viderimus, amabimus et proximum, quia deus erit omnia in omnibus. A.

9. superiores versus prolixi psalmi huius orationem habent: hi autem, qui sequuntur, de quibus nunc disputandum est, narrationem . . . . nimirum ergo quod non dixit, intellegi voluit, id est exauditum se fuisse . . . . quid est igitur: et ambulabam in latitudine, nisi ambulabam in caritate. A.

10. illud intueamur, quod dicit magister bonus et doctor et dator: petite et accipietis, quaerite et invenietis, pulsate et aperietur vobis. et paulo post: si ergo vos, inquit, cum sitis mali, nostis bona data dare filiis vestris, quanto magis pater vester, qui in caelis est, dabit bona petentibus se. A.

11. testimonia, quippe in quibus dicit, quod loquebatur, graece martyria nuncupantur, quo verbo iam utimur pro latino. unde dictum est etiam vocabulum martyrum, quibus praedixit Jesus, quod et ante reges eum fuerant confessuri. A.

12. ut opus meditationis dilectionis perficeret fructum. Br.

13. dilexit autem et cogitando et operando. nam quod ad cogitationem pertinet, ait: et meditabor in mandatis tuis, quod autem ad operationem, et levavi manus meas ad mandata tua. utrique autem sententiae addidit, quae dilexi. finis enim praecepti est caritas de corde puro. quando isto fine, id est, huius rei contemplatione fit mandatum dei, tunc fit vere opus bonum, et tunc levantur manus, quia supernum est, quo levantur. propterea de ipsa caritate locuturus apostolus ait: supereminentem viam vobis demonstro. et alio loco: cognoscere, inquit, etiam superimentem scientiae caritatem Christi. nam si de operum mandatorum dei merces terrenae felicitatis expetitur deponuntur manus potius, quam levantur: quia terrena emolumenta, quae non sursum, sed deorsum sunt, illo opere requiruntur. A.

14. ad utrumque autem pertinet, quod sequitur: et exercebar in iustificationibus tuis. quod plures interpretes dicere maluerunt, quam laetabar aut garriebam, quod aliqui interpretati sunt ex eo quod Graecus habet *ἠδολέσχουν*. exercetur quippe in iustificationibus dei laetus, et quodam modo garrulus, qui mandata eius, quae diligit, et cogitandi et operandi delectatione custodit. A.

G.

1, 2. Memento, inquit, verbi tui servo tuo, hoc est, imple promissum servo tuo . . . . haec scilicet spes, quae data est humilibus, dicente scriptura: deus superbis resistit, humilibus autem dat gratiam .... et dominus Jesus hanc humilitatem cum discipulis praediceret a persecutoribus esse venturam, non eos sine spe reliquit .... sed aeternorum est spes ista praemiorum. est et alia spes, quae in humilitate tribulationis plurimum consolatur, quae sanctis data est in verbo dei adiutorium gratiae pollicentis, ne quisque deficiat. de qua spe dicit apostolus: fidelis deus, qui non permittet vos tentari super id, quod potestis. A.

3. quia eloquium tuum vivificavit me, ut spem vitae haberem proiectus in mortem. A.

4. quia non solum erant impii, verum etiam pios impios esse cogebant .... superbi inique agebant usque valde: quandoquidem eorum superbiam nec humilitas mortalitatis edomuit. A.

5. a lege autem tua non declinavi, quod me facere cogebant superbi. A.

6. a saeculo ergo, ex quo genus humanum sumsit exordium, memor fui iudiciorum tuorum, super vasa irae, quae perfecta sunt in perditionem. et consolatus sum, quia per haec quoque ostendisti divitias gloriae tuae in vasa misericordiae tuae. A.

7. cantabiles illi erant iustificationes dei in loco peregrinationis suae, quamvis eum taedium teneret a peccatoribus relinquentibus legem dei, quia cum eis conversari in hac vita vel ad tempus cogitur, donec area ventiletur. A.

8. quod vero ibi ait: et consolatus sum, ad hoc referatur: cantabiles mihi erant iustificationes tuae. A.

9. nox est illa humilitas, ubi est mortalitatis aerumna, nox est in superbis inique agentibus usque valde, nox in taedio a peccatoribus relinquentibus legem dei, nox est postremo in loco peregrinationis huius, donec veniat dominus et illuminet abscondita tenebrarum et manifestabit cogitationes cordis, et tunc laus erit unicuique a deo. in hac ergo nocte memor homo esse debet nominis dei, ut qui gloriatur, in domino glorietur .... et custodivi legem tuam; quam non custodisset, si in sua virtute confidens nominis dei memor non fuisset: adiutorium enim nostrum in nomine domini. A.

10. haec facta est mihi, quia itaque non lex, profecto nox est, quae facta est illi .... si enim humilitas illa mortalitatis non absurde intellegitur nox .... profecto haec ipsa humilitas in loco peregrinationis huius, quae nox recte intellegitur, prodest eis, qui salubriter exercentur ea, ut discant non superbire, propter quod malum in istam noctem pulsus est homo .... iam intellegens dicat, quod in hoc psalmo aliquanto post dicitur: bonum est mihi, quoniam humiliasti me, ut discam iustificationes tuas. A.

H.

1. Quid est, portio mea domine, dixi, custodire legem tuam: nisi quia ita erit portio cuiusque dominus, cum legem eius custodierit? A.

2. sed quomodo custodit, nisi hoc donet atque ad hoc adiuvet spiritus vivificans; ne litera occidat et peccatum occasione accepta per mandatum operetur in homine omnem concupiscentiam . . . . et dicens, quomodo sit precatus: miserere inquit mei. A.

3. hoc est, secundum verbum promissionis tuae. filii quippe promissionis in semine deputantur Abrahae. A.

4. averti scilicet a viis meis, quae displicuerunt mihi, ut irent in testimonia tua, atque ibi haberent viam . . . . apostolus ait: deus est enim, qui operatur in vobis: cui etiam dicitur: averte oculos meos, ne videant vanitatem. si oculos, ne videant vanitatem, cur non et pedes, ne sectentur errorem? propter quod et illud scriptum est: oculi mei semper ad dominum, quoniam ipse evellet de laqueo pedes meos. A.

6. funes peccatorum impedimenta sunt inimicorum, sive spiritalium, sicut diaboli et angelorum eius, sive carnalium, in quibus filiis infidelitatis diabolus operatur . . . . cum itaque minantur mala, quibus terreant iustos, ne pro dei lege patiantur, quodam modo funibus implicant veluti valida et robusta reste sua. trahunt enim peccata sicut restem longam et hinc sanctos implicare conantur et aliquando permittuntur. A.

7. quia et hoc ipsum, quod funes peccatorum circumplectuntur iustum, iudicia sunt iustitiae dei . . . . hoc enim ait de persecutionibus, quas patiebatur ecclesia, cum funes peccatorum circumplecterentur eam. proinde mediam noctem graviora tribulationis intellegenda existimo. in qua dixit: surgebam, quia non eum sic affligebat, ut deiiceret, sed exercebat, ut surgeret, id est, ut ea ipsa tribulatione ad fortius confitendum proficeret. A. — ad confitendum hic significat ad laudandum. C.

8. iam vero quia ista fiunt gratia dei per Jesum Christum dominum nostrum, vocem personae suae per hanc prophetiam suo corpori adiungit ipse salvator. ad ipsum caput enim proprie, quod sequitur, pertinere arbitror . . . . neque enim efficeremur participes divinitatis eius, nisi ipse mortalitatis nostrae particeps fieret. A.

9. et quia propter hoc, quod particeps factus est fratrum suorum, deus hominum, immortalis mortalium, ideo granum cecidit in terram; ut mortificatum multum fructum faceret: de ipso fructu secutus adiunxit: misericordia tua, domine, plena est terra. A.

10. et unde hoc, nisi cum iustificatur impius? in cuius gratiae scientia ut proficiatur, adiungit: et iustificationes tuas doce me. A.

J.

1. Sic debemus intellegere suavitatem, quam χρηστότητα Graeci vocant, ut in bonis spiritalibus deputetur .... nihil hic ergo aliud dictum existimo: suavitatem fecisti cum servo tuo, nisi: fecisti ut me delectaret bonum. quando enim delectat bonum, magnum est dei donum. quando autem bonum opus, quod lex imperat, fit timore poenae, non delectatione iustitiae, cum deus metuitur: serviliter fit, non liberaliter .... secundum eloquium tuum, hoc est secundum promissum tuum. A.

2. augeri sibi ista poscit et perfici: nam utique, qui iam dixerat: suavitatem fecisti cum servo tuo, quomodo dicit: suavitatem doce me, nisi ut ei gratia dei magis magisque innotescat dulcedine bonitatis. habebant enim fidem, qui dixerunt: domine auge nobis fidem. et quamdiu vivitur in hoc mundo, proficientium est ista cantatio. addidit autem eruditionem, vel sicut plures codices habent, disciplinam .... intellegenda est per molestias eruditio. secundum illud: quem enim diligit dominus, corripit, flagellat autem omnem filium, quem recipit. haec apud ecclesiasticas literas dici assolet disciplina, interpretata de graeco, ubi legitur παιδεία. hoc enim verbum in graeco positum est in epistola ad Hebraeos, ubi latinus interpres ait: omnis disciplina ad praesens non gaudii videtur esse, sed tristitiae .... ideo parum fuit dicere: suavitatem fecisti cum servo tuo, nisi rursus peteret, ut eum doceat suavitatem, tanta utique, ut disciplinam possit patientissime sustinere. tertia ponitur scientia: quoniam si magnitudine sua praecidit scientia magnitudinem caritatis, non aedificat, sed inflat .... quoniam mandatis tuis credidi: non immerito quaeri potest, cur non dixerit, obedivi, sed credidi .... promissis ergo credimus, mandatis obtemperamus. quid est ergo, mandatis tuis credidi, nisi credidi, quod tu illa mandaveris, non aliquis homo, quamvis per homines hominibus ministrata sint? ... si enim homo mihi haec iuberet forinsecus, numquid ut etiam facerem, quod iubebat, adiuvaret intrinsecus? A.

3. quod ad illam humiliationem melius refertur, quae facta est in Adam, in quo omnis creatura humana tamquam in radice vitiata, quoniam veritati subiecta esse non voluit, subiecta est vanitati. A.

4. quod vasis misericordiae profuit experiri, ut deiecta superbia diligatur obedientia, et pereat non reditura miseria. A.

5. vere vult facere iustificationes dei, quando eas in eius suavitate vult discere ab ipso, cui dixit: suavis es tu, domine. A.

6. iniquitas superborum, eorum scilicet, quibus non profuit, quod posteaquam deliquit, humiliata est humana natura. A.

7. quantalibet, inquit, abundet iniquitas, non in me refrigescet caritas. A.

8. obduruisse autem cor eorum vult intellegi hoc verbo et hoc loco. A.

9. sed vide, quid a se opponat duritiae cordis illorum: ego vero, inquit, legem tuam meditatus sum . . . . meditatione quippe legis huius voluntaria servatur humilitas, ut poenalis humilitas evadatur, de qua mox dicit. A.

10. ipso quippe fructu ostendit, quod bonum illi fuerit humiliari. A.

11. ut amplius diligat caritas legem dei, quam diligit cupiditas millia auri et argenti. A.

K.

1. Sed adhibent testimonium de hoc psalmo et dicunt: ecce ubi apertissime clamat homo: manus tuae fecerunt me, et finxerunt me. quasi non aperte etiam dictum sit: videbo caelos opera digitorum tuorum. nec minus aperte: et opera manuum tuarum sunt caeli, multoque apertius: et aridam terram manus eius finxerunt. manus ergo dei sunt potestas dei . . . . unusquisque non sine opere dei etiam de parentibus fit, ipso creante, illis generantibus . . . . nonne ipsi naturae humanae intellectus est inditus, ut eo discernatur a pecore? an sic est deformata peccando, ut etiam hoc in ea reformandum sit? propter quod et apostolus omnibus ad regenerationem pertinentibus dicit: renovamini spiritu mentis vestrae . . . . dominus Jesus in hoc psalmo per prophetam, tamquam sibi, petivit intellectum dari a deo corpori suo, quod est ecclesia, ad dei mandata discenda. cum ipso enim vita corporis eius, hoc est, populi eius, abscondita est in deo, et ipse in eodem corpore suo indigentiam patitur, et poscit, quod membris suis est necessarium. manus tuae, inquit, fecerunt me, et plasmaverunt me: da mihi intellectum, ut discam mandata tua. quia tu, inquit, formasti, tu reforma.

2. in verba tua speravi, id est, in ea, quae promisisti . . . . qui sunt autem, qui timent deum, et quem videbunt et laetabuntur, quoniam in verba dei speravit? . . . an populus ipse se videt et iocundatur et sic dictum est? . . . in praesenti tempore timor est, quamdiu tentatio est vita humana

super terram, iocunditas autem, quam voluit hic intellegi, tunc erit, quando iusti fulgebunt in regno patris sui sicut sol? . . . etiam illud intellegamus, quod potens est deus facere supra quam petimus et intellegimus, ut quia supra quam petimus et intellegimus sunt, parum sit ea sperare, sed debeamus supersperare. A.

3. 4. et hic quidem primo veritatem posuit, qua humiliati sumus in mortem, iudicante illo, cuius iudicia iustitia est: deinde misericordiam, qua instauramur ad vitam . . . secundum eloquium tuum servo tuo: id est, secundum quod promisisti servo tuo. sive ergo regeneratio, qua hic in dei filios adoptamur, sive fides et spes et caritas, quae tria aedificantur in nobis; quamvis de misericordia dei veniant, tamen in hac aerumnosa et procellosa vita solatia sunt miserorum, non gaudia beatorum. A.

6. tunc enim vere vivam, quando nihil potero timere, ne moriar. A.

7. haec meditatio nisi esset in fide, quae per dilectionem operatur, numquam propter eam posset ad illam vitam quispiam pervenire. A.

9. in nonnullis codicibus invenimus et graecis et latinis: convertantur mihi. quod tantundem valere existimo, quantum si dicatur: ad me. sed quis est iste, qui hoc dicit? non enim quisquam hominum hoc dicere audebit, aut si dicat, audiendus est. nimirum ergo ille est, qui etiam superius interposuit proprietatem vocis suae, dicens: particeps ego sum omnium timentium te. quia factus est perticeps mortalitatis nostrae, ut et nos participes divinitatis ipsius fieremus: nos unius participes ad vitam, ad mortem vero particeps ille multorum. ipse est enim, ad quem convertuntur timentes deum, et qui cognoscunt dei testimonia, de illo per prophetas tanto ante praedicta, in eius praesentia per miracula paulo ante monstrata. A.

10. redit ad vocem corporis sui . . . . tale aliquid et in primis huius psalmi versibus invenitur, ubi dixit: utinam dirigantur viae meae ad custodiendas iustificationes tuas: tunc non confundar, cum inspicio in omnia mandata tua. A.

L.

2. Nec tunc ergo quievit hoc desiderium sanctorum, nec nunc quiescit in Christi corpore, quod est ecclesia, usque ad terminum saeculi, donec veniat desideratus cunctis gentibus, sicut promittitur per prophetam . . . . quidam nostri interpretes supersperavi transferre maluerunt: quia procul dubio plus futurum est, quam dici potest. A.

3. ecce rursus in oculis, sed utique interioribus, laudabilis et felix ille defectus . . . quomodo autem tales oculi dicunt: quando consolaberis me. nisi cum tali intentione et expectatione oratur et gemitur? lingua enim loqui, non oculi solent sed oculorum quodam modo vox est desiderium orationis. A.

4 ardentibus autem spiritalibus desideriis, carnalia desideria sine dubitatione frigescunt . . . . fervor enim cupiditatis obtorpuit, ut ferveret memoria caritatis. A.

5. in apocalypsi est ista vox martyrum, et eis imperatur patientia, donec fratrum eorum numerus impleatur. de diebus ergo suis interrogat corpus Christi, qui futuri sunt in hoc saeculo. et ne quisquam putaret, ante hic ecclesiam non futuram, quam finis saeculi venerit, et aliquid temporis futurum in hoc saeculo, quo ecclesia iam non sit in terris, propterea cum quaesisset de diebus suis, adiunxit etiam de iudicio, profecto demonstrans usque ad iudicium, in quo de persecutoribus eius est futura vindicta, ipsam quoque in terris futuram . . . . cur non credamus, isto loco psalmi huius esse prophetatum hoc ipsum, illos fuisse quaesituros, et ecclesiae vocem, quae hic tanto ante praedicta est, illorum interrogatione completam. A.

6. sic transferre voluerunt interpretes nostri, quas graeci ἀδολεσχίας vocant, quod usque adeo uno verbo nequaquam dici latine potest. ut aliqui delectationes, aliqui fabulationes eas dicerent: ut non immerito accipiatur esse quidem illas exercitationes, sed in sermone cum quadam delectatione. has vero habent in diversis sectis ac professionibus, et literae saeculares, et Judaeorum, quae deuterosis nuncupatur, continens praeter divinarum canonem scripturarum millia fabularum: habet eas et haereticorum vana atque errabunda loquacitas. hos omnes iniquos intellegi voluit, a quibus sibi narratas dicit ἀδολεσχίας, id est, exercitationes delectabiles verbis: sed non, inquit, sicut lex tua, domine, quia me in ea veritas, non verba delectant. A.

7. ut enim persequantur me, narraverunt mihi sermonum suorum delectationes. sed eis praeposui legem tuam, quae ideo plus me delectavit, quia omnia mandata tua veritas, non sicut illorum abundat sermonibus vanitas. ac per hoc iniuste persecuti sunt me, quia non in me persecuti sunt nisi veritatem. ergo adiuva me, ut certem pro veritate usque ad mortem. A.

8. paulominus consummaverunt me in terra, multa scilicet strage martyrum facta. A.

9. scilicet, ut usque ad finem eius constantia perveniret,

sicut legitur: qui perseveraverit usque in finem, hic salvus erit. C.

10. testimonia oris tui, quae Graecus habet martyria .... vivificati sunt enim, ne amando vitam negarent vitam, et negando vitam, amitterent vitam. A.

M.

1. Homo, qui loquitur in isto psalmo, tamquam taederet eum mutabilitatis hominum, unde vita ista tentationibus plena est, inter tribulationes suas .... dixit: in aeternum, domine verbum tuum permanet in caelo, hoc est, in angelis tuis custodientibus aeternam sine desertione militiam. A.

2. post caelum ergo terram contuitu fidelis mentis adspiciens, invenit in ea generationes, quae in caelo non sunt, et ait in generationem et generationem veritas tua: sive omnes generationes ista repetitione significans, a quibus nunquam defuit veritas dei in sanctis eius, modo paucioribus, modo pluribus, ut temporum varietas habuit vel habebit; sive duas quasdam generationes intellegi volens, unam scilicet ad legem et prophetas, alteram vero ad evangelium pertinentem. A.

4. et iste est dies, quem fecit dominus, exsultemus et iocundemur in ea: et sicut in die honeste ambulemus. A.

5. omnia, quae pertinent ad hunc diem, serviunt tibi. impii quippe, de quibus dicitur: nocti similavi matrem vestram, non serviunt tibi. A.

6. ista lex fidei est, non inanis fidei. sed quae per dilectionem operatur. per hanc impetratur gratia. quae fortes facit in tribulatione temporali, ne pereant in humilitate mortali. A.

7. ecce unde factum est, ut non periret in humilitate sua. nam deo non vivificante quid est homo, qui se occidere potuit. vivificare autem non potest? A.

8. quid est ergo, quod iste ita se quodam modo familiarius deo commendandum putavit, ut diceret: tuus sum ego salvum me fac, nisi intellegi volens, quod malo suo suus esse voluerit. quod est inobedientiae primum et maximum malum? et tamquam dicens: meus esse volui, et perditum me feci: tuus sum, inquit, salvum me fac, quia iustificationes tuas exquisivi; non voluntates meas, quibus fui meus, sed iustificationes tuas, ut essem iam tuus. A.

9. et quid est, me expectaverunt, nisi ut eis ad malum consentiret? tunc enim perderent. unde autem non perierit, dixit: testimonia tua intellexi .... me sibi non consentientem etiamsi occiderent, tua martyria confitens non perirem. sed illi, qui ut perderent, expectabant, quando consentirem, tor

quebant etiam cum confiterer: nec tamen quod intellexerat, relinquebat, intuens et videns utique sine fine finem. si perseveraret usque in finem. A.

10. consummatio est enim virtutum omnium completiva perfectio: cui consummationi Christus est finis. C — latum est ergo mandatum caritatis, mandatum illud geminum, quo iubetur deus et proximus diligi. quid autem latius, quam ut ubi pendeat tota lex et omnes prophetae. A.

N.

1. Dicendo quomodo, promittit se dicturum, quemadmodum legem domini praecipua dilectione dilexerit. C.

2. tali expugnatur dilectione cupiditatis, quae saepe faciendis legis iussionibus contradicit, concupiscente adversus spiritum carne. adversus quam spiritus concupiscens ita debet diligere legem dei, ut totam diem meditatio eius sit. A.

3. per quam legem. factorum? non, sed per legem fidei. haec est fides, quae per dilectionem operatur . . . . hoc enim spiritu dei quicunque aguntur, hi filii sunt dei. qui recipiuntur, ut recumbant cum Abraham, Isaac et Jacob in regno caelorum: expulso servo, qui non manet in domo in aeternum, id est, Israel secundum carnem, cui dictum est: cum videritis Abraham Isaac et Jacob et omnes prophetas in regno dei, vos autem expelli foras . . . . Israel autem persequens legem iustitiae, in legem iustitiae non pervenit. quare? quia non ex fide, sed quasi ex operibus, offenderunt in lapidem offensionis. ita facti sunt inimici huius, qui hic in prophetia loquitur . . . . illi namque zelum quidem dei habent, sed non secundum scientiam. ignorantes enim dei iustitiam et suam quaerentes constituere, iustitiae dei non sunt subiecti. iste vero, qui super istos inimicos suos sapit mandatum dei, inveniri vult cum apostolo non habens iustitiam suam, quae ex lege est, sed iustitiam per fidem Christi, quae est ex deo . . . . finis enim legis Christus ad iustitiam omni credenti, ut iustificentur gratis per gratiam ipsius; non sicut illi, qui viribus suis se legem facere existimant, et ideo ex lege quidem dei, sed suam iustitiam constituere quaerunt. sed quomodo filius promissionis, qui esuriens et sitiens eam. petendo, quaerendo. pulsando quodam modo a patre mendicat, ut adoptatus per unigenitum accipiat . . . . in tabulis vero cordis dilectio dei et proximi manebit in aeternum: in quo mandato geminato tota lex pendet et prophetae: eritque praemium custoditi mandati huius ipse mandator. A.

4 quis est iste, qui super omnes docentes se intellexit?

.... Christum praenuntiat iste propheta, nunc a capite, quod est ipse salvator, nunc ab eius corpore, quod est ecclesia, verba prophetica digerens et tamquam unum loquentem faciens propter magnum illud sacramentum, ubi dictum est: erunt duo in carne una. agnosco eum plane, qui super omnes docentes se intellexit, quando cum esset annorum duodecim, remansit puer Jesus in Jerusalem et a parentibus suis post triduum inventus est illic in templo, sedens inter doctores, audiens illos et interrogans, ubi stupebant omnes, qui eum audiebant, super prudentia et responsis eius .... ideo super omnes docentes se intellegebat, quia testimonia dei meditabatur: quae melius quam illi de seipso noverat, qui dicebat: vos misistis ad Johannem, et testimonium perhibuit veritati: ego autem non ab homine testimonium accipio, sed haec dico, ut vos salvi sitis. ille erat lucerna ardens et lucens, vos autem voluistis exsultare ad horam in luce eius. ego autem habeo testimonium maius Johanne. A.

5. illi autem doctores non absurde intelleguntur etiam ipsi esse seniores, de quibus continuo dicit: super seniores intellexi .... deinde paulo post, ut non solum ipse, qui est caput corporis, verum etiam corpus ipsum et membra eius super seniores illos intellegerent, quorum traditio de lavandis manibus ferebatur. convocatis ad se turbis dixit eis: audite et intellegite, tamquam diceret: super seniores illos et vos intellegite, ut etiam de vobis illa prophetia clareat esse praemissa: super seniores intellexi, nec solum capiti, verum etiam corpori, ac sic universo Christo aptata conveniat. non quod intrat in os, coinquinat hominem, sed quod procedit ex ore, hoc coinquinat hominem. hoc seniores illi non intellegebant, qui de lavandis manibus sua velut magna mandata tradiderant .... mandata tua, non mandata seniorum, qui volentes esse legis doctores, non intellegunt neque quae loquuntur, neque de quibus affirmant. A.

6. iam vero, quod adiungitur, non capiti videtur convenire, sed corpori .... quod nos facimus, quando ea, quae ille non habuit, ne vias malignas teneant, desideria nostra prava cohibemus. sic enim verba dei possumus custodire, si post nostras malas concupiscentias non eamus, ut ad mala concupita perveniant, sed eas potius adversus carnem spiritu concupiscente frenemus, ne nos raptos atque subversos per malignas vias pertrahant. A.

7. quid est enim: a iudiciis tuis non declinavi nisi quod alio loco dicit: a iudiciis autem tuis timui? ... tu interior intimis meis, tu intus in corde legem posuisti mihi spiritu tuo, tamquam digito tuo, ut eam non tamquam servus sine

amore metuerem, sed casto timore ut filius diligerem, et dilectione casta timerem. A.

8. haec est illa suavitas, quam dominus dat, ut terra nostra det fructum suum, ut bonum vere bene, id est, non mali carnalis formidine, sed boni piritalis delectatione faciamus . . . . verum ori cordis, non carnis est dulcis. A.

9. faciendo mandata dei pervenisse se dicit ad earum rerum intellegentiam, quas concupiverat scire. propter quod scriptum est: concupisce sapientiam, serva mandata, et dominus praebet illam tibi: ne quisquam praeposterus, antequam habeat humilitatem oboedientiae, velit ad altitudinem sapientiae pervenire, quam capere non potest, nisi ordine venerit . . . . custodienda est oboedientia, ut percipiatur sapientia, et percepta sapientia non est deserenda oboedientia. A.

O.

1. Quod est lucerna, hoc repetitum est, lumen, quod pedibus meis, hoc semitis meis . . . . quid est hoc verbum, quod ita lumen dicitur, ut lucerna sit (ait enim: lucerna pedibus meis verbum tuum, et lumen semitis meis), nisi verbum intellegamus. quod factum est ad prophetas, vel quod praedicatum est per apostolos? non verbum Christum, sed verbum Christi. A.

2. fide autem custodiuntur iudicia iustitiae dei, cum sub deo iusto iudice nec recte factum infructuosum, nec peccatum creditur impunitum. A.

3. sed pro hac fide quia multa et gravissima mala corpus pertulit Christi: humiliatus sum, inquit . . . . maximam scilicet passus persecutionem. A.

4. hoc est, secundum promissum tuum. nam et verbum promissorum dei lucerna est pedibus, et semitis lumen. A.

5. beneplacita fac, domine, hoc est, placeant tibi . . . . bene autem intelleguntur oris voluntaria, sacrificia laudis, confessione caritatis, non timore necessitatis oblata. A.

6. nonne ipse in versibus superioribus dixerat: a iudiciis tuis non declinavi? quomodo istud, si non ea noverat? . . . exposuimus, ut intellegeremus verba proficientis, et addi sibi ad id, quod acceperat, postulantis. A.

7. anima mea in manibus meis, tamquam eam vivificandam offerret deo? unde alibi dicitur: ad te levavi animam meam. A.

8. unde hoc, nisi quia eius anima in manibus dei, vel in suis vivificanda offertur deo? A.

10. etsi afflictio corporis, exsultatio tamen cordis. A.

11. qui dicit: inclinavi cor meum, ipse iam dixerat: inclina cor meum in testimonia tua, ut intellegamus simul hoc

esse et divini muneris et propriae voluntatis. sed numquid in aeternum facturi sumus iustificationes dei? opera illa quidem, quae operamur circa proximorum necessitates, aeterna esse non possunt, sicut nec ipsae necessitates: sed si non diligendo ista faciamus, nulla est iustificatio: si autem diligendo, aeterna est ipsa dilectio, eique aeterna parata est retributio; propter quam retributionem dicit se inclinasse cor suum ad faciendas iustificationes dei, ut in aeternum diligens, in aeternum mereatur habere, quod diligit. A.

P.

1. Cum dixisset: iniquos odio habui, exposuit, quare, addendo: et legem tuam dilexi, ut demonstraret, non se in hominibus iniquis odisse naturam, qua homines sunt, sed iniquitatem, qua legi, quam diligit, inimici sunt. A.

2. adiutor ad bona facienda, susceptor ad mala evadenda. A.

3. tamquam filius promissionis loquitur. A.

4. maligni exercent ad facienda mandata, a scrutandis autem avocant, non solum cum persequuntur, aut litigare nobis cum volunt, verum etiam cum obsequuntur et honorant, et tamen suis vitiosis et negotiosis cupiditatibus adiuvandis ut occupemur et eis nostra tempora impendamus, efflagitant. A.

5. sic enim de futuro dictum est, et vivam, tamquam in hoc corpore mortuo non vivatur. A.

6. sentiens istam meditationem plerumque animae languoribus impediri: adiuva me, inquit. A.

8. ait apostolus: ubi enim lex non est, nec praevaricatio . . . . sed nimirum cum diceret apostolus: quicunque sine lege peccaverunt, sine lege peribunt, de illa lege agebat, quam deus dedit per Moysen famulum suum populo suo Israel . . . . tamquam diceret: quoniam lex sive in paradiso data, sive naturaliter insita sive in literis promulgata, praevaricatores fecit omnes peccatores terrae: propterea dilexi testimonia tua. A.

9. testimonia tua, quae sunt in lege tua, de gratia tua, ut non sit in me iustitia mea, sed tua: lex enim ad hoc prodest, ut mittat ad gratiam. A.

10. Christo, inquit, confixus sum cruci . . . . qui autem sunt Jesu Christi, carnem crucifixerunt cum passionibus et concupiscentiis. cum hic dictum sit, quod ipsi crucifixerunt carnem suam, in isto tamen psalmo deus rogatur, ut id faciat, cui dicitur: confige clavis a timore tuo carnes meas: ut intellegamus etiam id, quod recte facimus, gratiae dei

esse tribuendum . . . . a iudiciis enim tuis timui, hoc est, a timore tuo casto, qui permanet in saeculum saeculi, carnalia mea desideria comprimantur. a iudiciis enim tuis timui, cum mihi lex minaretur poenam, quae mihi non poterat dare iustitiam . . . . timor namque iste, quo non amatur iustitia, sed timetur poena, servilis est, quia carnalis est, et ideo non crucifigit carnem . . . . timore autem casto . . . . tali timore carnes crucifiguntur. quoniam carnales delectationes, quae legis litera vetantur potius quam vitantur, spiritalium bonorum delectatione vincuntur, et eadem usque ad perfectionem crescente victoria perimuntur. A.

11. hoc est, da mihi castum timorem, ad quem petendum me tamquam paedagogus timor legis ille perduxit, quo timore a iudiciis tuis timui. A.

Q.

1. Non mirum est, eum fecisse iudicium et iustitiam . . . . hoc loco ita positum est iudicium, tamquam si rectum non fuerit, non debeat iudicium nominari . . . . iustitia ergo virtus est animi magna . . . iudicium vero, quando nonnisi in bono ponit distinctior loquendi ratio, huius virtutis operatio . . . . quisquis igitur a timore dei casto crucifixas habet carnes suas, et nulla carnali corruptus illecebra facit iudicium opusque iustitiae, orare debet, ne adversantibus tradatur, id est, ne timendo perpeti mala ad facienda mala persequentibus cedat. A.

2. illi impellunt, ut cadam in malum, tu excipe in bonum. A.

3. an forte habet vim cum dicitur: non calumnientur me, quam haberet, si diceretur: non me capiant calumniando? multae autem possunt intellegi calumniae superborum, a quibus humilitas christiana despicitur: sed illa vel maxima est, si homines hoc loco accipiuntur superbi, quod a nobis mortuum calumniantur coli. A.

4. istos ergo dicit oculos in salutare domini defecisse propter sanctum incarnationis adventum, quem tanto desiderio sustinebat, ut nullam requiem potuisset admittere. C.

5 et in eloquium iustitiae tuae, id est, evangelica verba, quae dicturus erat populo credituro. C.

6. non utique secundum iustitiam meam. A.

7. illas procul dubio, quibus deus facit iustos, non ipsi se. A.

8. neque enim bene mihi cessit, quando esse volui liber meus, non servus tuus. A.

9. non enim sufficit accepisse intellectum et dei testimonia didicisse, nisi semper accipiatur, et quodam modo

semper bibatur de fonte lucis aeternae. testimonia quippe dei, quanto fit quisque intellegentior, tanto magis magisque sciuntur. A.

10. tempus est faciendi, non differendi, quod expedit .... tempus autem faciendi novit ille, qui rector est. C.

11. sed quid est, quod tamquam volens ostendere tempus domino esse faciendi, continuo subiunxit: dissipaverunt legem tuam: velut propterea tempus esset faciendi domino, quia eius legem dissipaverunt superbi, qui ignorantes dei iustitiam et suam volentes constituere, iustitiae dei non sunt subiecti .... lex enim subintravit, ut abundaret delictum, quo delicto lex dissipata est. A.

12. id agit gratia, ut dilectione impleantur mandata dei, quae timore non poterant. gratia quippe dei diffunditur caritas in cordibus nostris per spiritum sanctum, qui datus est nobis .... in testamento autem veteri latentem gratiam tamquam velo interposito, non intellegentes, quod significabatur, quando in faciem Moysi intendere non valebant, propter mercedem terrenam atque carnalem dei mandata facere conabantur neque faciebant, quia non ipsa, sed aliud diligebant. unde illa non erant opera volentium, sed onera potius invitorum. cum vero ipsa mandata diliguntur super aurum et lapidem pretiosum multum, omnis prae ipsis mandatis terrena vilis est merces, nec ulla ex parte comparantur quaecunque alia hominis bona his bonis, quibus ipse homo fit bonus. A. — topazion vero, sicut quidam scribere voluerunt, genus est lapidis, quantum inventione rarum, tantum mercium quantitate pretiosum; qui duos fertur habere colores, unum auri purissimi, alterum aetherea claritate relucentem. C.

13. ad omnia mandata tua corrigebar. utique corrigebar, quia diligebam. A.

14. unde enim fieri poterat, ut iniquam viam non odisset diligens rectam? nam sicut aurum et lapidem pretiosum si diligeret, odisset profecto quidquid ei talium rerum damnum posset inferre. ita quoniam dei mandata diligebat, oderat iniquitatis viam quemadmodum aliquod immanissimum marini itineris saxum, ubi tam pretiosarum rerum necesse est pati naufragium. A.

R.

1. an forte dei praecepta testimonia quidem bonitatis eius esse fatebimur, sed mirabilia esse negabimus? quid enim mirum, si bona imperat bonus dominus? immo vero id ipsum est omnino mirandum, et, cur ita sit, perscrutandum, quod cum deus bonus bona praeceperit, eis tamen dederit bonam

legem, quos eadem lex vivificare non posset, nec ulla esset ex bona lege iustitia. si enim data esset lex, quae posset vivificare, omnino ex lege esset iustitia. cur ergo data est, quae vivificare non posset, et ex qua esset nulla iustitia? nempe mirandum est, nempe stupendum. haec sunt ergo mirabilia testimonia dei: propter hoc huius anima scrutata est ea, quoniam de his non ei dici posset: fortiora te ne scrutatus fueris, sed quae praecepit tibi dominus, illa cogita semper. ipsa sunt enim, quae praecepit, nobis dominus, et ideo cogitanda sunt semper. potius itaque videamus huius anima quae scrutata est, quid invenerit. A.

2. quid est parvulus, nisi humilis et infirmus? noli ergo superbire, noli de tua, quae nulla est, virtute praesumere, et intelleges, quare sit a bono deo bona lex data, quae tamen vivificare non possit. ad hoc enim data est, ut te de magno parvulum faceret, ut te ad faciendam legem vires de tuo non habere monstraret, ac sic opis indigus et egenus ad gratiam confugeres et clamares: miserere mei domine, quoniam infirmus sum. hoc ergo scrutando intellexit hic parvulus, quod minimus apostolorum Paulus, id est, parvulus ostendit, ideo datam legem, quae vivificare non posset . . . . non iustificabitur ex lege omnis caro coram te, per legem enim cognitio peccati. A.

3. sed non erat, unde faceret infirmus fortia, parvulus magna: aperuit os, confitens per se ipse non faceret, et attraxit unde faceret. aperuit os petendo, quaerendo, pulsando, et sitiens hausit spiritum bonum, unde faceret, quod per seipsum non poterat, mandatum sanctum et iustum et bonum. si enim nos cum simus mali, novimus bona data dare filiis nostris, quanto magis pater noster de caelo dat spiritum bonum petentibus eum? non enim qui spiritu suo agunt, sed quotquot spiritu dei aguntur, hi filii sunt dei: non quia ipsi nihil agunt, sed ne nihil boni agant, a bono aguntur, ut agant. A.

4. bibit, sed quanto suavius sensit, tanto ardentius adhuc sitit. audi verba sitientis: respice, inquit, in me, et miserere mei secundum iudicium diligentium nomen tuum. id est, secundum iudicium, quod in eos fecisti, qui diligunt nomen tuum, quoniam ut diligerent te, prius dilexisti eos. sic enim Joannes apostolus ait: nos diligimus, inquit, deum. et velut causa quaereretur, quae nos diligere fecit, adiunxit: quoniam ipse prior dilexit nos. A.

5. quid ergo aliud petit, quam ut donante deo diligat deum . . . . quid igitur orat, nisi ut praecepta, quae deus imponit iubendo, impleri faciat adiuvando? A.

6. a calumniis, id est, a criminibus falsis . . . . ne me

calumniae hominum terroribus vincant, et a tuis mandatis ad sua mala facta traducant. si enim hoc mecum egeris, id est, hoc modo me ab eorum calumniis, ne criminationes falsas, quas obiiciunt, pertimescam, patientia donata redemeris, inter ipsas calumnias custodiam mandata tua. A.

7. id est, tuam manifesta subveniendo et opitulando praesentiam. A.

8. doce utique, ut faciam. quod evidentius alibi legitur: doce me, ut faciam voluntatem tuam. qui enim audiunt, licet memoria teneant, quod audiunt, nequaquam didicisse putandi sunt, si non faciunt. veritatis namque verbum est: omnis, qui audivit a patre et didicit, venit ad me. qui ergo non facit, id est, non venit, non didicit. A.

9. et bene ait: descenderunt, humilitate scilicet poenitendi . . . . sunt codices, qui non habent descenderunt, sed transierunt. A. — exitus aquarum significat lacrymas copiosas, quas tantas dicit fuisse, ut ipsa quoque fontium fluentia transcenderent . . . . quae figura dicitur hyperbole. quoties relationis qualitas maiore pondere exaggerata profertur. C.

S.

1. Proinde velut rationem reddens, cur multum flere debuerit et suum graviter dolere peccatum: iustus es, inquit, domine, et rectum iudicium tuum . . . . haec utique iustitia dei rectumque iudicium et veritas. omni est metuenda peccanti. hac enim damnantur divinitus, quicunque damnantur, nec est omnino, qui de sua damnatione contra deum iustum recte conqueri possit. inde fletus rectus est poenitentis. A.

2. sane iustitiam dicit testimonia dei: iustum quippe se probat mandando iustitiam. A.

4. quod ex alio psalmo, quantum mihi videtur, putatum est emendandum, ubi scriptum est: zelus domus tuae comedit me . . . . utique ut deum amarent volebat, quos amando zelabat. non ingratus enim gratiae dei, per quam fuerat ex inimico reconciliatus deo, etiam ipse suos diligebat inimicos, et eos zelabat deo, dolens et tabescens, quod essent verborum eius obliti. A. — tabes est morbi alicuius contracta necessitas, quae nos facit paulatim defluere. C.

5. ad hoc enim flagrabat eos adducere, quod ipse flagrantissime diligebat. A. — isto quippe igne cor Cleophe ardebat, quando dicebat: nonne cor nostrum ardens in nobis erat, cum aperiret nobis scripturas? C.

6. nam hunc bene accipimus ex persona Joseph, qui a maioribus fratribus contemtus, tamquam vile mancipium mangonibus venumdatus dignoscitur: qui tamen iustificationes

domini in se factas non est oblitus . . . . hoc etiam David ex persona sua potest dicere, qui ad regni culmina inter fratres suos pro imbecilla aetate non sperabatur posse sufficere . . . . ad postremum quod firmamentum esse totius constat ecclesiae, potest hoc dicere populus adoptionis, populus gratiae, populus novus, qui aetate sequitur, sed fidei dignitate praecedit. C.

7. nec immerito obliti sunt verborum dei, qui suam iustitiam constituere voluerunt ignorantes iustitiam dei. A.

8. quomodo enim non veritas lex, per quam cognitio peccati, et quae testimonium perhibet iustitiae dei? sic enim dicit apostolus: iustitia dei manifesta est, testificata per legem et prophetas. A.

9. saeviant, persequantur, dum tamen mandata dei non relinquantur, et ex ipsis mandatis etiam qui saeviunt diligantur. A.

10, 11. intellectum poscit iste iunior: quem si non haberet, non super seniores intellegeret: sed eum poscit in tribulatione et necessitate, quo intellegat, quam sit contemnendum, quod ei possunt anferre persequentes inimici . . . . si eo usque tribulatio necessitasque pervenerit, ut per inimicorum persequentium manus vita ista finiatur, vivet in aeternum. qui temporalibus praeponit iustitiam, quae manet in aeternum. quae iustitia in tribulatione et necessitate martyria sunt dei, hoc est testimonia, pro quibus sunt martyres coronati. A.

T.

1. Tunc porro in toto corde clamatur, quando aliunde non cogitatur. tales orationes rarae sunt multis, crebrae autem paucis; omnes vero utrum cuiquam, nescio. talem suam commemorat orationem, qui cantant hunc psalmum . . . . ad hoc ergo clamavit in toto corde suo, et hoc sibi desideravit a domino exaudiente praestari, ut iustificationes eius exquirat . . . . iustificationes tuas exquiram, utique faciendas, non tantummodo sciendas. A.

2. salus quippe animae facit, ut fiat, quod faciendum esse cognoscitur. A.

3. plures codices non habent, intempesta nocte, sed immaturitate. vix autem unus inventus est, qui haberet geminatam praepositionem. id est, in immaturitate. immaturitas itaque hoc loco nocturnum tempus est, quod non est maturum, id est, opportunum, ut agatur aliquid vigilando, quod etiam vulgo dici solet hora inopportuna. nox quoque intempesta, id est media, quando quiescendum est, hinc procul

dubio nuncupata est, quia inopportuna est actionibus vigilantium .... quod ergo graece dictum est ἐν ἀωρίᾳ, non uno verbo, sed duobus, id est, praepositione et nomine, hoc interpretes nostri quidam dixerunt, intempesta nocte, plures, immaturitate, non duobus verbis, sed uno .... nonnulli vero in duobus verbis, sicut Graecus posuit, in immaturitate. ἀωρία quippe immaturitas est ἐν ἀωρίᾳ in immaturitate .... nihil sane interest ad sententiam .... si hoc ad unumquemque fidelium referamus et ad proprietatem rei gestae, saepe contingit, ut tali noctis tempore vigilet amor dei .... si velimus intellegere immaturum tempus noctis huius, antequam venisset plenitudo temporis, id est, ipsa maturitas, quando Christus manifestaretur in carne, nec tunc ecclesia tacuit, sed praeveniens istam maturitatam prophetando clamavit et in verbis dei speravit potentis facere, quod promisit .... ipsa et quod sequitur, dicit. A.

5. ponamus enim matutinum, quando qui sedebant in umbra mortis, lux orta est eis: nonne in sanctis, qui priores erant in terra, ad hoc matutinum oculi ecclesiae praevenerunt, quia hoc futurum ante praeviderunt, ut meditarentur eloquia dei, quae tunc erant, et in lege ac prophetis haec futura nuntiabant? A.

7. tunc appropinquant, qui persequuntur, quando usque ad carnem cruciandum perimendamque perveniunt .... sed proximam dixit tribulationem, quae fiebat in carne. nihil est quippe animae propius carne, quam gestat .... quanto magis propinquaverunt persequendis iustis, tanto magis longe facti sunt a iustitia. A.

8. interior est propinquatio domini eorum, a quo nullatenus deseruntur. A.

9. etiam in tribulationibus suis, quod eas non immerito patiuntur, tribuere deo veritatem, sanctorum est usitata confessio. A.

10. quod Graecus ait κατ᾽ ἀρχάς aliqui nostri ab initio, aliqui initio, aliqui in initiis interpretati sunt. latinae autem linguae illud potius usitatum est, ut ab initio vel initio dicatur, quod κατ᾽ ἀρχάς graece quasi pluraliter, sed adverbialiter dicitur .... fundamentum enim aliud nemo potest ponere praeter id quod positum est, quod est Christus Jesus. unde hoc ergo iste initio cognovit, nisi quia ecclesia loquitur, quae terris non defuit ab initio generis humani, cuius primitiae Abel sanctus est. A. — cognovit quoque ab initio, quando Melchisedech sacerdotis oblata munera in dominici corporis praefiguratione suscepta sunt. cognovit etiam ab initio, quando Abraham filium suum in mysterium domini salvatoris

obtulit immolandum. C. — ab initio cognovi de testimoniis tuis. ab Adam in omnibus patriarchis ac prophetis. Br.

U.

1. Hoc loco nullam dei legem convenientius intellegimus, nisi qua immobiliter fixum est, ut omnis, qui se exaltat, humilietur, et omnis, qui se humiliat, exaltetur. A. — hic illam sententiam dicit: omnis, qui se exaltat, humiliabitur, et qui se humiliat, exaltabitur. C.

2. quod enim ait: vide humilitatem meam, hoc est: iudica iudicium meum, et quod ait: eripe me, hoc est: redime me. A.

3. propter eloquium tuum vivifica me. illo scilicet, ubi promittit: qui credit in me, non morietur, sed habebit vitam aeternam. C.

6. factum est, novimus, recolimus, agnoscimus. purpurata est universa terra sanguine martyrum, floret caelum coronis martyrum, ornatae sunt ecclesiae memoriis martyrum, insignita sunt tempora natalibus martyrum, crebrescunt sanitates meritis martyrum. A.

7. alii codices habent: vidi non servantes pactum, et hoc plures habent. sed qui sunt, qui pactum non servaverunt, nisi qui declinaverunt a testimoniis dei, tribulationes multorum persequentium non ferentes. hoc est autem pactum, ut qui vicerit, coronetur. hoc pactum non servaverunt, qui persecutionem non tolerantes a testimoniis dei negando declinaverunt. A. — praevaricator nequaquam domini eloquia custodivit . . . . quod necesse fuit sanctis viris usque ad tabem dolere corpoream. C.

8. si tradidero corpus meum, ut ardeam, caritatem autem non habeam, nihil mihi prodest. hanc iste commendans ait: vide quoniam mandata tua dilexi. A.

9. isti mortificant, tu vivifica. A.

10. a veritate, inquit, tua verba procedunt, et ideo veracia sunt, et neminem fallunt, quibus praenuntiatur vita iusto, poena impio. haec sunt quippe in aeternum iudicia iustitiae dei. A.

V.

1. Quas persecutiones a regibus terrae corpus Christi, hoc est sancta ecclesia, pertulerit, novimus . . . . quid enim christiani laeserant regna terrena, quamvis eis regnum caelorum promiserit rex eorum? quid, inquam, laeserant regna terrena? numquid eorum rex milites suos prohibuit impen-

dere et exhibere quae debentur regibus terrae? nonne de hoc sibi calumniam molientibus Judaeis ait: reddite Caesari, quae Caesaris sunt, et deo quae dei sunt? nonne tributum de ore piscis etiam ipse persolvit? nonne praecursor eius militibus regni huius quid facere deberent pro aeterna salute quaerentibus non ait: cingulum solvite, arma proiicite, regem vestrum deserite, ut possitis domino militare: sed ait: neminem concusseritis, nulli calumniam feceritis, sufficiat vobis stipendium vestrum? nonne unus militum eius et dilectissimus comes eius commilitonibus suis, et quodam modo Christi provincialibus dixit: omnis anima potestatibus sublimioribus subdita sit? et paulo post ait: reddite omnibus debita, cui tributum, tributum, cui vectigal, vectigal, cui timorem, timorem, cui honorem, honorem. nemini quidquid debeatis, nisi ut invicem diligatis. nonne praecepit, ut pro ipsis etiam regibus oraret ecclesia? quid ergo eos christiani offenderunt? quod debitum non reddiderunt? in quo christiani non sunt terrenis regibus obsecuti? ergo terreni reges christianos gratis persecuti sunt. A.

2. habuerunt quidem et illi verba minacia: expello, proscribo, occido, ungulis torqueo, ignibus torreo, bestiis subrigo, membra dilanio, sed tua me potius verba terruerunt: nolite timere eos, qui corpus occidunt, et postea non habent, quid faciant, sed eum timete, qui habet potestatem et corpus et animam perdere in gehennam. A. — illa enim verba formidabat, quae dominus in evangelio dixit: nolite timere eos, qui corpus occidunt, animam autem non possunt occidere, sed potius eum timete, qui habet potestatem et corpus et animam perdere in gehennam. C.

3. per ea verba vicit. a quibus formidavit . . . . sed spolia multa inventa sunt, quando patientiam mirati martyrum, etiam qui persecuti sunt, crediderunt, et qui regem nostrum detrimento militum eius sunt damnificare moliti, ab illo sunt insuper adquisiti. A.

4. nempe a verbis eius illa formido non fecit eorundem verborum odium, sed integram tenuit caritatem. neque enim lex dei non sunt verba et eloquia dei. absit ergo, ut timore pereat amor, ubi castus est timor. sic patres a filiis piis et timentur et amantur: sic pudica coniux virum et timet, ne ab illo deseratur, et amat, ut fruatur. A.

5. septies in die quod ait, significat semper . . . . per septem dies currentes et recurrentes tempora universa volvuntur. nec ob aliud dictum est: septies cadet iustus et resurget, id est, non perit iustus modis omnibus humiliatus . . . . nam pro omni genere tribulationis, qua in conspectu hominum deiicitur, positum est: septies cadit, et pro eo, quod

ex ipsis omnibus tribulationibus proficit, positum est, resurget. A.

6. scandalum est enim mens offensa, aliud sentiens quam monetur. C. — qui enim diligit dei legem, etiam quod in ea non intellegit, honorat, et quod ei sonare videtur absurde, se potius non intellegere et aliquid magnum latere ibi iudicat. A.

7. quid enim iustis profuisset antiquis, dei dilexisse mandatum, nisi eos Christus, qui est dei salutare, liberasset . . . . expectant enim Christum, qui mandata dei diligunt, ut cum Christus apparuerit vita nostra, tunc et nos appareamus cum illo in gloriam. A.

8. hoc est martyrum officium, quia testimonia graece martyria nuncupantur. sed quia pro testimoniis dei etiam flammis concremari sine caritate nihil prodest, ideo addidit: et dilexi ea valde. A.

9. propitio quippe et adiuvante conspectu voluit intellegi deum videre vias suas . . . . ad hoc sunt ergo in conspectu domini viae iustorum, ut dirigat gressus eorum . . . . ipse enim rectos faciet gressus tuos, et itinera tua in pace producet. A.

X.

1. Id est, oratio mea quae fit in conspectu tuo, appropinquet tibi. prope est enim dominus his, qui obtriverunt cor . . . . secundum eloquium tuum, tamquam diceret: secundum promissum tuum. promisit enim hoc dominus, ubi ait: intellectum dabo tibi (vgl. Ps. 31,14). A.

2. repetit quodam modo, quod petivit . . . . accipiendo quippe intellectum eripitur, qui per seipsum non intellegendo decipitur. A.

3. novimus, quemadmodum doceat eos deus, qui sunt docibiles deo. omnis enim, qui audivit a patre, et didicit, venit ad eum, qui iustificat impium. ut non solum memoria retinendo, verum etiam faciendo custodiat iustificationes dei. A.

4. cum haec se pronuntiaturum dicit, utique minister fit verbi . . . . scit autem, quae pericula secutura sint a contradicentibus et persequentibus, cum fuerit pronuntiator eloquiorum dei. A.

5. sic autem deus salvos martyres fecit, cum eos in anima non permisit occidi. A.

6. mandata tua elegi, timoremque amore compressi. A.

7. salutare dei nobis Christus occurrat . . . . quia lex perhibet testimonium Christo. A.

8 iudicia vero illa dicit, quae se in famulis suis dominus promisit esse facturum, id est: venite benedicti patris

mei, percipite regnum, quod vobis paratum est ab origine mundi. C.

10. sed adhuc quaeritur, adhuc quaeratur, ex parte inventa adhuc quaeratur. ex ea namque parte, qua dicit iste: mandata tua non sum oblitus, inventa est: sed per eos, qui mandata dei eligunt, colligunt, diligunt, adhuc quaeritur. A.

De psalmis graduum.

In istis psalmis quindecim gradus ponuntur, sicut in illo templo Jerosolimitano, quod a Salomone notum est fuisse perfectum. C. (Nach Hieronymus? vgl. Vorrede S. 25f.)

PSALM CXIX.

Titel. Canticum graduum, graece scriptum est ἀναβαθμῶν. A.

2. inchoat primus virtutum gradus: in quo propheta terrena vitia derelinquens confessione lacrymabili petit se de mundi istius tribulatione liberari. C. — illi quid dicunt in lingua subdola et labiis iniquis? non poteris forte implere multum est, quod aggrederis. A.

3. id est, quod habeas adversus linguam dolosam, quod opponas linguae dolosae, quo te munias adversus linguam dolosam. A.

4. desolatoriis, vel vastatoribus .... idem significat .... sagittae potentis acutae verba dei sunt .... exempla ergo multorum iniquorum, qui conversi sunt ad dominum, carbones dicti sunt audis homines mirari et dicere: ego illum novi, quam ebriosus fuit, quam sceleratus .... modo quomodo deo servit, quam innocens factus est? noli mirari, carbo est. vivum gaudes, quem extinctum plangebas. sed quando laudas vivum, si nosti laudare, adhibe illum mortuo, ut accendatur, id est, quicunque adhuc piger est sequi deum, admove illi carbonem, qui erat extinctus, et habeto sagittam verbi dei et carbonem vastatorem, ut occurras labiis iniquis et linguae subdolae. A.

5. iam repellit linguam subdolam et labia iniqua, iam adscendit gradum, incipit proficere: sed adhuc vivit inter malos, inter iniquos .... iste iam volens redire, cognoscit infelicitatem peregrinationis suae: quia agnovit illam, redit et adscendere incipit, quia canticum graduum coepit cantare. A.

6. Cedar, quantum meminimus ex interpretatione nominum hebraeorum, tenebras significat. interpretatum Cedar latine tenebrae dicuntur. nostis autem duos filios habuisse

Abraham . . . . unus de ancilla erat et alter de libera. ex ancilla Ismael erat, de libera Sara, quem suscepit ex desperatione per fidem, Isaac erat. uterque ex semine Abrahae, sed non uterque heres Abrahae. de Abraham natus unus, sed tamen non hereditat: alter etiam heres, non solum filius sed et heres. in Ismael sunt omnes, qui carnaliter colunt deum. A.

7. ipsa tabernacula Ismael Cedar dicta sunt . . . . multum peregrinata est anima mea. ubi? in tabernaculis Cedar. A.

9. numquid dicimus: amate et honorate nos? sed: honorate Christum. nos nolumus honorari, sed illum . . . . cum ergo dicimus: amate Christum, hoc dicimus: amate pacem, hoc dicimus: amate Christum. quare? quia de Christo ait apostolus: ipse est enim pax nostra. A.

PSALM CXX.

1. Quid est, iam illuminati sunt montes? iam ortus est sol iustitiae, iam ab apostolis praedicatum est evangelium . . . . iam tandem levent oculos in montes, unde veniet auxilium illis. A.

3. unde moventur pedes? unde motus est pes illi, qui erat in paradiso . . . . superbia cecidit. A.

5. Israel enim, sicut saepe diximus, interpretatur vir videns deum . . . . sed illi veracissime vident deum, qui non solum eius humanitatem, sed etiam divinitatis contemplantur absque dubitatione potentiam. incarnatio siquidem eius est, sicut dicit evangelium, verbum caro factum est. C.

6. manum potestatem dicit . . . . nihil arbitror intellegi congruentius, nisi ut intellegamus manum dexterae, potestatem, quam tibi dedit deus, ut, si velis, donante deo ad dexteram sis . . . . ut autem sis ad dexteram, id est, ut possis dei filius fieri, potestatem accepisti. quam potestatem? de qua dicit Joannes: dedit eis potestatem filios dei fieri . . . . vae homini illi, nisi et ipsius fidem dominus protegat, id est, ut non te permittat tentari supra quam potes ferre. A.

7. diem et noctem, quod est sol et luna, intellegamus adversa vel prospera. C.

8. non quasi corpus tuum: nam in corpore peremti sunt martyres, sed custodiat animam tuam dominus, quia de anima non cesserunt martyres. A.

9. quando tentamur, intramus, quando vincimus tentationem, eximus. A.

PSALM CXXI.

1. Quo vult adscendere, nisi in caelum . . . . iocundatus sum in prophetis, iocundatus sum in apostolis, omnes enim isti dixerunt nobis: in domum domini ibimus. A.

3. dicit Petrus: et vos tamquam lapides vivi coaedificamini in domum spiritalem, id est, templum sanctum dei .... fundamentum ipsius Christus est .... si autem fundamentum nostrum in caelo est, ad caelum aedificemur.... illa autem aedificatur tamquam civitas, quia et illi, qui in eam intrant, tamquam vivi lapides sunt, non enim vere lapides sunt. A.

4. quid est id ipsum? quomodo dicam, nisi idipsum? fratres, si potestis, intellegite idipsum. nam et ego quidquid aliud dixero, non dico: idipsum .... quid est, id ipsum? quod semper eodem modo est, quod non modo aliud, et modo aliud est. quid est ergo id ipsum, nisi quod est? ... ergo hoc est id ipsum, de quo dictum est: mutabis ea et mutabuntur, tu autem idem ipse es, et anni tui non deficient. A.

5. tribus alio nomine dici possunt curiae .... quam enim malae tribus, quae crucifixerunt dominum? quam bonae tribus, quae cognoverunt dominum? ... cum ergo hic diceret: illuc enim adscenderunt tribus, ne omnes tribus intellegeres, addidit, tribus domini. quid est tribus domini? quae cognoverunt dominum. A.

6. testimonium Israel, id est, in quibus cognoscatur, quia est vere Israel .... talis est, in quo dolus non est .... tribus illae adscendunt ad Jerusalem, in quibus dolus non est. A.

8. sic dicitur: caelum mihi sedes est. qui sunt isti, nisi iusti, qui sunt caeli, nisi iusti? A.

9. super domum David, id est, super familiam Christi, cui dederunt in tempore cibaria. A.

10. o vos sedes, qui iam sedetis, ut iudicetis, et facti estis sedes domini iudicantis, interrogate, inquit, quae sunt ad pacem Jerusalem..... quos invenient fecisse misericordiam, ipsos vocabunt ad Jerusalem .... quod si distribuero omnem substantiam meam, et si tradidero corpus meum, ut ardeam, caritatem autem non habeam, nihil mihi prodest. si autem sit sola caritas, quae non inveniat, quod distribuat pauperibus, diligat. solum calicem aquae frigidae det, tantum illi imputabitur, quantum Zachaeo, qui dimidium patrimonii donavit pauperibus. A.

12. fiat pax in virtute tua, o Jerusalem .... fiat pax in dilectione tua, quia virtus tua, dilectio tua. A.

13. in turribus tuis, id est, in excelsis tuis. pauci enim sedebunt in iudicio. A.

14. ego omnibus per omnia placeo, non quaerens quod mihi prodest, sed quod multis, ut salvi fiant. A.

15. non propter me quaesivi bona. A.

PSALM CXXII.

1. Quod est ergo caelum dei? omnes sanctae animae, omnes iustae animae . . . . antequam faceret deus caelum et terram, ubi habitabat? sed dicit aliquis: et antequam faceret deus sanctos, ubi habitabat? in se habitabat deus, apud se habitabat, et apud se est deus. A.

4. irridentur illi, qui felicitatem vocant, quam oculis videre non possunt . . . . despiceris, quia speras, quod non vides. A.

6. omnes, qui secundum Christum pie volunt vivere, necesse est patiantur opprobria, necesse est contemnantur ab his, qui nolunt pie vivere, quorum felicitas tota terrena est. A.

PSALM CXXIII.

1. Surrexerunt enim quidam persecutores et dixerunt hominibus: thurificate, si non feceritis, occidimus vos. illi amaverunt hanc vitam, et dulcedo vitae huius tenuit eos. non plus dilexerunt ea, quae promisit deus, quam ea, quae videbant in terra. illa enim credere iubebantur, quae nondum videbant, ista, quae amabant, videbant . . . . quid est, vivi absorpti sunt? thurificando idolis, scientes, quia nihil est idolum. nam si aliquid putarent esse idolum, mortui absorberentur. cum autem putant nihil esse idolum, et noverunt omnia illa gentilium vana esse, vivunt. et tamen cum faciunt, quod volunt, persecutores, vivi absorbentur, quia non in eis est dominus. in quibus autem inest dominus, occiduntur et non moriuntur. qui autem consentiunt et vivunt, vivi absorbentur, absorpti moriuntur. isti autem, qui passi sunt, et non cesserunt tribulationibus, exsultant. A.

2, 3. torrentes enim dicuntur fluvii, qui repentinis imbribus crescunt. magnum habent impetum, quisquis incurrerit, trahitur, sed in quo dominus non est. in quo autem dominus est, transit torrentem anima eius . . . . quamdiu saeculum hoc nascendo et moriendo currit, torrens est: hinc persecutiones, de isto torrente. A.

4. Graci ἆρα, hoc Latini possunt vel solent dicere, putas . . . . peccata enim non habent substantiam; inopiam habent, non substantiam . . . . adquisisti aurum, perdidisti fidem. post paucos dies exis de hac vita. aurum quod adquisisti perdita fide, auferre tecum non potes: cor tuum inane fidei ad poenas exit, quod plenum fide ad coronam exiret. A.

5. venantes enim erant persequentes, et posuerunt escam in muscipula . . . . ut unusquisque propter dulcedinem huius vitae mittat caput in nequitiam et muscipula comprimatur

. . . . illi, qui dicunt: nisi quia dominus erat in nobis, non capti sunt in muscipula. A.

PSALM CXXIV.

2. Aeternam Jerusalem, matrem omnium nostrum, quae est in caelis. A. — qui hic fuerint in vera religione constantes, et spem suam in domini defensione posuerint, sicut Sion Jerosolymae mons, ita firmissima soliditate consistunt. C.

3. montes amabiles, montes excelsi, praedicatores veritatis, sive angeli, sive apostoli sive prophetae. ipsi sunt in circuitu Jerusalem: ambiunt illam, et quasi murum illi faciunt . . . . per montes istos, quos aeternos esse voluisti, praedicans evangelium, tu illuminans, non montes . . . . constringit dominus plebem suam in unum vinculum caritatis et pacis. A.

4. sicut mons Sion non commoveantur in aeternum. A.

5. modo quidem iusti aliquantum laborant, et modo aliquando iniusti dominantur iustis . . . . sed numquid sic erit semper, ut iniqui imperent iustis? non sic erit . . . . non erit in aeternum. A.

6. cogitant apud se: quid mihi prodest, quia iustus sum? . . . faciam ergo et ego iniquitatem . . . ne autem hoc dicat, insinuatur illi fides, quia ad tempus potest esse virga peccatorum super sortem iustorum. A.

7. apostolus ait: scimus, quoniam diligentibus deum omnia cooperantur in bonum. A.

8. cum operantibus iniustitiam, id est, quorum facta imitati sunt. A.

PSALM CXXV.

1. Diabolus et angeli eius, ipsi antea tenebant genus humanum: ab eis redemit nos, qui non aurum neque argentum, sed sanguinem suum pro nobis dedit . . . . gemunt omnes fideles adoptionem expectantes, redemtionem corporis sui. ubi gemunt? in ista mortalitate. quam redemtionem expectant? corporis sui, quae praecessit in domino, qui resurrexit a mortuis, et adscendit in caelum. hoc nobis antequam reddatur, necesse est gemamus, etiam fideles, etiam sperantes. A.

2. habemus autem intus os, id est, in corde. A.

3. ipsi male secum fecerunt, quia sub peccato se vendiderunt. redemtor venit, et bene cum illis fecit. quasi de praeterito loquebatur, sed solet fieri, ut de praeterito loquens futura praenuntiet propheta . . . . dicent, iam de futuro est . . . . nondum erat ergo conversa captivitas, quia nondum redemtor advenerat. A.

4. ergo orat tamquam de futuris, qui futura tamquam praeterita praecinebat: converte, domine, captivitatem nostram .... auster autem calidus ventus est. quando flat auster, liquescit glacies et implentur torrentes. torrentes autem dicuntur flumina hiemalia .... gelaveramus ergo in captivitate, constringebant nos peccata nostra. flavit auster spiritus sanctus, dimissa sunt nobis peccata .... tamquam glacies in sereno solvuntur peccata nostra. curramus ad patriam, quasi torrentes in austro ... hic flet et gemit, sed veniet gaudium. A.

5. in ista vita, quae plena est lacrymis, seminemus. quid seminabimus? opera bona .... non illos deseruit deus, unde probentur, quia faciunt eleemosynas. A.

6. etsi cum fletu seminamus, tamen cum gaudio metemus. in illa enim resurrectione mortuorum recipiet quisque manipulos suos, id est fructum seminis, coronam gaudiorum et exsultationis. A.

PSALM CXXVI.

1. Dominus ergo aedificat domum, dominus Jesus Christus aedificat domum suam. laborant multi in aedificando, sed si non ille aedificet, in vanum laboraverunt aedificantes eam. qui sunt, qui laborant aedificantes? omnes, qui in ecclesia praedicant verbum dei .... sed nisi dominus aedificaverit domum, in vanum laboraverunt. A.

3. surrexit lux nostra Christus. bonum est tibi, ut surgas post Christum, non surgas ante Christum .... qui sunt, qui se volunt praeponere Christo? qui volunt hic excelsi esse, ubi humilis ille fuit. A.

4. sint ergo hic humiles, si volunt ibi esse excelsi, ubi Christus excelsus est .... surrectio exaltationem significat, sessio humilitatem. A.

5. illi ergo manducant panem doloris, qui gemunt in ista peregrinatione. ipsi sunt in convalle plorationis. A.

6. exaltari vultis, antequam humiliemini? dominus ipse vester, qui est lux vestra, humiliatus est, ut exaltaretur .... surgere vultis, sed primo sedete, et surgens ab humilitate pervenis ad regnum .... ne quis putet, se ad hoc sedere, ut honoretur .... si ergo ille non resurrexit nisi mortuus, tu exaltationem speras nisi post hanc vitam? ... in vanum est nobis ante lucem surgere, id est, altitudinem quaerere, antequam moriamur. A.

8. quae est ipsa merces? resurgere a mortuis. A.

9. de arcu excutiuntur sagittae, et quanto fortior excusserit, tanto longius vadit sagitta. quid autem fortius ex-

cutiente domino? de arcu suo mandat apostolos . . . . intellego, fratres, quantum possum, filios excussorum fortasse ipsos apostolos dictos, filios prophetarum. prophetae enim clausa sacramenta et operta continebant: excussi sunt, ut inde manifesta procederent. A. — sagittae apostoli sunt, quorum sonus exivit in omnem terram, de manu potentis missi, id est Christi. Al.

11. Christus est porta . . . . mentior, si non ipse dixit: ego sum ianua . . . . ergo si Christus porta civitatis, ille non erubescit, qui in Christo stat et sic praedicat. qui autem contra Christum praedicat, clauditur contra illum porta . . . . contra Christum praedicant, qui negant, quia missae sunt sagittae de manu potentis. Al.

PSALM CXXVII.

3. Considerandum est, cur superius plurali numero posuerit, beatos, et nunc singulariter dixerit, manducabis. usus est scripturae divinae . . . . manducare est enim aliqua esca refici et de ipsa satietate gaudere. isti ergo labores, qui sunt bonorum operum, percipiuntur in illa resurrectione. C. — multis loquitur: sed quia ipsi multi unum sunt in Christo, sequitur et singulariter iam dicit . . . . hic enim unde gaudemus? de spe. ibi unde gaudebimus? de re. A.

4. Christo dicitur. ergo uxor eius, ecclesia eius. A.

5. sed in quibus vinea fertilis? non enim sine causa et in sermone quotidiano dicimus de aliquo, qui forte male agit ex malorum consiliis amicorum, de illo dicimus: mala latera habet. quid est, mala latera habet? mali illi inhaerent. A.

6. dicatur ergo quales debent esse filii. quales? pacifici. quare pacifici? quia beati pacifici, quia ipsi filii dei vocabuntur. A.

8. Sion enim, sicut saepe dictum est, interpretatur speculatio . . . . adspicitur enim illic ipse dominus, qui et ipsos intuentes aeternos facit. C.

10. sed si vita tua aeterna fuerit, in aeternum videbis bona Jerusalem. A.

11. quid est, filios tuos? opera tua, quae hic agis. qui sunt filii filiorum? fructus operum tuorum. A.

PSALM CXXVIII.

1. Ecclesia loquitur de his, quos tolerat. A.

2. non illis consensi ad malum. A.

3. non potuerent agere, ut consentiam, fecerunt, quod portem . . . . non consensi, quia non me fecerunt, quales sunt ipsi . . . . fecerunt quod tolerem, et non fecerunt, cui consentirem. A.

6. Sion ecclesia est. A.

7. nondum evulsum est, et aruit: nondum finiti sunt in iudicio dei, et iam non habent succum viriditatis. attendite opera ipsorum, et videte, quia aruerunt. sed vivunt et hic sunt. nondum ergo avulsi sunt. aruerunt, sed nondum avulsi sunt. A.

8. et venient messores, sed non de illis implent manipulos. venturi sunt enim messores et collecturi sunt triticum in horreum, et zizania alligabunt et mittent in ignem .... messores autem angeli sunt. A. — messores sunt angeli, de quorum operibus non implent sinus suos, quia zizania sunt, et non triticum: sed in fasciculos ligantur et igne comburuntur aeterno. Al.

9. quando transitur per operantes, est consuetudo, ut dicatur illis: benedictio domini super vos. et magis ista consuetudo erat in gente Judaeorum .... apostoli transeuntes erant in ista vita, prophetae transeuntes erant. quos benedixerunt prophetae et apostoli? illos in quibus radicem caritatis viderunt. A.

10. omnes bene viventes benedixerunt. A.

PSALM CXXIX.

1. Dicit scriptura: peccator cum venerit in profundum malorum, contemnit. iam videte, fratres, quam profundum sit, ubi contemnitur deus. cum quisque viderit se cotidianis peccatis obrutum, acervis quibusdam et molibus quibusdam iniquitatum premi, si dictum illi fuerit, ut deum roget, irridet. A.

4. et quae est ista propitiatio, nisi sacrificium? ... sanguis innocens fusus delevit omnia peccata nocentium. A.

5. quam legem? ... audi, quam legem dicat .... invicem onera vestra portate, et sic implebitis legem Christi. A.

7. dominus, per quem nobis dimissa sunt peccata, in vigilia matutina resurrexit a mortuis, ut hoc speremus in nobis futurum, quod praecessit in domino .... nemo resurrexerat nunquam moriturus, nisi dominus. quando autem resurrexit dominus nunquam moriturus? a vigilia matutina .... spera autem usque ad noctem, quo usque finiatur haec vita, quousque sit nox universi generis humani in occasu saeculi. A. — custodia matutina est manifestatio illa domini salvatoris, quando sepulcrum custodientibus Judaeis resumti corporis veritate surrexit. C.

PSALM CXXX.

1. Domine, non est exaltatum cor meum. sacrificium obtulit .... ostendit, quid offerat: sacrificium deo spiritus contribulatus. A.

2. nec quaesivi aliquid supra vires meas. A.

3. nolui quasi in mirabilibus innotescere hominibus .... quomodo Simon ille magus in mirabilibus ingredi volebat super se, propterea plus illum delectavit potentia apostolorum, quam iustitia christianorum. at ubi vidit per manus impositionem apostolorum et per orationes eorum deum fidelibus dare spiritum sanctum, et quia tunc per miraculum demonstrabatur adventus spiritus sancti, ut linguis loquerentur, quas non didicerant .... cum ergo hoc videret Simon, voluit talia facere, non talis esse. et nostis, quia etiam pecunia putavit comparandum spiritum sanctum. A.

5. non semper saeculi nomen hoc saeculum significat, sed aliquando aeternitatem .... hic ergo quomodo intellegendum est? quousque veniamus ad aeternitatem, speremus in dominum deum. quia cum venerimus ad aeternitatem, iam spes non erit, sed ipsa res erit. A.

PSALM CXXXI.

1. David secundum fidem rerum gestarum unus homo erat, rex Israel, filius Jesse. erat quidem et ipse mansuetus, sicut eum indicat et commendat scriptura divina, et ita mansuetus, ut nec persecutori suo Sauli malum pro malo reddiderit. A.

2. iurare est autem firme promittere .... in hac mansuetudine votum vovit, ut sit domus dei .... quid ergo vovimus deo, nisi ut simus templum dei? A.

3. in corde enim habet locum dominus .... multi autem ne faciant locum domino, sua quaerunt, sua diligunt, potestate sua gaudent, privatum suum concupiscunt. qui autem vult facere locum domino, non de privato, sed de communi debet gaudere. beati ergo, qui sic faciunt locum domino, ut privato suo non gaudeant. A.

4. Ephrata, verbum hebraeum, interpretatur latine speculum .... si ergo Ephrata speculum, illa domus, quae inventa est in campis saltuum, in speculo audita est. speculum imaginem habet. omnis prophetia imago futurorum .... qui ergo erant campi saltuum, nisi gentes incultae? qui erant campi saltuum, nisi ubi adhuc vepres erant idololatriae? A.

5. in tabernacula eius. cuius? domini dei Jacob. A.

6. sunt enim, qui non perseverant, nec stant pedes eius in eis. non sunt ergo ipsi ecclesia A.

7. iam non conturbaberis, quia Christus surgens a mortuis iam non moritur et mors ei ultra non dominabitur .... exsurge, ut exsurgat et arca sanctificationis tuae, quam sancti-

ficasti, ipse caput nostrum, arca eius, ecclesia eius. surrexit prior, surget et ecclesia. A.

8. hoc deo patri dictum est. A.

10. si filii tui custodierint, et filii eorum sedebunt in aeternum . . . . quid ergo, si non custodierint? periit promissio dei? non . . . . tunc eris filius David, si custodieris . . . . restat, ut filii non simus, nis imitando fidem, nisi colendo deum, sicut ille coluit A.

11. Sion ipsa ecclesia est. A.

13. ergo tota ecclesia una vidua est . . . . pauperes autem, id est, humiles corde, quanto plus esuriunt, tanto plus manducant . . . . haec saturitas, fratres, qualis est? deus ipse est panis. A.

14. quid est ergo: sacerdotes eius induam salutari? quotquot in Christo baptizati estis, Christum induistis . . . unde exsultabunt exsultatione? quia induti sunt salutari. A.

15. ibi suscitabo cornu David, ut de Christo praesumatur: ipsa erit altitudo David. cornu enim significat altitudinem. A.

16. quae est lucerna? iam nostis domini verba de Joanne: ille erat lucerna ardens et lucens. A.

17. nemo hominum illam sibi assumat, quia ipse sanctificat: alioquin non erit verum, super ipsum autem florebit sanctificatio mea. A.

PSALM CXXXII.

1. Quid est, in unum? et erat illis, inquit, anima una et cor unum in deum. A.

2. Aaron quid erat? sacerdos . . . . quis est iste sacerdos, nisi qui fuit et victima et sacerdos? . . . caput nostrum Christus est, crucifixum et sepultum, resuscitatum adscendit in caelum. et venit spiritus sanctus a capite. quo? ad barbam. barba significat fortes . . . . illud primum unguentum descendit in apostolos . . . . nam et illi, qui primum in unum habitare coeperunt, persecutionem passi sunt. sed quia descenderat unguentum in barbam, passi sunt, non victi. A.

3. vestis sacerdotalis ecclesiam significat . . . . per concordiam fraternam Christus intrat, qui est caput nostrum, ut vestiatur, ut ecclesia illi haereat. A.

4. hoc voluit intellegi, fratres mei, gratiam dei esse, quod fratres habitant in unum . . . . Hermon interpretari dicitur lumen exaltatum. a Christo enim ros. nam nullum lumen exaltatum nisi Christus. A.

PSALM CXXXIII.

1. Significat enim eos, sive qui iam in penetralibus sunt ecclesiae, sive qui in ingressu eius esse meruerunt. C. —

quomodo intellegeris stare in atriis? sta in caritate, et stas in atriis. in caritate latitudo est, in odio angustia . . . . quid est, ecce nunc? in hoc tempore . . . . qui tunc benedicturi sunt sine defectu, hic incipiunt benedicere dominum, hic in tribulationibus, in tentationibus, in molestiis, inter adversitates saeculi. A.

2. in noctibus, mundi istius significat teterrimum tempus. C. — quando benedixit Job? quando tristis nox erat. A.

PSALM CXXXIV.

2. Quid iustius, quid dignius? quid gratius? etenim si non laudaverint servi dominum, superbi, ingrati, irreligiosi erunt. A.

3. quia ergo statis, parumne est vobis, ubi laudandus est, qui vos erexit iacentes et fecit in domo sua stare et ipsum agnoscere, ipsumque laudare. A.

4. cum bona fecerit, multoque sit melior, qui fecit, quam ista, quae fecit, non invenis melius, quod de illo dicas, nisi quia bonus est dominus. A.

5. quid suavius pane angelorum? quomodo non est suavis dominus, quando panem angelorum manducavit homo? non enim aliunde vivit homo, et aliunde vivit angelus . . . . sed quomodo ea perfruuntur angeli, tu non potes. illi enim quomodo perfruuntur? sicuti est: in principio erat verbum . . . . tu autem quomodo contingis? quia verbum caro factum est, et habitavit in nobis. ut enim panem angelorum manducaret homo, creator angelorum factus est homo . . . . si gustastis, quam suavis est dominus, psallite. si bene sapit, quod gustastis, laudate. A.

6. ceteras gentes sub angelis posuit . . . . Israel in possessionem sibi. gentem suam fecit agrum, quem coleret, quem ipse seminaret. quamvis ipse omnes gentes condiderit, ceteras angelis commisit, sibi istam possidendam servandamque deputavit. A.

8. non omnia, quae fecit, coactus est facere. A.

11. occultis causis, unde nescis. quia enim flat ventus, sentis, qua causa flat, vel de quo thesauro rationis eductus sit, nescis. A.

17. generatio ista et generatio altera: generatio, qua fideles efficimur . . . . generatio, qua a mortuis resurgemus . . . . nec nunc nos oblitus est, ut vocaret, nec tunc obliviscetur, ut coronet. A.

18. audi dominum dicentem: in iudicium veni in hunc mundum, ut qui non vident, videant, et qui vident, caeci fiant. excaecati sunt superbi, illuminati sunt humiles. A.

20. ista omnia deo faciente, qui in caelo et in terra omnia, quaecumque voluit, fecit. A.

21. aures habent, et non audiunt; ad illos quippe clamat deus: qui habet aures audiendi, audiat. oculos habent et non vident; habent enim oculos corporis, sed non habent oculos fidei. A.

23. benedicite, praepositi, hoc est, domus Aaron. A.

24. benedicite ministri, hoc est, domus Levi. A.

25. Sion speculatio, Jerusalem visio pacis . . . . nunc ergo dominus ex Sion, quia speculamur, quoad veniat. A.

PSALM CXXXV.

1. Confitemini domino, id est, confitendo laudate dominum, quoniam bonus. A.

3. scriptum invenimus in alio psalmo . . . . ego dixi, dii estis. A.

6. in intellectu . . . . hoc est, in sua sapientia. A.

7. sed ideo super mare dicitur, quia inferiori mari supereminet. A.

10. cetera mirabilia, quae dicturus est, per homines fecit . . . . deinde incipit dicere, quae per angelos vel per homines fecerit. A.

12. eduxit etiam sanctos ac fideles suos de medio malorum. A.

14. dividit etiam, ut unus atque idem baptismus aliis sit in vitam, aliis sit in mortem. A.

15. educit etiam innovatum populum suum per lavacrum regenerationis. A.

16. celeriter interimit et peccatum suorum reatumque eius per baptismum. A.

17. traducit et nos in huius saeculi ariditate et sterilitate, ne in ea pereamus. A.

18. Sehon quidem interpretatus est tentatio colorum, aliter vero arbor infructuosa . . . . Og interpretatur coacervans, Basan confusio. qui enim coacervat peccata nostra, absolute diabolus est . . . . verum haec et talia domini virtute interfecta iacent, quando nos eripere a tam pessima obnoxietate dignatur. C.

19. dat etiam, quos diabolus possidebat, hereditatem semini Abrahae, quod est Christus. A.

20. et redemit nos ab inimicis nostris sanguine unigeniti sui. A.

21. hoc est, omni hominum generi . . . . de qua esca dicitur: caro mea vere est esca. A.

PSALM CXXXVI.

1. Nimis dulcis est recordatio patriae, quae in hostili terra probatur existere . . . de loco enim peregrinationis proprii domicilii crescit affectus. C. — flumina Babylonis sunt omnia, quae hic amantur et transeunt . . . . o sancta Sion, ubi totum stat, et nihil fluit. quis nos in ista praecipitavit? quare dimisimus conditorem tuum et societatem tuam . . . . sedeamus super flumina Babylonis, non infra flumina Babylonis: talis sit humilitas nostra, ut nos non mergat. A.

2. habent organa sua cives Jerusalem, scripturas dei . . . . salices ligna sunt infructuosa . . . . sicut sunt homines cupidi, avari, steriles in opere bono . . . . scripturas novimus, quas eis dicamus. sed quia nullum fructum in eis invenimus, unde incipiamus, avertimus ab ipsis faciem, et dicimus: adhuc isti non sapiunt, non capiunt. quidquid illis dixerimus, sinistrum et adversum habebunt. ergo differendo circa eos scripturas, suspendimus organa nostra in salicibus, non enim dignos habemus, qui organa nostra portent. A.

3. diabolus ergo et angeli eius captivos nos duxerunt . . . . quomodo autem diabolus intravit in cor Judae, ut traderet dominum, non autem intraret, nisi ille locum daret: sic multi mali homines de media Babylonia per desideria carnalia et illicita locum dando diabolo et angelis eius in cordibus suis, ut in illis et de illis operetur, aliquando interrogant nos et dicunt nobis: exponite nobis rationem . . . . quid respondemus? A.

4. sed cum inter istos obstrepentes male interrogantes, veritati resistentes versamini, obstringite vos, non eis velle placere, ne obliviscamini Jerusalem, et dicat una anima vestra, facta una ex multis pace Christi. A.

5. dextera nostra est vita aeterna. sinistra nostra est vita temporalis. quidquid facis propter vitam aeternam, dextera operatur . . . . praenuntiavit, non optavit. talibus. qui obliviscunter Jerusalem, hoc contingit, quod dixit, obliviscitur illos dextera eorum. vita enim aeterna manet in se: illi remanent in delectatione temporali, et faciunt sibi dextrum, quod sinistrum est. A.

6. id est, obmutescam. A.

7. ibi est enim summa iocunditas, ubi deo perfruimur. A.

8 Edom ipse dictus est, qui et Esau . . . . fuit autem hostis fratris sui iste Esau. A. -- isti sunt ergo filii Edom, qui christianum populum sunt gravissime persecuti . . . . hoc enim dicitur, sicut saepe memoratum est, prophetiae affectu, non maledicendi voto. C.

9. qui dicunt: exinanite, exinanite: quousque ad funda-

mentum in ea. in his sermonibus addendum est, perveniamus . . . . verba sunt ergo ista filiorum Edom persequentium populum christianum, a similitudine tracta cisternae. unde si aqua sedule tollitur, usque ad fundamentum eius sine dubio pervenitur . . . . fundamentum siquidem fidelium Christus est dominus, qui non potest iustis eripi . . . . sic dum persecutores catholicam religionem exhaurire cupiunt, felicissimas atque copiosas coronas martyribus contulerunt. C.

10. filia Babylonis bene caro nostra dicitur . . . . sed postquam de Babyloniae filia dixit, iustissimam compensationem ei asserit esse reddendam; ut sicut nos luxuria concitat ad vitia, ita repressam ieiuniis atque tribulationibus subditam faciamus esse virtutibus. C.

11. qui sunt parvuli Babyloniae? nascentes malae cupiditates. sunt enim, qui cum vetere cupiditate rixantur. quando nascitur cupiditas . . . . elide illam. sed times, ne elisa non moriatur: ad petram elide. petra autem erat Christus. A.

PSALM CXXXVII.

1. Agnoscamus ergo hic vocem ecclesiae. A. — diximus, David significare manu fortem. C.

2. illa enim fuerunt vota iustorum, ut Christus dominus adveniret. C.

4. manifestum est, in angelis habitat deus. ergo cum gaudium nostrum de spiritalibus rebus, non de terrenis bonis assumit canticum deo, ut psallat coram angelis, ipsa congregatio angelorum templum dei est. A. — templum sanctum est domini beatae incarnationis adventus. C.

5. misericordia peccatorem respexisti, veritate promissionem reddidisti. A.

7. iam non peto felicitatem terrenam, didici sanctum desiderium de novo testamento . . . nam unde deus miscet tribulationes gaudiis terrenis, nisi ut tribulationem sentientes et amaritudinem discamus aeternam desiderare dulcedinem. A.

8. passurum se ostendit innumera. contra quae tam multiplicia postulavit auxilia. C.

9. in gente Judaeorum sola erant omnia verba oris tui. A.

10. tunc cantent in viis domini, si humiles sint. A.

11. quid si se extulerint in superbiam, latere ipsius oculos possunt? ne forte, quia audisti, humilia respicit, superbus velis esse, et dicas in anima tua: humiles respicit, me non respicit, faciam, quod volo . . . . non te putes non videri, immo roga, ut merearis videri a quo videris. A.

12. vivificabis enim laetificabis debet intellegi . . . . re vera ille vivus benedicitur, qui est aeterni gaudii hilaritate

complendus. C. — in medio tribulationis es, et nescis? .. si non est tribulatio, non est peregrinatio .... ama alteram vitam. A..

13. salus aeterna cum angelis in dextera est. A.

14. saeviant inimici, quantum libet: tu retribues, quod ego non possum .... venerunt, qui tributum exigerent .... ait Petro: vade, mitte hamum in mare, et qui primus piscis adscenderit, aperi os eius, et invenies staterem .... da illis pro me et te .... non dico, domine, ne despicias opera manuum mearum .... opus tuum in me vide, non meum.

PSALM CXXXVIII.

Überschr. Dicat hoc ipse dominus Jesus Christus, dicat et ipse: domine, patri. A.

1. probatus est enim tempore passionis .... tunc quippe deitas eius etiam illis innotuit, qui eam antea credere dubitabant. C.

2. quid hic sessio? quid hic resurrectio? qui sedet, humiliat se. sedit ergo dominus in passione, surrexit in resurrectione .... si autem volueris accipere vocem capitis ex persona corporis, dicamus et nos: tu cognovisti .... sedet enim homo, quando humiliat se in poenitentia, surgit autem remissis peccatis, quando erigitur in spem vitae aeternae. A.

3. genus autem humanum, quod deflexerat in idolorum culturam, in longinquo fuerat peregrinatum. A.

4. semitam, inquit, meam: quam nisi malam, quam ille ambulaverat, ut patrem desereret, quasi occultus esse posset ab oculis vindicantis. A.

5. antequam eas irem, antequam eas ambularem, praevidisti eas: et permisisti me in labore ire vias meas, ut si nollem laborare, redirem in vias tuas. A.

7. antiquum peccatum, quando lapsi sumus, novissima poena, quando in istam mortalitatem laboriosam periculosamque pervenimus. A.

8. finxisti me, in isto labore; et posuisti super me manum tuam, vindicem manum, gravantem superbum. A.

9. ex peccato meo factum est, ut mirificata mihi esset. A.

10. cum ergo potero, non potero nisi ex te. A.

11. spiritus enim domini replevit orbem terrarum. quis potest fugere in mundo ab illo spiritu, quo plenus est mundus? A.

12. locum quaerit, quo fugiat ab ira dei. A.

13. si me extulero, te invenio repressorem. A.

14. si me abscondero, te invenio inquisitorem .... si peccando venero in profundum malorum, et confiteri con-

temsero dicens: quis me videt . . . . etiam illic ades, ut vindices. A.

15. mirum, si in extremis maris non est, qui nec apud inferos deest. sed novi, inquit, quomodo fugiam ab ira tua. recipiendae sunt pennae meae non in pravum, sed in directum . . . . quas pennas vult assumere, nisi duas alas, duo praecepta caritatis? in quibus duobus praeceptis tota lex pendet et prophetae. has, inquit, alas, has pennas si recipiam sic, et habitabo in extrema maris, possum fugere a facie tua ad faciem tuam. a facie irati ad faciem placati. quid enim est extremum maris, nisi finis saeculi? A.

16. pennatos nisi ipse erigat, nisi ipse deducat, praecipitabimur in profunda maris. A.

17. in ista vita, inter tanta scandala. A.

18. nox est enim, quamdiu ista vita agitur. quomodo est nox illuminata? quia Christus descendit in noctem. accepit Christus carnem de isto saeculo, et illuminavit nobis noctem . . . . deliciae nostrae Christus. A.

19. qui autem tenebrant tenebras suas, quas deus non tenebrat? homines mali, homines perversi. cum peccant, utique tenebrae sunt, dum non confitentur peccata, quae fecerunt, sed insuper defendunt, tenebrant tenebras suas . . . . et quando evades a duplicibus tenebris? A.

20. dies nobis prosperitas saeculi. nox nobis adversitas saeculi . . . . sic habebimus tenebras noctis huius, quomodo lumen noctis huius. A.

21. quando arridet prosperitas, quando tristis est adversitas, semper sit laus eius in ore tuo. A.

23. novimus Babyloniam illam, de qua hesterno die locuti sumus, unde proficiscuntur omnes, qui credunt et suspirant illi luci Jerusalem caelesti . . . . qui autem est in utero matris illius Babyloniae, gaudet prosperis saeculi. A.

25. antea vero mirificata est scientia tua ex me, invaluerat, nec poteram ad illam. A.

26. aperit autem hoc . . . . apostolus Paulus his verbis: non solum autem, inquit, sed etiam gloriamur in tribulationibus. A.

27. est ergo quaedam animae interior firmitas . . . . ecce in carne est substantia mea, in inferioribus terrae est substantia mea . . . . quid enim magnum est, si fortis est angelus? magnum est, si fortis est caro. A.

28. vide, quid dicat patri deo . . . . imperfectum meum, Petrum meum pollicentem et negantem . . . . eum et ipse dominus respexit, sicut scriptum est in evangelio. A.

29. non solum perfecti, sed etiam imperfecti. A.

30. putaverunt et ipsi dominum nostrum Jesum Christum

tantum modo hominem esse . . . . trepidaverunt in passione eius. A.

31. nemo prorsus, nec ipse, qui dixerat: tecum usque ad mortem. A.

32. amici tui facti sunt, et valde mihi honorificati sunt. factum est in eis os illud post resurrectionem domini. A.

33. facti apostoli, facti duces ecclesiae, facti arietes ducentes greges. A.

35. ecce surrexi, et adhuc me non intellegunt secum . . . . est et alius sensus . . . . ut hoc tempus significare voluerit, quo adhuc in occulto est ad dexteram patris. A.

36. videtur sic connecti ordo verborum: si occideris deus peccatores, accipient in vanitate civitates suas. A.

37. sic occiduntur peccatores, quia obscurati intellegentia alienantur a vita dei . . . . accipiunt in vanitate civitates suas, id est, populos suos vanos, eorum vanitatem sectantes: cum inflati iustitiae nomine persuadent. ut disrupto unitatis vinculo eos tamquam iustiores caeci et imperiti sequantur . . . . fieri potest, ut non tantum infament innocentes, quos tamquam malos se fugere simulant, sed etiam vera de quibusdam malis sui similibus dicant. inter quos triticum Christi servato unitatis vinculo gemit . . . . ipsum triticum, id est, bonos fideles monet, ut ante ventilationem, quae novissima futura est, non aperte se a malis segreget, ne adhuc eis commixtos deserat bonos . . . . viri autem sanguinis qui sunt, nisi qui oderunt fratres? A.

38. quid est, quod mihi calumniantur superbi, quasi me maculent aliena peccata, et propterea separando se accipiunt in vanitate civitates suas? nonne eos, qui oderant te, domine, odio habui? A.

39, 40. oderam in eis iniquitates eorum . . . . hoc in eis oderit, quod iniqui sunt, hoc diligat, quod homines sunt. A.

41. cum ergo corpus Christi ab impiis et iniquis etiam corporaliter in fine separandum, nunc inter eos interim gemat . . . . tu deus, tu proba, tu scito: non homo, non haereticus, qui nec probare novit, nec scire potest cor meum. A.

43. quid aliud dicit, quam deduc me in Christo? . . . deduc me in via aeterna, ubi nulla est iniquitas. A.

PSALM CXXXIX.

1. Id est, ab ipso diabolo . . . . quia et ipse in figura homo dictus est . . . . inimicus homo hoc fecit. A.

3. si seditio, si schisma, si haeresis, si contradictio turbulenta, non hoc erumpit nisi de illis cogitationibus, quae tegebantur. A.

6. peccatorem iterum hic diabolum significat. C.

7. supplantavit gressus tuos, si te impedierit in via dei, ut illud, quod rectum intendebas, titubet, aut labatur a via. A.

8. superbi autem sunt elati haeretici, qui viam domini deserentes pravis dogmatibus populos decipere potius quam docere festinant. C.

9. ponunt enim funes, id est, dolosas et tortuosas obiectiones, quibus capiant sensus humanos, ut quasi pedibus laqueum, ita mentibus tendere probentur scandalum. C.

10. quoniam non capiunt, nisi illos, qui a recto virtutum calle discedunt. C.

13. id est, qui das vires saluti meae. A.

14. inde inumbratur in die belli. desiderium enim aestus facit. umbraculum autem domini temperat desiderium, ut possimus refrenare, quo rapiebamur, ut non ita exaestuemus, ut ad laqueum perducamur. A.

15. ecce quo mihi valebit umbraculum tuum, ut aestum non patiar a me ipso. et quid mihi peccator faceret ille? . . . illud ergo ora, quantum potes, ut a desiderio tuo non te tradat deus peccatori. tu enim desiderio tuo locum diabolo das. A.

16. id est, ne de me triumphent, non de me gaudeant. A.

18. laborant homines loqui mendacium: nam veritatem tota facilitate loquerentur. ille enim laborat, qui fingit, quod dicit. nam qui verum vult dicere, non laborat: ipsa enim veritas sine labore loquitur. A.

19. fervere sanctis operibus incipiunt, qui pridem desidioso nimis tepore vixerunt. C.

21. venit illis miseria et non tolerant: iustus autem subsistit, quomodo ille subsistit, qui dicit: sed et gloriamur in tribulationibus A.

22. difficile est enim indeliberatum, rectum esse sermonem, sicut scriptum est: in multiloquio non effugies peccatum. C.

23. quandocunque capti sunt iusti, venati sunt illos quidem mali, sed non ad interitum. A.

26. meritis suis nihil tribuent, non tribuent totum nisi misericordiae tuae. A.

27. scimus, quia cum apparuerit, similes ei erimus, quoniam videbimus eum, sicuti est. A.

PSALM CXL.

1. Supplicat enim propheta. C.

2. clamavi quod perfectam significat orationem. et iterum

repetit: dum clamavero ad te, quod utique constat positum de futuro. C.

3, 4. incensum est odoriferi pigmenti suavis adustio, quae carbonibus concremata gratissimum fumum porrigit ad superna .... elevatio manuum significat operam piam, quae aut in eleemosynis exercetur, aut in aliqua probabili conversatione peragitur. C.

7. qui sunt electi eorum? qui sibi iusti videntur. A.

8. falsa laus adulatio est: falsa laus adulatoris, hoc est oleum peccatoris .... non quaeretis oleum peccatoris. A.

9. eorum, id est, iniquorum. C. — veniet tempus, quando superent hominum millia tundentium sibi pectus et dicentium: dimitte nobis debita nostra, sicut et nos dimittimus debitoribus nostris .... et placebit illa oratio. A.

10. petra autem erat Christus .... dixit hoc Aristoteles: adiunge illum petrae, et absorptus est .... dixit hoc Plato: adiunge illos petrae, compara auctoritatem illorum auctoritati evangelicae .... tamdiu videntur aliquid dicere, donec comparentur petrae. A.

12. occisi sunt enim martyres, et quasi praevaluerunt, qui occiderunt. praevaluerunt illi persequendo, ut praevalerent verba Christi praedicando. A.

13. iuxta infernum dissipata sunt ossa martyrum. A.

15. plus figo oculum meum in promissis tuis, quam in minis eorum. A.

16. ne auferas, scilicet bonis tuis. C.

18. in diaboli retiaculum cadent, qui peccatorum circuitione clauduntur. C.

19. haec vox ex persona capitis .... quid est ergo donec transeam, nisi de hoc mundo ad patrem .... in passione tu solus pateris, tu solus occideris ab inimicis .... cum transiero, multiplicabor: multi me imitabuntur. A.

PSALM CXLI.

1. Multi enim clamant ad dominum non voce sua, sed voce corporis sui .... non in strepitu labiorum, sed in affectu cordis clamet ad dominum. non ubi homo audit, ibi deus audit. nisi voce pulmonum et laterum et linguae clames, homo te non audit, cogitatio tua clamor est ad dominum. A.

2. quid est, ante eum? in conspectu eius. quid est in conspectu eius? ubi videt .... cogitationem tuam nullus hominum videt, deus autem videt. ibi ergo effunde precem tuam, ubi solus ille videt. A.

3. quando hoc facis? A.

4. non mihi arrogem vires meas, ut sciam, quod alius in me operatur ipsam virtutem. A.

5. illi me deiectum putabant, tu me stantem cernebas. A.
7. qui cognosceret illam scilicet in ipso deitatem. C.
10. clamavit autem spem suam ponens in dominum, quando dixit: pater in manus tuas commendo spiritum meum. C.
12. in cruce positus latroni dixit: amen dico tibi, hodie mecum eris in paradiso. C.
13. humiliatus est, qui obediens factus est usque ad mortem. A.
14. in eo non intuebantur divinitatis virtutem, sed speciem corporalem; de quibus dicit apostolus: si enim cognovissent nunquam dominum maiestatis crucifixissent. C.
15. adeo corporaliter facti fuerant fortiores, ut et manus iniicerent, et de eius morte gauderent. C.
16. referatur ad inferos. C.
17. a cunctis fidelibus patri confessio laudis est. C.
18. apostoli Christi expectabant utique, donec gloriam promissae resurrectionis agnoscerent. C.

PSALM CXLII.

2. Commendatio est enim gratiae, ne unusquisque nostrum iustitiam suam putet. haec enim iustitia dei est, ne unusquisque nostrum iustitiam suam putet. A.
3. unde et Job veracissime dicit: nemo mundus ante te, nec infans cuius est unius diei vita super terram. C.
4. persecutus est plane et diabolus animam Christi, et Judas animam magistri. A.
5. mortui saeculi, merito mortui, mercedem recipientes iniquitatis et mortem ducentes ex peccati propagine. A.
6. recordamini: tristis est anima mea usque ad mortem. A.
7. memoratus est ille dierum antiquorum, per quem factus est omnis dies. loquitur corpus. A.
8. opera enim domini dicit, quibus caelum terramque mirabili dispositione fundavit. C.
9. dicit, sic animam suam desiderare deum, quemadmodum solet sicca terra copiosas pluvias sustinere. C.
10. impleat me spiritus tuus, quia defecit spiritus meus. A.
11. lacum vero inferiorem locum intellegere debemus inferni. C.
12. misericordiam tuam, scilicet vocem illam, qua designatur misericordia tua, cum audierint iusti: venite benedicti patris mei. R. — in illo autem mane auditam faciet dominus misericordiam suam, cum segregatis iustis ab impiis, ovibus scilicet ab haedis, dicet his, qui a dextris eius erunt: venite

benedicti patris mei, percipite regnum, quod vobis paratum est ab origine mundi. G.

14. illud nos postulata mereri facit, si animam nostram non carnali gravamine inclinemus ad mundum, sed spirituali iuvamine levemus semper ad dominum. C.

17. spiritus autem bonus deducet nos in viam rectam, quando corpus nostrum suis regulis subdit . . . . sive terram rectam, illam significat futuri saeculi, ubi recti ambulabunt. C.

18. non quia ego merui, sed quia tu misereris. A.

19. educuntur de tribulatione tamquam de carceribus animae sanctae, quando concessa venia de isto saeculo praecipiuntur exire. C.

21. perdendos dicit esse diabolum et omnes impios, qui in sua obstinatione moriuntur. C.

PSALM CXLIII.

1. Processit adversus Goliam superbum, se iactantem, de se praesumentem . . . . et hoc fecit noster David, deiecit diabolum de suis . . . . hoc unum proelium. alterum autem unicuique in seipso. modo genus hoc belli ex apostolica epistola legebatur: caro concupiscit adversus spiritum. A.

2. praebes mihi misericordiam. A.

6. quale est enim, ut ille caeli terraeque fabricator per assumti corporis veritatem usque ad hominum dignatus fuerit venire notitiam, et rectis fide innotuerit inaestimabile deitatis arcanum. C.

7. tanti eum pendis, tanti eum aestima. A.

8. peccando vanitati similis factus est; nam quando est primum conditus, veritati similis factus est. A.

9. tunc utique adspectu innotuit homini, quando in humilitate sanctae incarnationis apparuit. C.

10. montes hic superbos homines debemus accipere, et diabolica iniquitate praetumidos, quos dominus tetigit, quando eis compunctionem piae conversionis attribuit C

11. crebresce miraculis tuis, et solvetur conspiratio eorum . . . iam miraculis territi non audebunt aliquid contra te, et in ipsis miraculis expavescentes haesitabunt A.

12. sagittas, apostolos significat. C.

13 manum dicit dominum salvatorem; ipse enim manus est patris, per quem facta constant universa. C.

15. ipsi sunt enim filii alieni, qui ab ecclesia matre catholicorum habentur extranei. C.

17. hoc in dextera posuerunt, quod in sinistra habere debuerunt. quid enim in dextera ponere debuerunt? deum, aeternitatem, annos dei non deficientes . . . sinistra utamur ad tempus, dexteram desideremus in aeternum. A.

18. novum est etiam, quod nos corpore et sanguine suo saginare dignatur. C.

19. in lege decem praeceptorum, ibi tibi psallam. A.

21. quis est gladius benignus? de quo dominus dicit: non veni pacem mittere in terram, sed gladium. separaturus enim erat fideles ab infidelibus. A. — quapropter malignus est gladius diaboli, quia dividit a bonis. C.

22. hunc versum in prima parte iam dixit. C.

23. filios eorum dicit, qui pravi dogmatis praedicatione generantur . . . . non enim de prophetis, non de apostolis, non de aliqua divina auctoritate firmati sunt. sed voluntaria perversitate novitatis a sanctae ecclesiae unitate discreti sunt. C.

24. similitudo quippe non habet veritatem. C.

28. maceries est paries ex sola compositione saxorum. C.

29. non sit transitus per domos eorum . . . . sed silentium sit, cum volunt quiescere. C.

30. ne somnus eorum importuna loquacitate rumpatur. C.

31. audite male persuasi, audite dementes, in sinistra poni, quae putatis esse magnifica . . . . audiamus nunc, quid dicatur de turba fidelium. C.

PSALM CXLIV.

1. Laus ipsi David, laus ipsi Christo. A.

2. si gaudes de bono, quod tibi accidit per diem, fortasse transit alio die bonum hoc, unde gaudes . . . . ergo per singulos dies laudavit, qui etiam in die tam tristi laudavit. A.

3. qui hic per istos singulos dies benedicit dominum, ibi in illo aeterno uno die, qui venturus est, cum beatis continua exsultatione laudabit. C.

4. non enim cum mortuus fueris in hac carne, desines laudare dominum. A.

5. sumus enim in ista generatione filii dei, erimus in alia generatione filii resurrectionis. A.

6. inter ipsa opera dei, quae laudant, et seipsos inveniunt, quia in operibus dei et ipsi sunt. A.

8. non enim praedicabunt regnum tuum aeternum, et tacebunt ignem aeternum. A.

9 magnitudinis tuae non est finis. A.

10. nos oblitus non es . . . . haec memoria eius super nos, quia non nos oblitus est, praedicanda est, enarranda est. et quia valde dulcis est, manducanda et eructuanda est . . . . manducas, cum discis. eructas, cum doces . . . . Joannes apostolus, cui non sufficiebat ipsa mensa domini, nisi discum-

beret super pectus domini, et de arcano eius biberet divina secreta, quid eructuavit? in principio erat verbum. A.

11. cui ergo debemus, quia sumus, illi debemus, quia et iustificati sumus. nemo quasi tribuat deo, quia est, et sibi tribuat, quia iustus est. melius est enim quod tibi vis tribuere, quam quod illi. A.

12. vides ergo, quid tibi debebatur, et quid dederit. qui gratis dedit. data est venia peccatori. A.

13. quantos enim sustinet peccatores? . . . expectans ipsa expectatione clamans: convertimini ad me. A.

14. dulcis enim dici non potest nisi eis, qui bona ipsius spiritualiter imbiberunt. C.

15. ipsum enim coronat, quod in nobis occulto iudicio gratia praerogante largitur: illud damnat, quod diabolo machinante construitur. C.

16. audi, quia est et laudis confessio . . . . laudent te omnia opera tua . . . . tu in illa (i. e. creatura) laudas deum. A.

17. ut ei sancti sui debeant confiteri, id est, boni angeli, dominationes, potestates, et principatus, vel iusti homines. C.

18. quam potens deus, qui dedit vitas suas proprias animalibus. quam potens deus, qui semina diversa dedit visceribus terrae, ut germinarent tantam varietatem fruticum, tantam speciem arborum. A.

19. Petrus et Johannes ex utero matris claudum ambulare fecerunt. C.

20. hic vivunt in isto decore, in ista pulchritudine prope iam ineffabili, hic vivunt tecum et vermiculi et mures, et omnia terrae repentia . . . . quale decus est illius regni, ubi tecum non vivunt nisi angeli. A.

21. quod regnum dico? A.

22. haec est illa repetitio, vel omnem generationem significans, vel generationem illam, quae erit post hanc generationem. A.

23. quid enim promisit, et non dedit? . . . adhuc quaedam promisit et non dedit, sed credatur illi ex his quae dedit . . . . potes me credere redditurum esse, quod debeo. in ipso chirographo habes promissum unicum filium, cui non peperci . . . . lege chirographum: promisi ibi pignus spiritus sancti me daturum per filium meum: computa redditum. A.

28. viae pertinent ad dispositiones. C.

PSALM CXLV.

2. Laudare in vita est, in illa aeternitate domino confiteri. C.

4. in uno filio hominis salus, et in ipso non quia filius hominis, sed quia filius dei. A.

5. hic spiritum animam debemus accipere .... egressa itaque anima de claustro corporis sui, in terram remeat caro defluens, unde sumsit initium .... mortis igitur tempore pereunt humanae cogitationes. C.

6. ipsi David sic fuit adiutor, ut de Jacob faceret Israel. A.

7. in domino deo suo est spes etiam illius, qui colit Saturnum .... qui colit Neptunum .... ergo ille illius deus, atque ille illius. quis huius beati? quia spes ipsius in domino deo ipsius. sed quis este iste? qui fecit caelum et terram, mare et omnia, quae in eis sunt. A.

8. facit illis iudicium. quibus? qui accipiunt iniuriam, puniens omnes iniuriosos. A.

9. beati qui esuriunt et sitiunt iustitiam, quoniam ipsi saturabuntur. A.

11. peccavimus, et compedes inde accepimus. quae sunt compedes nostrae? mortalitas ipsa. A.

12. ostendit quandam lucem sapientiae, qua illuminantur caeci. A.

14. proselyti advenae sunt. omnis ecclesia gentium proselyta est. A.

16. via peccatorum placet tibi, quia lata est .... lata et spatiosa est via, quae ducit ad interitum. A.

PSALM CXLVI.

1. Hoc ergo ait, laudate dominum, quoniam bonum est laudare dominum .... lingua ad horam laudat, vita tua semper laudet. inde ergo bonus psalmus .... psalmus quippe cantus est, non quilibet, sed ad psalterium. psalterium autem quoddam organum est cantilenae sicut lyra, sicut cithara et huius modi organa .... opera tua concordent cum voce tua. A.

2. quomodo erit deo nostro iocunda laus? si bene vivendo laudetur .... alio loco dicitur: non est speciosa laus in ore peccatoris. si ergo in ore peccatoris speciosa laus non est, iocunda non est. A.

3. est Jerusalem aeterna in caelis, ubi cives etiam angeli sunt. quid enim interpretatur Israel? videns deum .... omnes ergo cives illius civitatis videndo deum gaudent in illa magna civitate et ampla et caelesti, spectaculum eis deus ipse est .... collecti sunt dispersi, ut in manu artificis ad aedificium formarentur. A.

4. qui cor non conterunt, non sanantur .... dicitur alio loco: prope est dominus his, qui obtriverunt cor. qui obtriverunt cor? humiles. A.

5. etenim modo, fratres, quantae illicitae delectationes animum tangunt? . . . dic ergo: infelix ego homo, quis me liberabit de corpore mortis huius? ut respondeat tibi: gratia dei per Jesum Christum dominum nostrum . . . . quid facit medicus? alligat contritiones tuas, ut possis pervenire ad plenissimam firmitatem . . . . quae sunt ista alligamenta? temporalia sacramenta . . . . quemadmodum enim medicus perfecta sanitate detrahit ligaturam, sic in illa civitate Jerusalem cum aequales angelis facti fuerimus, numquid putatis, ibi accepturos nos esse, quod hic accepimus? A.

6. sunt stellae quaedam lumina in ecclesia consolantia noctem nostram . . . . ipsas stellas numerat deus . . . . cum redirent discipuli, quo missi erant, exsultaverunt et dixerunt: domine ecce spiritus immundi subiecti sunt nobis . . . . nolite, inquit gaudere. quia spiritus vobis subiecti sunt, sed gaudete, quia nomina vestra scripta sunt in caelo. A.

7. magnus dominus noster, utique cuius nec facta numerari nec laus praevalet apprehendi: congregans dispersiones Israel, sanans contritos corde, numerans multitudinem beatorum, et omnes nomine suo vocans. C.

8. quare humiliat usque ad terram? reprehendunt intelligibilia, terrena sensuri sunt . . . . non sunt permissi intellegere caelestia, terrena sapuerunt. A.

9. te prius accusa. A.

10. post confessionem quid? sequantur bona opera. A.

11. qui contegit scripturam figuris. A. — ille enim verbum domini efficaciter suscipit, qui se ad audiendum superno munere desideranter obtulerit. C.

12. foenum pertinet ad praedicationes robustas: herba ad monita molliora. foenum siquidem fuit, quando dixit apostolus: volo omnes homines esse sicut meipsum. herba: qui se non continet, nubat. C.

14. corvi sunt irreligiosi viri, qui peccatorum nigredine inseparabiliter vestiuntur, nec aliquo splendore conversionis elucescunt. pulli vero corvorum, ut physiologi volunt, caelesti rore vescuntur, et adhuc paternas escas, id est, cadaverum foetores beneficio aetatis ignorant. C.

15. potentatus equi est superbia . . . . et re vera est in eo cervix, indicans quandam superbiam. A.

16. haeretici, dividentes se ab ecclesiae tabernaculis, sibi tabernacula posuerunt: non in ipsis tabernaculis viri bene sentiet deus. sed pullum corvorum attende dicentem: elegi abiici in domo domini, magis quam habitare in tabernaculis peccatorum. A.

PSALM CXLVII

1. Aggaeus et Zacharias prophetae fuerunt. erant autem prophetae isti iam in captivitate Jerusalem illius, quae in terra portavit umbram cuiusdam caelestis. in illius ergo civitatis captivitate cum essent in Babylonia, prophetaverunt prophetae isti reparationem Jerusalem, prophetaverunt civitatem novam ex reparatione veteri, liberato populo a captivitate .... in hoc enim mundo, in his tribulationibus saeculi, in hac turba multiplici scandalorum, quodam modo in captivitate gemimus, sed erigemur: praenuntiatur civitas nostra nova futura aequalis. nam et post istorum prophetationem et visibiliter contigit, quod ad persolvendam imaginem pertinebat. reparata est Jerusalem post septuaginta annos captivitatis .... septenario illo numero omnem volubilitatem huius temporis signat; septenario enim numero volvuntur dies hi, sicut nostis .... post septuaginta ergo annos, cum prophetavit Jeremias reparari civitatem Jerusalem, factum est, ut et ibi significaretur imago futurorum: significatum est nobis post omnem istam volubilitatem temporis, quae septenario numero volvitur, futuram illam civitatem nostram iam in aeternitate in uno die .... hanc cum viderent in spiritu prophetae, videbant illam, dicebant de ista .... audiamus iam cantari civitatem illam, et erigamur ad eam. A.

2. quae Sion, ipsa Jerusalem. diversis causis duo nomina. A.

3. nemo exeat, nemo intret .... non timebis, quod dictum est: nemo intret. dicitur enim hoc, et fiet hoc, sed cum intraveris: nemo contra te claudet, sed te ingresso claudentur portae Jerusalem et firmabuntur vectes portarum eius. nam tu si esse volueris aut non virgo corde, aut etsi virgo, inter fatuas virgines, foris remanebis, et frustra pulsabis. A.

5 ecce hoc dico, o filii dilecti, o filii regni, o cives Jerusalem, quoniam in Jerusalem visio pacis est ... fines enim Jerusalem pax .... ibi saturitas et nulla indigentia. A. — re vera secura pax et inviolata tranquillitas, quando indigentia nobiscum ulla non litigat. C.

6. quae ibi erit adeps frumenti, nisi panis ille, qui descendit de caelo ad nos? A.

7. quando levaremur ad adipem frumenti et satietatem, nisi mitteret verbum suum terrae? A.

9. haec igitur omnia: nix, nebula, crystallum, frigus, mala sunt huius saeculi, quae peccatorum gelu mortalia corda constringunt et in stupore saxeo faciunt permanere, nisi domini calore solvantur .... dat, facit significat .... quapropter facit nivem sicut lanam; ut quod ante frigoris acerbitate gelatum est, in laneam mollitiem perducatur. quod

fit utique, quando frigidissima peccatis corda mortalium ad ardorem satisfactionis adduxerit. C

10. nebula idem significat omne peccatum, quod semper caliginosa obscuritate peragitur: sed velut cinis domino praestante dispergitur, dum eius cumulus confessionis gratia dissipatur. C.

11. nix multorum annorum tempore durata et serie saeculorum, crystallum dicitur . . . . notissimum illum Paulum apostolum intueamur . . . . et si fuerint, qui ex tanta duritia, in quanta ipse fuit, panis fierent, ipso proposito ad exemplum omnes occurrant . . . . ecce crystallum erat apostolus Paulus . . . . iste quam durus fuit, crescens in lege, eruditus ad pedes Gamalielis, legis doctoris . . . . Paulus iam in aqua viva gentes vocat ad fontem. A. — in liquores saluberrimos adducti, spiritualis beneficii fluenta profundunt. sic factum est de persecutore Saulo. C.

12. quale est illud: induravit deus cor Pharaonis. C.

13. sicut et alibi dictum est: nec est, qui se abscondat a calore eius. C.

14. flat auster, solvitur rigor captivitatis et currit in deum fervor caritatis. A.

15. Israelita est, quicunque fidelis est. C.

15, 16. non nuntiatum est alicui genti hoc iudicium dei, quomodo patiantur et iusti et iniusti, quomodo pro merito omnes, quomodo in gratia dei, non in suis meritis liberentur ipsi iusti. non annuntiatum est hoc universae genti, sed soli Jacob, soli Israel. A.

PSALM CXLVIII.

5 Aquas vero super caelos esse genesis refert. ait enim: divisitque aquas, quae erant sub firmamento, ab his, quae erant super firmamentum C.

7. sed cum legatur de futuro saeculo: erit caelum novum et terra nova, quemadmodum de isto caelo dicitur: statuit ea in aeternum? sed omnia deo statuta esse non dubium est. C.

9. abyssi profunditates aquarum sunt: maria omnia, nubilosus iste aer ad abyssum pertinet. A.

14. super caelum et terram dixit: quia nec caelestia nec terrena illis praedicationibus possunt aequalia reperiri . . . . ibi autem exaltabitur, ubi omnis gloria manifesta praestatur. primum, quia dexteram merentur . . . . ut merito exaltati dicantur, qui usque ad ipsius domini contemplationem mirabili eius pietate perveniunt. C.

15. vgl. Ps. 64, 3.

PSALM CXLIX.

1. Vetus homo, vetus canticum, novus homo novum canticum . . . . quisquis terrena diligit, vetus canticum cantat; qui vult cantare canticum novum, diligat aeterna . . . . si tu laudas dominum, et ego laudo dominum, quare in discordia sumus? caritas laudat dominum, discordia blasphemat dominum. A.

2. laudatio eius in ecclesia sanctorum. sive istam dicas, catholicam significat, quae re vera sanctorum est: sive illam Jerusalem caelestem et ipsa sine dubitatione sanctorum est. C.

4. quod audistis Israel, id sunt filii Sion. A.

5. chorus est consensio cantantium. A.

6. quare assumit tympanum et psalterium? ut non sola vox laudet, sed opera. quando assumitur tympanum et psalterium, manus concinunt voci . . . . porrigas panem esurienti. vestias nudum, suscipias peregrinum . . . . in tympano corium extenditur, in psalterio cordae extenduntur. A.

7. id est, quando illum fecerit perfecta suavitate gaudentem, quando angelis parem. C.

8. exaltantur enim et superbi. sed non in salute: mansueti in salute, superbi in morte. id est, superbi ipsi se exaltant. et dominus eos humiliat, mansueti autem ipsi se humiliant, et deus eos exaltat. A.

9. quid est in cubilibus suis? in cordibus suis. audi apostolum Paulum exsultantem in cubili suo: nam gloria nostra haec est, testimonium conscientiae nostrae. A.

10. sic laetabuntur in cubilibus suis, ut non sibi tribuant, quod boni sunt, sed illum laudent, a quo acceperunt, quod sunt. A.

11. frameas bis acutas intellegimus sermonem domini. A.

12. videte, si non est vindicta facta in gentibus . . . . attendite, quomodo caesae sunt gentes Babyloniae . . . . bellant sancti, educunt frameas bis acutas, fiunt strages, fiunt occasiones, separationes. quomodo illi duplum redditur? illa quando poterat persequi christianos, carnem occidebat, deum non confringebat . . . . pagani extinguuntur et idola franguntur. quomodo inquies, pagani occiduntur? quomodo, nisi cum christiani fiunt? A.

14. ista enim tunc vere fiunt, quando cum domino iudicabunt. C.

15. omnes enim cum Christo iudicant, qui eius regulis non repugnant. C.

PSALM CL.

1. Dicit enim propheta. C. — utique in eis, quos glorificavit. A.

2. quod enim proposuit dicens: laudate dominum in sanctis eius, hoc exsequitur, varie significans eosdem ipsos sanctos eius. A.

5. cymbala ergo nostra sunt labia percussa ad sonum vocis distinctissime temperandum, quae tunc salutariter sonant, quando in laudes domini devotissime commoventur. C.

Kolibri 360 GmbH
Ferdinand-Jühlke-Straße 7
99095 Erfurt, Deutschland
produktsicherheit@kolibri360.de